總編輯/建築師

前言 建築構造與施工考試教戰守則

一、實務基礎科目

本科在建築工程相關科系學校教育裡面屬於比較實際應用的學科，也是本科同學進入工地學習的重要基礎；因此學習好本科，不只在考試上可以及格拿高分，在實務上也是非常有幫助的。

二、本書收錄內容

建築構造與施工，在不同的建築相關考試類別，出題方向都不盡相同。本書除了收錄建築師考試題解及公務人員建築相關考試類別之內容。其依照考試類別分別歸類，目的是為了讓考生在針對不同考試時，能夠清楚快速了解到該考試類別的出題內容及答題方向，即時反應在讀書效率上，以節省各位考生寶貴的時間。

三、一加一大於二

第一次準備的考生若時間充裕，建議將出題範圍的各單元內容至少熟讀過一次，再針對出題比例較高的單元內容局部加強，若能搭配建築結構及營建法規、建築環境控制等科目一同準備甚佳。因在建築技術規則建築構造編及無障礙設計規範、環境控制相關構造等，均有可能再次出現在此科目上，雖各分配比例不高，但總計起來也可得取不少基本分數。

四、熟讀重點章節

近年來的建築師考試範圍甚廣，但此科主要還是落在「鋼筋混凝土」、「鋼構」及其平均分配在「其他構造」與「裝修工程」上。唯須注意的是營建法令及採購法（無障礙趨勢）等法規，出題比例有逐漸提高的趨勢，並且有大量的綜合性考題（如單一選擇題需熟悉多個單元內容，較能判斷出答案）公務人員考試之申論試題也著重在鋼筋混凝土及綜合性考題居多。考生切勿採取巧之心，再次建議將出題範圍的各單元內容熟讀過，並針對出題比例較高的單元內容局部加強，離及格不遠矣。

建築師

九樺出版社 總編輯

章節	建築師							章節配分加總	高考三級							章節配分加總	公務人員普考							章節配分加總
	年度								年度								年度							
	105	106	107	108	109	110	111		105	106	107	108	109	110	111		105	106	107	108	109	110	111	
單元一 概論	17.5	26.3	15	13.8	17.5	6.25	21.25	117.50	0	50	40	15	0	0	0	105	0	25	40	15	0	0	25	105
第一章 構造概論	7.5	10	5	5	8.75	1.25	5	42.50		25	20	15				60		25	40				25	90
第二章 營建法令及採購法	10	16.3	10	8.75	8.75	5	16.25	75.00		25	20					45				15				15
單元二 基礎	10	3.75	10	10	8.75	12.5	5.0	60.0	0	25	0	0	25	0	0	50	0	25	0	20	25	25	50	145
第一章 地質調查及改良	1.25		6.25	2.5	3.75	5	2.5	21.25					25			25		25			25			50
第二章 土方工程	2.5	1.25		3.75	1.25	2.5		11.25		25						25				20			25	45
第三章 基礎型式及種類	5	2.5	3.75	3.75	1.25	2.5	2.5	21.25								0						25	25	50
第四章 連續壁工程	1.25				2.5	2.5		6.25								0								0
單元三 鋼筋混凝土	21.3	20	12.5	10	12.5	8.75	16.25	101	20	0	20	20	0	0	25	85	40	25	20	20	0	0	25	130
第一章 混凝土概論	6.25	5	3.75	5	3.75	1.25	5	30.00			20					20		25	20					45
第二章 鋼筋	6.25	2.5	3.75		2.5	1.25		16.25								0	20						25	45
第三章 模板	1.25						1.25	2.50				20				20	20							20
第四章 鋼筋混凝土施工	5	11.3	5	2.5	2.5	3.75	6.25	36.25								0				20				20
第五章 破壞及補強	2.5	1.25		2.5	3.75	2.5	3.75	16.25	20						25	45								0
單元四 鋼構	5	12.5	8.75	7.5	15	12.50	8.75	70.00	0	0	0	20	25	0	50	95	0	25	0	20	25	0	0	70
第一章 鋼構造概論	3.75	3.75	1.25		1.25	2.5	1.25	13.75								0		25			25			50
第二章 鋼骨構造	1.25	5	6.25	3.75	8.75	6.25	6.25	37.50				20	25		50	95				20				20
第三章 鋼骨鋼筋混凝土		2.5	1.25	3.75	2.5	2.5	1.25	13.75								0								0
第四章 冷軋型鋼		1.25			2.5	1.25		5.00								0								0
單元五 其他構造	10	13.8	11.3	18.8	20	18.75	17.5	110.0	0	0	0	0	25	0	25	50	40	0	0	0	0	0	0	40
第一章 木構造	1.25	6.25	3.75	6.25	7.5	12.5	7.5	45.00					25		25	50								0
第二章 圬工構造	3.75	2.5	5	8.75	6.25	2.5	6.25	35.00								0	20							20
第三章 預力與預鑄	1.25	2.5	1.25		3.75	3.75		12.50								0	20							20
第四章 雜項工程及特殊構造	3.75	2.5	1.25	3.75	2.5		3.75	17.50								0								0
單元六 外牆防水工程	8.75	8.75	12.5	12.5	8.75	11.25	10	72.5	20	0	20	0	25	50	0	115	0	0	0	0	25	25	0	50
第一章 帷幕牆工程	1.25	2.5	3.75	5	1.25	3.75	2.5	20.00			20		25	25		45								0
第二章 屋頂工程	1.25	1.25	5	2.5	2.5	1.25		13.75								0					25			25
第三章 防水工程	5	1.25	2.5	2.5	5	5	6.25	27.50	20					25		20						25		25
第四章 防火工程	1.25	3.75	1.25	2.5		1.25	1.25	11.25								0								0
單元七 裝修工程	12.5	12.5	22.5	15	13.8	18.75	15	110	0	0	0	0	0	0	0	0	0	0	0	0	0	0	0	0
第一章 門窗工程	6.25	3.75	7.5	2.5	3.75	2.5	1.25	27.50								0								0
第二章 地板裝修工程	1.25		1.25	1.25		3.75	1.25	8.75								0								0
第三章 牆面裝修工程		2.5	2.5	5	1.25	3.75	5	20.00								0								0
第四章 天花板裝修工程	1.25	1.25	2.5			1.25	1.25	7.50								0								0
第五章 綠建材、其他裝修	3.75	5	8.75	6.25	8.75	7.5	6.25	46.25								0								0
單元八 計畫管理	15	2.5	7.5	12.5	3.75	3.75	3.75	49	40	25	20	45	0	50	0	180	20	0	40	25	25	50	0	160
第一章 營建計畫管理及估價	11.3	2.5	5	10	3.75	2.5	3.75	38.75	20	25	20	45		50		160	20		20			50		90
第二章 品管及勞安	3.75		2.5	2.5		1.25		10.00	20							20			20	25	25			70
單元九 綜合考題						7.5	2.5	10	20							20								0
合計	100	100	100	100	100	100	100	700	100	100	100	100	100	100	100	700	100	100	100	100	100	100	100	700

前言

Preface

章節	地特三等							章節配分加總	地特四等							章節配分加總
	年度								年度							
	105	106	107	108	109	110	111		105	106	107	108	109	110	111	
單元一 概論	20	0	0	35	50	0	0	105	20	20	0	0	0	0	0	40
第一章 構造概論				15	50			65	20	20						40
第二章 營建法令及採購法	20			20				40								0
單元二 基礎	0	20	20	0	0	0	0	40	0	0	20	0	0	25	25	70
第一章 地質調查及改良								0								0
第二章 土方工程		20	20					40								0
第三章 基礎型式及種類								0			20			25	25	70
第四章 連續壁工程								0								0
單元三 鋼筋混凝土	20	35	45	45	25	0	50	220	20	0	20	20	50	25	0	135
第一章 混凝土概論		35						35			20		25			45
第二章 鋼筋								0	20							20
第三章 模板								0					25			25
第四章 鋼筋混凝土施工								0				20		25		45
第五章 破壞及補強	20		45	45	25		50	185								0
單元四 鋼構	20	0	0	0	25	25	0	70	20	20	0	20	25	0	0	85
第一章 鋼構造概論					25			25					25			25
第二章 鋼骨構造	20					25		45	20	20		20				60
第三章 鋼骨鋼筋混凝土								0								0
第四章 冷軋型鋼								0								0
單元五 其他構造	0	0	0	0	0	25	0	25	0	0	0	0	0	25	25	50
第一章 木構造								0							25	25
第二章 圬工構造								0								0
第三章 預力與預鑄						25		25						25		25
第四章 雜項工程及特殊構造								0								0
單元六 外牆防水工程	20	45	0	20	0	0	25	110	20	40	0	45	0	0	25	130
第一章 帷幕牆工程	20	25		20				65		20						20
第二章 屋頂工程		20						20							25	25
第三章 防水工程								0	20	20		25				65
第四章 防火工程							25	25				20				20
單元七 裝修工程	0	0	15	0	0	25	0	40	20	20	45	15	0	0	0	100
第一章 門窗工程								0								0
第二章 地板裝修工程								0								0
第三章 牆面裝修工程						25		25	20		45					65
第四章 天花板裝修工程								0								0
第五章 綠建材、其他裝修			15					15		20		15				35
單元八 計畫管理	20	0	20	0	0	25	25	90	0	0	15	0	0	25	0	40
第一章 營建計畫管理及估價	20					25		45			15			25		40
第二章 品管及勞安			20				25	45								0
單元九 綜合考題								0					25		25	50
合計	100	100	100	100	100	100	100	700	100	100	100	100	100	100	100	700

章節	鐵路員級							章節配分加總	鐵路高員級							章節配分加總
	年度								年度							
	105	106	107	108	109	110	111		105	106	107	108	109	110	111	
單元一 概論	0	0	0	0	0	0	0	0	0	0	0	0	20	0	0	20
第一章 構造概論								0					20			20
第二章 營建法令及採購法								0								0
單元二 基礎	0	0	0	0	40	0	0	40	0	0	0	0	0	0	0	0
第一章 地質調查及改良					20			20								0
第二章 土方工程								0								0
第三章 基礎型式及種類					20			20								0
第四章 連續壁工程								0								0
單元三 鋼筋混凝土	0	0	0	0	20	0	0	20	0	0	0	0	40	0	0	40
第一章 混凝土概論								0					20			20
第二章 鋼筋					20			20								0
第三章 模板								0								0
第四章 鋼筋混凝土施工								0								0
第五章 破壞及補強								0					20			20
單元四 鋼構	0	0	0	0	0	0	0	0	0	0	0	0	0	0	0	0
第一章 鋼構造概論								0								0
第二章 鋼骨構造								0								0
第三章 鋼骨鋼筋混凝土								0								0
第四章 冷軋型鋼								0								0
單元五 其他構造	0	0	0	0	0	0	0	0	0	0	0	0	0	0	0	0
第一章 木構造								0								0
第二章 圬工構造								0								0
第三章 預力與預鑄								0								0
第四章 雜項工程及特殊構造								0								0
單元六 外牆防水工程	0	0	0	20	20	0	0	40	0	0	0	0	0	0	0	0
第一章 帷幕牆工程								0								0
第二章 屋頂工程								0								0
第三章 防水工程					20			20								0
第四章 防火工程				20				20								0
單元七 裝修工程	0	0	0	40	0	0	0	40	0	0	0	0	0	0	0	0
第一章 門窗工程								0								0
第二章 地板裝修工程								0								0
第三章 牆面裝修工程								0								0
第四章 天花板裝修工程								0								0
第五章 綠建材、其他裝修				40				40								0
單元八 計畫管理	0	0	0	20	20	0	0	40	0	0	0	0	40	0	0	40
第一章 營建計畫管理及估價								0					40			40
第二章 品管及勞安				20	20			40								0
單元九 綜合考題				20				20	0							0
合計	0	0	0	100	100	0	0	200	0	0	0	0	100	0	0	100

目錄 Contents

目錄

單元

1

概 論

1 構造概論

內容架構

（一）建築物之類型

木構造：簷高 14M、4F 以下

磚石、構造（污工構造）：簷高 7M、2F 以下

加強磚造：簷高 10M、3F 以下

（二）建築物之載重

鋼筋混凝土	2400 公斤／立方公尺
硬木	800 公斤／立方公尺
鋁	2700 公斤／立方公尺
銅	8900 公斤／立方公尺
鋼	7850 公斤／立方公尺
磚	1900 公斤／立方公尺
大理石	2700 公斤／立方公尺
紅磚 1B	440 公斤／立方公尺
混凝土空心磚 10cm	130 公斤／平方公尺
混凝土空心磚 15cm	190 公斤／平方公尺
混凝土空心磚 20cm	250 公斤／平方公尺

（三）風力載重

$P = C \times Q \times A$　風力(kg)＝風力係數 × 最小風壓(kg/m^2) × 受風面積(m^2)

用途係數	第一類建築物	I = 1.1	風災後能維持機能以救濟之重要建築
	第二類建築物	I = 1.1	危險建築
	第三類建築物	I = 1.1	公眾使用建築
	第四類建築物	I = 0.9	建築物破壞時對生命危害小
	第五類建築物	I = 1.0	一般建築

（四）斷層

正 斷 層：上盤對下盤相對向「下」移動

逆 斷 層：上盤對下盤相對向「上」移動

橫移斷層：以觀測者面對斷層相對之「左右」移動

用途係數	第一類建築物	I = 1.5	震災後能維持機能以救濟之重要建築
	第二類建築物	I = 1.5	危險建築
	第三類建築物	I = 1.25	公眾使用建築
	第四類建築物	I = 1	一般建築

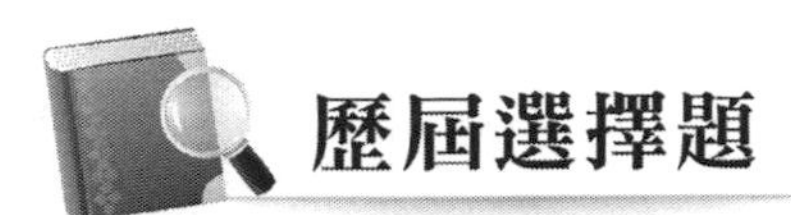

歷屆選擇題

（C）1. 梁柱主結構承受建築物的垂直力與水平力。而「外牆結構」(exterior wall structure）則是主結構與外牆裝修材料間的介面結構。下列敘述何者錯誤？

(A)「外牆結構」的主要功能是將水平風力傳導至主結構上

(B)「外牆結構」將外牆材料的自重傳導至主結構上

(C)「外牆結構」必須處理外牆的防水與隔熱

(D) RC 梁柱結構的「外牆結構」通常是 RC 牆

（105 建築師-建築構造與施工#17）

【解析】

(C)「外牆結構」**未必須處理外牆的防水與隔熱**，可於外牆結構外再處理。

（D）2. 為增加梁下空間，下列縮減結構梁深方式，何者較為正確？

(A)

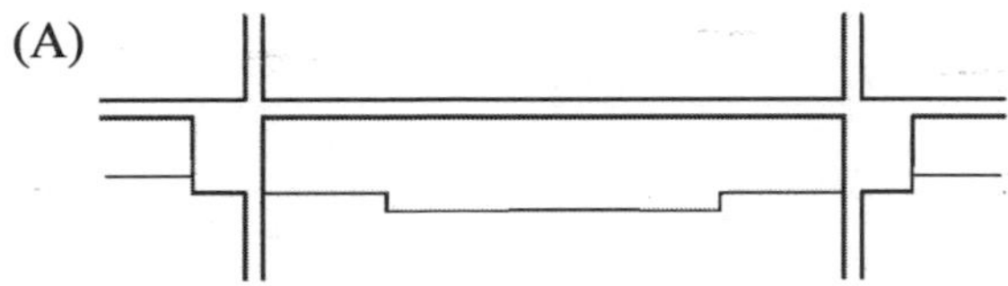

(B)

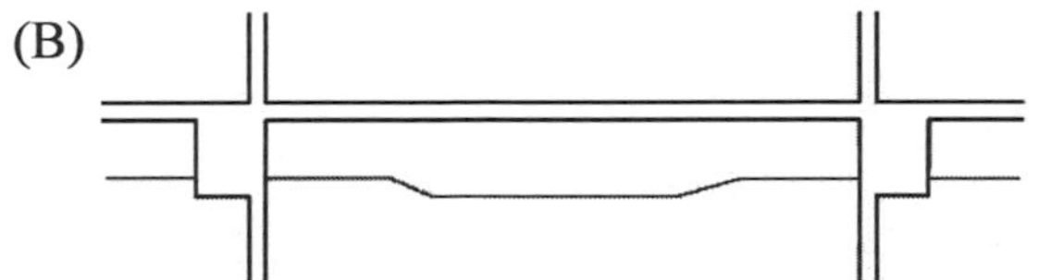

(C)

(D)

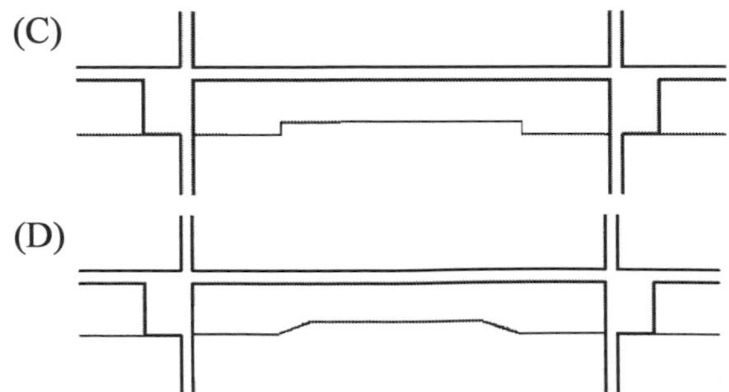

（105 建築師-建築構造與施工#29）

【解析】

為增加梁下空間，採用圖(D)縮減結構梁深方式。

（A）3. 下列水平走向的建築水電管線：

①強電 ②給水 ③排水 ④污水，自上到下的排列順序何者正確？

(A)①②③④ (B)①③④② (C)②③④① (D)②①③④

（105 建築師-建築構造與施工#34）

【解析】

管線的鋪設原則為電上水下，避免漏水同時造成漏電的危險，水管線的部分又以排水與污水必須在最下面避免管線破裂漏水時造成衛生的問題。

（A）4. 下列那一個工程項目一般歸屬於假設工程？

(A)鷹架及工作架組立 (B)基礎開挖

(C)室內牆壁粉刷 (D)鋼筋綁紮組立

（105 建築師-建築構造與施工#36）

【解析】

假設工程定義：施工期間臨時性的保護措施工程，工程完成後，要拆除或清理項目。選項(A)鷹架及工作架組立符合此定義。

（B）5. 給水管路全部或部分完成後，應加水壓試驗，其試驗壓力及時間，下列何者較正確？

(A)試驗壓力不得小於 5 kg/cm^2；或該管路通水後所需承受最高水壓的 1.2 倍，並須保持 30 分鐘無滲漏現象，始為合格

(B)試驗壓力不得小於 10 kg/cm^2；或該管路通水後所需承受最高水壓的 1.5 倍，並須保持 60 分鐘無滲漏現象，始為合格

(C)試驗壓力不得小於 10 kg/cm^2；或該管路通水後所需承受最高水壓的 1.2 倍，並須保持 30 分鐘無滲漏現象，始為合格

(D)試驗壓力不得小於 5 kg/cm^2；或該管路通水後所需承受最高水壓的 1.2 倍，並須保持 60 分鐘無滲漏現象，始為合格

（105 建築師-建築構造與施工#68）

【解析】

建築物給水排水設備設計技術規範 3.5.16

用戶給水管線裝妥，在未澆置混凝土之前，自來水管承裝商應施行壓力試驗；壓力試驗之試驗壓力不得小於 10 kg/cm^2，並應保持 60 分鐘而無滲漏現象為合格。

（A）6. 公共工程之工程結案程序，下列何者正確？

①驗收 ②結算 ③申報竣工 ④監造查驗

(A)③④①② (B)④①②③ (C)③④②① (D)①②③④

（105 建築師-建築構造與施工#71）

【解析】

依據政府採購法施行細則§92

1. 廠商應於工程預定竣工日前或竣工當日，將竣工日期書面通知監造單位及機關。除契約另有規定者外，機關應於收到該書面通知之日起七日內會同監造單位及廠商，依據契約、圖說或貨樣核對竣工之項目及數量，確定是否竣工；廠商未依機關通知派代表參加者，仍得予確定。
2. 工程竣工後，除契約另有規定者外，監造單位應於竣工後七日內，將竣工圖表、工程結算明細表及契約規定之其他資料，送請機關審核。有初驗程序者，機關應於收受全部資料之日起三十日內辦理初驗，並作成初驗紀錄。

驗收順序為：③申報竣工→④監造查驗→①驗收→②結算。

（A）7. 下列那一種管材具有最高的熱脹係數（coefficient of thermal expansion）？

(A)塑膠管　(B)鋼管　(C)鑄鐵管　(D)玻璃管

（106 建築師-建築構造與施工#7）

【解析】

熱脹係數：(A)塑膠管 80 > (B)鋼管 13 > (C)鑄鐵管 9 > (D)玻璃管 7.1 10^{-6}/K @20°C。

（D）8. 臺灣因位居地震帶，建築物常需設計剪力牆來抵抗橫力作用，下列何種敘述較不適宜？

(A)平面力求簡單、規則及對稱

(B)若剪力牆無法對稱配置時，則建築物的質量中心與剛性中心須力求一致

(C)配置立面的剪力牆須注意垂直方向的連續性

(D)高層建築剪力牆配置，應由下而上直通屋頂，若頂樓不設剪力牆，則整體的剪力牆會完全無效

（106 建築師-建築構造與施工#27）

【解析】

頂樓載重較小可選擇不設。

（B）9. 下列四個 RC 柱梁構造建築的下排式廁所設計，較為正確的是：

(A)
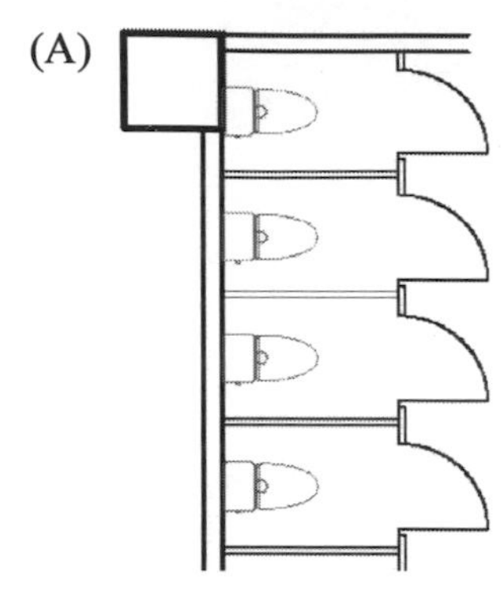

(B)
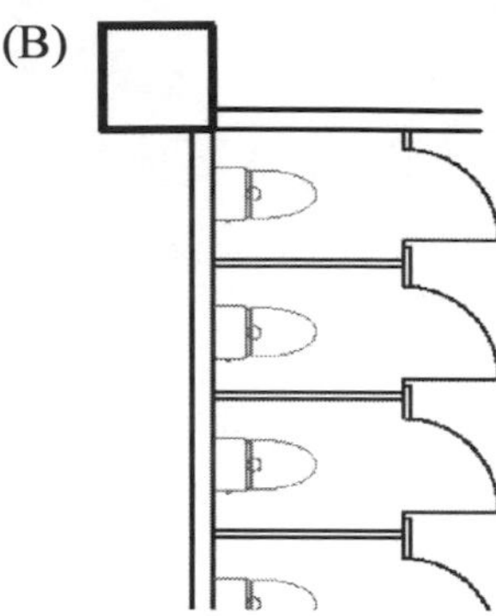

(C)
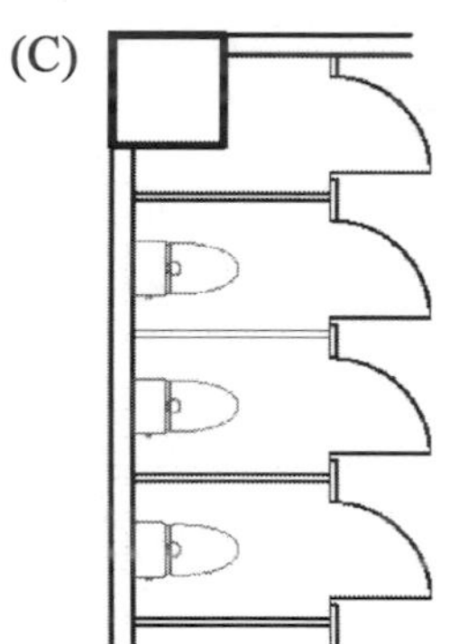

(D)
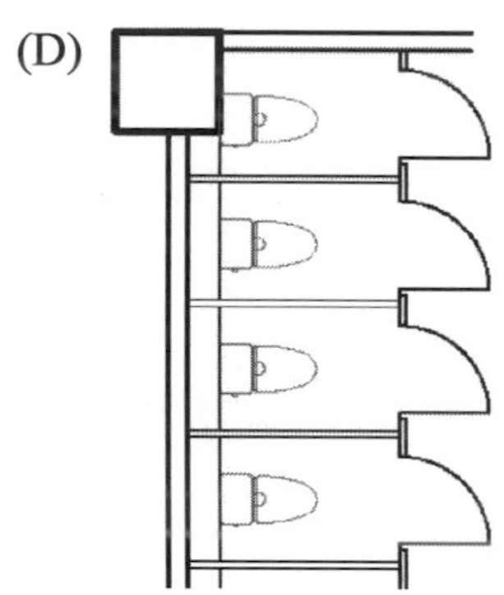

（106 建築師-建築構造與施工#36）

【解析】

(A)(C)向下排放，不可坐落於梁上。

(D)UT 系統衛浴排放口為後方（柱子無法排放）。

（C）10. 下列那一種工程項目屬於營造工程中所稱之假設工程？

(A)內牆粉刷 (B)澆置混凝土 (C)鷹架組立 (D)鋼筋綁紮

（106 建築師-建築構造與施工#37）

【解析】

假設工程：(C)鷹架組立，圍籬、洗車台、安全支撐……等等。

（A）11. 依建築物無障礙設施設計規範，無障礙停車位地面之表面不可使用何種材料？

(A)鬆散的砂或石礫 (B)水泥整體粉光 (C) PU 石化材料 (D)鋪地磚

（106 建築師-建築構造與施工#41）

【解析】

建築物無障礙設施設計規範 803.5

停車位地面：地面應堅硬、平整、防滑，表面不可使用鬆散性質之砂或石礫。

（A）12.有關設備材料與施工，下列敘述何者最不恰當？

(A)給水管可經由電梯豎穴配管，但要特別進行水壓試驗

(B)配管的彎曲加工，彎曲半徑應符合設計規定

(C)自然排煙窗的構成材料必須合於不燃材料的規定

(D)污水處理設備須為耐水材料製作，施工上必須注意確保不漏水

（106 建築師-建築構造與施工#68）

【解析】

(A)給水管**不可**經由電梯豎穴配管，且要特別進行水壓試驗。

（C）13.根據現行法令規定，施工方法之指導，如鋼材之銲接，應由何人負責？

(A)營造業負責人　(B)工地主任

(C)營造業專任工程人員　(D)監造建築師

（106 建築師-建築構造與施工#70）

【解析】

營造業法§3 專任工程人員：

係指受聘於營造業之技師或建築師，擔任其所承攬工程之施工技術指導及施工安全之人員。其為技師者，應稱主任技師；其為建築師者，應稱主任建築師。

（B）14.鋼構造建築物施工圖，英文字母（GT）為何？

(A)角梁　(B)圍梁　(C)大梁　(D)柵梁

（106 建築師-建築構造與施工#73）

【解析】

B 樑，C 柱子，F 基腳，G 大樑，GT 圍樑，J 柵樑，LL 下弦構材，P 桁條，UL 腹構材，UU 上弦構材。

（C）15.有關材料特性與隔熱性能之敘述，下列何者錯誤？

(A)材料熱阻係數越高，隔熱性能越佳

(B)材料熱傳導係數越低，隔熱性能越佳

(C)材料的吸水率會影響其隔熱性能，隔熱性能會因吸水率增高而增加

(D)相同材料，其厚度越大隔熱性能越佳

（107 建築師-建築構造與施工#2）

【解析】

(C)材料的吸水率會影響其隔熱性能，隔熱性能會因吸水率增高而**減小**。

（D）16.有關建築物外殼隔熱性能設計，下列何種方法可提升隔熱效果？

(A)選擇低熱阻性及低反射性之材料　　(B)選擇低熱容量之材料

(C)降低外殼構造之厚度　　(D)選用低熱傳導率之材料

（107 建築師-建築構造與施工#5）

【解析】

(A)選擇高熱阻性及高反射性之材料。

(B)選擇高熱容量之材料。

(C)**增加**外殼構造之厚度。

（B）17.下列何者不是薄殼系統？

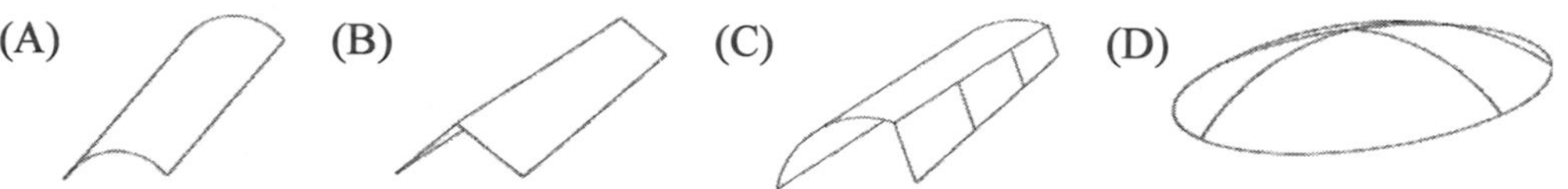

（107 建築師-建築構造與施工#6）

【解析】

(B)不完全可以定義為薄殼系統。是斜屋頂，可是用多種建材製作。

（A）18.下列高層公寓平面圖中，那一支梁受力情形（結構行為）與其他梁有顯著的不同，因此需要特別注意其配筋方式？

(A)圖中標示 A 處

(B)圖中標示 B 處

(C)圖中標示 C 處

(D)圖中標示 D 處

（107 建築師-建築構造與施工#27）

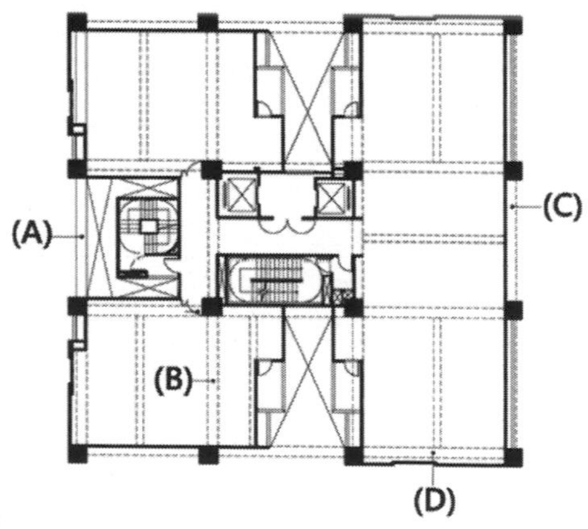

【解析】

(A)圖中標示 A 處，兩側皆無樓版。

（D）19.下列何項不是在臺灣設計薄膜構造建築物之優點？

(A)可跨越大空間　(B)輕量　(C)耐震　(D)隔熱

（108 建築師-建築構造與施工#13）

【解析】

在台灣設計薄膜構造建築物之優點：大跨距，重量輕，耐震，較透光……

缺點：隔熱差、載重輕……

（B）20.有關耐震構造，下列敘述何者錯誤？

(A)耐震構造是一種透過建築物各層結構構材的降伏變形來吸收地震能量的構造

(B)耐震構造的建築物若為高層及超高層時因震動的週期較短，因此可透過地盤迅速獲得衰減消散

(C)制震構造是指在建築物主要構造體上裝置可吸收震動能量的設備，以減低建築物因地震所產生的震動或因強風所產生的建築物搖晃的一種構造

(D)免震構造是將水平方向自由度高的構材導入於剛性較高的建築物（大多都放置在基礎部分）的一種構造　　**（108 建築師-建築構造與施工#17）**

【解析】

(B)耐震構造的建築物若為高層及超高層時因震動的週期較短，因此可透過**建築物耐震元件**迅速獲得衰減消散。

（D）21.下列何者不屬於弱電系統？

(A)電信系統　(B)廣播系統　(C)監視系統　(D)電力系統

（108 建築師-建築構造與施工#45）

【解析】

弱電設備：（1）安保監控類、（2）通信自動化類、（3）自動化管理類、（4）車庫管理類、（5）佈線類。選項(D)，電力系統不包括在內。

（D）22.盛行於日本、歐洲的開放式建築為 1968 年由荷蘭學者 John Habraken 所提出來的概念。他主張把住宅依據生命週期特性，區分為支架體（Support）與填充體（Infill）。前者主要為結構體、幹管等建築物的骨幹，為不可動的部分；後者則是可依使用者居住與維護的需求有所變更，故採用可彈性調整的建築組件或設備。若臺灣某一建商想依據「開放式」的原理來推集合住宅建案，則下列何種空間處理的構法，不符合開放式建築其「可彈性調整且易於維護」的精神？

(A)明管明線、當層檢修，且設置足夠面積的管道維修空間與較大面積的檢修門

(B)整體衛浴搭配結構體（樓板）的降板，讓污水管線於當層，而非經過下層排入幹管

(C)高架地板下與天花板上，配設可撓式配管，讓管線有足夠空間配設與維護

(D)為了達到隔間的可動化與輕量化，住戶內的所有隔間以骨架封板灌漿牆或是以 ALC 磚牆來組立　　**（108 建築師-建築構造與施工#64）**

【解析】

(D)為了達到隔間的可動化與輕量化，住戶內的所有隔間以**骨架封板塞隔音棉方式輕隔間**~~骨架封板灌漿牆或是以 ALC 磚牆~~來組立。

（B）23.營建材料表面粗糙時，陽光照在上面有助於何種光學行為的產生？
(A)折射　(B)漫射　(C)反射　(D)直射

（109 建築師-建築構造與施工#1）

【解析】

漫射的原理是平行的入射光線射到凹凸不平的粗糙表面，表面會把光線不規則的向著不同方向反射，由於各點的反射方向不一致，而出現漫社的現象，其反射的光就稱為漫射光。

（C）24.下列何種樓梯間開窗可減少眩光的產生，並具有良好的漫射光？

(A)
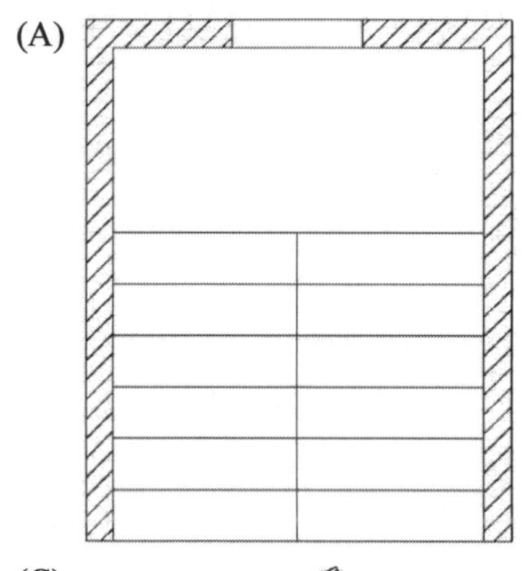

(B)
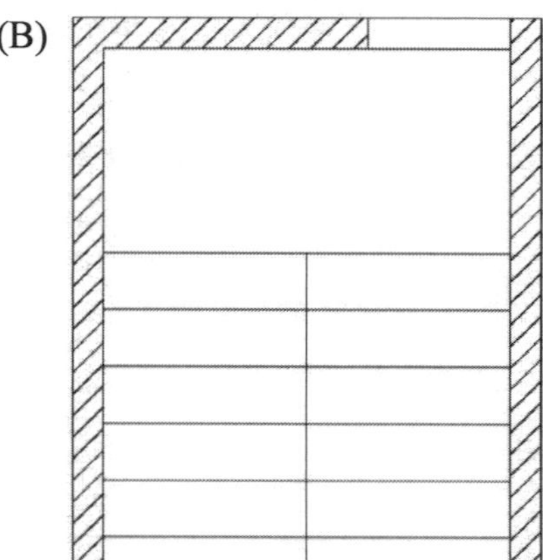

(C)
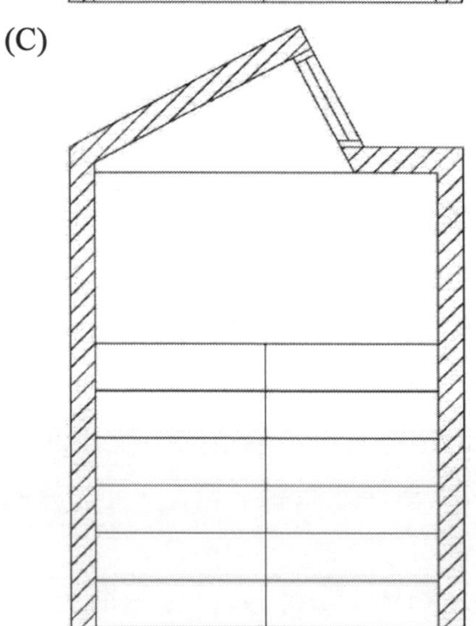

(D)
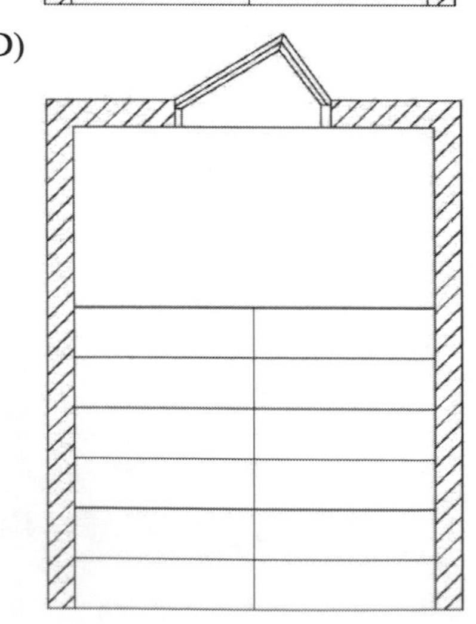

（109 建築師-建築構造與施工#2）

（#）25. 智慧建築中各項設施之整合管理以確保系統的可靠性、安全性、使用方便性，係屬下列何種指標？**【答 C 或 D 或 CD 者均給分】**

(A)綜合佈線　　(B)資訊通信　　(C)系統整合　　(D)設施管理

（109 建築師-建築構造與施工#43）

【解析】

智慧建築標章指標意涵介紹：

智慧建築解說與評估手冊 2011 年版中提到建築物智慧化之面向包含「主動感知的能力」、「最佳的解決途徑（系統的綜效）」、及「友善的人機介面」等三大精神，為使智慧建築之評估得以更加符合建築物智慧化精神與時代潮流，新版智慧建築指標架構依據各指標之性質區分為「基礎設施指標群」與「功能選項指標群」兩大指標群。

基礎設施指標群包含資訊通信、綜合佈線、系統整合及設施管理等四項指標。

（1）系統整合指標：

隨著現代化科技的進步與人們的需求，各種應用建構在建築物上的自動化服務系統不斷的創新與發展，種類繁多複雜，如空調監控系統、電力監控系統、照明監控系統、門禁控制、對講系統、消防警報系統、安全警報系統、停車場管理系統等等，但因這些不同的應用服務子系統，常出自不同的製造商或系統商，使得系統設備間無法資源共享，彼此間的訊息也無法相互溝通與綜合協調運用，而限制了建築物整體服務管理的成效，也阻礙了建築物未來的永續發展。

因此，「系統整合指標」是基於建築的永續營運管理與發展來訂定的，其目的是做為評定在建築物內各項自動化服務系統在系統整合上之作為、成效與效益，也能藉此讓建築業主與管理者可以了解，對於建築物各項智慧化系統在規劃導入之時，在系統整合上應考量與注意的重點與方向，期能達到提高整體管理的效率與綜合服務的能力，降低建築物的營運成本，且能發揮在建築物內發生突發事件之控制與處理能力，將災害損失減少到最低限度。

（2）設施管理指標：

智慧型建築之效益係透過自動化之裝置與系統達到節省能源、節約人力與提高知性生產力之目的。其所可能涵蓋之系統設施將包括資訊通信、防災保全、環境控制、電源設備、建築設備監控、系統整合及綜合佈線與設施管理等系統之整合連動。即運用高科技把有限資源及建築空間進行綜合開發利用，以提供舒適、安全、便捷之使用環境，並有效地節省建築費用、保護環境及降低資源消耗。所以需有良好的設施管理才能確保各系統的正常運轉並發揮其智慧化的成效。設施管理系統之設計除須滿足現有相關法規之要求外，確保系統的可靠性、安全性、使用方便性及充分應用先進技術來設計為目標，以使建築物保持良好智慧化之狀態。

參考來源：智慧綠建築專區-智慧建築標章介紹。

（B）26.根據設計圖說（包括構想圖、設計圖及施工規範等）而製作完成之圖樣為何？
(A)規劃圖 (B)施工製造圖 (C)請照圖 (D)竣工圖

（109 建築師-建築構造與施工#51）

【解析】

營造業法第 26 條

營造業承攬工程，應依照工程圖樣及說明書，製作工地現場施工製造圖及施工計畫書，負責施工。

（C）27.有關牆壁及其開口之施工等敘述，下列何者正確？
(A)燃氣管材得與給水管一起埋設於牆體中
(B)相同條件的窗戶，使用一般玻璃的厚薄與隔音性能無關
(C)普通玻璃磚牆僅作採光不能承受載重
(D)鋼筋混凝土牆壁的開口角隅部並不需要鋼筋補強

（109 建築師-建築構造與施工#56）

【解析】

(A)建築技術規則建築設備編 第 79 條
燃氣設備之燃氣供給管路，應依下列規定：三、不得埋設於建築物基礎、樑柱、牆壁、樓地板及屋頂構造體內。

(B)以相同材質的構造體比較，厚度厚，隔音越好。

(D)牆開口角隅處最脆弱，易因地震搖晃造成裂縫致使滲漏；故於開口周邊可以周邊水平及直筋主筋五號鋼筋綁紮，牆系統化套件綁紮，再置入斜筋補強，若還需加固可於室內側最外層再置入鐵鋼防止混凝土表面細微裂縫產生。

（C）28.有關開放建築（open building）之敘述，下列何者錯誤？
(A)強調支架體與填充體分離之概念
(B)初始投資成本較傳統工法高
(C)強調建築內外部與開放空間之整合性
(D)強調乾式施工與明管設計

（109 建築師-建築構造與施工#69）

【解析】

Open Building 是指「開放系統營建」，建築內外部的開放空間的整合是「open space」。

（A）29.有關防災之敘述，下列何者正確？

(A)特別安全梯為自室內經由陽台或排煙室始得進入梯間之安全梯

(B)在建築設計施工篇中指的高層建築物是指 60 公尺或 20 層樓以上之建築物

(C)鋼筋混凝土 5 公分的樓地板就可達到 1 小時以上防火時效

(D)室內消防栓設備屬於警報設備的一種

（109 建築師-建築構造與施工#71）

【解析】

(B) 在建築設計施工篇中指的高層建築物是指 50 公尺或 16 層樓以上之建築物

(C) 建築技術規則 第 73 條

具有一小時以上防火時效之牆壁、樑、柱、樓地板，應依左列規定：

一、牆壁：(一) 鋼筋混凝土造、鋼骨鋼筋混凝土造或鋼骨混凝土造厚度在 7 公分以上者。

(D)各類場所消防安全設備設置標準 第 9 條

警報設備種類如下：

一、火警自動警報設備。

二、手動報警設備。

三、緊急廣播設備。

四、瓦斯漏氣火警自動警報設備。

五、一一九火災通報裝置。

（C）30.為降低交通道路建設時對自然環境及生物棲息地造成衝擊，採用下列四項規劃原則的優先順序應為何？

(A)迴避→最適化→最小化→補償　　(B)最小化→最適化→迴避→補償

(C)迴避→最小化→補償→最適化　　(D)最小化→補償→最適化→迴避

（110 建築師-建築構造與施工#70）

【解析】

在工程進程配合上，工程前期，如計畫提送，或可行性研究階段等大尺度計畫，應強調大尺度迴避及縮小策略之應用；工程中期，如規劃、設計階段，應強調中尺度迴避、縮小、減輕及補償策略之應用；而工程後期，如細部設計或施工階段，應強調細微尺度上迴避、縮小及減輕策略之應用。另外，生態工程的策略運用應注意空間與時間之尺度，且在不同時間與空間尺度下，重要的是策略應用的順序，而非策略應用之成本、量體大小等。故優先順序應為迴避、縮小、減輕及補償。

（D）31.有關隔熱塗料節能原理，下列敘述何者錯誤？

(A)隔熱塗料結構部分，分成底漆、隔熱漆及面漆

(B)主要傳熱原理包含熱傳導、輻射、對流

(C)傳導為產生微細蜂巢狀組織，增加熱能散射、折射與消散

(D)輻射表面層多以深色、光亮面漆提高光輻射熱反射

（111 建築師-建築構造與施工#31）

【解析】

輻射熱需藉光滑的鏡面反射，反射輻射熱，以避免熱量流失。

（D）32.下列戶外停車場設置透水磚鋪面中，下列何者不是路緣石的功能？

(A)控制透水磚不向外側草皮區位移

(B)抑制透水磚受車輛輪胎摩擦力滾動，減少透水磚鬆脫位移

(C)防止草地侵入透水磚鋪面

(D)阻絕雨水向鋪面外漫流

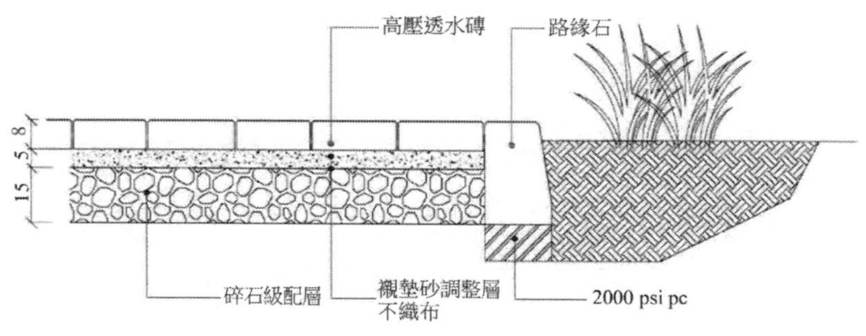

戶外鋪面剖面圖（單位：公分）

（111 建築師-建築構造與施工#54）

【解析】

路緣石的功能與阻絕雨水無關。

（A）33.建築工程發包文件中，說明材料特性和施工原則的是：

(A)施工規範　(B)裝修表　(C)外牆剖面圖　(D)項目與數量表

（111 建築師-建築構造與施工#64）

【解析】

(B)裝修表為註明各建築部位之材質。

(C)外牆剖面圖是交代建築高度、外牆材料、雨遮及陽台等。

(D)項目與數量表則為材料清單與各建築部位使用數量合計。

（D）34.下列那幾種管線適合配置在同一管道間中？

①強電　②給水　③排水　④消防　⑤弱電

(A)①②③　(B)①④⑤　(C)①③④　(D)②③④

（111 建築師-建築構造與施工#68）

【解析】

電力系統應與給排水系統應分隔開，不宜配置於同一管道間。

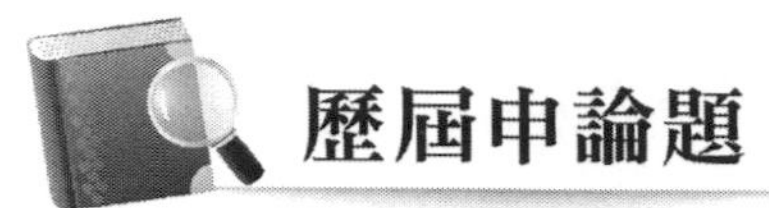

歷屆申論題

一、試述目前中華民國建築技術規則之構造編對於主要建築構造方式之定義及說明。（25分）

（106公務高考-建築營造與估價#3）

參考題解

（依建築技術規則構造篇規定）

主要構造方式	定義	說明
磚構造	磚構造建築物，指以紅磚、砂灰磚、混凝土空心磚為主要結構材料構築之建築物。	1. 材料要求：包括紅磚、砂灰磚、混凝土空心磚、填縫用砂漿材料、混凝土空心磚空心部分填充材料、混凝土及鋼筋等。 2. 牆壁設計原則。 3. 加強磚造建築物：磚結構牆上下均有鋼筋混凝土過梁或基礎，左右均有鋼筋混凝土加強柱。過梁及加強柱應於磚牆砌造完成後再澆置混凝土。 4. 加強混凝土空心磚造建築物。 5. 砌磚工程施工要求。
木構造	以木材構造之建築物或以木材為主要構材與其他構材合併構築之建築物。	木構造建築物之簷高不得超過十四公尺，並不得超過四層樓。但供公眾使用而非供居住用途之木構造建築物，結構安全經中央主管建築機關審核認可者，簷高得不受限制。
鋼構造	應用鋼材建造建築結構之技術規則，作為設計及施工之依據。但冷軋型鋼結構、鋼骨鋼筋混凝土結構及其它特殊結構，不在此限。	1. 設計原則。 2. 設計強度及應力。 3. 構材之設計。 4. 接合設計。

主要構造方式	定義	說明
混凝土構造	建築物以結構混凝土建造之技術規則。	1. 通則。 2. 品質要求 3. 設計要求 4. 耐震設計之特別規定 5. 強度設計法 6. 工作應力設計法 7. 構件與特殊構材
鋼骨鋼筋混凝土構造	應用鋼骨鋼筋混凝土建造之建築結構。	1. 設計原則 2. 材料 3. 構材設計 4. 接合設計 5. 施工
冷軋型鋼構造	應用冷軋型鋼構材建造之建築結構。	1. 設計原則 2. 設計強度及應力 3. 構材之設計 4. 接合設計

二、於高層建築新建工程，建築結構設計與施工間如何整合？（20 分）

（107 公務高考-建築營造與估價#1）

參考題解

高層建築結構系統考量項目	結構設計與施工整合考量項目	影響要素
土建		
開挖系統	開挖方式選用（順打、逆打…） 開挖擋土（邊坡明挖、板樁、橫擋支保、邊區逆打…）	工期、工區配置（料件尺寸、暫存、取土口…）、塔吊位置、進出料動線、施工法。
構造系統	構造系統選用（RC、SRC、SC）	工期、工區配置（料件尺寸、加工）、塔吊位置、施工法：模板、電銲等工種。
耐震系統	高韌性結構 制震系統 隔震系統	梁柱及接頭韌性設計。 制震消能元件裝配方式、局部結構補強、施工預留接頭。 隔震層設置位置、伸縮縫
外牆帷幕	材料選用（PC、玻璃、金屬、單元式、框架式） 吊裝方式選用（塔吊掛、牽引吊掛、軌道式）	吊裝數量、速度、載重能力、安裝方式、預留一次、二次鐵件…。施加預力結構強度補強。

高層建築結構系統考量項目	結構設計與施工整合考量項目	影響要素
防火區劃	區劃方式（用途、面積、豎道） 區劃構造(防火時效牆、版、梁柱)	區劃空間構造及施工法。區劃構造保護層規定、包覆材料選擇。
機、水電		
消防系統 給排水	撒水系統選用（水、氣體滅火） 供水方式選用（上給水、下給水） 給水選用（中繼水箱）	水箱位置結構強度。
運輸系統	運輸區劃選用（單、雙層式、天空大廳式、雙層電梯式）	機廂豎道配置（核心式、分散式結構）配合結構系統方式。樓層高度、機房高度限制。
逃生避難	避難層（1F、RF、其他）	屋頂平台留設、防火時效考量、避難層開口數量留設。

三、請説明綠營建之定義與概念？（7分）營建自動化對於地球環保有何助益？（8分）

（108公務高考-建築營造與估價#5）

參考題解

項目	內容
綠營建之定義與概念	自建築工程規劃、設計、施工等生命週期中，加入生態、環保概念，在材料、廢棄物及工法採用對環境衝擊較小、低汙染公害之方式施作，以回應環境之永續。
營建自動化對於地球環保之助益	意指以工業生產方式來營建施工，諸如規格化、預鑄化、自動機具施工等構成完整生產體系。藉由此方式可減少營建廢棄物、空氣汙染以及營建材料，因此對於地球環保助益甚大。

四、試繪圖並說明何謂 SI（Skeleton Infill）建築構法？採用此種構法可以為建築永續發展帶來那些影響？（15 分）

（108 地方三等-建築營造與估價#1）

參考題解

【參考九華講義-建築營造與估價 第一章 構造概論】

（一）有別於傳統建築營建，將建築視為結構框架與室內天、地、壁、設備…等兩大部分，其概念在於減少使用混凝土（泥作），除結構框架外，其餘室內天、地、壁裝修行為、消防等設備，皆以乾式施作為依歸，以因應建築生命週期中對使用需求的變動，以達到減少對環境破壞的目的。

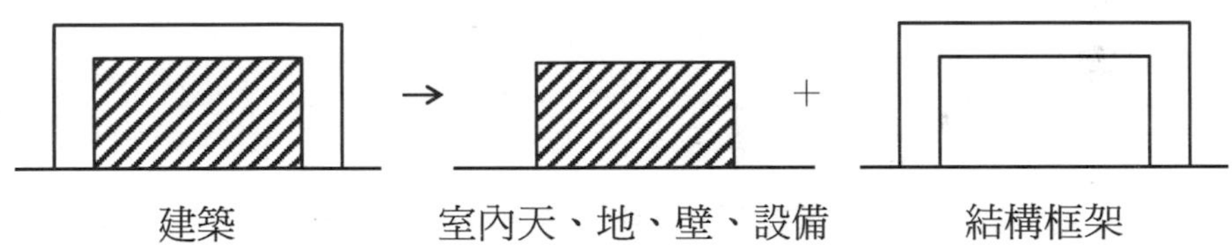

（二）室內使用需求的變動相較於結構框架，在建築生命週期中的變化較大，當需求變動而必須更動室內天、地、壁、設備等構件時，以乾式工法較易於達成降低二氧化碳排放量，減少拆除後所產生的廢棄物量，健康室內環境等優點，有益於建築永續發展。

五、何謂基本設計？何謂細部設計？依行政院公共工程委員會「機關委託技術服務廠商評選及計費辦法」，其各包含那些主要內容？請以一個小型建築物新建工程為例，說明在此工程專案中上述兩種設計分別需要做到那些項目及程度？（25 分）

（109 地方三等-建築營造與估價#1）

參考題解

（一）1. 基本設計：對建築基地做初步調查及探勘後，做建築物之方案規劃、基本空間配置、結構、設備、構造上之方案、工程預算及時程等初步概估，以作為細部設計之基礎。

2. 細部設計：將基本計畫成果發展為實際可執行之完整設計，包含相關土建及機電部分、並納入各項實際規範需求，實際預算與工程期程等，作為工程發包之依歸。

（二）依行政院公共工程委員會「機關委託技 術服務廠商評選及計費辦法」

基本設計	1. 規劃報告及設計標的相關資料之檢討及建議。 2. 非與已辦項目重複之詳細測量、詳細地質調查、鑽探及試驗及招標文件所載其他詳細調查、試驗或勘測。 3. 基本設計圖文資料： （1）構造物及其環境配置規劃設計圖。 （2）基本設計圖。如平面圖、立面圖、剖面圖及招標文件所載其他基本設計圖。 （3）結構及設備系統研擬。 （4）工程材料方案評估比較。 （5）構造物型式及工法方案評估比較。 （6）特殊構造物方案評估比較。 （7）構造物耐震對策評估報告。 （8）構造物防蝕對策評估報告。 （9）綱要規範。 4. 量體計算分析及法規之檢討。 5. 細部設計準則之研擬。 6. 營建剩餘土石方之處理方案。 7. 施工規劃及施工初步時程之擬訂。 8. 成本概估。 9. 採購策略及分標原則之研訂。 10. 基本設計報告。
細部設計	1. 非與已辦項目重複之補充測量、補充地質調查、補充鑽探及試驗及其他必要之補充調查、試驗。 2. 細部設計圖文資料： （1）工程圖文資料。如配置圖、平面圖、立面圖、剖面圖、排水配置圖、地質柱狀圖等。 （2）結構圖文資料。如結構詳圖、結構計算書等。 （3）設備圖文資料。如水、電、空調、消防、電信、機械、儀控等設備詳圖、計算書、規範等。 3. 施工或材料規範之編擬。 4. 工程或材料數量之估算及編製。 5. 成本分析及估算。 6. 施工計畫及交通維持計畫之擬訂。

	7. 分標計畫及施工進度之擬訂及整合。 8. 發包預算及招標文件之編擬。

（三）

基本設計	調查 及方案分析	1. 規劃報告及設計標的相關資料之檢討及建議。 2. 詳細地質調查、鑽探及試驗及招標文件所載其他詳細調查、試驗或勘測。 3. 量體計算分析及法規之檢討。
	基本圖說 及規範	1. 構造物及其環境配置規劃設計圖。 2. 基本設計圖。如平面圖、立面圖、剖面圖及招標文件所載其他基本設計圖。 3. 構及設備系統研擬。 4. 綱要規範。 5. 細部設計準則之研擬。
	工程概估	1. 工程材料方案評估比較。 2. 構造物型式及工法方案評估比較。特殊構造物方案評估比較。 3. 營建剩餘土石方之處理方案。 4. 施工規劃及施工初步時程之擬訂。 5. 成本概估。
細部設計	補充調查 及方案分析	1. 補充測量、補充地質調查、補充鑽探及試驗及其他必要之補充調查、試驗。
	詳細圖說 及規範	1. 工程圖文資料。如配置圖、平面圖、立面圖、剖面圖、排水配置圖、地質柱狀圖等。 2. 結構圖文資料。如結構詳圖、結構計算書等。 3. 設備圖文資料。如水、電、空調、消防、電信、機械、儀控等設備詳圖、計算書、規範等。 4. 施工或材料規範之編擬。
	工程估算	1. 工程或材料數量之估算及編製。 2. 成本分析及估算。 3. 施工計畫及交通維持計畫之擬訂。 4. 分標計畫及施工進度之擬訂及整合。 5. 發包預算及招標文件之編擬。

六、何謂 PCM（Professional Construction Management）？在一般營建工程專案中，何種狀況下應考慮導入 PCM？並請繪圖說明在整個工程專案各階段中，PCM 廠商與業主、設計、監造、施工方之間的關係。（25 分）

（109 地方三等-建築營造與估價#2）

參考題解

（一）為因應工程規模及樣態日益龐大、複雜，導致業主執行專案在人力、技術、專業上之困難，故以 PCM 導入工程，參與工程規劃、設計、施工營建階段，對工程目標、品質、進度、成本等作有效管控，藉以如期如質完成工程。

（二）導入 PCM 狀況

計畫管理	由業主委託之 PCM 廠商，代業主執行權計畫之管理。
監造管理	除專案管理外，亦執行案件之監造作業，如統包工程。
工程管理	主要執行工程之管理，可於案件之不同階段管理。

（三）PCM 廠商與各方關係

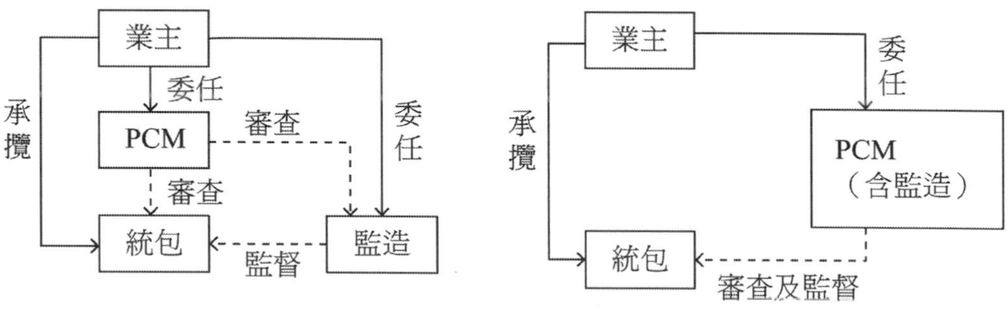

七、試說明綠建築九大指標中「基地保水指標」的意義及其在建築工程應用上的規劃重點。（20 分）

（109 鐵路高員級-建築營造與估價#4）

參考題解

（一）「基地保水指標」的意義：基地的保水性能係指建築基地內自然土層及人工土層涵養水分及貯留雨水的能力。基地的保水性能愈佳，基地涵養雨水的能力愈好，有益於土壤內微生物的活動，進而改善土壤之活性，維護建築基地內之自然生態環境平衡。

（二）規劃基地保水性能的手法，大致可分為四大類重點：

1. 增加土壤地面：可增加雨水的直接入滲效果，通常土壤地面用來作為種植植栽的綠地，屬於最自然、最環保的保水設計。

2. 增加透水鋪面：一般良好透水鋪面的透水性能相當於裸露土地，可以增加透水鋪面積。
3. 貯留滲透設計：就是讓雨水暫時貯存於水池、低地，再慢慢以自然滲透方式滲入大地土壤之內的方法，是一種兼具防洪功能的生態透水設計。
4. 花園雨水截留設計：指設置於建築物屋頂、陽台及有地下室地面等人工地盤上的花園植栽槽，採用截留雨水的設計，以達到部分保水的功能。

八、二氧化碳減量之建築構法，可能成為我國營建政策發展方向之一。（每小題 10 分，共 20 分）

（一）請比較木構法、鋼構法與鋼筋混凝土構法，何種較能減低二氧化碳產生量？

（二）在臺灣氣候與地理條件下，何種構法較適用於臺灣作為二氧化碳減量之建築構法使用？其缺點與限制為何？如何解決？

（105 地方四等-施工與估價概要#1）

參考題解

（一）一般而言，RC 構造較鋼構造產生二氧化碳量約 1.5 倍，木構造自生產過程能吸收大氣二氧化碳最能減少溫室氣體量。以生命週期來說，若木構造保護得宜，生命週期並不比鋼構造或 RC 構造要低。因此 RC＞鋼＞木構造。

（二）

構造種類	構造限制	二氧化碳排放
RC 構造	造型較自由。	最高
鋼構造	造型最自由。	次高
木構造	造型受限簷高限制 14M，4F。	最低

木構造與鋼構造適用於臺灣作為二氧化碳減量之建築構法使用：

1. 高層建築可使用鋼構造，強度與造型自由，受限較少。
2. 較低矮樓層可使用木構造，受限於牆度與耐火規範，可研發集成木構造，提升強度；增加構材斷面或塗佈表面防火材料，增加防火性能。

九、建築工程之施工方法可大致歸類成三大類，試説明建築工程施工方法之乾式施工、溼式施工及乾溼混合施工。（25 分）

（106 公務普考-施工與估價概要#2）

參考題解

	乾式	濕式	乾溼混合
構造方式	以單元接合方式施作。	以水化反應構築。	利用乾式、濕式兩者構築。
優點	施工快速。 品質穩定。	造型自由。 整體接合。	兼具快速與整體接合。
缺點	構件接合品質要求高。 單元尺寸受現場空間限制。	施工較慢。 品質控制不易。 施工介面較多。	構件尺寸受限。 施工較乾式長。
構造形式	鋼構造	RC 構造	SRC、半預鑄工法。

十、依據建築物無障礙設施設計規範，設計坡道時在坡道及平台兩部分應滿足那些規定？（20 分）

（106 地方四等-施工與估價概要#2）

參考題解

依照無障礙設計規範

206.1 在無障礙通路上，上下平台高低差超過 3 公分，或連續 5 公尺坡度超過 1/15 之斜坡，應設置符合本節規定之坡道。

206.2.1 引導標誌：坡道儘量設置於建築物主要入口處，若未設置於主要入口處者，應於入口處及沿路轉彎處設置引導標誌。

206.2.2 寬度：坡道淨寬不得小於 90 公分；若坡道為取代樓梯者（即未另設樓梯），則淨寬不得小於 150 公分。

206.2.3 坡度：坡道之坡度（高度與水平長度之比）不得大於 1/12；高低差小於 20 公分者，其坡度得酌予放寬，惟不得超過下表規定。

高低差	20 公分以下	5 公分以下	3 公分以下
坡度	1/10	1/5	1/2

206.2.4 地面：坡道地面應平整（不得設置導盲磚或其他妨礙輪椅行進之舖面）、堅固、防滑。

206.3.1 端點平台：坡道起點及終點，應設置長、寬各 150 公分以上之平台，且該平台之坡度不得大於 1/50。

206.3.2 中間平台：坡道每高差 75 公分，應設置長度至少 150 公分之平台（圖 206.3.1），平台之坡度不得大於 1/50。

206.3.3 轉彎平台：坡道方向變換處應設置長寬各 150 公分以上之平台，該平台之坡度不得大於 1/50，坡道因轉彎角度不同其平台設置方式亦不同。

206.4.1 坡道邊緣防護：高低差大於 20 公分者，未鄰牆壁之一側或兩側應設置不得小於高度 5 公分之防護緣，該防護緣在坡道側不得突出於扶手之垂直投影線外（圖 206.4.1.1）；或設置與地面淨距離不得大於 5 公分之防護桿（板）（圖 206.4.1.2）。

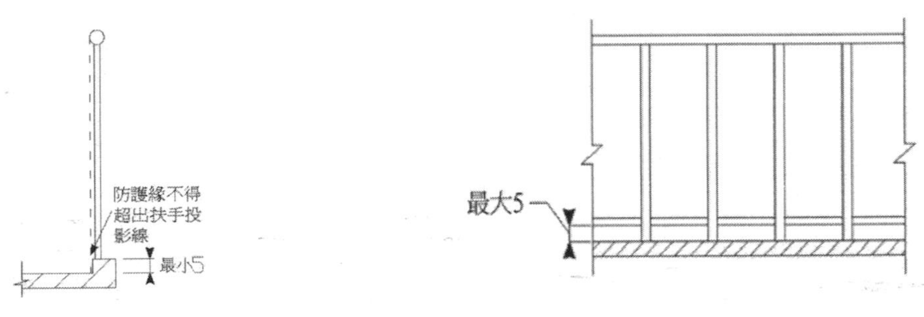

圖 206.4.1.1　　圖 206.4.1.2

206.4.2 護欄：坡道高於鄰近地面 75 公分時，未臨牆之一側或兩側應設置高度不得小於 110 公分之防護欄；十層以上者，不得小於 120 公分。

十一、請問建築師繪製的設計施工圖（working drawing）與營造廠繪製的製作施工圖（shop drawing）有何差異？（20 分）

（107 公務普考-施工與估價概要#1）

參考題解

	設計施工圖	製作施工圖
要旨	其旨在傳達設計意圖，表現材料、構法…等。	其旨在確保設計能如實如質完成，檢討材料、尺寸、工法…等。
繪製	建築師由建築設計圖發展而來。 著重整體	營造廠由設計施工圖發展而來。 著重細部。
檢討	審查製作施工圖是否符合設計、契約、規範精神，如有違反，製作施工圖應作修改。	檢視設計施工圖後發展各部，針對工法、材料供給、尺寸、接合…等是否合理做檢討，如確有困難，設計施工圖應作調整。

十二、於建築工程上，常用的假設工程有那些種類？（20 分）

（107 公務普考-施工與估價概要#2）

參考題解

假設工程：施工時為配合工程之進行所必須架設之臨時設施，且於完成各該工項後拆除，工程完竣則無假設工程之存在。

項目	假設工程內容
工址場地	地坪、堆料廠、加工機具／台。
圍牆	圍籬、交通號誌／燈、混凝土塊。
假設建物	工務所、倉庫、宿舍。
施工架	鷹架、帆布、防墜網。
支保設施	擋土壁、垂直／水平支撐、各式斜撐、地錨、施工台。
水電	臨時接水用電設施。

十三、我國資通訊科技發達，國內也已推行智慧建築標章之制度，試說明建築物欲獲取智慧建築標章，須符合那些條件？（25 分）

（111 公務普考-施工與估價概要#1）

參考題解

【參考九華講義-構造與施工 第一單元 概論】

建築物欲獲取智慧建築標章須符合條件：

指標	內容
1. 綜合佈線指標	綜合佈線是一種提供通信傳輸、網絡連結，建構智慧服務的基礎設施，其目的在提供智慧建築得以綜合其結構、系統、服務與營運管理，運行最佳化之組合，達成高效率、高功能與高舒適性的居住功效，同時滿足使用者的舒適性、操作者的方便性、設備的節能性、管理的永續性與資訊化的服務性。建築物之智慧化，首要在建置各種資訊、通信、控制與感知系統，提供現代生活的高速連網、語音數據、資訊擷取、影音娛樂、監控管理與便利居家等服務，而系統之連結與整合，則須倚賴綜合佈線有效之規劃建置與管理。
2. 資訊通信指標	智慧建築所需之資訊及通信系統應能對於建築物內外所須傳輸的訊息（包含語音、文字、圖形、影像或視訊等），具有傳輸、儲存、整理、運用等功能；由於科技發展快速，資訊及通信之傳輸速度也在不斷的提高，所需傳送的資訊

指標	內容
	量也不斷的增加，因此，智慧建築之資訊及通信系統應能提供建築物所有者及使用者最快速及最有效率的資訊及通信服務，以期能確實提高建築物及其使用者的競爭力；相關資訊及通信系統機能的規劃、設計、建置與維運，必須確保系統的可靠性、安全性，使用的方便性及未來的擴充性，並充分應用先進的技術來實現。
3. 系統整合指標	隨著現代化科技的進步與人們的需求，各種應用建構在建築物上的自動化服務系統不斷的創新與發展，種類繁多複雜，如空調監控系統、電力監控系統、照明監控系統、門禁控制、對講系統、消防警報系統、安全警報系統、停車場管理系統等等，但因這些不同的應用服務子系統，常出自不同的製造商或系統商，使得系統設備間無法資源共享，彼此間的訊息也無法相互溝通與綜合協調運用，而限制了建築物整體服務管理的成效，也阻礙了建築物未來的永續發展。 因此，「系統整合指標」是基於建築的永續營運管理與發展來訂定的，其目的是做為評定在建築物內各項自動化服務系統在系統整合上之作為、成效與效益，也能藉此讓建築業主與管理者可以了解，對於建築物各項智慧化系統在規劃導入之時，在系統整合上應考量與注意的重點與方向，期能達到提高整體管理的效率與綜合服務的能力，降低建築物的營運成本，且能發揮在建築物內發生突發事件之控制與處理能力，將災害損失減少到最低限度。
4. 設施管理指標	智慧型建築之效益係透過自動化之裝置與系統達到節省能源、節約人力與提高知性生產力之目的。其所可能涵蓋之系統設施將包括資訊通信、防災保全、環境控制、電源設備、建築設備監控、系統整合及綜合佈線與設施管理等系統之整合連動。即運用高科技把有限資源及建築空間進行綜合開發利用，以提供舒適、安全、便捷之使用環境，並有效地節省建築費用、保護環境及降低資源消耗。所以需有良好的設施管理才能確保各系統的正常運轉並發揮其智慧化的成效。設施管理系統之設計除須滿足現有相關法規之要求外，確保系統的可靠性、安全性、使用方便性及充分應用先進技術來設計為目標，以使建築物保持良好智慧化之狀態。
5. 安全防災指標	安全防災指標是於評估建築物透過自動化系統，分別從「偵知顯示與通報性能」、「侷限與排除性能」、「避難引導與緊急救援」三個層面下，對於可能危害建築物或威脅使用者人身安全之災害，達到事先防範、防止其擴大與能順利避難之智慧化性能指標。因此，安全防災主要目標（Goals）是以保命護財為核

指標	內容
	心，以更有效且符合人性化與生活化設計為方向，提供使用者一安全無虞之使用及生活環境；其執行目標（Objectives）則並不是漫無止盡的投資與增設系統，而是於現階段科技發展下，思考以合法規設之安全相關設備如何以可行、有效之方式，產生適當的連動順序，進而達到設備減量與系統整合，以及主動性防災智慧化程度。
6. 節能管理指標	以往建築設備的發展，主要是提高建築的經濟性與便利性，但隨著社會的富裕，對舒適性的要求逐漸增加。然而為了維持建築環境的舒適，建築設備消耗掉大量的能源，在地球環境意識抬頭的今日，考慮各項節能之技術已漸成為建築設備重要的課題。 本指標以「節能效益」與「能源管理」等面向為評估內容，主要評估智慧型建築物設備系統之節能效益，以各類建築物用電之空調、照明、動力設備等為主，評估空調、照明、動力設備等設備系統是否採用高效率設備，是否具有空調、照明、動力設備之節能技術，是否具有再生能源設備等，再配合評估是否具有能源監控管理功能。
7. 健康舒適指標	「健康舒適」指標區分成「空間環境」、「視環境」、「溫熱環境」、「空氣環境」、「水環境」與「健康照護管理系統」等六大項目。所謂「空間環境」指標乃是指建築物室內空間具有開放性與彈性，可提供高效率與便利的工作環境，以保持室內空間的便利性與舒適性。「視環境」指標乃是指建築物室內採光環境與照明環境間所形成之室內綜合視覺環境舒適性的指標。「溫熱環境」指標乃是指建築物室內溫濕環境與空調環境間之舒適性處理對策的指標。「空氣環境」指標乃是指建築物室內空氣清淨與空氣品質控制之處理對策與健康性的指標。「水環境」指標乃是指建築物室內生飲水系統水質處理對策的指標。「健康照護管理系統」指標乃指藉由醫療支援服務提供共用空間與專用空間中醫療資訊服務與醫療服務之健康環境。
8. 智慧創新指標	智慧建築的精神係強調使用者需求，鼓勵業者、建築師、相關技師依使用者或現況需求提出其他創新技術做法，以推動智慧化創新加值服務，促成產業間的異業合作。 鼓勵項目內容：智慧建築標準符號及創新服務系。

參考來源：財團法人台灣建築中心網站-智慧建築標章。

2 營建法令及採購法

內容架構

（一）建築施工管理

1. 建築施工堪驗作業流程。
2. 建築技術規則構造編。

（二）營造業管理

1. 營造業法立法精神。
2. 契約承攬。

（三）室內裝修管理、室內裝修管理辦法、政府採購制度、採購法（發包制度）

1. 室內裝修之構造，施工期限，簡易裝修。
2. 工程、採購、廠商，招標文件，招標作業流程。

（四）建築工程施工規範

常用之建築工程施工規範之認知，價值工程，無障礙設計施工規範等。

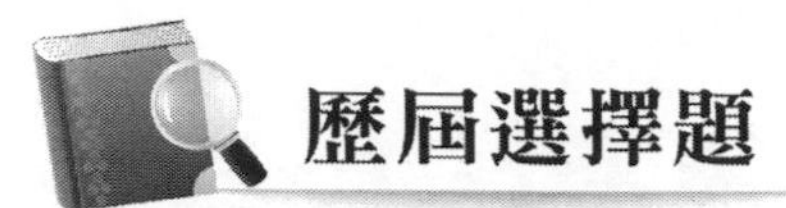

歷屆選擇題

（A）1. 無障礙通路之避難層出入口前設置平台之規定，下列敘述何者錯誤？

(A)平台淨寬應小於出入口寬度　(B)平台淨寬不得小於 150 cm

(C)平台淨深不得小於 150 cm　(D)平台坡度不得大於 1/50

（105 建築師-建築構造與施工#19）

【解析】

無障礙通路之避難層出入口前設置平台之規定(A)平台淨寬應「**大**」於出入口寬度。

（A）2. 下列何者非為建築物無障礙設施設計規範之樓梯扶手水平延伸規定？

(A)樓梯兩端扶手應水平延伸 20 至 25 cm

(B)端部應作為防勾撞處理

(C)扶手水平延伸，不得突出於走道上

(D)中間連續扶手，於平台處得不需水平延伸

（105 建築師-建築構造與施工#20）

【解析】

為建築物無障礙設施設計規範之樓梯扶手水平延伸規定(A)樓梯兩端扶手應水平延伸 30 cm。

（B）3. 依建築技術規則建築設計施工編第 39 條規定，建築物內規定應設置之樓梯可以坡道代替之，其坡道之坡度不得超過多少？

(A) 1/6　(B) 1/8　(C) 1/10　(D) 1/15

（105 建築師-建築構造與施工#21）

【解析】

建築技術規則建築設計施工編 第 39 條

建築物內規定應設置之樓梯可以坡道代替之，除其淨寬應依本編第三十三條之規定外，並應依左列規定：

一、坡道之坡度，不得超過一比八。

二、坡道之表面，應為粗面或用其他防滑材料處理之。

（#）4. 有關無障礙通路之室外通路規定，下列敘述何者錯誤？**【一律給分】**

(A)無遮蓋戶外通路洩水坡度為 1/50 至 1/100

(B)地面坡度不得大於 1/15

(C)室外無障礙通路與建築物主要通路不同時，必須於主要通路入口處標示無障礙通路之方向

(D)無遮蓋戶外通路應考慮排水，可往路拱兩邊排水

（105 建築師-建築構造與施工#23）

【解析】

四個選項皆為建築物無障礙設施設計規範規定

(A)203.2.4 室外通路排水：室外通路應考慮排水，洩水坡度為 1/100 至 1/50。

(B)203.2.2 室外通路坡度：地面坡度不得大於 1/15

(C)203.2.1 室外通路引導標誌：室外無障礙通路與建築物室外主要通路不同時，必須於室外主要通路入口處標示無障礙通路之方向。

(D)203.2.4 排水：無遮蓋戶外通路應考慮排水，可往路拱兩邊排水，洩水坡度 1/100-2/100。2019.07.01 已刪除此條例。

四個選項描述皆正確無誤，本題送分。

（D）5. 下列敘述有關建築物設有固定座椅席位者，其輪椅觀眾席位數量，何者錯誤？

(A)固定座椅席 50 個以下者，其輪椅觀眾席位不得少於 1 個

(B)固定座椅席在 351 個至 450 個者，其輪椅觀眾席位不得少於 5 個

(C)固定座椅席在 1001 個至 1250 個者，其輪椅觀眾席位不得少於 10 個

(D)2000 個固定座椅席位以上者，超過部分每增加 250 個席位，應再增加 1 個輪椅觀眾席位

（105 建築師-建築構造與施工#41）

【解析】

建築技術規則第 167-5 條

超過 1000 個固定座椅席位者，超過部分每增加 150 個，應增加 1 個輪椅觀眾席位；不足 150 個，以 150 個計。本題選項(D)描述錯誤。

（C）6. 下列安全梯設計圖何者正確？

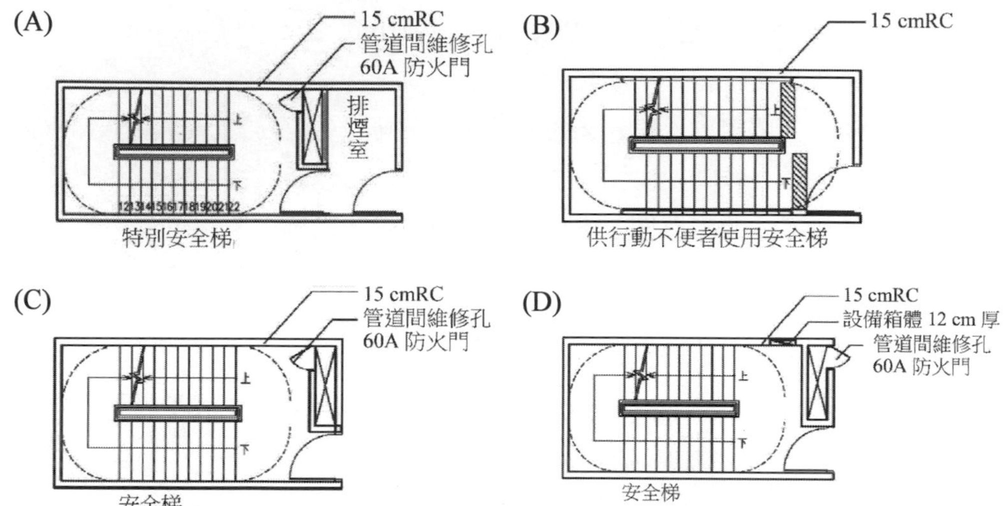

（105 建築師-建築構造與施工#64）

【解析】

(A)建築技術規則第九十七條之一

特別安全梯不得經由他座特別安全梯之排煙室或陽臺進入。

(B)安全門打到迴轉半徑

(D)建築技術規則第九十七條三、(一)

樓梯間及排煙室之四週牆壁除外牆依前章規定外，應具有一小時以上防火時效，其天花板及牆面之裝修，應為耐燃一級材料。管道間之維修孔，並不得開向樓梯間。

（A）7. 有關無障礙昇降設備之昇降機廂規定，下列敘述何者正確？

(A)昇降機門的淨寬度不得小於 90 cm；但集合住宅昇降機門的淨寬度不得小於 80 cm

(B)昇降機廂之深度不得小於 130 cm（不需扣除扶手占用之空間）

(C)機廂內至少一側牆面應設置扶手

(D)昇降機廂內之點字標示『★』，表示為屋頂層

（105 建築師-建築構造與施工#65）

【解析】

(B)昇降機廂之深度不得小於 135 cm（不需扣除扶手占用之空間）

(C)機廂內至少**兩側**牆面應設置扶手

(D)昇降機廂內之點字標示『★』，表示為**避難層**。

（A）8. 依建築物無障礙設施設計規範，如通路寬度為 90 cm 者，輪椅在轉彎處所需之空間應為多少 cm？

(A) 120　(B) 110　(C) 100　(D) 90

（105 建築師-建築構造與施工#66）

【解析】

依建築物無障礙設施設計規範，如通路寬度為 90 cm 者，輪椅在轉彎處所需之空間應為(A)120 cm。（建築物無障礙設施設計規範 A102.2.5 轉彎：坐輪椅者在通路走廊上轉彎時，如通路寬度為 90 公分者，轉彎處所需之空間為 120 公分）。

（D）9. 有關無障礙通路之坡道規定，下列敘述何者錯誤？

(A) 坡道淨寬不得小於 90 公分；若坡道為取代樓梯者（即未另設樓梯），則淨寬不得小於 150 公分

(B) 高低差為 6 公分者，其坡度得酌予放寬，惟不得超過 1/10

(C) 坡道起點及終點，應設置長、寬各 150 公分以上之平台，且該平台之坡度不得大於 1/50

(D) 坡道高於鄰近地面 75 公分時，未臨牆之一側或兩側應設置高度不得小於 100 公分之防護欄

（106 建築師-建築構造與施工#1）

【解析】

(D)建築物無障礙設施設計規範

第二章　無障礙通路

206.4.2　護欄：坡道高於鄰近地面 75 公分時，未臨牆之一側或兩側**應設置高度 100 公分**之防護欄。如果高差在二層以下者，護欄高度不得小於 100 公分，三層以上者不得小於 110 公分，十層以上者，不得小於 120 公分。

（A）10. 依建築物無障礙設施設計規範，室內通路走廊兩邊之牆壁，除需設置警示或其他防撞設施之必要突出物外，由地面起 60 公分至 190 公分以內不得有幾公分以上之懸空突出物？

(A)10　(B)20　(C)30　(D)40

（106 建築師-建築構造與施工#11）

【解析】

建築物無障礙設施設計規範

第二章　無障礙通路

204.2.4　突出物限制：室內通路走廊淨高不得小於 190 公分；兩邊之牆壁，由地面起 60 公

分至 190 公分以內，不得有 10 公分以上之懸空突出物，如為必要設置之突出物，應設置警示或其他防撞設施。

203.2.6 突出物限制：通路淨高不得小於 200 公分，地面起 60-200 公分之範圍，不得有 10 公分以上之懸空突出物，如為必要設置之突出物，應設置警示或其他防撞設施。

（D）11.依建築物無障礙設施設計規範，下列何種材料不符合無障礙坡道鋪面之要求？
(A)水泥整體粉光 (B)地磚 (C)大理石 (D)導盲磚

（106 建築師-建築構造與施工#17）

【解析】

無障礙設施設計規範 206.2.4：

坡道地面應平整（不得設置導盲磚或其他妨礙輪椅行進之舖面）、堅固、防滑。

（C）12.依據建築物無障礙設施設計規範，淋浴間之水龍頭位置應距地板面多少公分之區域？
(A) 60 公分至 100 公分 (B) 70 公分至 110 公分
(C) 80 公分至 120 公分 (D) 90 公分至 130 公分

（106 建築師-建築構造與施工#18）

【解析】

建築物無障礙設施設計規範

第六章 浴室

604.3.4 水龍頭位置：設於入口側面牆壁，牆面之中心線左右各 38 公分且距地板面 80-120 公分之區域。

（D）13.有關建築物無障礙設施設計規範之廁所規定，下列敘述何者錯誤？
(A)廁所盥洗室空間應採用橫向拉門
(B)廁所盥洗室空間內應設置迴轉空間，其直徑不得小於 150 公分
(C)一般廁所設有小便器者，應設置無障礙小便器，無障礙小便器應設置於廁所入口便捷之處
(D)馬桶側面牆壁裝置扶手時，應設置 U 型扶手

（106 建築師-建築構造與施工#19）

【解析】

建築物無障礙設施設計規範

第五章 廁所盥洗室

505.5 側邊 L 型扶手：馬桶側面牆壁裝置扶手時，應設置 L 型扶手。

（D）14.有關視覺障礙者引導設施，下列敘述何者錯誤？

(A)有視障學生之學校，可進行視覺障礙引導設施需求之設計

(B)引導設施可藉由觸覺、語音、邊界線或其他相關設施組成

(C)導盲磚是藉由觸覺達到引導之功能，並非唯一選擇

(D)公務機關內之視覺障礙引導設施須導引至廁所

（106 建築師-建築構造與施工#66）

【解析】

視覺障礙者引導設施主要指為引導行動不便者進出建築物設置之延續性設施，以引導其行進方向或協助其界定通路位置或注意前行路況。非(D)公務機關內之視覺障礙引導設施須導引至廁所用。

（B）15.建築物在施工中，主管機關認有必要時，得隨時勘驗，勘驗結果有下列何者狀況時，應以書面通知承造人或起造人或監造人，勒令停工或修改？

①危害公共安全　②妨礙公共交通　③妨礙公共衛生　④妨礙都市景觀。

(A)②③④　(B)①②③　(C)①②④　(D)①③④

（106 建築師-建築構造與施工#71）

【解析】

建築法第 58 條

建築物在施工中，直轄市、縣（市）（局）主管建築機關認有必要時，得隨時加以勘驗，發現左列情事之一者，應以書面通知承造人或起造人或監造人，勒令停工或修改；必要時，得強制拆除：

一、妨礙都市計畫者。

二、妨礙區域計畫者。

三、危害公共安全者。

四、妨礙公共交通者。

五、妨礙公共衛生者。

六、主要構造或位置或高度或面積與核定工程圖樣及說明書不符者。

七、違反本法其他規定或基於本法所發布之命令者。

（D）16.機關辦理統包工程時，如人力與能力不足，施工期間的監造工作應由下列何者執行？

(A)統包團隊的設計單位　(B)主辦機關

(C)統包團隊的施工單位　(D)主辦機關另行委任的監造單位

（106 建築師-建築構造與施工#72）

【解析】

統包作業須知

二、機關以統包方式辦理採購前，應考量機關之人力與能力是否足以勝任統包案之審查及管理工作。其不足以勝任者，應及早委託專案管理。

(D)主辦機關另行委任的監造單位為常見的公共工程委託專案管理（即 P.C.M.）。

（C）17.依公有建築物施工階段契約約定權責分工表之內容，工程竣工圖說作業下列何者錯誤？

①工程竣工圖說之繪製應由設計人辦理

②工程竣工圖說之審查應由監造人辦理

③工程竣工圖說之審查應由設計人及監造人共同辦理

④工程竣工圖說之審查應由業主核定。

(A)②④　(B)①②　(C)①③　(D)③④

（106 建築師-建築構造與施工#74）

【解析】

①工程竣工圖說之繪製由**施工單位**辦理。

③工程竣工圖說之審查應由**監造人**辦理。

（A）18.下列建築管理作業，何者需由設計人會同申請，或於申請書中簽章？

①建造執照申請　②申請開工備查　③申報勘驗　④申請使用執照。

(A)①　(B)①②　(C)①②③　(D)①②③④

（106 建築師-建築構造與施工#77）

【解析】

②申請開工備查、③申報勘驗、④申請使用執照皆由**承攬人**申請。

（A）19.下列事項的辦理順序，何者正確？

①申辦電信設計許可　②申辦都市設計審議許可

③申辦地目變更　④建築執照許可審查。

(A)③②④①　(B)①③②④　(C)④②①③　(D)③④①②

（106 建築師-建築構造與施工#78）

【解析】

辦理地目變更的程序：

用地變更→都市設計審議審查→申請建造執照許可→拿建造執照副本申辦五大管線審查。

（B）20.公共工程依規定登錄於行政院公共工程委員會資訊網路之監造人員何時可解除其登錄並轉任於其他工地？

(A)完成驗收時 (B)工程竣工時

(C)取得使用執照時 (D)完成工程結算時

（106 建築師-建築構造與施工#79）

【解析】

依「公共工程施工品質管理作業要點（以下簡稱品管要點）」規定，監造單位於工程竣工時，即可向機關申請將其受訓合格派駐現場人員解除登錄，並可調至其他工程。

（B）21.依據公共工程施工品質管理作業要點規定，監造人員需全程在場監造之時機為：

(A)鋼筋綁紮期間 (B)混凝土澆置期間 (C)放樣期間 (D)裝修期間

（106 建築師-建築構造與施工#80）

【解析】

依行政院公共工程委員會工程管字第 09500055320 號解釋令：

有關監造人員是否需全程在場監造疑義

五、又查工程之施工檢驗停留點或隱蔽部分，如埋入物及**混凝土澆置等作業，對於工程品質及施工安全影響甚鉅**，依委辦監造契約及現行相關法令，委辦監造者須負起品質及安全相關責任，尤其混凝土澆置作業，如有疏失，輕則影響使用功能，重則影響安全，而澆置作業亦為屢次勞安事故發生頻率最高之時機，監造人員更應全程在場監督檢查，以維施工安全及品質。

（#）22. 有關空氣音隔音設計中，下列那個部位不在管制範圍？【答 A 給分】

(A)① (B)② (C)③ (D)④

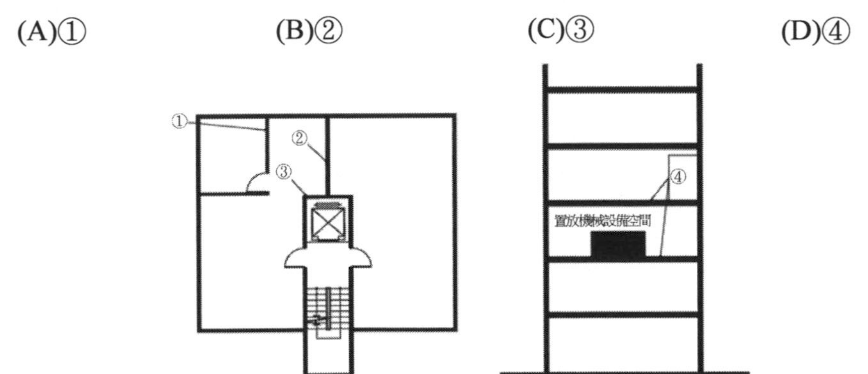

（107 建築師-建築構造與施工#7）

【解析】

有關空氣音隔音設計中，①及④部位不在管制範圍。

（B）23.CNS 13295 高壓混凝土地磚材料之規定，適用於中小型車道者為何？

(A)A 級抗壓強度平均值應在（590kgf/cm^2）以上

(B)B 級抗壓強度平均值應在（500 kgf/cm^2）以上

(C)B 級抗壓強度平均值應在（450 kgf/cm^2）以上

(D)C 級抗壓強度平均值應在（408 kgf/cm^2）以上

（107 建築師-建築構造與施工#44）

（C）24.依據建築物無障礙設施設計規範，無障礙樓梯兩端扶手應水平延伸最小多少 A 公分以上，並作端部防勾撞處理，扶手水平延伸，不得突出於走道上？

(A)10　(B)20　(C)30　(D)40

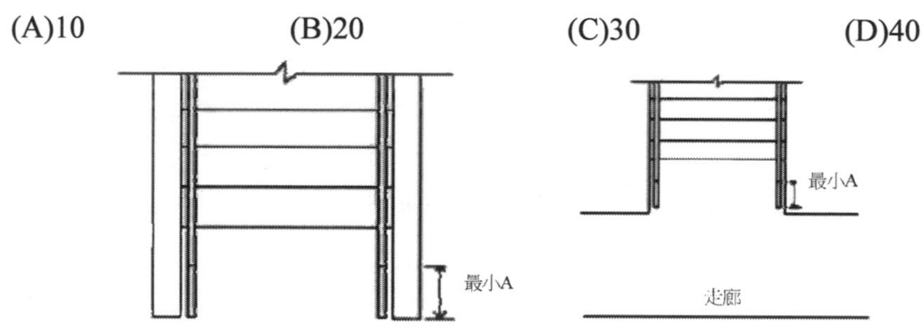

（107 建築師-建築構造與施工#53）

【解析】

第三章　樓梯

304.2　水平延伸：樓梯兩端扶手應水平延伸 30 公分以上。

（A）25.依據建築物無障礙設施設計規範，無障礙汽車相鄰停車位得共用下車區，寬度最小為多少 A 公分，包括寬為多少 B 公分之下車區？

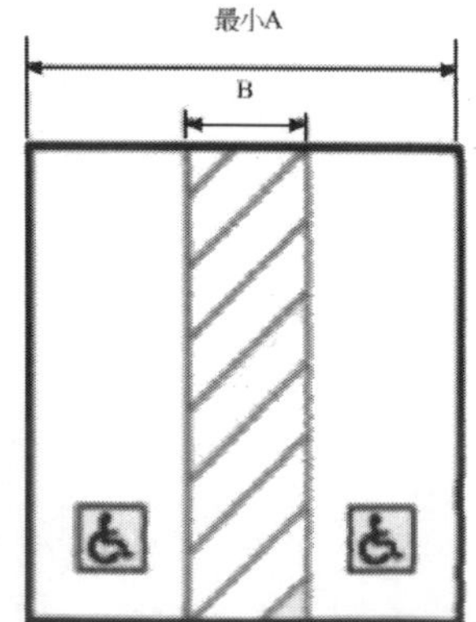

(A)A 最小為 550

(B)A 最小為 500

(C)B 為 120

(D)B 為 160

（107 建築師-建築構造與施工#54）

【解析】

第八章　停車空間

804.2　相鄰停車位：相鄰停車位得共用下車區，長度不得小於 600 公分、寬度不得小於 550 公分，包括寬 150 公分的下車區。

（D）26.依據無障礙設計技術規範，下列敘述何者錯誤？

(A)設置無障礙通路時，若高低差在 0.5 公分至 3 公分者，應作 1/2 之斜角處理

(B)設置無障礙通路時，若高低差大於 3 公分者，則另依「坡道」、「昇降設備」或「輪椅昇降台」之規定

(C)設置樓梯時，距梯級終端 30 公分處，應設置深度 30～60 公分，顏色且質地不同之警示設施

(D)戶外平台階梯之寬度在 5 公尺以上者，應於中間加裝扶手

（107 建築師-建築構造與施工#57）

【解析】

建築物無障礙設施設計規範

第三章　樓梯

306 戶外平台階梯：戶外平台階梯之寬度在 6 公尺以上者，應於中間加裝扶手。

（A）27.下列有關電梯車廂緊急救出口之敘述何者錯誤？

(A)只能由車廂內開啟不能由外部開啟　(B)位在車廂頂端

(C)為標準配備　(D)各邊長度不得小於 400 mm

（107 建築師-建築構造與施工#62）

【解析】

有關電梯車廂緊急救出口能由車廂內開及外部開啟。

（C）28.依公共工程施工綱要規範之內容，有關噴附式防火被覆之設計與施工，下列敘述何者錯誤？

(A)廠商應提出材料產品被覆厚度計算書

(B)原製造廠為進口者，須提送我國海關進口證明

(C)除非圖說上另有規定，凡室內部分均採用內部材料，其餘均採外露材料

(D)風管、水管管線及其他懸掛於樓板下之設備，須於防火被覆完成後，始得施作

（107 建築師-建築構造與施工#63）

【解析】

(C)除非圖說上另有規定，否則凡室內梁板被天花板或其他封板遮蔽之部份得採用內部材料，其餘均採外露材料。

（B）29.有關建築施工管理之敘述，下列何者錯誤？

(A)起造人自領得建築執照之日起，應於 6 個月內開工，若因故不能於期限內開工時，應敘明原因申 請展期一次，期限為 3 個月

(B)地上 5 層建築物其外牆距離境界線及道路均達 3 公尺，施工中可不設置防止

物體飛落的防護圍籬

(C) 在工地中，須禁止勞工使用 2 公尺以上的合梯進行泥作、油漆等作業，應改為設置工作平台使其進行作業

(D) 自地面高度 3 公尺以上投下垃圾或其他容易飛散之物體時，應使用垃圾導管或其他防止飛散之有效設施

（107 建築師-建築構造與施工#73）

【解析】

建築法

第六十六條　墜落物之防止

二層以上建築物施工時，其施工部分距離道路境界線或基地境界線不足二公尺半者，或五層以上建築物施工時，應設置防止物體墜落之適當圍籬。

（#）30. 下列無障礙樓梯詳圖，何者不符合規範要求（含特別規定）？**【答 B 或 D 或 BD 者均給分】**

(A)

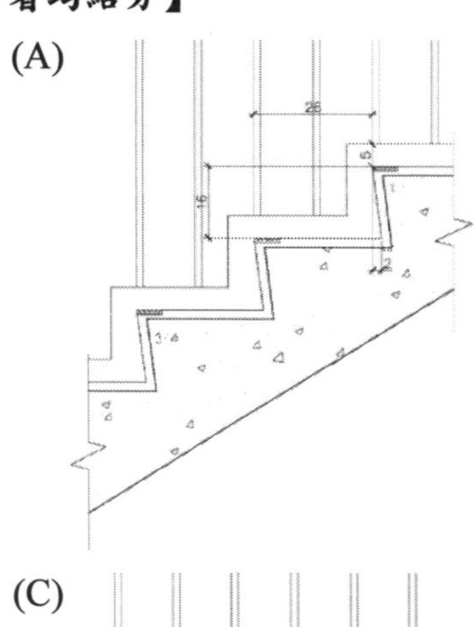

(B)

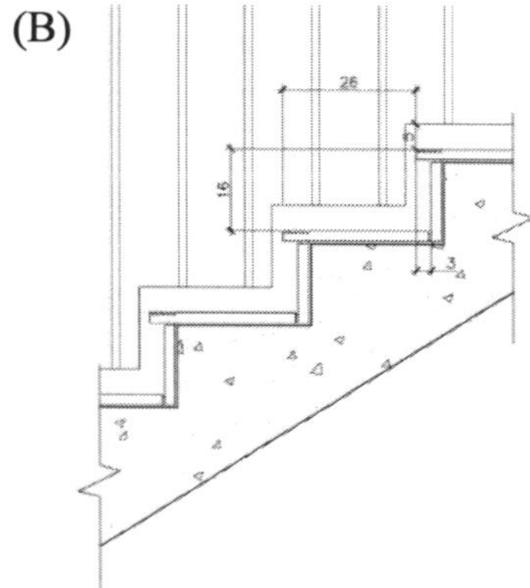

(C)

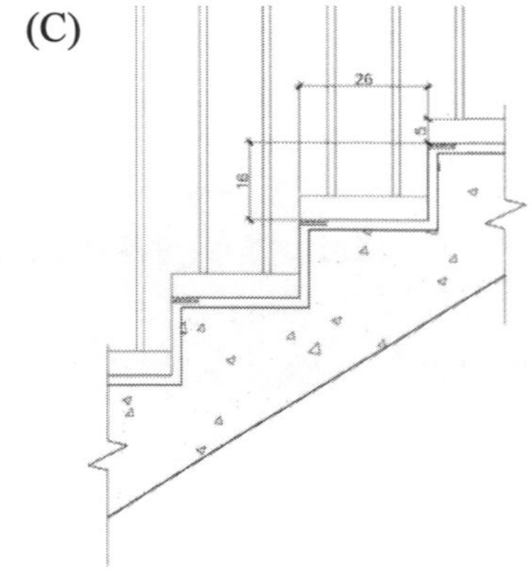

(D)

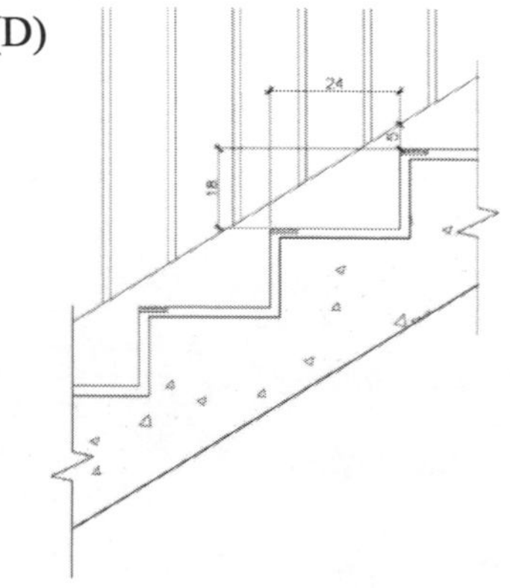

（108 建築師-建築構造與施工#49）

【解析】

(B)於抬腿時容易絆倒。(D)階踏最高為 16 cm。

（C）31.有關無障礙樓梯於平臺靠牆側設置單道扶手，下列圖示何者正確？

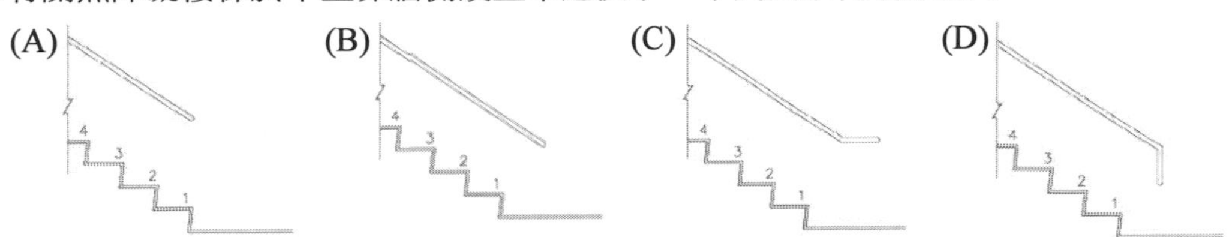

（108 建築師-建築構造與施工#53）

【解析】

(C)正確。水平延伸：樓梯兩端扶手應水平延伸 30 公分以上。

（D）32.有關建築設計規劃之敘述，下列何者正確？

(A)樓梯平臺處設計最小寬度時，若有柱子可忽略其凸出阻擋部分

(B)特別安全梯間與排煙室四周牆壁應具 30 分鐘的防火時效，且裝修應為耐焰二級材料

(C)樓梯寬度 3 公尺以上一定要加裝扶手，無例外條件

(D)小學校舍等供兒童使用的 90 度或 180 度的折梯或直通梯，樓梯平臺內不得設置任何梯級

（108 建築師-建築構造與施工#54）

【解析】

(A)樓梯平臺處設計最小寬度時，若有柱子**不可**忽略其凸出阻擋部分。

(B)特別安全梯間與排煙室四周牆壁應具**一小時以上**防火時效，且裝修應為**耐燃一級**材料。

(C)樓梯之寬度在三公尺以上者，應於中間加裝扶手，**但級高在十五公分以下，且級深在三十公分以上者得免設置**。

（B）33.依據建築物無障礙設施設計規範，無障礙設施輪椅觀眾席位前之地面有高差者應設置欄杆，其欄杆高度 A 為多少公分？

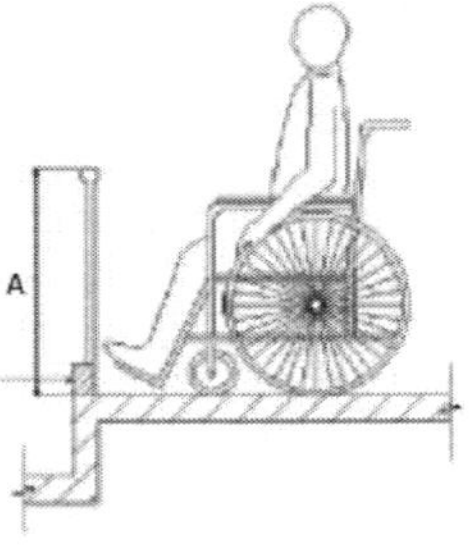

(A)70　　(B)75

(C)80　　(D)90

（108 建築師-建築構造與施工#55）

【解析】

建築物無障礙設施設計規範：

704.5　欄杆：座位前地面有高差者應設置欄杆，欄杆高度 **75 公分**。

（B）34.依據建築物無障礙設施設計規範，下列何者不是必要之昇降設備要求項目？
(A)引導標誌　(B)警示設施　(C)點字標示　(D)語音系統

（108 建築師-建築構造與施工#63）

【解析】

建築物無障礙設施設計規範 第 4 章 昇降設備

403 引導標誌

406.6 點字標示

406.7 語音系統

（D）35.依據危險性工作場所審查及檢查辦法，下列何者不需要審查申請？

(A)建築物高度 85 公尺之辦公大樓

(B)地下室開挖深度 19 公尺，開挖面積為 550 平方公尺之五星級飯店

(C)入口大廳挑空模板支撐高度 9 公尺，面積為 350 平方公尺之音樂廳

(D)地下室開挖深度 17 公尺，開挖面積為 300 平方公尺之集合住宅

（108 建築師-建築構造與施工#75）

【解析】

危險性工作場所審查及檢查辦法：

四、丁類：指下列之營造工程：

（一）建築物高度在八十公尺以上之建築工程。

（二）單跨橋梁之橋墩跨距在七十五公尺以上或多跨橋梁之橋墩跨距在五十公尺以上之橋梁工程。

（三）採用壓氣施工作業之工程。

（四）長度一千公尺以上或需開挖十五公尺以上豎坑之隧道工程。

（五）開挖深度達十八公尺以上，且開挖面積達五百平方公尺之工程。

（六）工程中模板支撐高度七公尺以上、面積達三百三十平方公尺以上者。

（C）36.政府採購法所謂查核金額是指工程及財物採購為新臺幣：
(A)1000 萬元　(B)2000 萬元　(C)5000 萬元　(D)1 億元

（108 建築師-建築構造與施工#80）

【解析】

查核金額：工程及財物採購為新臺幣**五千萬元**，勞務採購為新臺幣一千萬元。

公告金額：工程、財物及勞務採購為新臺幣一百萬元。

中央機關小額採購：為新臺幣十萬元以下之採購。

（B）37. 依據建築物無障礙設施設計規範，獨棟或連棟建築物之室外通路其地面坡度不得大於多少？

(A) 1/6 (B) 1/10 (C) 1/12 (D) 1/15

（109 建築師-建築構造與施工#60）

【解析】

建築物無障礙設施設計規範 203.2.2

室外通路坡度：地面坡度不得大於 1/15；但適用本規範 202.4 者（202.4 獨棟或連棟建築物之特別規定），其地面坡度不得大於 1/10，超過者應依本規範 206 節規定設置坡道，且兩不同方向之坡道交會處應設置平台，該平台之坡度不得大於 1/50。

（A）38. 依據建築物無障礙設施設計規範，扶手端部應作防勾撞處理。下列何者為錯誤的作法？

(A)扶手端部向下彎延伸 30 公分 (B)扶手端部向下彎固定於欄杆上

(C)扶手端部向下彎固定於地面上 (D)扶手端部向牆彎固定於牆壁上

（109 建築師-建築構造與施工#61）

【解析】

建築物無障礙設施設計規範 207.3.4

端部處理：扶手端部應作防勾撞處理（如圖 207.3.4），並視需要設置可供視覺障礙者辨識之資訊或點字。

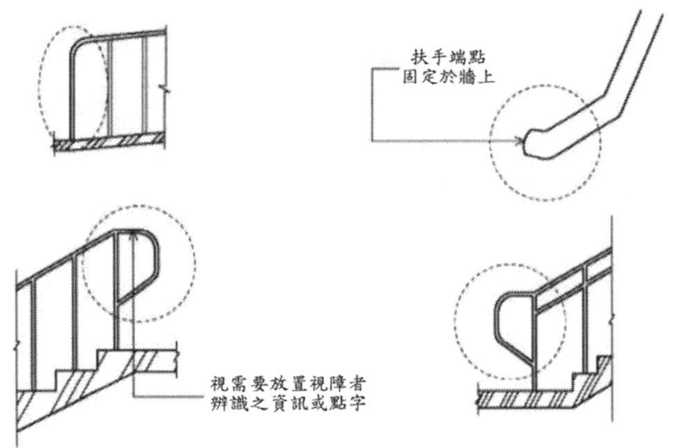

圖 207.3.4

（B）39. 依據建築物無障礙設施設計規範，樓梯上所有梯級之級高及級深應統一，級高為（R），級深為（T），2 R+T 應介於多少公分之間？

(A) 45～55 (B) 55～65 (C) 65～75 (D) 75～85

（109 建築師-建築構造與施工#62）

【解析】

建築物無障礙設施設計規範 304.1 級高及級深：樓梯上所有梯級之級高及級深應統一，級高（R）應為 16 公分以下，級深（T）應為 26 公分以上，且 55 公分≦2R＋T≦65 公分。

（B）40.有關建造執照圖說中之建築面積計算方式，下列敘述何者最為正確？

(A)計算至建築物外牆外緣

(B)計算至建築物外牆中心線

(C)計算至建築物外牆之內緣並不含結構柱

(D)依當地地方政府之建造執照審查原則辦理

（109 建築師-建築構造與施工#65）

【解析】

建築技術規則施工篇 第 1 條

三、建築面積：建築物外牆中心線或其代替柱中心線以內之最大水平投影面積。

（C）41.若工程未達查核金額以上，可視個案需要調整、縮減施工計畫書內容。下列那些為至少必要涵蓋之內容？

①開工前置作業 ②施工作業管理 ③進度管理 ④假設工程計畫

⑤勞工安全衛生管理計畫

(A)①②③ (B)①③⑤ (C)②③⑤ (D)②④⑤

（109 建築師-建築構造與施工#74）

【解析】

公共工程施工品質管理作業要點

八、(三) 公告金額以上未達新臺幣一千萬元之工程：品質計畫審查作業程序、施工計畫審查作業程序、材料與設備抽驗程序及標準、施工抽查程序及標準等。

（D）42.有關工期之計算，下列敘述何者錯誤？

(A)工作天數係指扣除國定例假日或其他休息日後，真正能施工作業的天數

(B)日曆天係將國定例假日或其他休息日均納入計算後的天數

(C)限期完工係指無論何時開工，均限制在某一日為完工日期者

(D)若施工廠商遭遇材料機具調度問題得申請延長履約期限

（109 建築師-建築構造與施工#75）

【解析】

(D)不符合延長履約期限之條件為不可抗力或不可歸責於施工廠商的因素。

（B）43.統包工程的發包文件可以分階段製作及發包。下列發包文件中，何者先行製作，對掌控施工工期最有助益？

(A)外牆工程　(B)基礎工程　(C)土方工程　(D)水電工程

（109 建築師-建築構造與施工#79）

【解析】

(B) 基礎工程優先發包，相對其他三個項目，外牆工程、土方工程、水電工程相比較，基礎工程對工期的影響最大。

（B）44.關於無障礙昇降機入口處引導標誌相關尺寸（公分）規定，何者正確？

(A)A：180～190　(B)B：135　(C)C：75～85　(D)D：50

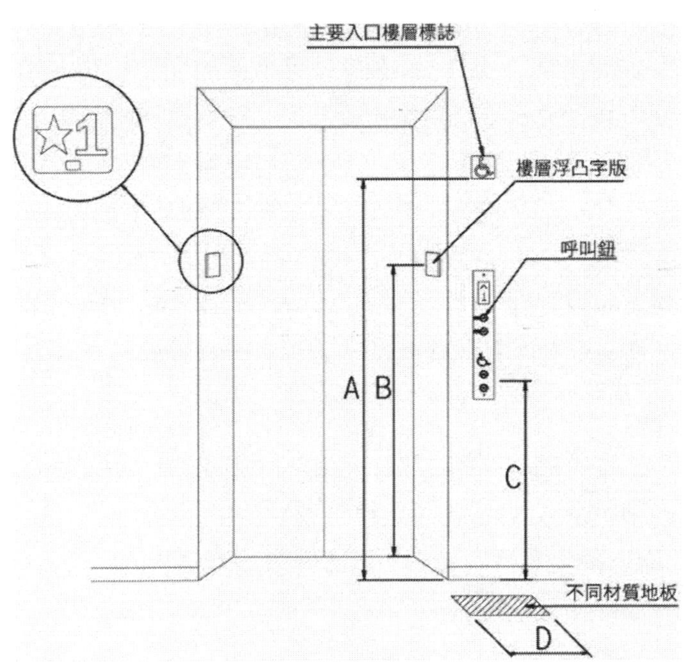

（110 建築師-建築構造與施工#55）

【解析】

依無障礙設施設計規範（109 年修訂勘誤版）。

(A) A：190～220、(C) C：85～90、(D) D：60

（B）45.除獨棟或連棟建築物另有規定外，依據建築物無障礙設施設計規範，下列有關室外通路之規定何者錯誤？

(A)地面坡度不得大於 1/15

(B)通路淨寬不得小於 120 公分

(C)若有突出物時，應維持 200 公分之淨高

(D)如需設置水溝格柵時，其格柵之開口不得大於 1.3 公分

（110 建築師-建築構造與施工#56）

【解析】

203.2.3 淨寬：通路淨寬不得小於 130 公分；但 202.4 獨棟或連棟之建築物其通路淨寬不得小於 90 公分。

（B）46.依建築技術規則建築構造編，辦公室或類似應用之建築物，如採用活動隔牆，應按每平方公尺多少公斤均佈活載重設計之？

(A) 50 (B) 100 (C) 150 (D) 200

（110 建築師-建築構造與施工#66）

【解析】

建築技術規則建築構造編§21

（活隔間載重）辦公室或類似應用之建築物。如採用活動隔牆，應按每平方公尺一百公斤均佈活載重設計之。

（B）47.依據我國「住宅性能評估制度」之規定，何者不屬於新建集合住宅「住宅維護性能」評估基準 A 級至 C 級的規定檢討項目？

(A)污水排水管的設置位置與管子是否埋設在結構體內

(B)管道間檢修口的門之材質

(C)水系統與電系統的管道間是否各自獨立

(D)電氣幹管在管道間內的排列方式與管道間的檢修口尺寸

（110 建築師-建築構造與施工#73）

【解析】

「住宅維護性能」評估基準的規定檢討項目管道間檢修口的部分主要為要求尺寸要符合規定。

（A）48.關於具有 1 小時以上防火時效之牆壁，下列敘述何者錯誤？

(A)鋼筋混凝土造、鋼骨鋼筋混凝土造或鋼骨混凝土造厚度在 6 公分以上者

(B)鋼骨造而雙面覆以鐵絲網水泥粉刷，其單面厚度在 3 公分以上或雙面覆以磚、石或水泥空心磚，其單面厚度在 4 公分以上者

(C) 磚、石造、無筋混凝土造或水泥空心磚造，其厚度在 7 公分以上者

(D) 其他經中央主管建築機關認可具有同等以上之防火性能者

（111 建築師-建築構造與施工#2）

【解析】

建築技術規則建築設計施工編§73

具有一小時以上防火時效之牆壁、樑、柱、樓地板，應依左列規定：

一、牆壁：(一) 鋼筋混凝土造、鋼骨鋼筋混凝土造或鋼骨混凝土造厚度在七公分以上者。

（C）49.有關建築外牆採光規定，下列敘述何者錯誤？

(A) 建築物外牆依規定留設之採光用窗或開口應在有效採光範圍內

(B) 外牆臨接道路或臨接深度 6 公尺以上之永久性空地者，免自境界線退縮，且開口應視為有效採光面積

(C) 用天窗採光者，有效採光面積按其採光面積之 6 倍計算

(D) 採光用窗或開口之外側設有寬度超過 2 公尺以上之陽臺或外廊（露臺除外），有效採光面積按其採光面積 70%計算

（111 建築師-建築構造與施工#3）

【解析】

建築技術規則建築設計施工編§42

三、用天窗採光者，有效採光面積按其採光面積之三倍計算。

（D）50.下列何種裝修行為不屬於建築物室內裝修管理辦法之規範對象？

(A) 為兼具空間區分與通風採光，辦公室以高度 1.3 公尺、長度 4.5 公尺的木質隔屏固定於地坪，界分辦公區與會議區

(B) 某小學為改善教室內的音環境，加裝具有吸音功能的天花板並固定於樓版下方

(C) 為宗教信仰需要，醫院病房區內另以 ALC 磚區隔一間牆高 3 公尺的祈禱室

(D) 大賣場的室內地坪原為磨面花崗石，但為防滑需要，撤除既有鋪面後原地改設含金鋼砂的面磚

（111 建築師-建築構造與施工#34）

【解析】

建築物室內裝修管理辦法§ 3

本辦法所稱室內裝修，指除壁紙、壁布、窗簾、家具、活動隔屏、地氈等之黏貼及擺設外之下列行為：

一、固著於建築物構造體之天花板裝修。

二、內部牆面裝修。

三、高度超過地板面以上一點二公尺固定之隔屏或兼作櫥櫃使用之隔屏裝修。

四、分間牆變更。

(A)隔屏>1.2 m

(B)屬於固著於建築物構造體之天花板裝修

(C)屬於內部牆面裝修

（D）51.依據建築物無障礙設施設計規範，有關無障礙廁所盥洗室之規定，下列何者錯誤？

(A)淨空間：廁所盥洗室空間內應設置迴轉空間，其直徑不得小於 150 公分

(B)門：廁所盥洗室空間應採用橫向拉門，出入口之淨寬不得小於 80 公分，且門把距門邊應保持 6 公分，靠牆之一側並應於距門把 4~6 公分處設置門擋，以防止夾手

(C)鏡子：鏡子之鏡面底端與地板面距離不得大於 90 公分，鏡面的高度應在 90 公分以上

(D)廁所盥洗室內應設置一處緊急求助鈴

（111 建築師-建築構造與施工#35）

【解析】

建築物無障礙設施設計規範 504.4.1 位置：無障礙廁所盥洗室內應設置 2 處求助鈴。

（D）52.依據建築技術規則建築設計施工編，有關工作台、階梯及走道之施工安全措施規定，下列何者錯誤？

(A)走道坡度應為 30 度以下，其為 15 度以上者應加釘間距小於 30 公分之止滑板條，並應裝設適當高度之扶手

(B)走道木板之寬度不得小於 30 公分，其兼為運送物料者，不得小於 60 公分

(C)高度在 8 公尺以上之階梯，應每 7 公尺以下設置平台一處

(D)工作台上四周應設置扶手護欄，護欄下之垂直空間不得超過 1 公尺

（111 建築師-建築構造與施工#36）

【解析】

建築技術規則§156

三、工作台上四周應設置扶手護欄，護欄下之垂直空間不得超過九十公分，扶手如非斜放，其斷面積不得小於三十平方公分。

（D）53.依據 CNS12642 公共兒童遊戲場設備適用範圍之規定，其使用者年齡範圍為：

(A) 3~14 歲　(B) 2~14 歲　(C) 3~13 歲　(D) 2~12 歲

（111 建築師-建築構造與施工#46）

【解析】

CNS12642 章有特別規定公共兒童遊戲場設備之適齡性，最小使用年齡是 2 歲，最大是 12 歲；使用者基本上區分為 2 個年齡層，即 2 到 5 歲及 6 到 12 歲。

（#）54. 下列樓梯扶手細部詳圖，何者不符合無障礙設計規範？**【答 B 或 D 或 BD 者均給分】**

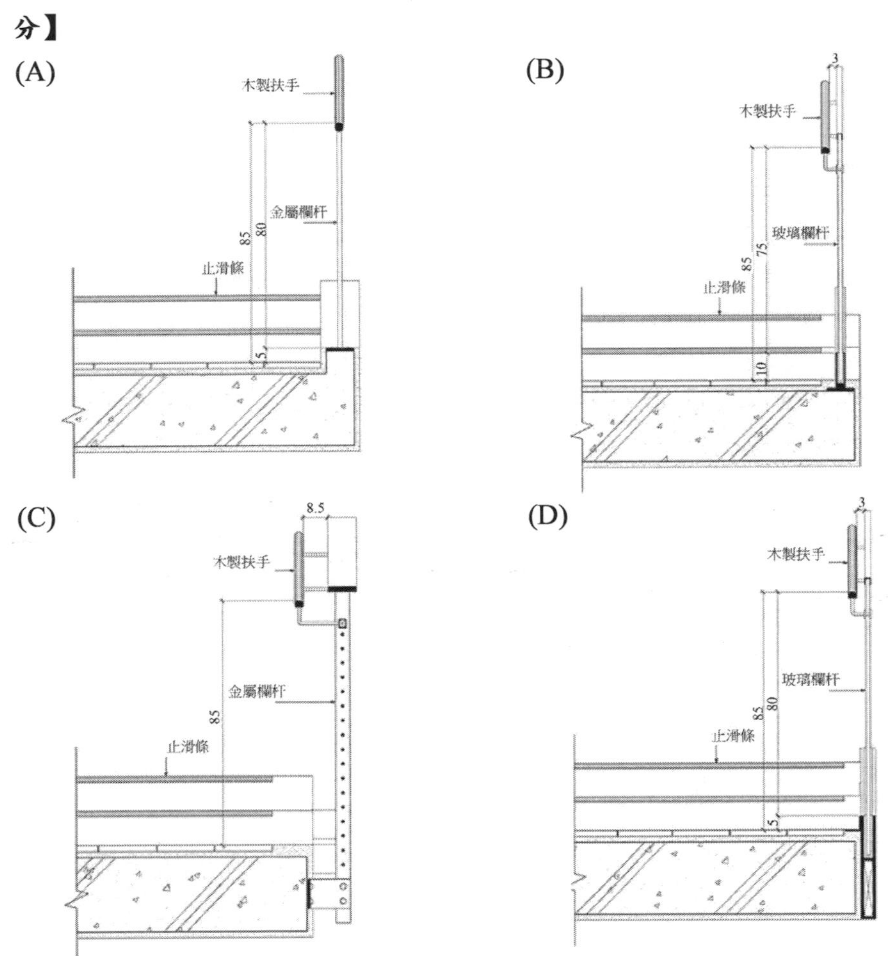

（111 建築師-建築構造與施工#52）

【解析】

(B)(D) 建築物無障礙設施設計規範 207.3.2 與壁面距離：扶手如鄰近牆壁，**與壁面保留之間隔不得小於 5 公分**，且扶手上緣應留設最少 45 公分之淨空間。

（C）55.依據「建築物無障礙設施設計規範」設置無障礙樓梯雙層扶手時，下圖中扶手 A 及 B 的高度為何？

(A) A = 65 cm 及 B = 75 cm　　(B) A = 70 cm 及 B = 80 cm
(C) A = 65 cm 及 B = 85 cm　　(D) A = 60 cm 及 B = 85 cm

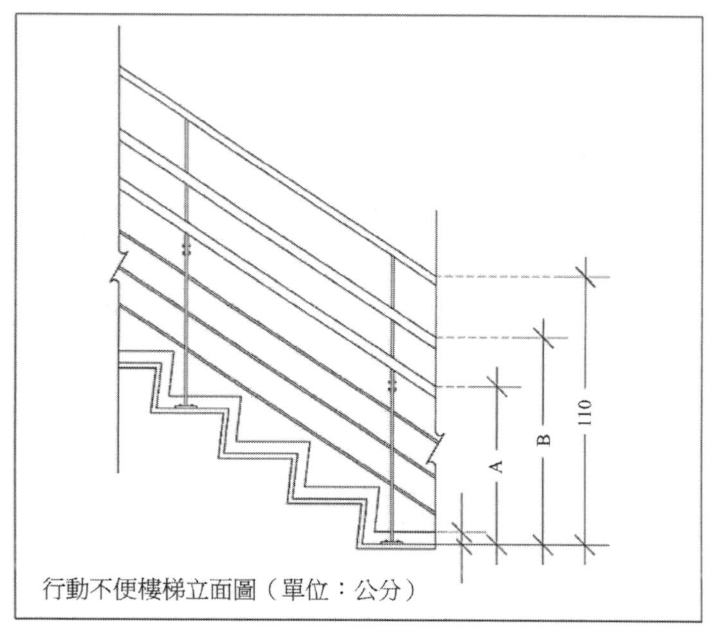

行動不便樓梯立面圖（單位：公分）

（111 建築師-建築構造與施工#55）

【解析】

建築物無障礙設施設計規範 207.3.3 高度：

…設雙道扶手者，扶手上緣距地板面應分別為 65 公分、85 公分。

（B）56.依據建築物無障礙設施設計規範，無障礙客房之地面應平順、防滑，下列材料何者為最佳選擇？

(A)長毛地毯　(B)實木地板　(C)漿砌尺二磚　(D)拋光石英磚

（111 建築師-建築構造與施工#61）

【解析】

(A)長毛地毯不平順

(C)漿砌尺二磚不防滑

(D)拋光石英磚不防滑

（B）57.依「公共建築物建造執照無障礙設施工程圖樣種類及說明書應標示事項表」規定，應標示之構造詳圖比例尺為何？

(A)無規定　(B)不得小於 1/50　(C)不得小於 1/100　(D)不得小於 1/200

（111 建築師-建築構造與施工#62）

【解析】

公共建築物建造執照無障礙設施工程圖樣種類及說明書應標示事項表構造詳圖比例不得小於 1/50。

（D）58.依據建築物無障礙設施設計規範，有關無障礙汽、機車停車位之尺寸，下列何者錯誤？

(A)單一汽車停車位長度不得小於 600 公分、寬度不得小於 350 公分

(B)相鄰汽車停車位長度不得小於 600 公分、寬度不得小於 550 公分

(C)機車位長度不得小於 220 公分，寬度不得小於 225 公分

(D)通達無障礙機車停車位之車道寬度不得小於 150 公分

（111 建築師-建築構造與施工#63）

【解析】

建築物無障礙設施設計規範 805.2

出入口：機車停車位之出入口寬度及通達無障礙機車停車位車道寬度均不得小於 180 公分。

（D）59.有關工程契約種類與應用時機，下列何者錯誤？

(A)總價承攬契約較適用於工程單純、圖說規範明確之工程

(B)單價承攬契約較適用於工程急迫且無詳細圖說規範工程

(C)數量精算式總價承包契約較適用於規模龐大且較無法預測之工程

(D)成本加固定百分比契約較適用於零星維修或小型工程

（111 建築師-建築構造與施工#78）

【解析】

成本加固定百分比契約適用性質較複雜、整體費用不易預估、成果較不確定之大型工程。

（A）60.政府採購法所謂公告金額是指工程、財物及勞務採購達到新臺幣多少元？

(A) 100 萬元　(B) 500 萬元　(C) 1,000 萬元　(D) 5,000 萬元

（111 建築師-建築構造與施工#79）

【解析】

公告金額採購工程、財物及勞務採購 > 100 萬元。

歷屆申論題

一、請說明在建築技術規則中：

（一）具有三小時以上防火時效之「柱」，構造規定。（4分）

（二）具有二小時以上防火時效之「柱」，構造規定。（8分）

（三）具有一小時以上防火時效之「柱」，構造規定。（8分）

（105地方三等-建築營造與估價#1）

參考題解

依據建築技術規則規定

（一）具有三小時以上防火時效（建築技術規則#71）

短邊寬度在四十公分以上並符合左列規定者：

1. 鋼筋混凝土造或鋼骨鋼筋混凝土造。
2. 鋼骨混凝土造之混凝土保護層厚度在六公分以上者。
3. 鋼骨造而覆以鐵絲網水泥粉刷，其厚度在九公分以上（使用輕骨材時為八公分）或覆以磚、石或空心磚，其厚度在九公分以上者（使用輕骨材時為八公分）。
4. 其他經中央主管建築機關認可具有同等以上之防火性能者。

（二）具有二小時以上防火時效（建築技術規則#72）

短邊寬二十五公分以上，並符合左列規定者：

1. 鋼筋混凝土造鋼骨鋼筋混凝土造。
2. 鋼骨混凝土造之混凝土保護層厚度在五公分以上者。
3. 經中央主管建築機關認可具有同等以上之防火性能者。

（三）具有一小時以上防火時效（建築技術規則#73）

1. 鋼筋混凝土造、鋼骨鋼筋混凝土造或鋼骨混凝土造。
2. 鋼骨造而覆以鐵絲網水泥粉刷其厚度在四公分以上（使用輕骨材時得為三公分）或覆以磚、石或水泥空心磚，其厚度在五公分以上者。
3. 其他經中央主管建築機關認可具有同等以上之防火性能者。

二、一般而言，在統包方式的建築工程中，業主之主要責任義務大致有那些項目？（25分）

（106 公務高考-建築營造與估價#1）

參考題解

（一）採購法之統包

指將工程或財物採購中之設計與施工、供應、安裝或一定期間之維修等併於同一採購契約辦理招標。

（二）統包工程之作業

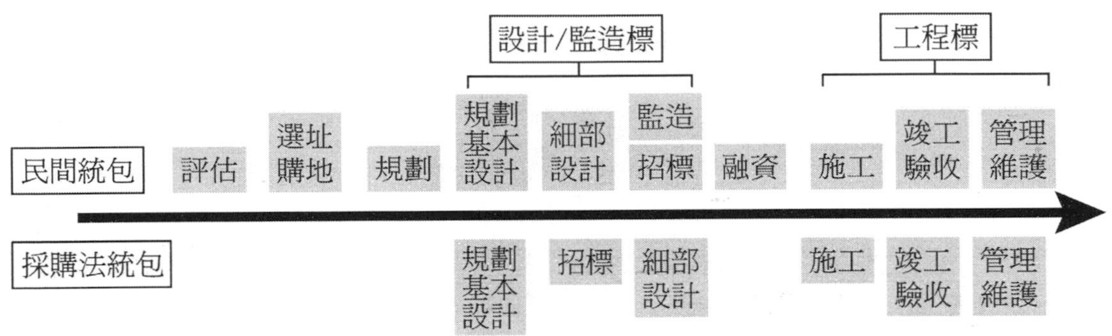

（三）公共工程統包之契約角色

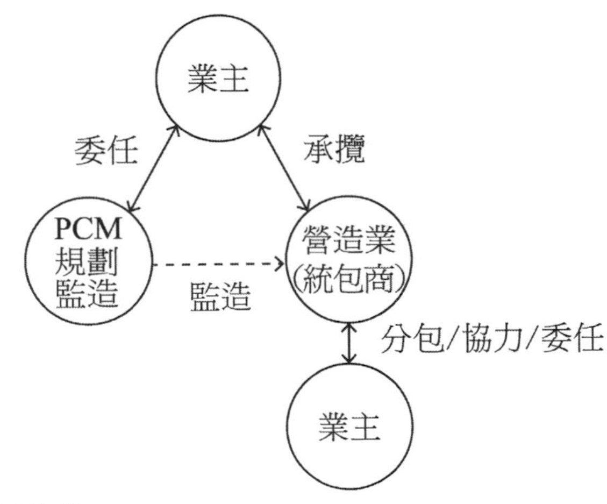

（四）業主之主要責任義務

責任義務	內容
給付報酬	報酬應於工作交付時給付之，無須交付者，應於工作完成時給付之。

責任義務	內容
協助工作完成	提供設計圖說、方法、計畫等有助於工作之進行與糾正。 工程範圍之土地權利。 契約規定由業主供應之材料。 其他依契約規定應供應之項目。
委任監造	工程圖說解釋、變更、介面協調、工程查驗，同意施工方法、變更…等。
其他	遇人力不可抗或可歸責於業主之因素，視情形展延工期或補償。 負擔部分工作費用。如因工程對地上、地下物之拆遷、水電外線費用…等。

三、對於金額 5000 萬元以上的公有建築工程，施工計畫書應包括那些主要內容？（20 分）

（107 公務高考-建築營造與估價#4）

參考題解

工程預算金額五千萬元以上之公共工程，施工計畫書與品質計畫書分開編訂，依行政院公共工程委員會建築工程施工計畫書製作綱要手冊，施工計畫書應包括下列內容：

第一章　工程概述

1. 工程概要
2. 主要施工項目及數量
3. 名詞定義

第二章　開工前置作業

1. 地質研判
2. 工址現況調查
3. 地下埋設物調查
4. 鄰房調查

第三章　施工作業管理

1. 工地組織
2. 勞動力及物料市場調查
3. 主要施工機具及設備
4. 整體施工程序

5. 工務管理
6. 物料管理
7. 請款流量
8. 關鍵課題

第四章　進度管理
1. 施工預定進度
2. 進度管控

第五章　假設工程計畫
1. 工區配置
2. 整地計畫
3. 臨時房舍規劃
4. 臨時用地規劃
5. 施工便道規劃
6. 臨時用電配置
7. 臨時給排水配置
8. 剩餘土石方處理
9. 植栽移植與復原計畫
10.其他有關之臨時設施及安全維護事項

第六章　測量計畫
1. 測量使用設備
2. 控制測量
3. 施工測量

第七章　分項施工計畫
1. 分項施工計畫提送時程與管制
2. 分項施工計畫綱要

第八章　設施工程分項施工計畫
1. 設施工程分項施工計畫提送時程與管制
2. 設施工程分項施工計畫綱要
3. 施工界面整合

第九章　勞工安全衛生管理計畫
1. 勞工安全衛生組織及協議
2. 教育訓練

3. 管理目標

第十章 緊急應變及防災計畫

1. 緊急應變組織
2. 緊急應變連絡系統
3. 防災對策

第十一章 環境保護執行

1. 環保組織
2. 噪音防制
3. 振動防制
4. 水污染防治
5. 空氣污染防制
6. 廢棄物處理
7. 生態環境保護
8. 睦鄰溝通
9. 其他

第十二章 施工交通維持及安全管制措施

1. 相關法令規章
2. 交通維持及安全管制
3. 主要材料搬運路徑

第十三章 驗收移交管理計畫

1. 驗收移交文件
2. 設施操作及管理維護教育訓練
3. 施工紀錄保存

四、請依據建築物無障礙設施設計規範，以繪圖及文字說明方式回答下列問題：
（一）室外通路防護設施應符合那些要求？（10 分）
（二）樓梯梯級應符合那些要求？（10 分）

（108 地方三等-建築營造與估價#2）

參考題解

依建築物無障礙設施設計規範規定

（一）203.3 室外通路防護設施

203.3.1　室外通路邊緣防護：室外通路與鄰近地面高差超過 20 公分者，未鄰牆壁側應設置高度 5 公分以上之邊緣防護（如圖 203.3.1）。

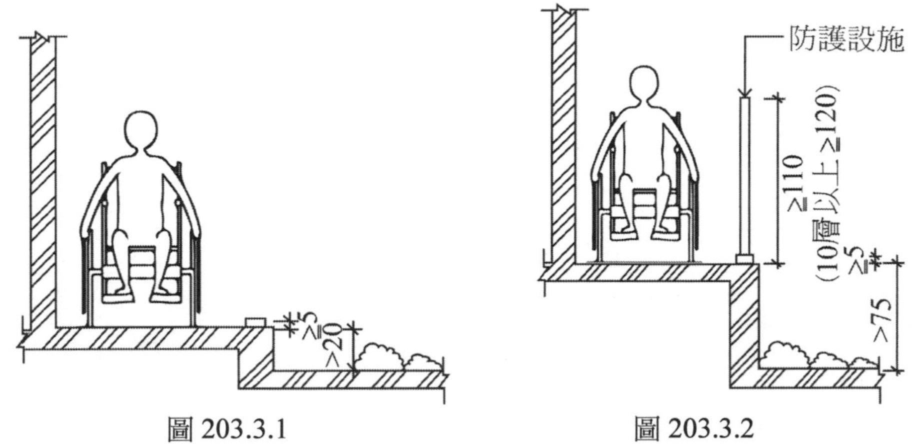

圖 203.3.1　　圖 203.3.2

203.3.2　室外通路防護設施：室外通路與鄰近地面高差超過 75 公分者，未鄰牆壁側應設置高度 110 公分以上之防護設施；室外通路位於地面層 10 層以上者，防護設施不得小於 120 公分（如圖 203.3.2）。

（二）304 樓梯梯級

304.1　級高及級深：樓梯上所有梯級之級高及級深應統一，級高（R）應為 16 公分以下，級深（T）應為 26 公分以上（如圖 304.1），且 55 公分≦2R+T≦65 公分。

304.2　梯級鼻端：梯級突沿之彎曲半徑不得大於 1.3 公分（如圖 304.2.1），且應將超出踏面之突沿下方作成斜面，該突出之斜面不得大於 2 公分（如圖 304.2.2）。

304.3　防滑條：梯級踏面邊緣應作防滑處理，其顏色應與踏面有明顯不同，且應順平（如圖 304.3）。

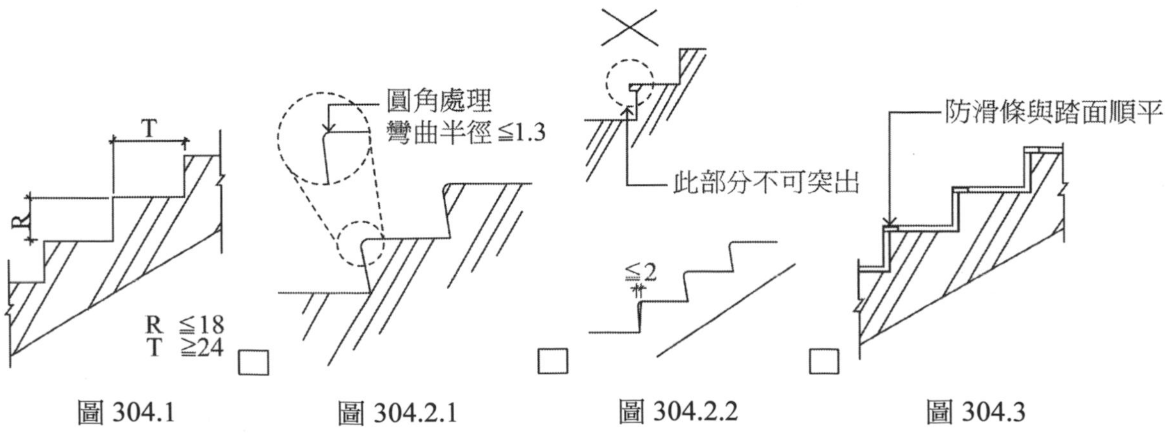

圖 304.1　　圖 304.2.1　　圖 304.2.2　　圖 304.3

五、請說明綠建築的定義？（4分）九大指標包含那些指標？（9分）綠建築標章之必要指標有那幾項？（2分）

（108公務普考-施工與估價概要#5）

參考題解

（一）定義：綠建築可重新定義為生態、節能、減廢、健康的建築物。（台灣建築中心）

（二）依「綠建築評估手冊」說明：

我國綠建築指標之項目範疇及說明

<table>
<tr><th>項目範疇</th><th colspan="2">九大指標</th><th>內容說明</th></tr>
<tr><td rowspan="3">（一）生態</td><td colspan="2">1. 生物多樣性</td><td>在於保護初級生物的生存空間，使生態底層樣態豐富，確保高階生物之食物無虞。
其目的在提昇基地（土地）生態多樣性及品質，促進生物交流網絡，利用多孔隙材質、生物路徑、創造棲息地、增加誘蝶誘鳥及多樣性植物來達成。</td></tr>
<tr><td colspan="2">2. 綠化量</td><td>利用基地自然土方種植各類植物於陽台、外牆、屋頂及人工地盤等。
其目的為創造都市綠意、促進生物多樣化及吸收 CO_2。</td></tr>
<tr><td colspan="2">3. 基地保水</td><td>係以基地內自然土層或人工土層涵養水源及佇留雨水之能力，藉以助於微生物活動、生態活化與改善土壤性質。
其目的以藉由透水性（易蒸散性）鋪面或儲留池，強化大地水循環、減緩都市高溫並改善生態環境。</td></tr>
<tr><td rowspan="3">（二）節能</td><td rowspan="3">4. 日常節能</td><td>建築外殼節能</td><td rowspan="3">建築物生命週期耗費大量能源，其中又以空調及照明佔大部分，以此為重點評估對象。
其目的為減少能源的消耗，亦為減少 CO_2 的排放；透過使用節能設計之空調及照明設備、自然通風照明建築設計手法、延長建築物使用生命等，減少能源之消耗。</td></tr>
<tr><td>空調節能</td></tr>
<tr><td>照明節能</td></tr>
</table>

項目範疇	九大指標	內容說明
（三）減廢	5. CO_2 減量	建築營建過程所使用構造材料，其生產過程換算所使用之 CO_2 排放量謂之。 其目的為減少建築營建過程所生產之溫室氣體，達到對地球環境友善之建築，手法包含結構輕量化、使用寒帶林木等。
	6. 廢棄物減量	廢棄物為建築營建過程所產生之之廢棄材料、土方、揚塵與逸散氣體等，危害人體健康且破壞環境。 其目的增加生活品質、減少對環境之衝擊、提昇營造環保。
（四）健康	7. 室內環境	主要針對室內通風、採光、隔音、建材等品質為評量對象。 其目的為鼓勵減裝修量、使用環保標章建材、減低有害物質（氣體）對人體危害、善用環保回收在利用之建材。
	8. 水資源	對建築自來水用水量之評估，如廚房浴室用水效率、雨水或中水再利用評估。 其目的在改善建築用水設計，並積極回收水再利用，以節約珍貴的水資源。
	9. 污水垃圾減量	針對建築物使用階段之設施與使用管理之評估。 其目的為改善生活雜排水之排放、著重垃圾處理空間綠美化，以提升生活品質。

若要通過評定取得「綠建築標章」或「候選綠建築證書」，至少須取得四項指標，包括「日常節能」及「水資源」二項必要指標。（內政部建築研究所）

單元

2

基礎

1 地質調查及改良

內容架構

（一）基礎破壞因素

1. 載重因素。
2. 臨地建築因素。
3. 建築結構配因素。

（二）下部結構工程災變

1. 地下水：流砂、泉湧、砂湧、隆起、邊坡受地下水掏空、地盤凍脹。
2. 假設工程：擋土壁、安全支撐。
3. 排水設施。
4. 基礎底板封閉。
5. 基礎上浮之災害。

（三）基地調查範圍、點數

1. 基地每 600 m^2 或建築基礎範圍每 300 m^2 一處。
2. 每一基地至少二處。
3. 基地超過 6000 m^2 或建築基礎範圍超過 3000 m^2 的部分，得視地形調整。

（四）地層改良工法

1. 劣土置換法。
2. 加密法。
3. 排水固結法。
4. 地層固化法。
5. 溫度法。
6. 加勁法。

歷屆選擇題

（D）1. 下列何者與基盤調查之目的無關？
(A)選擇基礎型式與深度 (B)建議可行之開挖工法
(C)確認地下水位之高程 (D)決定建築物之容積率
（105 建築師-建築構造與施工#44）

【解析】
(D)描述之決定建築物之容積率與容積管制的法規有關，跟基盤調查之目的無關。

（D）2. 若欲知地質軟硬之 N 值，應採用下列何種試驗方法？
(A)鑽探法試驗 (B)水平加力試驗 (C)載重試驗 (D)標準貫入試驗
（107 建築師-建築構造與施工#45）

（B）3. 有關土壤液化之要件，下列何者錯誤？
(A)鬆砂土層 (B)低地下水位 (C)強烈地震 (D)高地下水位
（107 建築師-建築構造與施工#71）

【解析】
(B)低地下水位非土壤液化之要件。

（C）4. 有關新建建築物對土壤液化之對策，下列敘述何者錯誤？
(A)土壤改良 (B)樁基礎
(C)採連續基礎設計 (D)基礎底面加深挖除
（107 建築師-建築構造與施工#72）

【解析】
(C)採連續基礎設計對新建建築物土壤液化之對策較為無效。

（B）5. 有關地基調查事項，下列敘述何者錯誤？
(A)五層以上或供公眾使用建築物之地基調查，應進行地下探勘
(B)基地面積每 300 平方公尺應設一調查點
(C)樁基礎之調查深度應為樁基礎底面以下至少 4 倍樁直徑之深度
(D)同一基地之調查點數不得少於 2 點
（107 建築師-建築構造與施工#77）

【解析】

建築物基礎構造設計規範

3.2 調查方法

(B) 基地面積每六百平方公尺或建築物基礎所涵蓋面積每三百平方公尺者，應設一處調查點，每一基地至少二處，惟對於地質條件變異性較大之地區，應增加調查點數。

（C）6. 有關避免施工鄰損爭議之敘述，下列何者錯誤？

(A)施工前應做好鄰房鑑定，若遇軟弱地層應於開挖前進行基地內地盤改良

(B)投保營造綜合保險，移轉工程風險

(C)預先設置傾度盤、沉陷釘進行監控，一般角變量達 1/200 為鄰損判定標準

(D)可利用托基工法、微型樁保護緊鄰之鄰房

（107 建築師-建築構造與施工#78）

【解析】

(C) 預先設置傾度盤、沉陷釘進行監控，一般角變量達 1/200 為鄰損判定標準。

（C）7. 在土壤試驗報告中常看到 N 值，N 值代表什麼意義？

(A)標準貫入試驗中，測量落錘貫入 10 cm 所需落下的次數

(B)標準貫入試驗中，測量落錘貫入 20 cm 所需落下的次數

(C)標準貫入試驗中，測量落錘貫入 30 cm 所需落下的次數

(D)標準貫入試驗中，測量落錘貫入 40 cm 所需落下的次數

（108 建築師-建築構造與施工#4）

【解析】

標準貫入試驗

本試驗方式乃於鑽桿上端連接附裝有鐵砧之滑桿，將 63.5 kg 之夯錘套入滑桿內，使夯錘自由落下，打擊鐵砧。夯錘用麻繩吊取，落錘高度 76.2 cm，夯擊取樣器使之入土 30.48 cm 時所需之錘數，即為標準貫入試驗之打擊數 N 值。

（D）8. 有關土壤液化及灌漿補強工法之敘述，下列何者錯誤？

(A)地下水位較高且細砂質之地盤，地震時較容易發生土壤液化

(B)滲透注入式適用於乾淨之砂土

(C)強制式脈狀注入式可適用於黏性土及砂質土

(D)高壓噴射注入式不適用於砂質土

（108 建築師-建築構造與施工#68）

【解析】

高壓噴射注入式適用於砂質土。

（B）9. 有關基地地質承載力之大小，下列排序何者正確？
(A)岩石＞砂土＞礫石＞黏土 (B)岩石＞礫石＞砂土＞黏土
(C)岩石＞黏土＞砂土＞礫石 (D)礫石＞岩石＞砂土＞黏土

（109 建築師-建築構造與施工#19）

【解析】

基地地質承載力好的地基質地越硬且密，岩石最硬，其次礫石，再來是更破碎的砂，最後則是柔軟的黏土本題答案(B)。

（A）10.地基調查調查點數依下列規定，何者錯誤？
(A)基地面積每五百平方公尺，應設一調查點
(B)建築物基礎所涵蓋面積每三百平方公尺者，應設一調查點
(C)基地面積超過六千平方公尺及建築物基礎所涵蓋面積超過三千平方公尺之部分，得視基地之地形、地層複雜性及建築物結構設計之需求，決定其調查點數
(D)同一基地之調查點數不得少於二點，當二處探查結果明顯差異時，應視需要增設調查點

（109 建築師-建築構造與施工#20）

【解析】

建築技術規則建築構造編 §65

地基調查得依據建築計畫作業階段分期實施。

地基調查計畫之地下探勘調查點之數量、位置及深度，應依據既有資料之可用性、地層之複雜性、建築物之種類、規模及重要性訂定之。其調查點數應依左列規定：

一、基地面積每六百平方公尺或建築物基礎所涵蓋面積每三百平方公尺者，應設一調查點。但基地面積超過六千平方公尺及建築物基礎所涵蓋面積超過三千平方公尺之部分，得視基地之地形、地層複雜性及建築物結構設計之需求，決定其調查點數。

二、同一基地之調查點數不得少於二點，當二處探查結果明顯差異時，應視需要增設調查點。

調查深度至少應達到可據以確認基地之地層狀況，以符合基礎構造設計規範所定有關基礎設計及施工所需要之深度。

同一基地之調查點，至少應有半數且不得少於二處，其調度深度應符合前項規定。

（A）11.灌漿補強工法係利用藥液或灌漿材料，由建築物外部灌注至基礎底部以增加土壤支持能力。下列各種灌漿補強工法中，何者僅適用於乾淨砂土地盤的注入方式？
(A)滲透注入式 (B)強制式脈狀注入法
(C)高壓噴射注入式 (D)擠壓注入式

（109 建築師-建築構造與施工#37）

【解析】

(A)滲透注入僅適用乾淨砂土，其他方式皆可用黏土或砂土。

（D）12.有關各種地盤改良工法之敘述，下列何者正確？

(A)砂墊法係將基地內上層較軟弱的土層全部挖除，再填上緊密的砂土層並將其壓實，其適用於砂質地盤且施作深度可超過 20 公尺

(B)生石灰樁工法主要利用生石灰的吸水、蒸發乾燥、膨脹及吸著等反應達成排水效果，適用於砂質地盤但施工深度在 10 公尺以內

(C)紙帶排水工法乃是利用透水性良好的紙帶，利用專用紙滲機（CardBoardMachine）埋入土壤中排水的工法，適用於砂質地盤及有裂縫的岩盤

(D)灌注法係利用各種凝結材料（如水泥、白皂土、瀝青、水玻璃及藥液等）灌入地盤內，使土粒增加強度固結或達成防止漏水的工法

（110 建築師-建築構造與施工#36）

【解析】

(A)砂墊法：將軟弱黏土替換或加填砂層壓實，適用 8~10 m 以下施工深度。

(B)生石灰樁工法：利用生石灰代替砂樁，生石灰樁吸水、蒸發乾燥、膨脹、吸著等作用達成排水效果，適用 20 m 施工深度。

(C)紙帶排水法：以透水性良好的紙帶代替砂樁，利用專用紙滲機埋入土壤中排水，原理與砂井排水法大致相同，適用 20 m 施工深度。

參考來源：營造法與施工上冊，第三章（吳卓夫&葉基棟，茂榮書局）。

（B）13.下列何種地質狀況於地震時最可能發生液化之現象？

(A)砂性地層地下水位低　(B)砂性地層地下水位高

(C)粘性地層地下水位低　(D)粘性地層地下水位高

（110 建築師-建築構造與施工#37）

【解析】

土壤液化是因為「砂質土壤」結合「高地下水位」的狀況，遇到一定強度的地震搖晃，導致類似砂質顆粒浮在水中的現象，因而使砂質土壤失去承載建築物重量的力量，造成建築物下陷或傾斜。

參考來源：中央地質調查所。

（C）14.關於地基調查的相關內容，下列何者錯誤？

(A)就工作需要而言，如以探查承載層或岩盤深度為目的之調查，可採用衝鑽法，以節省工期及經費

(B)就地盤條件而言，對臺灣山區之軟岩及硬岩，可選擇岩石鑽心取樣方法來進行調查

(C)淺基礎基腳之調查深度應達基腳底面以下至少二倍基腳寬度之深度，或達可確認之承載層深度

(D)關於地基調查密度，原則上，基地面積每 600 平方公尺或建築物基礎所涵蓋面積每 300 平方公尺者，應設一處調查點，且每一基地至少二處

（110 建築師-建築構造與施工#43）

【解析】

(C)淺基礎基腳之調查深度應達基腳底面以下至少**四倍**基腳寬度之深度，或達可確認之承載層深度

（C）15.有關地基調查報告，採地下探勘方法，下列敘述何者錯誤？

(A)五層以上建築物之地基調查，應進行地下探勘

(B)供公眾使用建築物之地基調查，應進行地下探勘

(C)四層以下非供公眾使用建築物之基地，且基礎開挖深度為 6 公尺以內者，得引用鄰地既有可靠之地下探勘資料設計基礎

(D)建築面積 600 平方公尺以上者，應進行地下探勘

（110 建築師-建築構造與施工#75）

【解析】

(C)四層以下非供公眾使用建築物之基地，且基礎開挖深度為 5 公尺以內及無地質災害潛勢者。

（#）16. 地基調查方式包括資料蒐集、現地踏勘或地下探勘等方法，下列敘述何者錯誤？

【答 C 或 D 或 CD 者均給分】

(A)其地下探勘方法包含鑽孔、圓錐貫入孔、探查坑及基礎構造設計規範中所規定之方法

(B)五層以上或供公眾使用建築物之地基調查，應進行地下探勘

(C)四層以下非供公眾使用建築物之基地，且基礎開挖深度為 6 公尺以內者，得引用鄰地既有可靠之地下探勘資料設計基礎

(D)建築面積 600 平方公尺以上者，應進行地下探勘

（111 建築師-建築構造與施工#19）

【解析】

建築技術規則建築構造編§64

四層以下非供公眾使用建築物之基地，且基礎開挖深度為五公尺以內者，得引用鄰地既有可靠之地下探勘資料設計基礎。無可靠地下探勘資料可資引用之基地仍應依第一項規定進行調查。但建築面積六百平方公尺以上者，應進行地下探勘。

（C）17. 下列四種土質之建築基礎工程承載力，依「最佳、好、一般、不可取」之排序為何？

①砂和礫石　②普通黏土與重黏土　③有機淤泥和黏土　④淤泥和軟黏土

(A)①②③④　(B)②①③④　(C)①②④③　(D)②④③①

（111 建築師-建築構造與施工#21）

【解析】

軟弱基層土是指土基層中土主要為飽和軟黏土、淤泥或泥炭質土、有機質土和泥炭這些土質，具有天然含水量高、孔隙比大、滲透性小、壓縮性高、抗剪強度和承載力低。故排序為①砂和礫石→②普通黏土與重黏土→④淤泥和軟黏土→③有機淤泥和黏土。

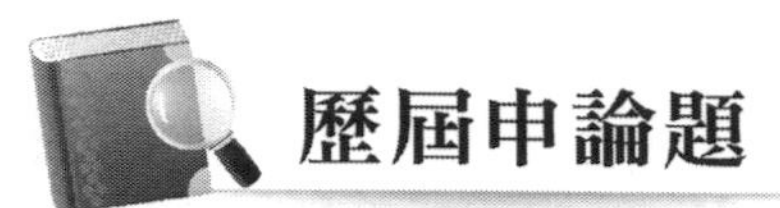

一、地層改良可以採用那些方法來進行？而完成後，可以採取那些方法來檢核其改良效果？（25分）

（109公務高考-建築營造與估價#2）

參考題解

【參考九華講義-構造與施工 第3章 地層改良】

（一）地層改良方法

手法	工法	內容
置換	砂墊法	減少變形量，增加地層支承力，增加排水或止水效果。
壓密	表層夯實、震動夯實	減少變形量，增加地層支承力。
脫水	砂井、紙帶、電滲排水法	防止土壤液化，降低地下水位。
固化	灌漿工法	減少變形量，防止土層流失，增加地層支承力

（二）改良效果檢核（依內政部建築研究所「建築物基礎構造設計規範修訂之研究—地層改良」）

除緊急保護措施外，地層改良後接應針對改良目的，以詳細、有效之現場或室內檢驗方式，檢核改良後地層之工程性質，以確認施工品質及成效。

改良方式	檢核方法
表層夯實者	平鈑載重試驗或相對夯實度等試驗為之。
深層加密或以防止液化改良者	現場施以貫入試驗，試驗時間待夯實後一週為宜。
灌漿或混合攪拌者	宜現場檢核，必要時現場取樣進行試驗。改良範圍得以挖掘試坑等方式進行。
預壓或排水固結者	定期監測土壤行為變化、如孔隙水壓與沉陷量等。

改良成效未達設計需求者，應補強改良。

二、建築工程在都會區中施工時，常會因深開挖作業而導致地盤沉陷或鄰屋損壞等問題，故在開挖作業之施工管理上應注意那些事項？（25 分）

（106 公務普考-施工與估價概要#1）

參考題解

（依建築物基礎構造設計規範）

基地開挖宜利用適當之儀器，量測開挖前後擋土結構系統、地層及鄰近結構物等之變化，以維護開挖工程及鄰近結構物之安全。監測資料可作為補強措施、緊急災害處理及責任鑑定之依據。

（一）開挖安全監測對基地開挖而言，其目的可以簡單說明如以下各項：

1. 設計條件之確認：由觀測所得結果與設計採用之假設條件比較，可瞭解該工程設計是否過於保守或冒險。
2. 施工安全之掌握：作為判斷施工安全與否之指標，具有預警功效。
3. 長期行為之追蹤：如地下水位的變化、基礎沉陷等現象，是否超出設計值。此外，長期之觀測追蹤結果亦可做為鑑定建築物破壞原因之參考資料。
4. 責任鑑定之佐證：基礎開挖導致鄰近結構物或其它設施遭波及而損害，由監測系統所得之資料，可提供相當直接的技術性資料以為責任鑑定之參考，以迅速解決紛爭。
5. 相關設計之回饋：所以監測系統觀測結果經由整理歸納及回饋分析過程，可了解擋土設施之安全性及其與周遭地盤之互制行為，進而修正設計理論及方法，提升工程技術。

（二）基礎開挖之設計若遇下列情形時，應配合基礎開挖工作之進行設置監測系統：

1. 經大地工程學理及經驗分析，結果顯示難以確定開挖所致之影響者。
2. 相臨基地曾因類似規模之開挖及施工方法而發生災害或糾紛者。
3. 開挖影響範圍內之地層軟弱、或其他相關條件（如高靈敏度、高水位差、流砂現象等）欠佳者。
4. 開挖影響範圍內有供公眾使用之建築物、古蹟、或其他重要建築物者。
5. 鄰近結構物及設施等現況條件欠佳或對沉陷敏感者。
6. 於坡地進行大規模開挖時。
7. 將開挖擋土壁作為永久性結構物使用，而於施工期間有殘餘應力過高或變位過大之顧慮者。

（三）監測規劃：

1. 監測參數之選定：基本考慮為開挖工程施工安全之掌握所需之資料，一般包括：
   （1）地下水位及水壓。
   （2）土壓力及支撐系統荷重。
   （3）擋土結構變形及應力變化。
   （4）開挖區地盤之穩定性。
   （5）開挖區外圍之地表沉陷。
   （6）鄰近結構物與地下管線等設施之位移、沉陷量及傾斜量。
   （7）鄰近結構物安全鑑定所需之資料（如結構物之裂縫寬度等）
2. 各項參數在施工過程之行為預測：設計單位依據其設計原理與假設之施工條件，預各項參數之最大可能值以決定各該項監測參數之量測範圍； 同時預測施工各階段各項參數之演變，以為擬訂監測管理值之參考。
3. 各種儀器設置地點、設置時機之決定。
4. 儀器規格之決定。
5. 儀器裝設施工規範之擬訂。
6. 儀器測讀正確性之檢核方法與程序之制定。
7. 監測頻率最低要求之決定。
8. 監測管理值之研擬：管理值擬訂須考慮下列因素：
   （1）工程規模與工期。
   （2）設計參數之不確定性。
   （3）環境的複雜性。
   （4）地下管線分佈、鄰房現況及基礎特性。
   （5）公共關係、鄰房心態及反應。
9. 提示施工單位應於施工前辦理之事項：設計者應就其設計上之特殊考慮因素及設計上未能充份考量之事項加以整理，而期望施工單位於施工前辦理之事宜，如補充地質調查、地下管線調查、鄰房現況調查或鑑定。

三、何謂地層固化地盤改良法？試說明其有那些施工方法？（25 分）

（109 公務普考-施工與估價概要#2）

參考題解

【參考九華講義-構造與施工 第 3 章 地層改良】

（一）地層改良方法

手法	工法	內容
置換	砂墊法	減少變形量，增加地層支承力，增加排水或止水效果。
壓密	表層夯實、震動夯實	減少變形量，增加地層支承力。
脫水	砂井、紙帶、電滲排水法	防止土壤液化，降低地下水位。
固化	灌漿工法	減少變形量，防止土層流失，增加地層支承力

（二）施工方法（依建築物基礎構造設計規範）

本方法係利用添加物改良土壤之物理及化學性質。常用添加物有水泥、石灰、水玻璃等無害化學物。添加方法可利用攪拌、灌漿、或滲入等方法進行。一般常用施工法有：

1. 表層加固法：於地層表面加入固化劑，經混合、夯壓、固化後形成較堅實表層，以增加基礎承載力。此法主要適用於軟弱粘土、砂土及回填土。
2. 深層攪拌法：利用深層攪拌機械將固化劑與土層混合、固化成堅硬柱體，與原地層共成複合地基作用。此法主要適用於軟弱粘土。
3. 高壓噴射法：利用高壓力噴射作用將液態固化劑與土層相混合，固化成堅硬柱體，與原地層共成複合地基作用。此法主要適用於砂性土壤。
4. 灌漿法：利用壓力將液態固化物灌注入土層之孔隙或裂縫，以改善地層之物理及力學性質。此法主要適用於砂性土、卵礫石及岩層。

四、何謂可控制性低強度回填材料（CLSM）？（5分）説明其可能之應用？（15分）

（109鐵路員級-施工與估價概要#2）

參考題解

依行政院環境保護署「焚化底渣再生粒料應用於控制性低強度回填材料（CLSM）使用手冊」、工程會規範第03377章。

（一）可控制性低強度回填材料（CLSM）係由水泥、卜作嵐或無機礦物摻料、粒料及水按設定比例拌和而成，必要時得使用化學摻料。

（二）可能之應用

適用範圍	內容
工程用途	含焚化底渣再生粒料之CLSM可運用於狹小或機具無法進入的場所之回填工程，如大型管線開挖後回填工程、狹窄的壕溝內回填工程、路面或建築物下面孔洞回填工程等項目，除上述用途外，含焚化底渣再生粒料之CLSM經主辦機關許可，亦可應用於其他回填工程。
使用區域	依據「垃圾焚化廠焚化底渣再利用管理方式」公告，含焚化底渣再生粒料之級配粒料底層，在使用時應確認施工地點非屬下列區域範圍內： 1. 公告之飲用水水源水質保護區、飲用水取水口一定距離、水庫集水區及自來水水質水量保護區範圍內。 2. 使用於陸地時，應高於使用時現場地下水位一公尺以上。 3. 依都市計畫法劃定之農業區、保護區、依區域計畫法劃定為特定農業區、一般農業區及其他各種使用分區內編定為農牧用地、林業用地、養殖用地、國土保安用地、水利用地，及上述分區內暫未依法編定用地別之土地範圍內。 4. 依國家公園法劃定為國家公園區內，經國家公園管理機關會同有關機關認定作為前目限制使用之土地分區或編定使用之土地範圍內。 5. 主管機關公告之自然保留區、自然保護區、野生動物保護區及野生動物重要棲息環境範圍內。

* 因應國內使用狀況，若使用工程為永久的結構回填，建議強度以不超過 90 kgf/cm^2 為佳，若應用為鋪面管溝工程之回填，則建議不超過 50 kgf/cm^2 為上限。

2 土方工程

內容架構

（一）土方作業：整地、開挖、棄土、回填

（二）擋土支保設備：

1. 擋土壁

(1)木板樁擋土壁。

(2)擋土樁擋土板：鋼軌（I 型鋼）、襯板擋土壁（兵樁）。

(3)鋼板樁、鋼管樁。

(4)排樁擋土壁：預壘樁，鑽掘排樁。

(5)連續壁。

2. 支保形式

(1)開挖施工流程：順築、逆築、雙順築、島式。

(2)開挖及支保方式。

（三）土方作業地下水位控制

1. 重力排水。

2. 真空&強制排水。

（四）土方作業缺失及災變

1. 開挖之災變。

2. 支保缺失。

3. 開挖施工缺失。

4. 開挖損鄰防護措施。

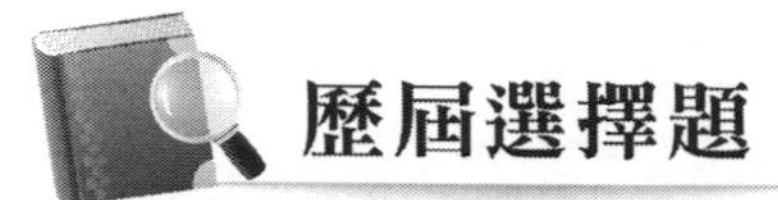

歷屆選擇題

（A）1. 開挖地下室時，需施作擋土設施，在一般正常土壤情況下，下列那一設施的水密性最高？

(A)鋼筋混凝土的連續壁　(B)預壘排樁

(C)鋼板樁　(D)鋼軌樁

（105 建築師-建築構造與施工#27）

【解析】

與預壘排樁、鋼板樁、鋼軌樁比較，鋼筋混凝土壁體為水密性佳之地下連續壁施工法。

（C）2. 下列何種工程災害是在軟弱黏土層實施基礎開挖施工時，最可能發生的現象？

(A)擋土壁管湧　(B)開挖面砂湧　(C)開挖面隆起　(D)土壤液化

（105 建築師-建築構造與施工#45）

【解析】

建築物基礎構造設計規範 8.8 擋土式開挖之穩定性分析

（1）側向壓力平衡。

（2）底面隆起。

（3）砂湧。

（4）上舉。

（5）施工各階段之整體穩定分析。

其中開挖面隆起較容易發生在軟弱黏土層。

（A）3. 整地工程中，下列各種土質邊坡保持穩定的最大坡度（高：底），何者錯誤？

(A)卵石層 1：2　(B)鬆散碎石 1：1.5　(C)密實土 1：1.5　(D)軟土 1：2

（106 建築師-建築構造與施工#61）

【解析】

(A)卵石層邊坡保持穩定的最大坡度 1：1（大多可大於 1，依其高度而定）

PS：卵石層>鬆散碎石>密實土>軟土。

（#）4. 有關國內常用的擋土設施，下列何者不適用於水密性要求高的土層？**【答 B 或 D 或 BD 者均給分】**

(A)鋼板樁　(B)預壘排樁　(C)連續壁　(D)H 型鋼

（108 建築師-建築構造與施工#19）

【解析】

鋼板樁及連續壁屬水密性較高的擋土設施。

鋼樁一般為支撐樁（如：支撐系統之中間柱），無水密性之說。

預壘排樁水密性差，容易漏水、漏砂。

（B）5. 基礎開挖時對擋土結構體變形及傾斜之安全監測應採下列何種儀器為宜？

(A)沉陷觀測釘　(B)傾度管　(C)隆起桿　(D)水壓計

（108 建築師-建築構造與施工#46）

【解析】

(A)沉陷觀測釘：於道路上設置。

(B)傾度管：對擋土結構體變形及傾斜之安全監測。

(C)隆起桿：於支撐中間柱上設置量測各階段開挖時，開挖在區內地盤之隆起變化，以瞭解開挖而地盤穩定程度，以控制施工安全。

(D)水壓計：水壓計計分別測量擋土結構所承受之水土壓力大小，評估水壓計設計假設值與實測值差異，以作為地下結構物施工過程中，分析擋土結構安全度及回饋處理，預測之重要資料。

（D）6. 下列何種工法係不使用任何擋土設施及支撐，僅藉由土壤之剪力強度，使其自承土壓力而可垂直開挖？

(A)地錨工法　(B)沉箱工法

(C)水平支撐工法　(D)自立式垂直擋土工法

（108 建築師-建築構造與施工#47）

【解析】

自立式垂直擋土工法：藉由土壤之剪力強度，使其自承土壓力而可垂直開挖。

（B）7. 下列擋土措施之敘述，何者錯誤？

(A)鋼板樁適用於軟弱土層，且水密性好，可重複使用

(B)預壘排樁適用於軟弱土層，施工簡單便宜，且水密性佳

(C)連續壁適用各黏土層，除卵礫石地層較不宜，水密性好，可作永久牆

(D)鋼軌樁適用堅實黏土層，施工簡單便宜，可重複使用

（109 建築師-建築構造與施工#44）

【解析】

預壘樁（預鑄混凝土樁、掺土樁）

預壘樁工法屬於排樁工法的一種，是使用覆帶式鑽機配合減速機及螺旋鑽桿鑽掘現地土壤，並場鑄樁體，適用於較不深的地下室擋土工程，常採用的樁徑為 30~60 公分，適於砂黏土地層，施作深度約在 10~20 公尺。

（1）預壘樁特色：適用於地下水位低於開挖深度時，或開挖邊線鄰近建物，避免打樁震動及噪音時。

（2）預疊樁優缺點：噪音小、擋土效果良好但防水性欠佳，且不能為構造之壁體。

參考來源：允在工程。

（A）8. 一棟有地下室並採用直接基礎的建築物，下列何者對於防止土壤液化問題較無助益？

(A)採用筏式基礎　(B)採用連續壁工法
(C)地盤改良　(D)增加基礎深度至非液化層

（110 建築師-建築構造與施工#18）

【解析】

建築基地經評估會發生土壤液化的情形時，建築物基礎可採取以下防治對策，例如增加地層土壤抵抗液化的能力（實施地盤改良如：灌漿、振動夯實、擠壓砂樁、礫石樁等工法）、選用適當基礎型式（採用樁基礎、基礎底面加深、基礎外緣以連續壁圍束等），以避免建築物受到影響。

參考來源：中央地質調查所。

（A）9. 下列何者為地下室開挖擋土牆設施一般常用最經濟方式？

(A)鋼板樁　(B)靜壓鋼板樁　(C)預壘樁　(D)連續壁

（110 建築師-建築構造與施工#38）

【解析】

鋼板樁擋土牆的鋼板壓成槽形不易彎折，以抗側土壓力，兩翼有接榫之接合，以達連鎖。

優點：（1）連鎖的特性和接縫封閉，所以高緊密且牢固。
（2）對於地下水位下 10 m 的地基下層土的深開挖。
（3）經濟又可以回收，而被廣泛的使用。
（4）安全牢固，深開挖極限大約在 25 m。

缺點：（1）用上方振動機來裝設，雖能調整頻率，但仍有振動。
（2）對鄰房或多或少造成干擾及損失，施工前需現況鑑定。
（3）土壤內的障礙物如大卵石（石塊），造成困難。
（4）連鎖在振動機裝設時，遇到硬物或障礙物等，很容易拉開、破裂而失敗。
（5）鋼板樁的設計深度也非無限，因上方衝擊動力有限。

參考來源：技師報。

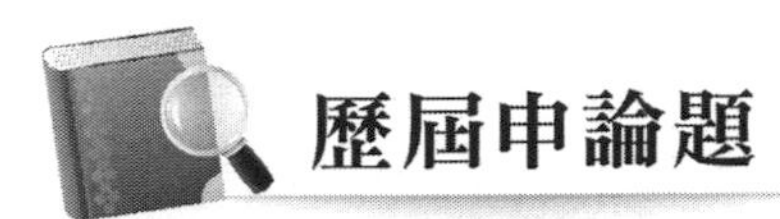

歷屆申論題

一、連續壁工法在臺灣的基礎工程中應用非常廣泛，試說明在高層建築施工中連續壁做為地下擋土支撐之施作流程。（25 分）

（106 公務高考-建築營造與估價#2）

參考題解

連續壁常用工法施作步驟：

	ICOS	BW	MASAGO
1	提施工計畫、現地管線遷移、放樣		
2	假設工程：穩定液沈澱池、工作面、水電等		
3	設置導溝	設置導溝、安裝鑽掘機行走軌道	設置導溝
4	蛤式抓斗開挖、穩定液（白皂土液）	沉水式鑽掘機開挖、反循環出土（詳 5.2.3）、穩定液（白皂土液）	MHL（油壓長臂）抓斗開挖、穩定液（白皂土液）
5	超音波檢測（母單元 2、公 1）		
6	吊放鋼筋籠（護耳、吊裝筋、母單元隔板帆布）		
7	特密管注漿		
8	超音波檢測（預留 pvc 套管）		
9	清潔壁體黏泥（公單元施作前）		
10	重複 4～9		

二、試說明斜撐梁島式支保法與雙層支保壁溝式開挖法之進行方式與其特性。（20 分）

（106 地方三等-建築營造與估價#4）

參考題解

<table>
<tr><th colspan="4">斜撐梁島式支保法與雙層支保壁溝式開挖法</th></tr>
<tr><td colspan="2">工法</td><td>斜撐梁島式</td><td>雙層支保壁溝式</td></tr>
<tr><td colspan="2">施工程序</td><td>1. 先開挖基礎中央段，
2. 完成中央部分基礎，
3. 並以斜撐取代四周邊坡擋土，
4. 最後完成四周之基礎工程。</td><td>1. 先打入雙層擋土壁（一次擋土壁）及支撐（一次支撐），
2. 施作四周基礎及軀體外牆（即成為二次擋土壁），
3. 開挖中央段及施作二次支撐，
4. 完成中央段基礎與全區施工。</td></tr>
<tr><td rowspan="2">特性</td><td>同</td><td colspan="2">1. 皆為適用大規模開挖工法。
2. 皆為適用軟弱地層。
3. 皆為以自身結構／基礎為擋土結構。
4. 皆為節省支撐材料之工法。</td></tr>
<tr><td>異</td><td>1. 工序較雙層支保壁溝式單純。
2. 基礎結構較雙層支保壁溝式遠離擋土牆。
3. 無中央段支撐。
4. 先施作中央段，後四周。</td><td>1. 工序較斜撐梁島式複雜。
2. 基礎結構較斜撐梁島式接近擋土牆。
3. 需中央段支撐。
4. 先施作四周，後中央段。</td></tr>
</table>

三、某工地進行整地作業，若預定之高程為 40 m，該工地經劃分為每邊長 8 m 之方格，且每一方格轉角處之高程（單位：m）如下圖所示，請計算其土方量為多少 m^3？亦請標示其土方量為挖方或填方？（20 分）

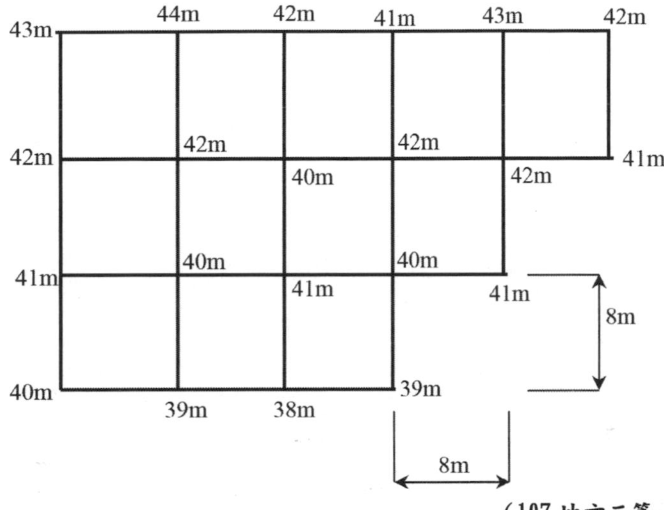

（107 地方三等-建築營造與估價#5）

參考題解

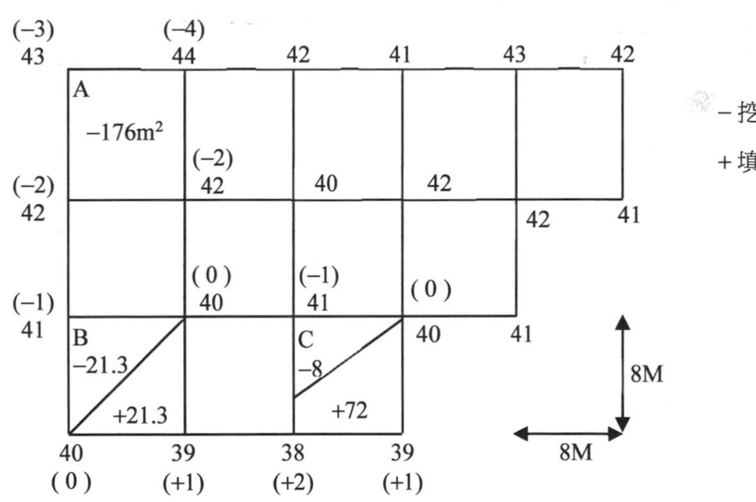

（一）4 邊皆挖方（方格 A 為例）

$$V=\frac{-3-4-2-2}{4}\times 8^2=-176(m^2)$$

（二）單點填方（方格 B 為例）

$$V挖=\frac{-1-1}{6}\times 8^2=-21.3$$

（三）2 角填，2 角挖（方格 C 為例）

$$V挖 = \frac{-1^2}{4(-1+2+1)} \times 8^2 = -8m^2$$

$$V填 = \frac{(2+1)^2}{4(-1+2+1)} \times 8^2 = 72m^2$$

（未考量鬆方實方）

四、某一個 5 邊形建築基地，其基地範圍之邊界依序由以下 5 個座標點所圍起來，順時針方向依序為(2,0), (3,8), (9,11), (14,4), (10,0)，單位：m，請問此基地之面積多大？（20 分）

（108 公務普考-施工與估價概要#2）

參考題解

a 面積：（8×1）/ 2 = 4

b 面積：（8 + 7 + 4）×6 / 2 = 57

c 面積：5×7 / 2 = 17.5

d 面積：（5 + 1）×4 / 2 = 12

合計：90.5 m^2

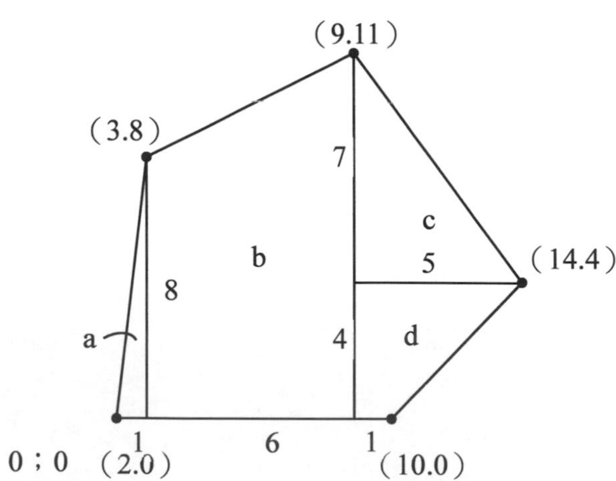

五、試分別繪圖說明何謂「地基隆起」及「砂湧現象」，並說明可用那些方法來加以避免。（25 分）

（111 公務普考-施工與估價概要#3）

參考題解

【參考九華講義-構造與施工 第 3 章 基礎概論】

地基隆起及砂湧現象說明

	地基隆起	砂湧
成因說明	地質條件在開挖面為黏土質或沉泥地層，切開挖面內外具有水壓差，此時開挖面向上之壓力大於向下，不透水之黏土質或沉泥地層發生隆起現象。 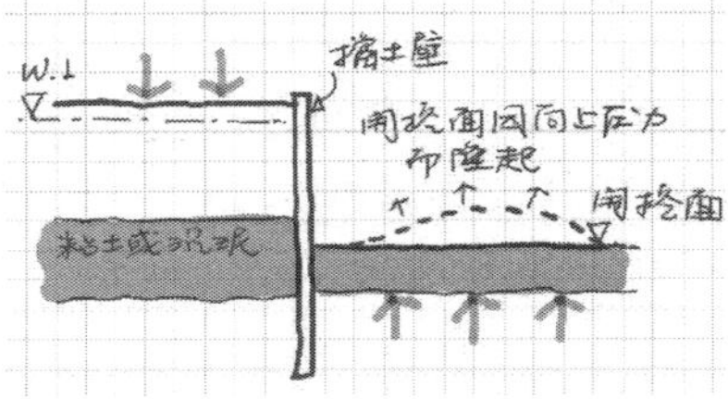	地質條件常為砂質地層，切開挖面內外具有水壓差，擋土壁形式應為具有止水性之擋土壁。因內外靜止水壓力差，地下水夾帶泥砂於開挖面言擋土壁四周湧出。該砂湧現象多出現於擋土壁周圍約 1/2 貫入深度附近。 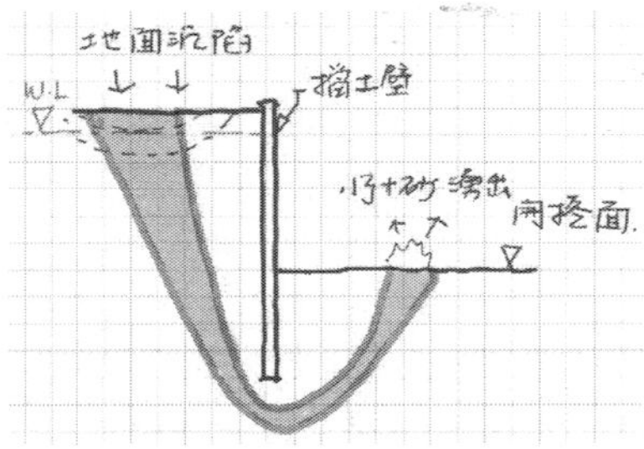
避免及改善方法	加大擋土壁之貫入深度，應降低外部地下水位，減低水壓差。	應降低外部地下水位，減低水壓差。擋土壁四周已回填方式處理。

3 基礎型式及種類

內容架構

（一）淺基礎應注意事項

1. 深度比 = Df / B ≦ 1。
2. 長期性水平載重之安全係數不得小於 1.5。
3. 短期性水平載重之安全係數不得小於 1.2。
4. 直接基礎適用性
   （1）獨立基腳：地盤良好／沉陷量小、地盤承載力大、一定跨度之基礎時。
   （2）聯合基腳：地盤良好／兩柱貼近、外柱偏心時。
   （3）連續基腳：地盤良好／柱貼近、採承重牆系統時。
   （4）筏式基腳：軟弱地盤／地下水位高、高層建築、有地下室建築、載重大之建築時。

（二）樁

1. 垂直度容許值約 1/75~1/200。
2. 樁位容許偏心量約 5~10cm。
3. 接頭不得在基礎版下 3 公尺內。
4. 澆置高程未註明者應至少施作至設計高程 1 m 以上，在澆置樁帽前打除劣質混凝土。

（三）墩

1. 沉箱基礎種類：
   （1）開口沉箱。　（2）壓氣沉箱。　（3）竹中式沉箱。
2. 沉箱基礎設計考慮：
   （1）設計時採最小偏心量不得小於 10 cm。
   （2）支承地層厚度至少為基礎寬度 1.5 倍以上。
   （3）沉箱基礎底面下，基礎寬度 3 倍以內之地層不得有高壓縮性之軟土層。

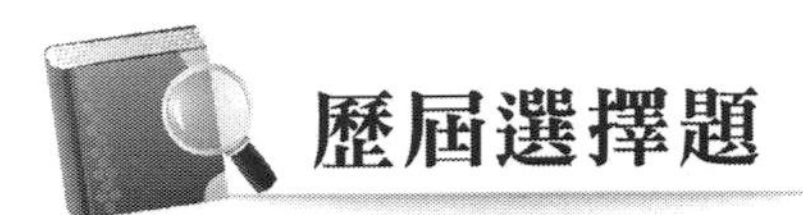

歷屆選擇題

（C）1. 建築工程地下室採用逆打工法，最主要目的為何？
(A)增進施工品質 (B)節省施工費用 (C)縮短工期 (D)減少二次施工
（105 建築師-建築構造與施工#42）

【解析】
逆打工法的優點在於允許上下並進施工，進而縮短工期。

（C）2. 反循環基樁較不適用於下列何種地層？
(A)黏土 (B)砂土 (C)礫石 (D)砂質黏土
（105 建築師-建築構造與施工#43）

【解析】
反循環基樁較不適用於**(C)礫石地層**，水部分（穩定液）較易流失。

（A）3. 有關地上結構體安全應注意事項，下列何者與地下室逆打工法無直接關係？
(A)施工動線、堆料場地規劃
(B)依施工各階段容許應力值作為上部結構體構築進度限制
(C)設置基樁之沉降觀測點
(D)逆打鋼支柱裝設應變計
（105 建築師-建築構造與施工#48）

【解析】
逆打工法的重點在於上下並進施工，加速工程進度，此工法的精神與施工動線、堆料場地規劃相關性低。

（A）4. 下列何者是合理的工作程序？①開挖 ②施打鋼板樁 ③裝設傾斜儀 ④抽排水
(A)③②①④ (B)③④①② (C)①④②③ (D)③①②④
（105 建築師-建築構造與施工#70）

【解析】
鋼板樁擋土工程規劃流程：
開工→清除地下及地上障礙物→放樣及施作導溝→機具＆物料進場→物料進場檢驗→鋼板樁打設→打設品質確認→開挖作業→支撐架設→基礎結構完成→支撐拆除→回填土作業→鋼板樁拔除→場地整理及完工
參考來源：全強企業 https://www.chuen.com.tw/workflow.html

（C）5. 下列有關筏式基礎的敘述，何者正確？

(A)筏基平面必須形狀方正整齊

(B)筏基底部與土壤接觸面必須保持齊平

(C)相鄰的筏基坑以排水管連通時，地梁上部必須配置通氣管

(D)筏基坑內必須填充重物，如水、級配、劣質混凝土等，以抵抗土壓

（106 建築師-建築構造與施工#21）

【解析】

(A)筏基平面無須形狀方正整齊。

(B)筏基底部與土壤接觸面可高低設置。

(D)筏基坑內無須一定要有填充重物，如電梯機坑……等。填充重物如級配、劣質混凝土等，可抵抗土壓。

（C）6. 依現行「建築物基礎構造設計規範」，下列敘述何者錯誤？

(A)基礎構造分為淺基礎及深基礎兩種基本型式

(B)獨立、聯合、連續基礎都屬於淺基礎

(C)筏式基礎屬於深基礎

(D)沉箱基礎屬於深基礎

（106 建築師-建築構造與施工#30）

【解析】

(C)筏式基礎不屬於深基礎。

建築物基礎構造設計規範

1.4 基礎型式

基礎構造分為下列二種基本型式：

1. 淺基礎：利用基礎版將建築物各種載重直接傳佈於有限深度之地層上者，如獨立、聯合、連續之基腳與筏式基礎等。
2. 深基礎：利用基礎構造將建築物各種載重間接傳遞至較深地層中者，如樁基礎、沉箱基礎、壁樁與壁式基礎等。

（A）7. 下列何者為以連續壁作為擋土設施的地下室逆打工法，由先而後之施工順序，下列何者正確？

①連續壁擋土設施構築　②抽排水及開挖棄土　③梁版及逆打柱頭工程

④基樁及逆打鋼柱插放　⑤二次牆柱及無收縮水泥砂漿灌注工程

(A)①④②③⑤　(B)①②③④⑤　(C)②①④③⑤　(D)④②①⑤③

（107 建築師-建築構造與施工#18）

【解析】
①連續壁擋土設施構築→④基樁及逆打鋼柱插放→②抽排水及開挖棄土→③梁版及逆打柱頭工程→⑤二次牆柱及無收縮水泥砂漿灌注工程。

（A）8. 住宅的基礎結構採筏式基礎。一樓高程為 +20 cm 且無地下室，其地梁深度為 140 cm 之基準從何高程算起？
(A)一樓地坪結構面 (B) GL±0 (C) GL±40 (D) GL±100
（107 建築師-建築構造與施工#19）

【解析】
建築物的設計沒有地下室，繪製平面圖會從一樓開始，結構圖亦同，從一樓地板結構體起算高程。

（D）9. 臺灣目前基樁工程，依材料分類不包括下列何者？
(A)預鑄鋼筋混凝土基樁 (B)場鑄鋼筋混凝土基樁
(C)鋼管樁 (D)木樁
（107 建築師-建築構造與施工#47）

【解析】
木樁適用範圍如下：盛產木材的地區；小型工程和臨時工程，如架設小橋的基礎；古代文物的基礎，台灣木料多仰賴進口，故不使用木樁。

（A）10.下圖之施工順序屬於何種樁基腳的作法？
(A)預壘樁 (B)辛浦萊樁 (C)百力達樁 (D)法蘭基樁

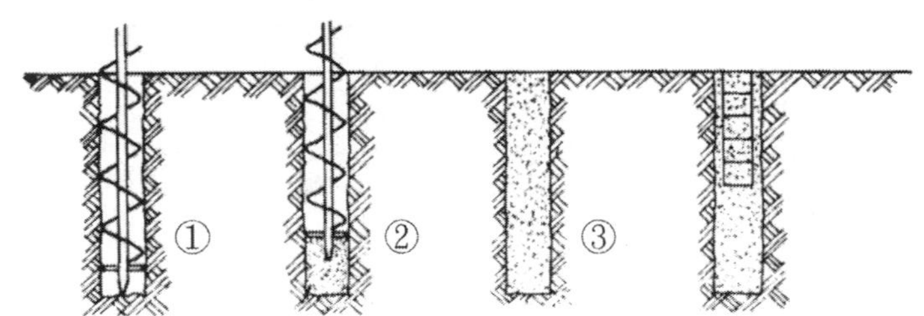

（108 建築師-建築構造與施工#18）

【解析】
題目的圖示為預壘樁工法，程序如下：

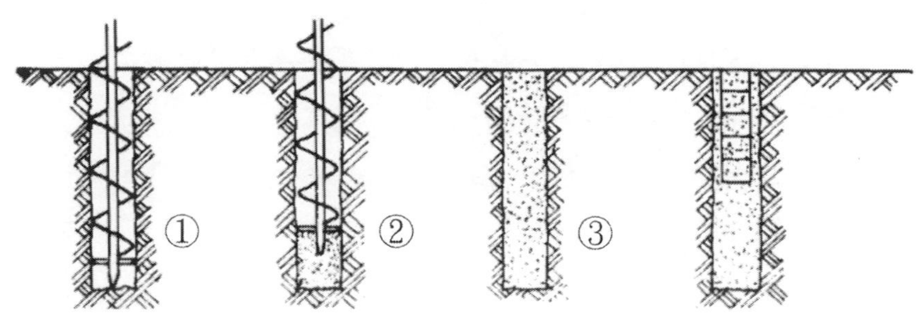

使用覆帶式鑽機及螺旋鑽桿鑽掘現地土壤，並利用螺旋葉片將土壤排除孔中。

當鑽掘至基樁設計深度時，以鑽桿前端打出水泥砂漿，並緩緩提昇鑽桿。

注漿完成拔除鑽桿

將預先製作完成之鋼筋籠植入孔中，確認鋼筋頂端高程，即完成單樁施工程序。

（D）11.填土滾壓夯實，若有地下構造物，其填土厚度未達幾公分，不得以壓路機滾壓？

(A) 15 (B) 30 (C) 45 (D) 60

（108 建築師-建築構造與施工#58）

【解析】

經濟部水利署施工規範第 02300 章土方工作

3.2.3 滾壓

（7）涵管、管道或其他構造物，在其上方填土未達適當高度之前，滾壓之重機械不得行經其上或鄰近行駛，此項高度須視實際情形而定，但不得小於 60 公分，而該高度以下部分，應以夯土機或其他適當之機具夯實，不得以壓路機滾壓，以免損及涵管等構造物，如有損毀，應由廠商自費負責重做。

（#）12. 有關樁基礎之敘述，下列何者錯誤？**【答 A 或 D 或 AD 者均給分】**

(A)使用木樁時，如未經防腐處理，可將其浸沒於水中，防止菌類腐蝕

(B)現場灌注樁其長度可依設計需求來調整

(C)現場灌注樁適用於較深硬質地盤之樁基礎

(D)若支撐之地盤深度有急遽變化時宜避免使用鋼樁

（108 建築師-建築構造與施工#73）

【解析】

樁基礎：(A)使用木樁時，需經防腐處理，可將其浸沒於水中，防止菌類腐蝕。

(D)若支撐之地盤深度有急遽變化時宜避免使用**預製樁**。

（A）13.有一全開挖（open cut）工地，開挖深度為 8 公尺（含地下二層及筏基）尚未回填，目前工地正在施工一樓地面層，假設颱風來襲又遇到大豪雨，工地通知建築師開挖中建築物四周之水位已漲到地面下 5 公尺時，下列那一事項最為重要，必須立刻處理？

(A)立即通知工地負責人及承造人主任技師採取預防地下室上浮之所有措施

(B)要求工地停止地下水的抽取

(C)要求工地即刻抽取已完成建築之地下室一、二樓內部的積水

(D)要求工地即刻將正在施工的一樓建築物覆蓋上帆布，減少建築物內部持續進水

（109 建築師-建築構造與施工#47）

【解析】

題目描述的狀況為地下水位高於開挖面 3 m，產生的所有狀態當中，選項(A)地下室上浮是可能造成整個基礎重做，相對最嚴重的結果必須優先預防。

（A）14.依建築技術規則建築構造編，基樁以整支應用為原則，樁必須接合施工時，其接頭應不得在基礎版面下多少公尺以內，樁接頭不得發生脫節或彎曲之現象？

(A) 3　　(B) 4　　(C) 5　　(D) 6

（110 建築師-建築構造與施工#60）

【解析】

建築技術規則建築構造編§100

基樁以整支應用為原則，樁必須接合施工時，其接頭應不得在基礎版面下三公尺以內，樁接頭不得發生脫節或彎曲之現象。基樁本身容許強度應按基礎構造設計規範依接頭型式及接樁次數折減之。

（D）15.依據建築物基礎構造設計規範，基地開挖若採用邊坡式開挖，其基地狀況通常必須具有之各項條件，下列何者最不適宜？

(A)基地為一般平地地形

(B)基地周圍地質狀況不具有地質弱帶

(C)基地地質不屬於疏鬆或軟弱地層

(D)高地下水位且透水性良好之砂質地層

（110 建築師-建築構造與施工#65）

【解析】

(D)易造成邊坡洗掘破壞。

（B）16.有關基礎構造之敘述，下列何者正確？

(A)聯合基礎適用於塑流性的軟弱地盤

(B)樁基礎有尖端支承樁、摩擦樁、壓實樁等依需求不同之種類

(C)現場樁有離心式 RC 樁、離心式預力樁等

(D)反循環基樁不需要像預壘樁施工方式一樣使用白皂土（穩定液）

（111 建築師-建築構造與施工#20）

【解析】

(A)筏式基礎適用於塑流性的軟弱地盤

(C)離心式 RC 樁、離心式預力樁屬於預鑄樁

(D)反循環基樁仍需要使用穩定液

（A）17.下列各種基樁工法中，何者之施工機械不屬於「鑽掘式」原理？

(A)百利達樁（Pedestal Pile）

(B)全套管式基樁（All Casting Drill Pile）

(C)反循環樁（Reverse Circulation Pile）

(D)土鑽式基樁（Earth Drill Method Pile）

（111 建築師-建築構造與施工#37）

【解析】

百利達樁屬於預鑄式，非現場鑽掘。

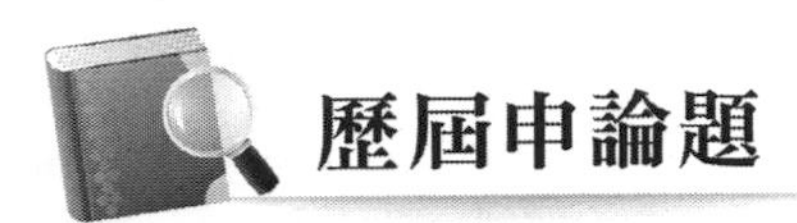

一、請繪圖說明獨立基礎及筏式基礎的形式，並詳述其結構特性及適用範圍。（20 分）

（107 地方四等-施工與估價概要#3）

參考題解

依「建築物基礎構造設計規範」說明：

基礎形式	獨立基礎	筏式基礎
簡圖		
特性	屬於淺基礎。 • 獨立基腳係用獨立基礎版將單柱之各種載重傳佈於基礎底面之地層。獨立基腳之載重合力作用位置如通過基礎版中心時，柱載重可由基礎版均勻傳佈於其下之地層。 • 柱腳如無地梁連接時，柱之彎矩應由基礎版承受，並與垂直載重合併計算，其合壓力應以實際承受壓力作用之面積計算之。偏心較大之基腳，宜以繫梁連接至鄰柱，以承受彎矩及剪力。	依狀況屬於淺基礎或深基礎。 • 筏式基礎係用大型基礎版或結合地梁及地下室牆體，將建築物所有柱或牆之各種載重傳佈於基礎底面之地層。 • 筏式基礎之筏基另可作為各種功能蓄水池（非飲用水）使用、回填劣質混凝土（調整建築物配重）等用途。
適用範圍	適用於上部結構物載重較小且淺層土壤承載性質良好地盤。	較適用於上部結構載物重大且淺層土壤軟弱地盤。

二、試說明基礎施工過程所產生常見之公害。（20分）

（109鐵路員級-施工與估價概要#4）

參考題解

【參考九華講義-構造與施工 第11章】

基礎施工破壞型態	項目	內容
載重破壞	載重	施工過程應詳加考量各式載重如靜載重、活載重、風力、地震力等。
地質環境影響	1. 下方土壤受荷重不均而沉陷	基礎使用形式不同、土層構成複雜或因失水乾所引起之不均勻沉陷。
	2. 地質受壓產生側向崩坍	基礎受上部載重壓力，而擋土壁剛性不足，產生側向擠壓位移而崩坍，尤其以軟落地質較為明顯。
	3. 山坡地(傾斜)地層滑動崩坍	山坡地形，於位能較高側易產生土石流或地層滑動擠壓破壞。於位能較低側，土層滑動後失去支承力造成傾倒破壞。土石流潛勢地區或順向斷層地去尤為顯著。
	4. 側向外力引起破壞	土壤或水所產生側向壓力，造成基礎破壞。
	5. 土壤液化	砂質土曾與豐沛之地下水所組成的地盤，受到地震力或其他振動影響，造成土壤液化，地盤瞬間失去支承力，使基礎傾倒破壞。
臨地建築構造影響	1. 施工敲擊	臨地施工敲擊或震動，引起土層震動後壓密收縮，造成基礎沉陷。
	2. 開挖面支撐不足	臨地開挖擋土安全支撐不足，造成土壤向側向滑動位移，使基礎傾倒。
	3. 開挖面隆起或超抽地下水	臨地開挖面因隆起，係由側向土層往開挖面移動，造成基礎傾倒坍塌；或超抽地下水，基礎下方土層失水壓密造成基礎傾倒坍塌。
假設工程	1. 擋土壁灌入深度不足	基礎工程因擋土壁灌入深度不足，易造成砂湧、隆起等缺失，造成基礎開挖面破壞。
	2. 擋土壁施工不當	壁體施作不當造成止水性不佳，導致管湧或泉湧現象，擋土壁外側土壤洗掘，使壁體向外側移動，造成基礎破壞。
	3. 安全支撐作業不當	安全支撐作業不當，或數量不足，未能承受預期側向土壓力，造成安全支撐破壞失效，導致基礎破壞。

三、為確保建築工程中基樁施工作業安全，請詳述承包商於施工現場應注意那些事項。（25分）

（110公務普考-施工與估價概要#4）

參考題解

【參考九華講義-構造與施工 第5章 基礎工程】

基樁施工作業安全應注意事項：

依營造安全衛生設施標準 第8章 基樁等施工設備

第108條

雇主對於以動力打擊、振動、預鑽等方式從事打樁、拔樁等樁或基樁施工設備（以下簡稱基樁等施工設備）之機體及其附屬裝置、零件，應具有適當其使用目的之必要強度，並不得有顯著之損傷、磨損、變形或腐蝕。

第109條

雇主為了防止動力基樁等施工設備之倒塌，應依下列規定辦理：

一、設置於鬆軟地磐上者，應襯以墊板、座鈑、或敷設混凝土等。

二、裝置設備物時，應確認其耐用及強度；不足時應即補強。

三、腳部或架台有滑動之虞時，應以樁或鏈等固定之。

四、以軌道或滾木移動者，為防止其突然移動，應以軌夾等固定之。

五、以控材或控索固定該設備頂部時，其數目應在三以上，其末端應固定且等間隔配置。

六、以重力均衡方式固定者，為防止其平衡錘之移動，應確實固定於腳架。

第110條

雇主對於基樁等施工設備之捲揚鋼纜，有下列情形之一者不得使用：

一、有接頭者。

二、鋼纜一撚間有百分之十以上素線截斷者。

三、直徑減少達公稱直徑百分之七以上者。

四、已扭結者。

五、有顯著變形或腐蝕者。

第111條

雇主使用於基樁等施工設備之捲揚鋼纜，應依下列規定辦理：

一、打樁及拔樁作業時，其捲揚裝置之鋼纜在捲胴上至少應保留二卷以上。

二、應使用夾鉗、鋼索夾等確實固定於捲揚裝置之捲胴。

三、捲揚鋼纜與落錘或樁錘等之套結，應使用夾鉗或鋼索夾等確實固定。

第 112 條

雇主對於拔樁設備之捲揚鋼纜、滑車等，應使用具有充分強度之鉤環或金屬固定具與樁等確實連結等。

第 113 條

雇主對於基樁設備等施工設備之捲揚機，應設固定夾或金屬擋齒等剎車裝置。

第 114 條

雇主對於基樁等施工設備，應能充分抗振，且各部份結合處應安裝牢固。

第 115 條

雇主對於基樁等施工設備，應能將其捲揚裝置之捲胴軸與頭一個環槽滑輪軸間之距離，保持在捲揚裝置之捲胴寬度十五倍以上。

前項規定之環槽滑輪應通過捲揚裝置捲胴中心，且置於軸之垂直面上。

基樁等施工設備，其捲揚用鋼纜於捲揚時，如構造設計良好使其不致紊亂者，得不受前二項規定之限制。

第 116 條

雇主對於基樁等施工設備之環槽滑輪之安裝，應使用不因荷重而破裂之金屬固定具、鉤環或鋼纜等確實固定之。

第 117 條

雇主對於以蒸氣或壓縮空氣為動力之基樁等施工設備，應依下列規定：

一、為防止落錘動作致蒸氣或空氣軟管與落錘接觸部份之破損或脫落，應使該等軟管固定於落錘接觸部分以外之處所。

二、應將遮斷蒸氣或空氣之裝置，設置於落錘操作者易於操作之位置。

第 118 條

雇主對於基樁等施工設備之捲揚裝置，當其捲胴上鋼纜發生亂股時，不得在鋼纜上加以荷重。

第 119 條

雇主對於基樁等施工設備之捲揚裝置於有荷重下停止運轉時，應以金屬擋齒阻擋或以固定夾確實剎車，使其完全靜止。

第 120 條

雇主不得使基樁等設備之操作者，於該機械有荷重時擅離操作位置。

第 121 條

雇主為防止因基樁設備之環槽滑輪、滑車裝置破損致鋼纜彈躍或環槽滑輪、滑車裝置等之破裂飛散所生之危險，應禁止勞工進入運轉中之捲揚用鋼纜彎曲部份之內側。

第 122 條

雇主對於以基樁等施工設備吊升樁時，其懸掛部份應吊升於環槽滑輪或滑車裝置之正下方。

第 123 條

雇主對於基樁等施工設備之作業，應訂定一定信號，並指派專人於作業時從事傳達信號工作。

基樁等施工設備之操作者，應遵從前項規定之信號。

第 124 條

雇主對於基樁等施工設備之裝配、解體、變更或移動等作業，應指派專人依安全作業標準指揮勞工作業。

第 125 條

雇主對於藉牽條支持之基樁等施工設備之支柱或雙桿架等整體藉動力驅動之捲揚機或其他機械移動其腳部時，為防止腳部之過度移動引起之倒塌，應於對側以拉力配重、捲揚機等確實控制。

第 126 條

雇主對於基樁等施工設備之組配，應就下列規定逐一確認：

一、構件無異狀方得組配。

二、機體繫結部份無鬆弛及損傷。

三、捲揚用鋼纜、環槽滑輪及滑車裝置之安裝狀況良好。

四、捲揚裝置之剎車系統之性能良好。

五、捲揚機安裝狀況良好。

六、牽條之配置及固定狀況良好。

七、基腳穩定避免倒塌。

第 127 條

雇主對於基樁等施工設備控索之放鬆時，應使用拉力配重或捲揚機等適當方法，並不得加載荷重超過從事放鬆控索之勞工負荷之程度。

第 128 條

雇主對於基樁等施工設備之作業，為防止損及危險物或有害物管線、地下電纜、自來水管或其他埋設物等，致有危害勞工之虞時，應事前就工作地點實施調查並查詢該等埋設之管線權責單位，確認其狀況，並將所得資料通知作業勞工。

參考來源：營造安全衛生設施標準。

四、試繪圖及說明建築物的淺基礎有那些種類及其適用情況？（25 分）

（110 地方四等-施工與估價概要#2）

參考題解

【參考九華講義-構造與施工 第 5 章 基礎型式及種類】

淺基礎種類	適用情形
獨立基腳 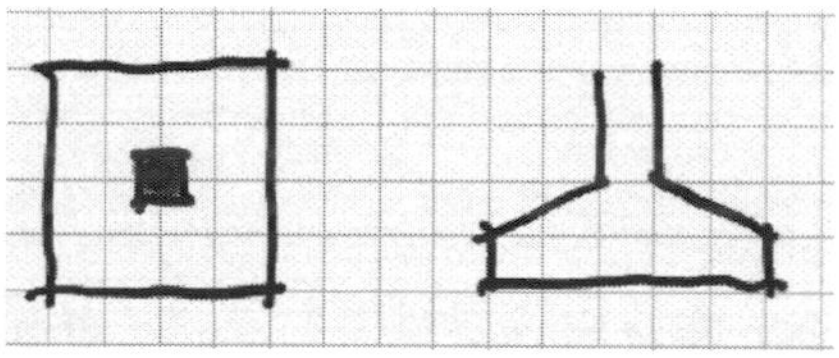	獨立基腳係用獨立基礎版將單柱之各種載重傳佈於基礎底面之地層。獨立基腳之載重合力作用位置如通過基礎版中心時，柱載重可由基礎版均勻傳佈於其下之地層。 柱腳如無地梁連接時，柱之彎矩應由基礎版承受，並與垂直載重合併計算，其合壓力應以實際承受壓力作用之面積計算之。偏心較大之基腳，宜以繫梁連接至鄰柱，以承受彎矩及剪力。
聯合基腳 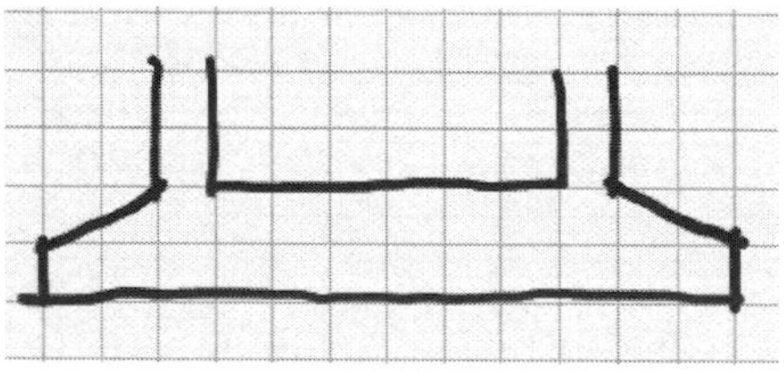	聯合基腳係用一基礎版支承兩支或兩支以上之柱，使其載重傳佈於基礎底面之地層。
連續基腳 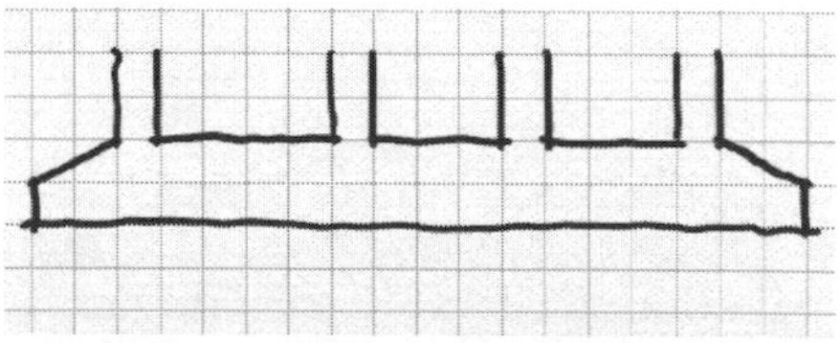	連續基腳係用連續基礎版支承多支柱或牆，使其載重傳佈於基礎底面之地層。 多柱或牆使用同一連續基礎版為基腳時，基礎版之中心應儘量與多柱或牆之合力作用位置相合或相近，以避免太大之偏心。
筏式基礎 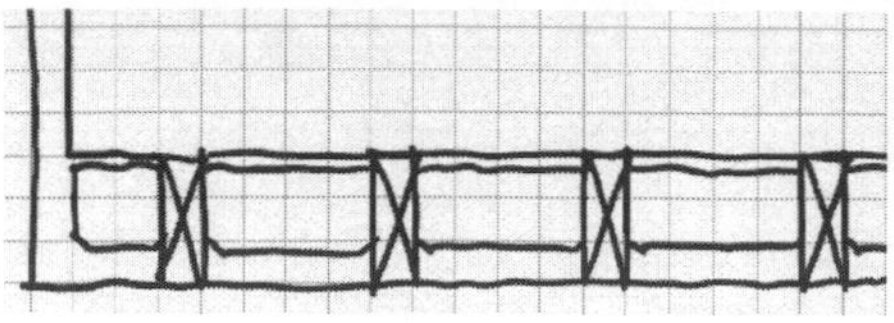	筏式基礎係用大型基礎版或結合地梁及地下室牆體，將建築物所有柱或牆之各種載重傳佈於基礎底面之地層。

五、地下基礎可分為淺基礎與深基礎，試繪圖及說明深基礎有那些種類？（25 分）

（111 公務普考-施工與估價概要#4）

參考題解

【參考九華講義-構造與施工 第 5 章 基礎型式及種類】

深基礎之種類說明：

深基礎	利用基礎構造將建築物各種載重間接傳遞至較深地層中。適用上部結構載重較大或地盤承載力軟弱者，常用種類如下：	
形式	圖例	說明
樁基礎	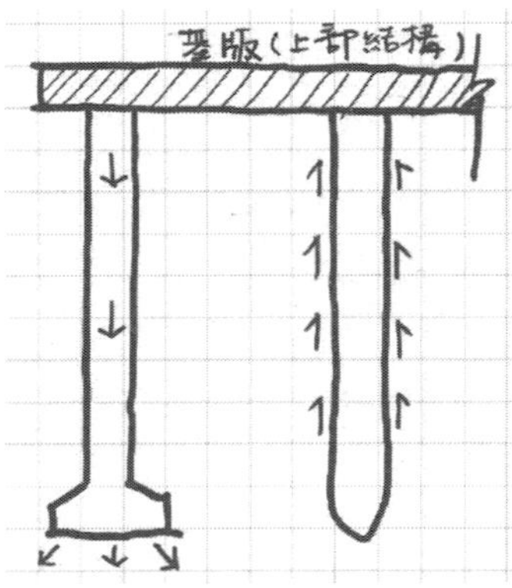 點支承　摩擦樁	基樁之支承力因施工方式而異，採用打擊方式將基樁埋置於地層中者，稱為打入式基樁；採用鑽掘機具依設計孔徑鑽掘樁孔至預定深度後，吊放鋼筋籠，安裝特密管，澆置混凝土至設計高程而成者，稱為鑽掘式基樁；採用螺旋鑽在地層中鑽挖與樁內徑或外徑略同之樁孔，再將預製之鋼樁、預力混凝土樁或預鑄鋼筋混凝土樁以插入、壓入或輕敲打入樁孔中而成者，稱為植入樁。 基樁於垂直極限載重作用下，樁頂載重全部或絕大部份由樁表面與土壤之摩擦阻力所承受者，稱為摩擦樁；由樁底支承壓力承受全部或絕大部份載重者，稱為點承樁。樁身摩擦力通常在變位量達 0.5~1%樁徑時，即已達極限摩擦力，而樁端土壤極限支承力若欲完全發揮，其變位量一般則需達 10%樁徑以上。

形式	圖例	說明
沉箱(墩基礎)	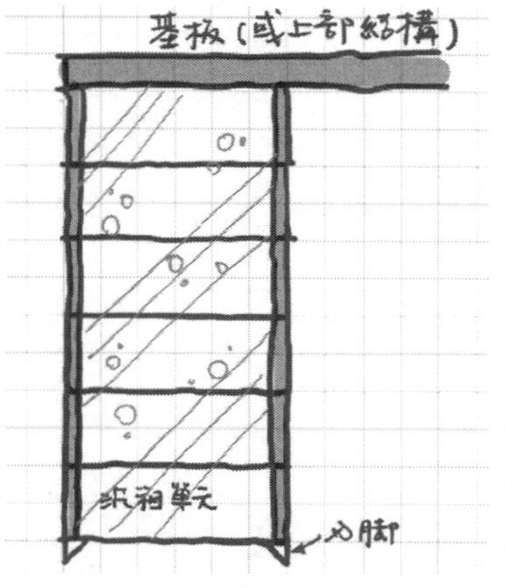	沉箱基礎係以機械或人工方式分段挖掘地層，以預鑄或場鑄構件逐段構築之深基礎，其分段構築之預鑄或場鑄構件，可於孔內形成，亦可於地上完成後以沉入方式施工。沉箱基礎之設計，除應考慮上部構造物所傳遞之垂直載重、側向載重及傾覆力矩外，尚應考慮沉箱本身之重量與施工中之各項作用力，並檢核其安全性。
筏式基礎	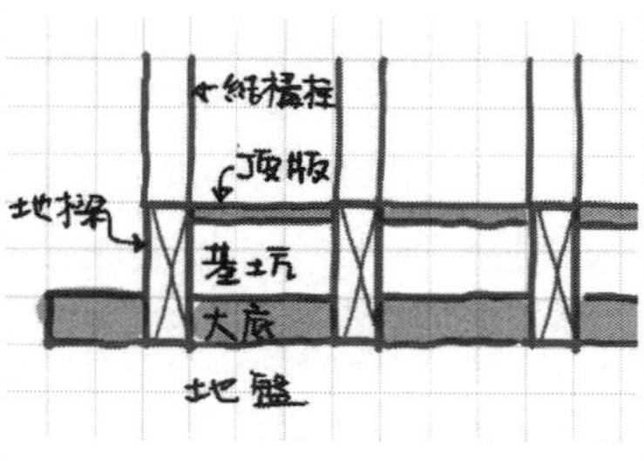	將建築物全部（或主要）柱藉由地樑等構造皆座落於一大型基版，藉以分散載重，增加地盤耐受能力。基版與頂版間留有空間（筏基基坑），可做回填、消防或雨水回收池、汙水池等，為筏式基礎一大特點。

六、試解釋筏式基礎與連續基礎之差別？（至少列舉三項以上）（25 分）

（111 地方四等-施工與估價概要#2）

參考題解

【參考九華講義-第 3 章 基礎概論】

基礎形式		連續基礎（連續基腳）	筏式基礎
簡圖		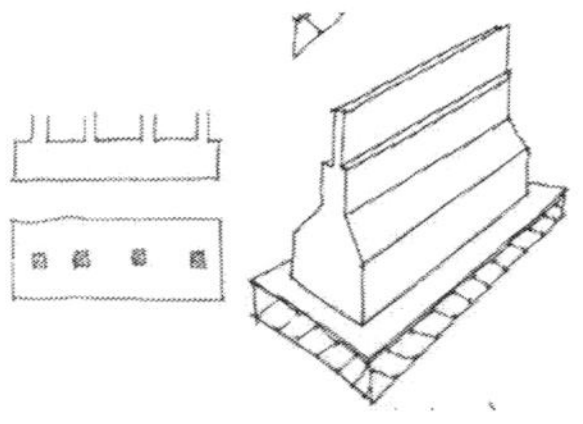	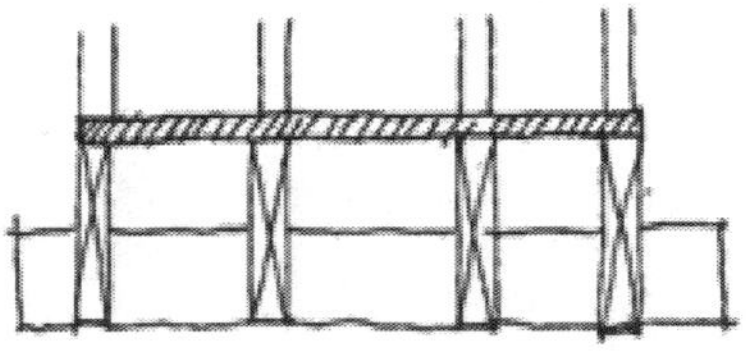
差異	基礎形式	屬於淺基礎。	依狀況屬於淺基礎或深基礎。
	傳遞方式	連續基礎係用連續基礎版支承多支柱或牆，使其載重傳佈於基礎底面之地層。	筏式基礎係用大型基礎版或結合地梁及地下室牆體，將建築物所有柱或牆之各種載重傳佈於基礎底面之地層。
	其他用途	連續基礎四周回填土方，無法利用於其他用途使用。	筏式基礎之筏基另可作為各種功能蓄水池（非飲用水）使用、回填劣質混凝土（調整建築物配重）等用途。
適用範圍		適用於上部結構物載重較小且淺層土壤承載性質良好地盤。	較適用於上部結構載物重大且淺層土壤軟弱地盤。

參考來源：建築物基礎構造設計規範。

4 連續壁工程

內容架構

（一）工法：ICOS 地下連續壁工法、BW 地下連續壁工法、MASAGO 地下連續壁工法

（二）單元接合：

1. 連鎖管法（隔管法）。
2. 隔板法：平尾接頭、重疊接頭。

（三）連續壁工程缺失

1. 連續壁瑕疵種類。
2. 連續壁施工階段的品質管制。

（四）連續壁施工相關規定（施工綱要規範）

1. 導溝面間之間距較連續壁厚度略大，約超出範圍 5 cm。
2. 保護層應保持 7.5 cm 以上。
3. 混凝土坍度介於 15~20 cm 間。
4. 穩定液比重一般 1.03~1.08 間。
5. 導溝頂部應高於地下水位至少 1.5 m。
6. 澆置混凝土若採 2 個或 2 個以上之特必管澆置，管內混凝土應同高，管間距 3 m 以上。
7. 連續壁澆置混凝土時，至少澆置於設計高程 90 cm 以上（一般樁基礎 1 m）。
8. 導牆中心線之水平容可差不得超過 2 cm。
9. 施工垂直許可差偏斜率 ≦ 1/300（以超音破測定）。

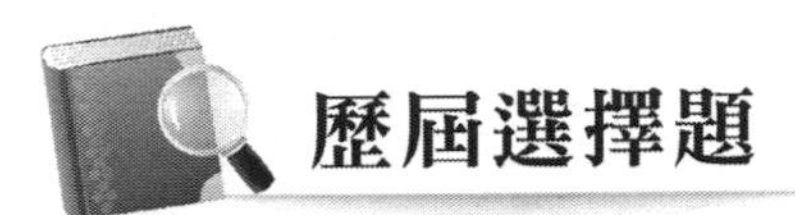

歷屆選擇題

（A）1. 地下連續壁兼作地下室外牆使用時，其防水處理下列何者正確？

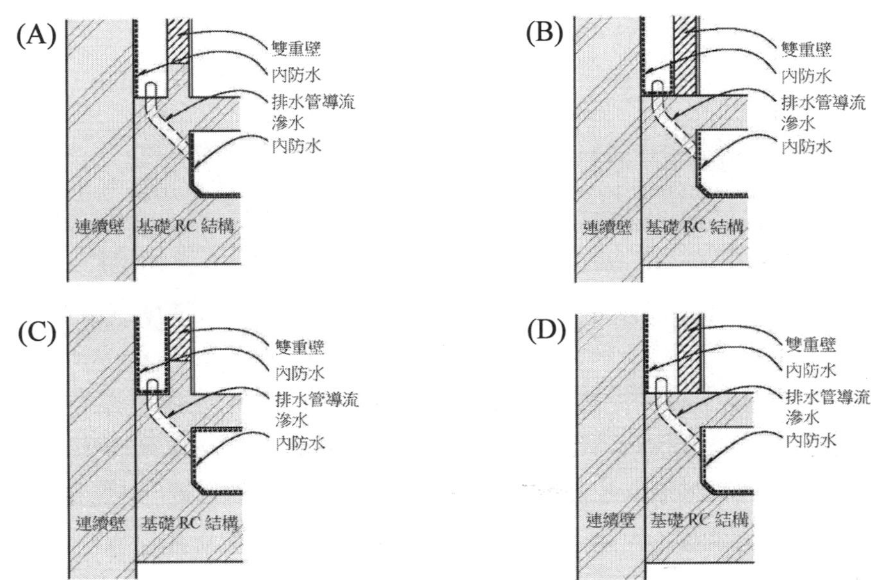

（105 建築師-建築構造與施工#54）

【解析】

地下連續壁兼作地下室外牆使用時，其防水處理圖(A)者正確，（最正確應該是圖(A)+導溝內及 RC 蹲座也要施作防水）。

（B）2. 下列各種連續壁工法中，何者的施工機械可同時進行鑽孔、注漿與拌合等工作？

(A) ICOS 工法 (B) SMW 工法

(C) BW 工法 (D) MHL 工法（臺灣俗稱 Masago）

（109 建築師-建築構造與施工#35）

【解析】

SMW 工法（soil mixed wall)係以特殊之三軸鑽掘機，配備相互重疊之攪拌鑽桿，鑽掘現地土壤。在鑽掘過程中，水泥漿透過鑽桿中空部份於鑽頭前端注入被攪拌土體中，因而，現地土壤能在攪拌葉片之攪拌下與水泥漿充分混合。由於在施工順序上，均重疊鑽孔施工，所以整個地質改良壁體之改良強度及止水性能良好。

參考來源：大合基礎工程機構 http://www.daho.com.tw/index3-9.asp

（A）3. 有關地下連續壁工法，下列敘述何者錯誤？

(A)壁體剛性小，變形大，適用於市區內施工

(B)壁厚及配筋均不受限制，若作為止水壁時，較其他工法之止水效果更佳

(C)施工範圍幾可達基地境界線

(D)適用於所有地盤，亦可作為地下本體結構物使用

（109 建築師-建築構造與施工#70）

【解析】

(A)地下連續壁壁體剛性**大**，變形**小**，適用於市區內。

（D）4. MHL 工法的地下連續壁其施工順序為何？

①澆置混凝土 ②以挖掘斗挖掘壁溝 ③設置導牆與導溝 ④吊放鋼筋籠

(A)③②①④ (B)②④③① (C)②③①④ (D)③②④①

（110 建築師-建築構造與施工#17）

【解析】

地質鑽探→基地放樣、開挖導溝→施做導溝牆→挖棄土坑和穩定液槽→鋪面打設→穩定池液調配適當稠度，開始循環→機具進場開挖單元→單元開挖至預定深度→放置鋼筋籠→待壁體整周施作完成→破碎鋪面、坑槽，並且開挖地下室坑洞→開挖搭配擋土支撐施作→連續壁體開挖過程中不斷修補或打除土石崩落導致壁體不完整處，直到達到開挖深度→連續壁工程完工。

參考來源：營造法與施工上冊，第三章（吳卓夫&葉基棟，茂榮書局）。

（B）5. 俗稱「Masago」的油壓長壁挖掘機，是國內開挖連續壁最普遍應用的機具之一。下列敘述何者錯誤？

(A)挖掘機的垂直度是依靠 1.8～2.5 m 深的導溝牆來約束，所以連續壁體通常必須離地界或鄰房 25～30 cm 以上

(B)如果挖掘的垂直度偏差超過規範值，於開挖後打除凸出的壁體即可

(C)大粒徑的卵礫石或安山岩塊可能造成挖掘機抓斗過度損耗，難以挖掘

(D)如果挖掘時發生坍孔，應回填碎石級配再重新開挖

（110 建築師-建築構造與施工#34）

【解析】

(B)如果挖掘的垂直度偏差超過規範值，於開挖後打除凸出的壁體即可，置入粘土，使用抓斗擠壓。

【近年無相關申論考題】

單元

3

鋼筋混凝土

1 混凝土概論

內容架構

（一）一般規定

1. 結構混凝土之 fc′ 不得小於 210 kgf/cm^2。
2. 預力混凝土之 fc′ 不得小於 280 kgf/cm^2。
3. 設計時輕質混凝土採用抗壓強度值不得高於 350 kgf/cm^2。
4. 設計時所用鋼筋規定降伏強度不得大於 5,600 kgf/cm^2。
5. 實測降伏強度不得超出規定降伏強度 fy 達 1,200 kgf/cm^2 以上。
6. 實測極限抗拉強度與實測降伏強度之比值不得小於 1.25。
7. 橫向鋼筋包括螺箍筋之 fyt 不得超過 4,200 kgf/cm^2。

（二）骨材

1. 細骨材：#4 (4.7 mm)號篩以下之骨材。
2. 粗骨材：#4 (5 mm~19 mm)號篩以下之骨材。

（三）其他重要性質

1. 坍度超過 18 cm 屬高流動性混凝土。
2. 流動化之後坍度增加限定於 10 cm 以內，並以 5~8 cm 為標準。
3. 以振動法搗實之混凝土，其坍度不得大於 10 cm
4. 添加摻料增加坍度之混凝土，最大坍度不得超過 18 cm。
5. 混凝土抗拉強度約為抗壓強度 1/10，實務上可忽略不計其強度。
6. 一般混凝土之常溫養護者
   （1）3 天強度為 28 天強度之 1/3。
   （2）7 天強度為 28 天強度之 2/3。
7. 早強混凝土之 3 天強度即可達到 28 天強度之 2/3。

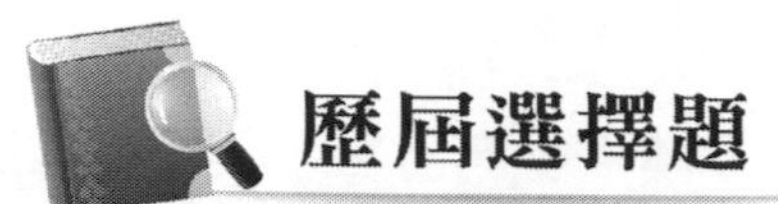

歷屆選擇題

（B）1. 建築物表面經常產生白色的結晶稱為「白華」，下列敘述何者最不適宜？

(A)混凝土內部的氧化鈣（CaO）與水反應後成為氫氧化鈣（$Ca(OH)_2$）及碳酸鈣（$CaCO_3$）等，變成白色粉狀浮現於表面稱為白華

(B)白華不但嚴重影響美觀，更會嚴重影響建築物的結構安全，必須處理否則會侵蝕建築物表面，造成危險

(C)白華可用水刷除後，再以白華防止劑塗裝建築物表面，以達到水不再滲入的效果

(D)白華又稱游離石灰（free lime），實際上白華也含有鈣化合物以外的物質，但概稱為游離石灰

（105 建築師-建築構造與施工#7）

【解析】

混凝土產生「白華」是因為材質內含的氧化鈣與水反應後成為氫氧化鈣及碳酸鈣，會腐蝕鋼筋，會侵蝕建築物結構體影響耐久性，而非建築物表面。

（A）2. 關於高強度混凝土的強度與坍度，下列兩者關係何者正確？

(A)兩者無直接關係　(B)強度愈高，坍度愈小

(C)強度愈高，坍度愈大　(D)兩者有相對之比例關係

（105 建築師-建築構造與施工#8）

【解析】

(B)(C)預拌混凝土拌合過程加水多坍度增大，工作性較佳，強度與耐久性下降。

(D)高強度混凝土的原理是以加入摻合劑的方式提高坍度及提高強度，提高坍度是為了提升工作性，跟強度無直接關係

（B）3. 「混凝土坍度」係指下列何者？

(A)澆置當時 30 cm 高的錐狀混凝土容器脫離後剩下的高度

(B)澆置當時 30 cm 高的混凝土容器脫離後產生的落差

(C)澆置完成後原 30 cm 高的混凝土變化的比例

(D)澆置完成後原 30 cm 高的混凝土長寬的比例

（105 建築師-建築構造與施工#51）

（D）4. 有關鋼筋混凝土構造的敘述，下列何者錯誤？

(A)鋼筋與混凝土有相同的熱膨脹係數

(B)鋼筋混凝土的可塑性佳

(C)鋼筋混凝土構造會造成大量的碳排放

(D)鋼筋與混凝土有相同的抗壓與抗張力

（105 建築師-建築構造與施工#56）

【解析】

鋼筋混凝土構造為鋼筋抗拉力、混凝土抗壓力，本題選項(D)描述鋼筋與混凝土有相同的抗壓與抗張力前後矛盾。

（D）5. 澆置混凝土工程如鋼筋太密時，下列何種措施不可採行？

(A)採用自充填混凝土　(B)加強搗實

(C)採用細骨材　(D)混凝土加水

（105 建築師-建築構造與施工#57）

【解析】

(D)描述混凝土加水雖然會增加工作度利於澆置，但是會影響強度不是好的對策。

（B）6. 關於鋼筋混凝土及混凝土基本性質，下列何者錯誤？

(A)鋼筋混凝土柱箍筋可加強結構體之抗挫屈能力

(B)鋼筋混凝土之材料力學原理係以混凝土抵抗張力，以鋼筋抵抗壓力

(C)混凝土之抗拉強度約為抗壓強度之 1/10

(D)鋼筋標示 Fy＝2800 kg/cm^2 所指為鋼筋之降伏強度

（106 建築師-建築構造與施工#8）

【解析】

(B)鋼筋混凝土之材料力學原理係以混凝土抵抗**壓力**，以鋼筋抵抗**拉力**（**張力**）。

（A）7. 有關混凝土材料在構法上的應用，下列敘述何者正確？

①原本是澆鑄性的材料

②當製成預製混凝土構件使用時，即成為組裝性的材料

③當製作混凝土磚使用時，即成為砌築性的材料。

(A)①②③　(B)②③　(C)①②　(D)①③

（106 建築師-建築構造與施工#16）

【解析】

今時今日的混凝土材料技術進步很多，可以使其有很好的可塑性，並以模板的尺寸和形狀製成各種造型的建築語彙。

（D）8. 預拌混凝土由泵送機送至澆置部位，下列何者對混凝土的泵送效率影響較大？
(A)混凝土的收縮　(B)混凝土的潛變　(C)混凝土的水化　(D)混凝土的坍度

（106 建築師-建築構造與施工#31）

【解析】

(A)(B)(C)都屬於澆置後混凝土的狀態變化。

(D)混凝土的坍度對混凝土的泵送效率影響較大，因為流動性的差別。

（B）9. 有關混凝土坍度何者敘述正確？
(A)坍度越大施工性越差，但強度不受影響
(B)坍度越大施工性越好，但強度較差
(C)坍度越大強度越好，但施工性較差
(D)坍度與施工性及強度都沒有關係

（106 建築師-建築構造與施工#52）

【解析】

(A)坍度越大施工性越好，但強度會變小。

(C)坍度越大強度越差，施工性會較好。

(D)坍度與施工性及強度有很大的關係。

（以上是**一般混凝土**，非高性能混凝土）

（C）10.有關水灰比對混凝土之影響，下列敘述何者錯誤？
(A)水灰比愈大，坍度及流度也會增大
(B)水灰比愈大，泌水及凝結收縮也會增大
(C)水灰比愈小，混凝土的水密性也會降低
(D)水灰比愈小，混凝土的體積收縮也會降低

（107 建築師-建築構造與施工#8）

【解析】

(C)水灰比愈小，混凝土的水密性會**增加**。

（D）11.新拌混凝土減少泌水現象之方法，下列何者錯誤？
(A)增加水泥細度
(B)使用高鹼性摻合劑，加摻快凝劑，以增加水化作用速度
(C)使用輸氣劑
(D)在工作性容許範圍內，應儘量增加水灰比　（107 建築師-建築構造與施工#23）

【解析】

(D)在工作性容許範圍內，應儘量**降低**水灰比。

（B）12.依據結構混凝土規範，有關混凝土的澆置，下列敘述何者錯誤？

(A)混凝土自拌和、輸送至澆置完成應連貫作業不宜中途停頓，須於一定時間內完成，其時間除經監造人依溫度、濕度、運送攪動情況做適當規定者外，應不超過 1.5 小時

(B)澆置面為土質地面時，其表面夯實後即可進行澆置

(C)搗實時，振動棒插入點之間距應約為 45 cm

(D)搗實時，振動棒進入前層混凝土之深度應約為 10 cm

（107 建築師-建築構造與施工#56）

【解析】

(B)澆置面為土質地面時，其表面夯實後即可進行澆置一層 PC。

（B）13.下列各種運用於混凝土構造之水泥砂漿防水劑，何者俗稱水玻璃？

(A)脂肪酸系水泥砂漿防水劑　(B)矽酸鈉系水泥砂漿防水劑

(C)EVA 乳膠系水泥砂漿防水劑　(D)壓克力乳膠系水泥砂漿防水劑

（108 建築師-建築構造與施工#7）

【解析】

水玻璃即**矽酸鈉**，是由鹼金屬氧化物和二氧化矽結合而成的可溶性鹼金屬矽酸鹽材料，又稱泡花鹼。

水玻璃的用途：提高抗風化能力；加固土壤；配製速凝防水劑；配製耐酸膠凝；配製耐熱砂漿；防腐工程應用；7.黏結劑；8.修補磚牆裂縫。

（C）14.因工期需求，必須提早拆除模板之 RC 工程最合理及適當的波特蘭水泥為下列何種？

(A)抗硫　(B)低熱　(C)早強　(D)改良

（108 建築師-建築構造與施工#16）

【解析】

早強波特蘭水泥可使混凝土預定強度提前達到。

（C）15.混凝土澆置施工時，常需在現場進行取樣及試驗，其不包括下列何者？

(A)混凝土抗壓試體製作　(B)氯離子含量試驗

(C)混凝土配比試驗　(D)坍度試驗

（108 建築師-建築構造與施工#42）

【解析】

不含混凝土配比試驗。(了解配比是否符合設計需求，於決定使用何種配比時之試驗)

（C）16.有關預拌混凝土在施工現場澆灌，下列敘述何者錯誤？

(A)需檢驗混凝土之氯離子檢測　(B)輸送管不得直接固定在施工架上

(C)分區澆灌混凝土之次序須由左至右　(D)不得在現場加水澆灌混凝土

（108 建築師-建築構造與施工#48）

【解析】

分區澆灌混凝土之次序**無一定**規定，以不產生**工作縫**（冷縫）為主。

（A）17.下圖有關 RC 柱（高度 3 公尺）的軸壓力破壞過程，下列敘述何者錯誤？

(A)軸壓力到達 P_1 時，會開始產生 45 度斜向裂縫

(B)軸壓力增加到 P_2 時，裂縫大幅增加，柱體會向外膨脹

(C)軸壓力到達 P_1 及 P_2 時，總縮短量 P_2 時比 P_1 時大

(D)軸壓力到達 P_3 時，鋼筋發生挫屈現象

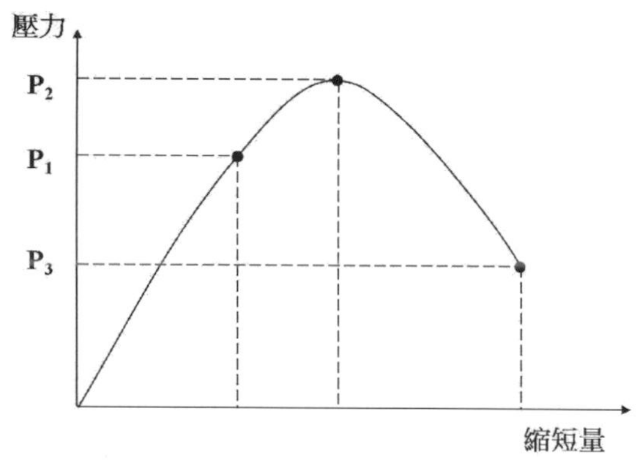

（109 建築師-建築構造與施工#5）

【解析】

(A)斜向 45 度開裂是屬於剪力作用而產生之剪力裂縫，如圖。

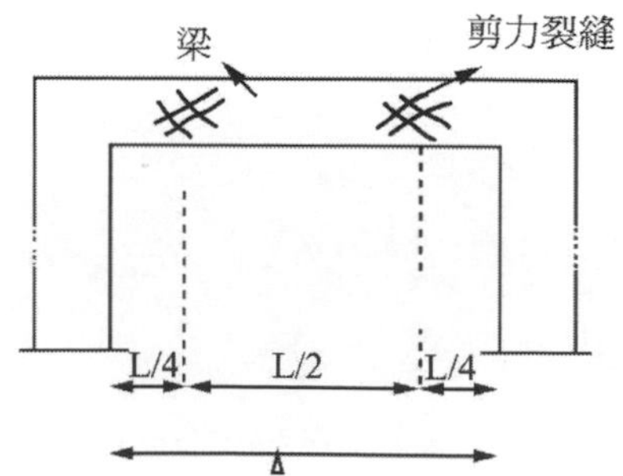

柱中央段 45°裂縫成因，通常為受地震力往復作用下，所造成之「剪力裂縫」非「軸力」所造成。

參考來源：臺灣省土木技師公會。

（C）18.有關混凝土摻料之規定，下列敘述何者錯誤？

(A)混凝土摻料之使用應能使混凝土達到其要求之特性，且對混凝土其他性質無不良影響

(B)巨積混凝土可考慮細磨水淬高爐爐碴粉與混合水泥合用，因其可容許緩慢的強度成長以及需要低水合熱

(C)強塑劑做為一種混凝土摻料，其特性能有效改善混凝土之工作性，降低混凝土之流動性

(D)礦粉摻料（飛灰、水淬高爐爐碴粉）主要用以改善混凝土之工作性、水密性及減少水合熱等

（109 建築師-建築構造與施工#11）

【解析】

強塑劑通常可以減水 15%~30%，傳統之減水劑高出 3~6 倍之多。此一特殊功能使得混凝土可以形成高坍度而無泌水的流動混凝土或水灰比介於 0.3~0.4 之高強度混凝土。

常使用強塑劑的混凝土則有：

（1）流動性混凝土。

（2）高強度混凝土。

（3）一般混凝土結構物。

參考來源：房性中／中華顧問工程司材料試驗部　主任工程師兼鋪面組組長、大地工程技師。

Ps.(C)甲有效改善**混凝土之工作性**正確，乙**降低混凝土之流動性**有誤，且本題甲述與乙述兩相矛盾。有誤。

（A）19.坍度試驗，下列敘述何者錯誤？

(A)以新拌的混凝土分 3 次澆置於一頂徑 10 cm，底徑 15 cm，高 25 cm 的圓錐試筒

(B)將筒底置於具水密性的平板上，每次澆置時以搗棒加以搗實，每次搗實應戳到上次澆置的部分

(C)搗實完成後，將試筒保持垂直的方向輕輕提高。此時混凝土會下坍

(D)量測試筒高度與坍陷後混凝土高度之差，即為混凝土的坍度

（109 建築師-建築構造與施工#14）

【解析】

CNS1176 A3040

3.1.1 澆置試體之模具一頂徑 100 mm，底徑 200 mm，高 300 mm 的圓錐試筒。

（C）20.依「結構混凝土施工規範」，下列關於混凝土品質管制的敘述，何者正確？

(A)混凝土產製單位必須提供 30 組以上的試體送測強度並求取標準差 s

(B)為確保結構安全，混凝土的配比目標強度(f'cr)須不小於規定的抗壓強度(f'c)加 1 個標準差 s

(C)粗粒料的標稱最大粒徑受模板間的寬度、混凝土版厚度及鋼筋間距等因素控制

(D)為了確保強度、體積穩定及耐久性，在適合的施工條件下拌和水應越多越好

（110 建築師-建築構造與施工#62）

【解析】

(A)結構混凝土施工規範 3.8.1（3）生產單位有足夠的試驗紀錄前提下，應包含一群至少 30 組或二群總數至少 30 組之紀錄。

(B)結構混凝土施工規範 3.7 混凝土配比目標強度混凝土的配比目標強度（f′cr）應比規定的抗壓強度（f′c）提高 2.33 倍標準差。

(D)混凝土耐久性設計亦需考慮拌和水量的使用，採用較高水量，對工作性有利，但會降低混凝土耐久性。

（D）21.有關混凝土中性化之敘述，下列何者錯誤？

(A)中性化是指空氣中二氧化碳與混凝土中的氫氧化鈣作用，使混凝土酸鹼質從鹼性降為中性，導致鋼筋腐蝕

(B)混凝土中性化將使內部鋼筋生鏽膨脹，導致混凝土龜裂剝落

(C)水灰比小、孔隙少的混凝土因空氣不易侵入內部故中性化反應較慢

(D)設計較薄的保護層厚度搭配適當配比使混凝土緻密，能有效降低混凝土中性化的速度

（111 建築師-建築構造與施工#10）

【解析】

混凝土中性化一般為較慢的化學反應，對於高品質的混凝土，水灰比小、混凝土較緻密，孔隙較少，空氣不易侵入內部，故中性化反應較慢，估計中性化反應速率每年約 1 mm 之深度；反之，水灰比大、孔隙多、強度較低的混凝土中性化則反應較快。與保護層厚度無關。

（A）22.有關使用輸氣劑對混凝土材料性質之影響，下列敘述何者錯誤？

(A)增加混凝土強度　　(B)提供混凝土工作性

(C)減少材料分離　　(D)增加抗凍性及耐久性

（111 建築師-建築構造與施工#12）

【解析】

輸氣摻料是一種添加於水硬性水泥、水泥砂漿或水泥混凝土中，可以使其在拌和中產生直徑 1 mm 或更小之細小氣泡的摻料。通常可用以改善工作性、抗凍性及不透水性。與增加混凝土強度無關。

（D）23.在一般混凝土施工時，水灰比與混凝土的強度及乾縮度之關聯，下列敘述何者正確？

(A)水灰比越大其強度越大、乾縮度越大

(B)水灰比越大其強度越小、乾縮度越小

(C)水灰比越大其強度越大、乾縮度越小

(D)水灰比越大其強度越小、乾縮度越大

（111 建築師-建築構造與施工#16）

【解析】

水灰比是拌制水泥漿、砂漿、混凝土時所用的水和水泥的重量之比，水灰比愈大，水泥石中的孔隙愈多，強度愈低，與骨料粘結力也愈小，混凝土的強度就愈低。反之，水灰比愈小，混凝土的強度愈高。

（B）24.在建築工地中袋裝水泥應存放於下列何種空間最佳？

(A)空氣流通的空間

(B)儘量避免水泥受到重壓，且比較乾燥的空間

(C)空氣流通且水泥可大量堆疊（可重壓）的空間

(D)儘量通風、潮濕且比較大的空間

（111 建築師-建築構造與施工#69）

【解析】

袋裝水泥須貯存於通風良好、防水、防濕之倉庫內，倉庫地板應高出地面至少 30 公分以上，袋裝水泥應離牆面應在 30 公分以上，堆放高度以不超過 10 包為原則。水泥應依到貨先後次序堆置使用。使用時須新鮮無變質，或無結塊者。

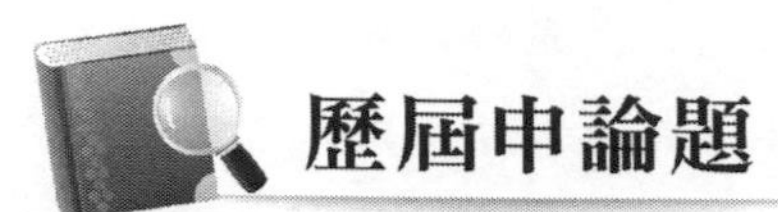

歷屆申論題

一、何謂坍度試驗？試說明其試驗的步驟及進行之方式。一般說來，坍度試驗可能發生那些坍陷的情況？試繪圖並說明之。（20 分）

（106 地方三等-建築營造與估價#2）

參考題解

（一）坍度試驗目的為了解混凝土工作性之重要試驗方法，主要以混凝土坍度為評判依據，藉以了解試驗之批次混凝土是否符合設計規範需求之工作性。

（二）

試驗的步驟及進行之方式	
項次	試驗項目
1	隨意／機混凝土應隨機抽測，且次數不得比試體少。
2	應於混凝土輸送之管尾或灌漿口取得試驗樣體。
3	以圓錐筒（10 cm 頂徑、20 cm 底徑、30 cm 高度）置於鋼板（不透水）平板面上。
4	分三次將新拌混凝土澆置於圓錘筒內，每層應以搗棒搗實 25 次。
5	將圓錘筒緩緩垂直拉起。
6	量測圓錘筒高度與混凝土坍陷後之高度差，單位以公分表示。

（三）

坍度試驗可能發生坍陷的情況			
近零坍度	正常坍度	剪力坍度	崩陷坍度
水分過少、不利澆置。	適於澆置。	可塑性低、配比不良、不利澆置。	水量過多、粒料分離、不利澆置。

坍度型態示意圖

二、依據建築技術規則，結構混凝土構件為充分發揮設定之功能，於設計時應考慮那些事項？（15 分）（106 地方三等-建築營造與估價#5）

參考題解

依據建築技術規則結構混凝土應符合下列規定		
項次	技術規則規定	內容
1	#1：耐水材料、不燃材料	建築物耐火耐水功能
2	#31：建築物最下層居室之實鋪地板，應為厚度九公分以上之混凝土造並在混凝土與地板面間加設有效防潮層。	建築物防潮功能
3	#46：鋼筋混凝土造或密度在二千三百公斤／立方公尺以上之無筋混凝土造，含粉刷總厚度在十公分以上。 昇降機道與居室相鄰之分間牆，鋼筋混凝土造含粉刷總厚度在二十公分以上。 鋼筋混凝土造或密度在二千三百公斤／立方公尺以上之無筋混凝土造，含粉刷總厚度在十五公分以上。 …	建築物隔音功能
4	#50：非沖洗式廁所之構造，掏糞口前方及左右三十公分以內，應鋪設混凝土或其他耐水材料。	建築物耐水功能
5	#52：附設於建築物之煙囪，為鋼筋混凝土造者，其厚度不得小於十五公分，其為無筋混凝土或磚造者，其厚度不得小於二十三公分。	煙囪構造結構安全規定
6	#71：具有三小時以上防火時效之樑、鋼筋混凝土造或鋼骨鋼筋混凝土造。柱：短邊寬度在四十公分以上鋼骨混凝土造之混凝土保護層厚度在六公分以上。 #72：具有二小時以上防火時效… #73：具有一小時以上防火時效… #74：具有半小時以上防火時效…	建築物構造防火時效功能
7	#144：防空避難設備之設計及構造一律為鋼筋混凝土構造或鋼骨鋼筋混凝土構造，其構造體之鋼筋混凝土厚度不得小於二十四公分。	防空避難室結構安全功能
8	#148：駁崁之構造除應為鋼筋混凝土造、石造或其他不腐爛材料所建造之構造，並能承受土壤及其他壓力。	雜項工作物結構規定

三、請說明影響建築物混凝土強度的主要因素有那些？（20 分）

（107 公務高考-建築營造與估價#3）

參考題解

影響建築物混凝土強度的主要因素		
製程	配比	水泥、細骨材－砂、粗骨材－石…等配比。
	水灰比	水與水泥佔比。
	水膠比	水與（水泥＋摻合料）佔比。
	摻合料	如適量輸氣劑增加強度，過量則損失強度。 凝結劑，控制強度建立時間。
	養護	蒸氣、濕治養護方式引響強度。
	氯離子	使鋼筋鏽蝕間接擠壓破壞混凝土強度。
施工	澆置	澆置氣候不當。
	施工縫	施工縫位置避免應力集中處。
	初凝	初凝時間過後澆置使用引響強度。
	臨時載重	施工中應詳計容許載重。
使用	超載	不當載重，違建等。
	化學反應	沿海地區硫酸鹽產生石膏反應。
	鑽孔、破壞	不當修改、鑽孔引響強度。

四、試說明下列問題：

（一）再生混凝土之可能應用。（10 分）

（二）營建廢棄物之可能應用。（10 分）

（109 鐵路高員級-建築營造與估價#5）

參考題解

（一）有鑑於天然砂石原料日益枯竭，營建工程材料取得不易，若能將混凝土廢棄材料回收處理，製成再生混凝土粒料，重新與一般水泥、細粒料及摻合料等拌合成為再生混凝土，達到資源再生利用。

國內有關再生混凝土之應用仍以道路工程為主，尤其以國道及公路方面。其他如擋土牆、護坡、路堤築填等。一般而言廢棄混凝土與陶瓷類再生粗粒料應符合比重大於 2.2、吸水率 7%以下。未來再生混凝土之應用短期內仍以非結構混凝土為主。

（二）綠建材標種類共有健康、高性能、再生、生態四大類，其中再生綠建材已廣泛使用，包括的產品類別，例如再生矽酸鈣板、再生纖維水泥板、再生石膏板、再生高壓混凝土磚、再生陶瓷面磚、再生紅磚、再生粒料、再生隔熱磚、再生植草磚等。另外建築廢棄物再生循環技術開發較為近期應用如下：

1. 輕質隔熱再生綠建材：蒸壓養護輕質混凝土（autoclaved aerated concrete, AAC）具有輕質、隔熱等優點，為一深具發展潛力之建材。
2. 冷結技術應用於高壓地磚再生綠建材開發：此技術應用於高壓地磚，並借重質輕、緻密、低熱傳導特性，期望增加營建資材再利用之多樣性。

五、試從設計、施工、維護及環保等項目比較分析鋼構造建築及鋼筋混凝土（RC）構造建築之優缺點。（25分）

（106公務普考-施工與估價概要#3）

參考題解

	鋼構造	RC構造
設計	造型自由。 外牆、隔間構法。 結構體自重輕。	造型自由。 外牆、隔間構法。 結構體自重大。
施工	施工快速。 鋼構接合方式。 吊裝空間。 防火披覆。 長軸挫曲。	工期較長。 樑柱接頭。 鋼筋接合。 混凝土品質、輸送時程。 保護層厚度。
維護	表面防鏽處理。 金屬疲勞。	混凝土中性化後鋼筋生鏽。 潛變變形。 裂縫造成鋼新生鏽。
環保	鋼構造材料可回收。	回收困難，鋼筋及相關金屬可回收。

六、混凝土的摻料可分為那些主要種類，各類的功能為何？（20 分）

（107 公務普考-施工與估價概要#3）

參考題解

混凝土摻合料四大類型	內容	功能
輸氣摻料	輸氣劑	增加混凝土工作性、寒帶地區增加耐久性。
化學摻料	凝結劑、減水劑等各式化學摻料	控制混凝土凝結時間、控制用水量以增加混凝土工作性或增加強度。
礦粉摻料	摻以各式卜作蘭材料或膠結性材料	主要控制混凝土工作性、用水量、凝結時水化熱。
其他摻料	各式摻料	防水、防收縮、硬化等。

七、試繪圖說明工地標準貫入試驗的試驗方法。若有一工地現場進行上述試驗後得到 N 值＝40 的結果，請問這處工地可能屬於那種地質？（20 分）

（107 地方四等-施工與估價概要#2）

參考題解

（一）標準貫入試驗方法

利用滑桿將夯錘（63.5 kg/140lb）提高 75 cm，以自由落體夯擊標準分裂圓筒取樣器，先將取樣器打入土內 15 cm，再開始計算每貫入 30 cm 敲擊數（即 N 值）。	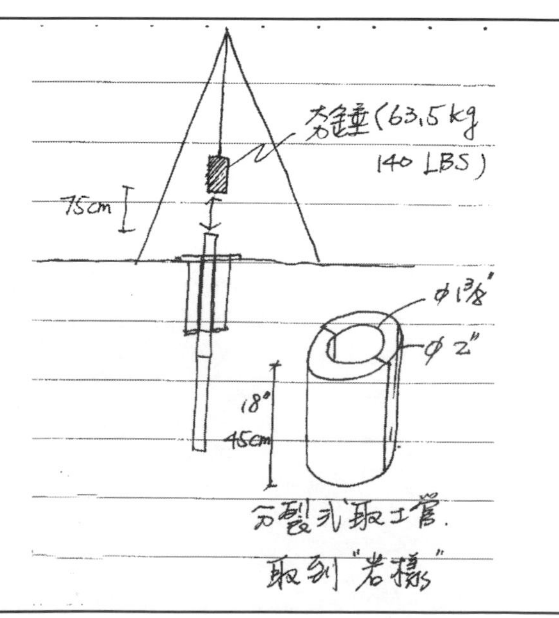

（二）N 值= 40 的結果，可能屬於那種地質：

各種地質皆有可能，N 值僅表示土壤緊密（堅硬）程度，地質種類判斷應依取土管取得之岩樣判斷。以砂質與黏土為例

	砂質土	黏土
N 值 40	緊密	堅硬

八、何謂鋼筋混凝土構造的「中性化」現象？請說明其成因及延緩其進行速度之具體方法。（25 分）

（109 地方四等-施工與估價概要#2）

參考題解

（一）中性化：混凝土構造中鹼性物質（PH > 12 ~ 13）具有保護鋼筋作用，當混凝土鹼性物逐漸呈現中性時（PH < 11）鋼筋失去保護後，易導致鋼筋生鏽膨脹而擠壓混凝土，導致混凝土構造破壞而失去物理（機械）強度。

（二）

成因	對策
水密性低，有害物質易侵入	應嚴格控制水灰比及施工品質
保護層不足	保護層厚度應足夠
裂縫造成表面接觸面積加大	加強施工養護作業
接觸有害物質	表面施以塗層或保護層

2 鋼 筋

內容架構

（一）概論

1. 水淬鋼筋製成中以水冷淬處理，造成鋼筋外脆內軟。
2. 鋼筋出廠實測降伏強度不得超過規定降伏強度 1,300 kgf/cm^2 以上。
3. 箍筋：柱四角主筋應以箍筋圍紮，但其夾角不得大於 135 度，且與相鄰之主筋間距不得大於 15 cm。
4. 溫度鋼筋：常用於樓板及屋面板，防止溫度變化造成裂縫破壞。

（二）其他重要規定

1. D16 或較小鋼筋之銲接或機械式續接器，續接位置應錯開 60 cm 以上。
2. 束筋須以肋筋或箍筋圍束，大於 D36 之鋼筋不得成束置於樑內。
3. 標準彎鉤：
   （1）180 度之彎轉，自由端應作至少 4 db 且不小於 6.5 cm 之直線延伸。
   （2）90 度之彎轉，自由端應作至少 12 db 之直線延伸。
   （3）D16 及較小鋼筋之 90 度之彎轉，自由端應作至少 6 db 之直線延伸。
   （4）D19、D22 及 D25 較小鋼筋之 90 度之彎轉，自由端應作至少 12 db 之直線延伸。
   （5）D25 較小鋼筋之 180 度之彎轉，自由端應作至少 6 db 之直線延伸。
4. 偏折鋼筋對柱軸偏斜部分之斜率不得大於 1:6。

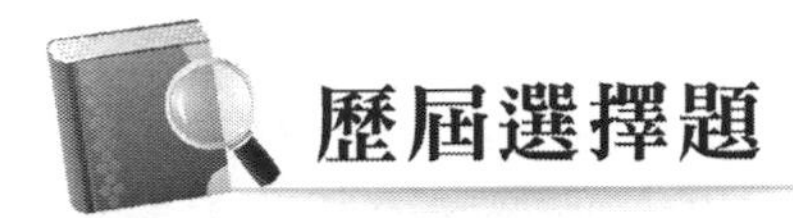

歷屆選擇題

（A）1. 光面鋼筋與混凝土之裹握應力，主要靠下列何者產生？
(A)化學黏性與摩擦力 (B)摩擦力與機械連鎖
(C)摩擦力與材料膨脹力 (D)化學黏性與機械連鎖

（105 建築師-建築構造與施工#9）

【解析】

光面鋼筋與混凝土之裹握應力，主要靠(A)化學黏性與摩擦力。（缺「卡榫力」，竹節鋼筋與混凝土間互鎖的作用力。）

（D）2. 下列有關鋼筋混凝土（RC）梁破壞的敘述，何者錯誤？
(A)使用竹節鋼筋，並且在鋼筋末端作成彎鉤，可避免 RC 梁之握持力破壞（bond stress failure）
(B)提高混凝土強度，增加梁深或增加壓力側鋼筋，均可避免 RC 梁產生壓力破壞（compression failure）
(C)梁跨距大小懸殊的結構系統，短跨部分常易發生短梁效應
(D)斜向拉力破壞（diagonal tension failure）因撓度過大常發生於梁中央下半部

（105 建築師-建築構造與施工#11）

【解析】

鋼筋混凝土（RC）梁破壞(D)斜向拉力破壞（diagonal tension failure）當梁承巨大之剪力與彎曲力矩作用時，所產生之斜拉應力，將會在梁端附近引起斜向裂縫而破壞。

樑必須承受多重形式之外力，這些外力會造成甚多的破壞，常見的有：

（一）拉力破壞：常發生於鋼筋量適當的斷面亦即樑之載重增至鋼筋之降伏強度（Fy）時，載重仍繼續增加，於超過 Fy 時，鋼筋產生急速伸長變形，導致拉力側混凝土裂縫過大破壞，甚或潰散。由於鋼筋具有韌性因此在破壞前有較大的 撓度與裂縫固有明顯的示警作用。

（二）壓力破壞：常發生在鋼筋較多的情況亦即混凝土樑若配置有大量抗拉鋼筋，則拉力側在未達鋼筋降伏前，壓力側之混凝土已先被降伏、壓碎、破壞。

（三）剪力破壞：樑柱交接之點附近，均會受有巨大剪應力作用，經常會剪斷樑之斷面，一般混凝土之直接抗剪甚大，外來載重引起之剪力均足以抵抗，但是位了安全起見仍需配置適量之肋筋，但是外來剪力大於容許抗剪應力時仍需依建築技術規則「構

造編第 432 條」之規定設立剪力筋。

（四）斜拉力破壞：當樑成受巨大之剪力與彎曲力矩作用時，所產生之斜拉應力，將會在樑端附近產生斜向裂縫，為防止此裂縫發生，近年來已大部分改用肋筋抵抗。

（五）握裹力破壞：樑撓曲時，若混凝土中鋼筋之握裹不足時，則鋼筋會產生滑動，使得樑拉力側之應力無法傳遞於鋼筋，而導致樑之破壞。為補救此缺點，以往均在鋼筋末端作成彎鉤，近年則多使用異型鋼筋（如竹節鋼筋），用以增加鋼筋與混凝土之握裹。

（C）3. 依鋼筋混凝土工程設計規範，混凝土直接澆置於土壤或岩石上，其鋼筋保護層厚度最小為多少 mm？

(A) 40　(B) 50　(C) 75　(D) 100

（105 建築師-建築構造與施工#55）

【解析】

鋼筋混凝土工程設計規範表 13.6.1

混凝土直接澆置於土壤或岩石上，其鋼筋保護層厚度最小 75 mm

（B）4. 混凝土構材以 D16 鋼筋為肋筋或箍筋時，其 135 度標準彎鉤於彎轉後之直線延伸長度至少應為該鋼筋直徑(d_b)之若干倍？

(A) 4　(B) 6　(C) 8　(D) 12

（105 建築師-建築構造與施工#58）

【解析】

混凝土結構設計規範 13.3 標準彎鉤

13.3　標準彎鉤

本規範內所稱之標準彎鉤應為下列之一：

13.3.1　180°之彎轉，其自由端應作至少 4 db 且不小於 6.5 cm 之直線延伸。

13.3.2　90°之彎轉，其自由端應作至少 12 db 之直線延伸。

13.3.3　肋筋或箍筋之標準彎鉤為：

（1）D16 及較小之鋼筋—90°彎轉，其自由端應作至少 6 db 之直線延伸。

（2）D19、D22 及 D25 鋼筋—90°彎轉，其自由端應作至少 12 db 之直線延伸。

（3）D25 及較小之鋼筋—135°彎轉，其自由端應作至少 6 db 之直線延伸。

（B）5. 當使用 SD420 鋼筋施工時，鋼筋不可進行下列何種施作？

(A)搭接　(B)電銲加工　(C)做 90 度彎鉤　(D)做束筋方式使用

（105 建築師-建築構造與施工#59）

【解析】

SD 420W 可以銲接加工，SD 420 則不可，W 是 Weildable 的縮寫，適合用於焊接的意思。

（C）6. 有關鋼筋搭接，下列敘述何者錯誤？

(A)搭接長度符合規定　(B)搭接部位應錯開

(C)於受拉力處搭接　(D)於受力較小處搭接

（106 建築師-建築構造與施工#20）

【解析】

鋼筋搭接不可(C)於受拉力處搭接。

（D）7. 含高碳之鋼筋較適合之續接方式為何？

①搭接　②瓦斯壓接　③銲接　④續接器。

(A)①②　(B)②③　(C)③④　(D)①④

（106 建築師-建築構造與施工#76）

【解析】

高碳鋼含碳量高，局部焊接的條件下，冷卻速度大，焊接接頭及熱影響區容易產生淬硬組織，引起焊接冷裂紋產生，所以高碳鋼不適合作為焊接用鋼，瓦斯壓接亦同。

（C）8. 有關建築結構體補強工法之敘述，下列何者錯誤？

(A)增設耐震壁時，其與原結構體的接合，一般採機械式錨栓（俗稱壁虎）及樹脂錨栓（化學錨栓）居多

(B)加設箍筋的補強方法適用於鋼筋混凝土柱剪力強度不足的結構物

(C)梁的彎矩補強位置一般而言以梁的兩端底部 1/4 跨距為主

(D)碳纖維繞線補強法係利用專用之碳纖維線纏繞柱材達到補強目的，適用於圓形的構造物

（107 建築師-建築構造與施工#11）

【解析】

(C) 梁的彎矩補強位置一般而言以梁的兩端，一般為兩倍梁深的長度範圍左右。

（D）9. 工地現場常用的 5 號竹節鋼筋，其標稱與直徑，下列何者正確？

(A)D13，15.9 mm　(B)D13，12.7 mm　(C)D16，12.7 mm　(D)D16，15.9 mm

（107 建築師-建築構造與施工#12）

【解析】

鋼筋號數(N)大約等於周長，直徑 = 號數 ÷ π (cm)，標稱 = $3 \times 5 + 1 = 16$，選項(D)的 D16，15.9 mm 最接近。

（B）10.有關 RC 梁主筋搭接位置，下圖何者正確？

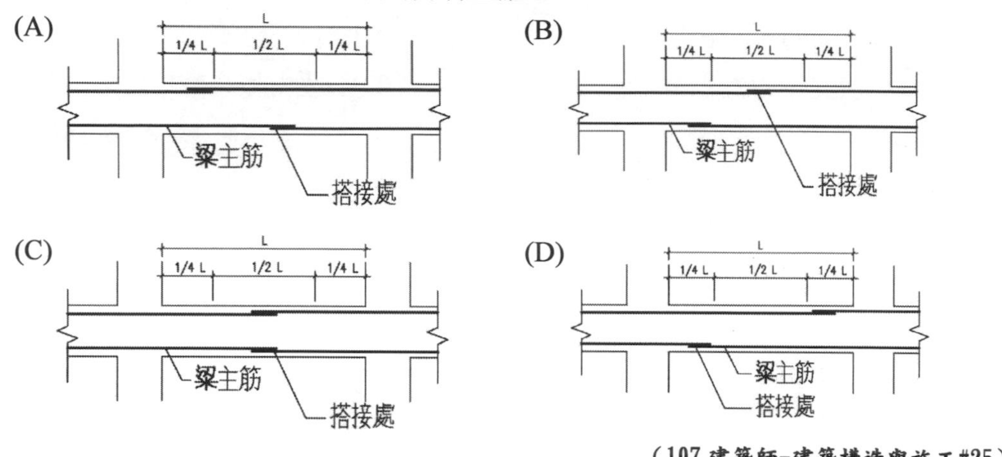

（107 建築師-建築構造與施工#25）

【解析】

上層鋼筋為壓力筋搭接位置在中央處壓應力為最大處，下層鋼筋搭接在兩側距柱 L/4 處為受剪力處。

（C）11.RC 柱梁結構中，二樓中央的柱子，依力學原理之一般配筋，箍筋量最少的位置在何處？

(A)柱子上方接近樓板處　(B)柱子下方接近樓板處

(C)柱子中央處　(D)一樣多

（109 建築師-建築構造與施工#3）

【解析】

依據工程規範，柱子在梁或樓板的附近，也就是樓層淨高 1/6 以內，箍筋間距為 10 公分~15 公分，相當於一個拳頭寬度；遠離樓板的部分，間距可以放寬，但不得超過 15 公分。（註：應力較小處。）

參考來源：國家地震工程研究中心，鋼筋混凝土構造的施工細節－箍筋與繫筋（三）。

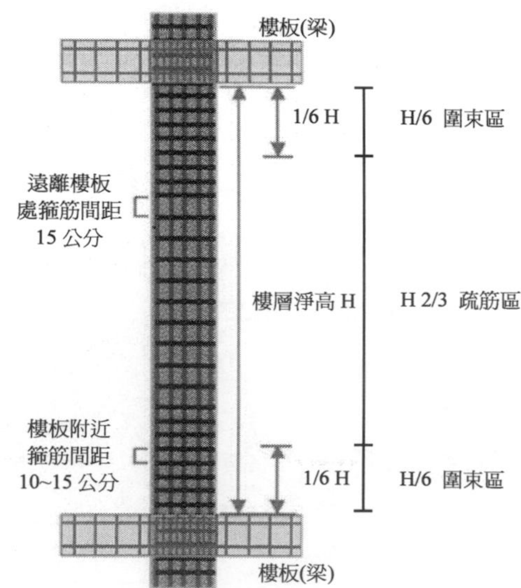

（C）12.RC 構造柱梁配筋接合詳圖中，彎鉤錨定長度為多少 db？

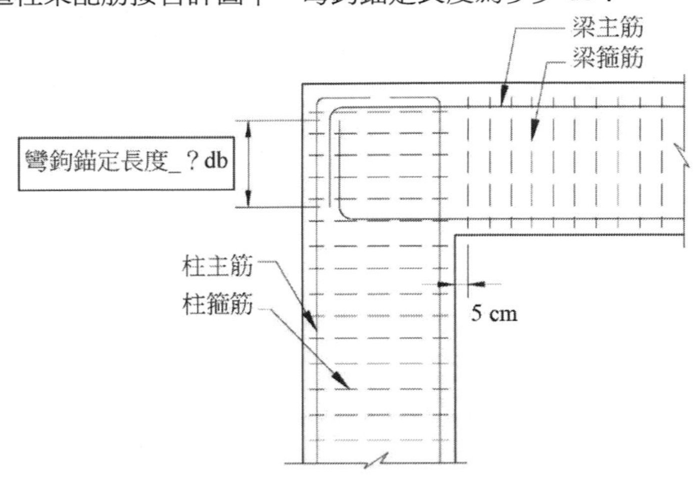

RC 構造柱梁配筋接合詳圖

(A) 4　　(B) 8　　(C) 12　　(D) 16

（109 建築師-建築構造與施工#52）

【解析】

鋼筋號數與標準彎鉤長度

鋼筋稱號	#3	#4	#5	#6	#7	#8	#9	#10	#11
	D10	D13	D16	D19	D22	D25	D29	D32	D36
標稱直徑（d mm）	9.53	12.7	15.9	19.1	22.2	25.4	28.7	32.2	35.8

主筋 90°彎鉤	A=12d, D, d, B	鋼筋號數	D10	D13	D16	D19	D22	D25	D29	D32	D36
		A(mm)	120	160	200	230	270	310	350	390	430
		B(mm)	160	210	260	310	360	420	500	550	610

參考來源：技師報。

（A）13.依「結構混凝土施工規範」，下列對於鋼筋的敘述何者正確？

(A)大於 D36 之鋼筋，除另按混凝土結構設計規範規定者外，不得搭接

(B)鋼筋彎曲的最小內（直）徑須為 5 倍的鋼筋直徑

(C)高溫可能影響鋼筋材質，因此彎曲和鋼筋裁切均須在常溫下進行

(D)鋼筋排置的許可差，依規範全部可以在一定的正負值內

（110 建築師-建築構造與施工#61）

【解析】

(B)鋼筋彎曲的最小內（直）徑須為 **$4d_b$** 的鋼筋直徑。

(C)高溫可能影響鋼筋材質，因此彎曲和鋼筋裁切，**經工程司許可，加熱彎曲 D28 以上預熱**。

(D)應交錯。

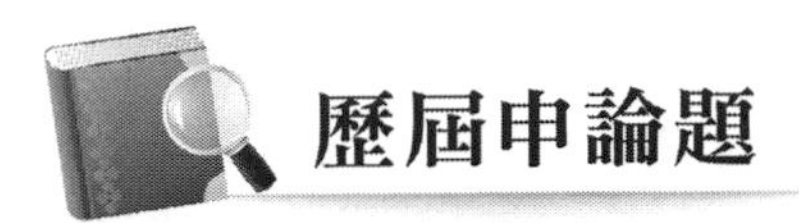

歷屆申論題

一、於鋼筋混凝土建築中，對於鋼筋混凝土柱而言，箍筋的功能為何？箍筋的形狀有那幾種？（20 分）

（105 公務普考-施工與估價概要#4）

參考題解

（一）箍筋之基本規定（技規構造篇#372）

柱四角主筋應以箍筋圍紮，其餘柱筋每隔一根仍應以箍筋圍紮，並以之作為箍筋之側支撐，但其夾角不得大於 135 度，且與相鄰之主筋間距不得大於 15 公分。箍筋距樓版面或基腳面不得大於前述箍筋間距之一半，距樓版底筋亦不得大於間距之一半，如柱之四側有梁時，箍筋距梁底鋼筋不得大於 76 公厘。

（二）箍筋之主要功能

1. 增加混凝土柱主筋握裹力。
2. 防止混凝土柱未達降伏強度而挫屈。
3. 防止混凝土柱側向爆裂。

（三）箍筋之形狀

1. 方形箍筋
   （1）箍筋應做 135 度彎鉤。
   （2）彎鉤長度 > 6 db，耐震設計時 > 7.5 cm。
2. 螺旋箍筋

（四）柱箍筋間距

1. 柱端上下各 H/6 圍束區 10~15 cm。
2. 中央疏筋區 15 cm。
3. 樑柱接頭 10 cm。

二、請說明監造單位至工地勘驗鋼筋時，應重點查核之項目。（20 分）

（105 地方四等-施工與估價概要#4）

參考題解

（一）主鋼筋直徑及支數

1. 現場抽驗、紀錄構件斷面鋼筋號數及支數與設計圖、規範核對。
2. 鋼筋錨定長度符合設計圖說與規範規定。

（二）樑、柱箍筋間距、形狀及直徑號數

1. 箍筋號數及間距與設計圖說、規範核對。
2. 箍筋彎鉤須為 135 度，長度大於 6db，且大於 7.5 公分。
3. 相鄰輔助繫筋 135 度與 90 度彎鉤需上下錯開。
4. 樑開口套管補強筋按裝及開口補強須符合設計圖說、規範規定。

（三）版、牆鋼筋號數及間距

1. 鋼筋號數及間距與設計圖說、規範核對。
2. 樓板開口補強位置，形狀與長度須符合設計圖規定。
3. 彎插入柱或樑內之鋼筋錨定長度。

（四）搭接位置及長度

1. 搭接位置及長度與設計圖說、規範核對。
2. 搭接位置以最小拉應力處為原則。
3. 樑及版搭接：上層筋於中央區搭接，下層筋於端部搭接、地樑及大底版之搭接位置則相反。
4. 柱主筋以雙層錯接方式，每層搭接鋼筋數為主筋的一半。

（五）鋼筋保護層

保護層與設計圖說、規範核對。

三、試說明鋼筋工程施工常見之缺失。（20 分）

（109 鐵路員級-施工與估價概要#3）

參考題解

【參考九華講義-構造與施工 第 11 章】

項次	項目	內容
1	梁柱交接圍束箍筋不足、間距過大。	應確實依技術規則構造篇及相關設計、施工規範檢核。
2	梁、柱箍筋間距過大。	應確實依技術規則構造篇及相關設計、施工規範檢核。
3	錨定彎鉤位置不當或長度不足	180 度彎鉤至少做 4 db 或 6.5 cm 延伸。90 度彎鉤者至少做 12 db 延伸。 柱內箍筋、繫筋做 135 度彎鉤至少做 6 db 或 6.5（耐震設計 7.5）cm 延伸。
4	鋼筋搭接位置、長度	應確實依技術規則構造篇及相關設計、施工規範檢核。
5	鋼筋保護層厚度不足	保護層厚度應確實依技術規則構造篇及相關設計、施工規範檢核。以增加使用時對外界客觀環境的抵抗，保持正常使用狀況，避免加快中性化、對火災防護力不足等缺失。地下結構施工保護層不足脫模時易造成排骨現象。結構體易因保護層不足，握裹力影引響。
6	鋼筋與鋼筋、鋼筋與模板間距。	應保持規定之間距，以確保粗骨材通過、增加鋼筋膠結與握裹力、並增加鋼筋加工便利性。

四、試繪圖及說明鋼筋拼接有那些作法及各作法須注意那些事項？（25 分）

（111 公務普考-施工與估價概要#2）

參考題解

【參考九華講義-構造與施工 第 8 章 鋼筋】

鋼筋拼接作法及各作法須注意事項：

鋼筋拼接作法		注意事項	
1	搭接	鋼筋搭接（疊接），須注意 D25 以上之鋼筋斷面配置較多鋼筋時，應採用其他方式拼接。依鋼筋混凝土規範，大於 D36 之鋼筋不得搭接。	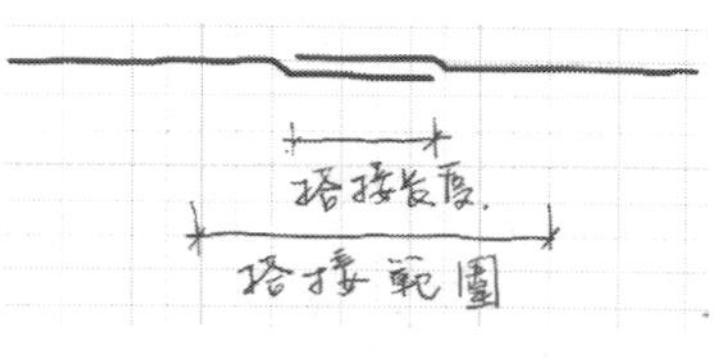 搭接長度 搭接範圍
2	瓦斯壓接	瓦斯壓接步驟：鋼筋接合面磨平處理並清潔，以油壓機施加壓力令兩端密合，接合部以火焰加熱，持續加熱並加壓至接合部黏結而成球狀。接合時應注意火焰與鋼筋保持 10~15 mm，不得急速冷卻，因此強風、下雨、下雪等氣候不得施作。另因注意鋼筋偏心 1/10 鋼筋直徑以下。	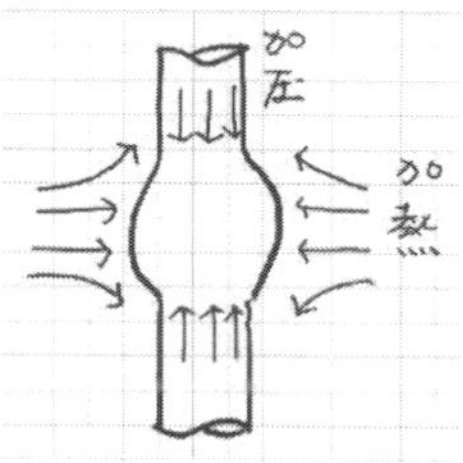 加壓 加熱
3	銲接	鋼筋接合面兩端利用電弧融熔高溫，並施以壓力將鋼筋接合。	
4	續接器	以冷軋鍛造或銲接方式將欲拼接鋼筋兩端接合續接器公、母頭，以拼接鋼筋。應注意相鄰鋼筋續接應錯位，接續後與母材性質之等級選擇。	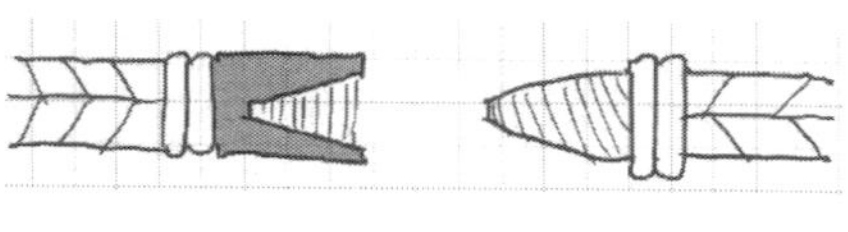

3 模 板

內容架構

（一）概論

1. 模板之撓度不得超過模板支撐間距之 1/240。
2. 模板之支撐柱應以不續接為原則。
3. 模板應以塗敷脫模劑或鋪設為吸水性之襯料，並在排置鋼筋前完成。

（二）其他重要事項

1. 模板支柱不可搭接使用，除搭接方法及挫屈應力等經核算方可使用。
2. 梁、版模板支柱須以水平繫材連結固定不可移動。
   （1）繫材之寬度：應大於所連接支柱之短邊寬度。
   （2）繫材之後度：應大於所連結支柱之短邊寬度之 1/3。
3. 再撐
   （1）於再撐作業進行時，拆換模板部位之上頂不得承受施工重量。
   （2）再撐應於拆模後盡速進行，並應在當日完成。
   （3）再撐之支撐需能承受預期載重且不少於上層支撐承載能力之一半。
4. 漏漿處以防水三夾板條施作補縫。

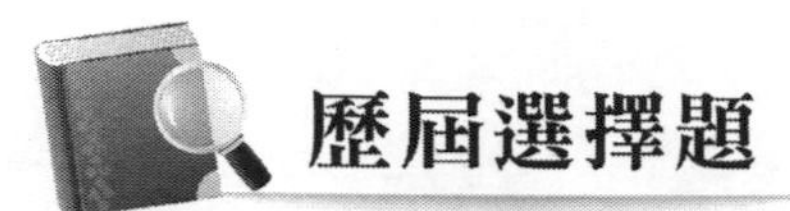

歷屆選擇題

（B）1. 模板施工時，脫模劑之適當使用時機為何？
(A)模板未開始組立前 (B)模板組立後未排放鋼筋前
(C)模板組立及鋼筋排放後 (D)混凝土即將澆置前

（105 建築師-建築構造與施工#49）

【解析】

使用脫模劑的目的是使澆注後模板不粘在混凝土表面、造成不易拆模，模板組立後未排放鋼筋前噴塗較方便。

（C）2. RC 柱的模板常在最下端留小活門，其功能為下列何者？
(A)灌漿時排水 (B)檢查鋼筋接頭 (C)灌漿前清除異物 (D)混凝土取樣

（111 建築師-建築構造與施工#50）

【解析】

柱跟牆一定要留清潔口，才能在日後樓版灌漿前將樓版洗下的土砂及螺桿鑽孔的木屑全部再洗出來。

歷屆申論題

一、模板拆除有那些注意事項？（10 分）於混凝土模板工程中，模板支撐拆除後，有何可迅速回撐之施工技術？請說明其原因與使用時機。（10 分）

（108 公務高考-建築營造與估價#3）

參考題解

項目	內容	
模板拆除注意事項	拆模時間	應同時考量施工規範規定不同構件之拆模時間與結構強度是否達到可拆模強度。
	拆模順序	應按照規劃拆模順序拆除。此外原則上先拆除非承重構件後拆承重構件、先拆側模後拆底模、先拆後支撐後拆先支撐。
	勞安事項	拆模應留設足夠安全空間、拆除後模板應指定位置堆放、拆除中下方不得有其他人員。
迅速回撐之施工技術	模板工程施作時使用兩套模板及支撐，達到預定拆模時間拆除一套模板及支撐，留下另一套模板及支撐作為回撐使用。使用原因與時機在於為增加模板轉用效率時或上層需增加施工載重時使用回撐。	

二、於建築施工中，請問對於現場的模板工程應該如何檢查？（20 分）

（105 公務普考-施工與估價概要#1）

參考題解

（一）模板工程之檢查

檢查項目	檢查時機	檢查標準
模板規格、尺寸、數量與儲存方法	材料進場	核對設計或訂單內容，存放處避免日照。
模板支柱規格尺寸	材料進場	施工圖說及規範規定
緊結器、繫結器、角材、背擋材、埋置物等五金配件	材料進場	施工圖說及規範規定
現場放樣	加工組立	校核基準線

檢查項目	檢查時機	檢查標準
模板組立位置、斷面尺寸	加工組立	施工圖說及規範規定
模板內清潔狀況	加工組立	無碎屑雜物
模板支撐	架設支撐	是否無搭接原則
模板支撐搭接補強	架設支撐	結構計算校核與補強
模板支撐水平繫材	架設支撐	梁、版模板支撐前後左右連結
支撐穩固	架設支撐	各部須確實固定
預埋構件	加工組立	施工圖說及規範規定
預留開口位置及尺寸	加工組立	施工圖說及規範規定
爆模或漏漿	澆置	無可目視之漏漿現象
深牆、深柱澆置	澆置	設置滯留槽或特密管澆置，避免粒料分離。
模板拆模時間	拆模作業	施工圖說及規範規定

三、請繪圖説明一般常見鋼筋混凝土構造之「牆」模版系統相關組成構件，並説明在一般監造作業中對於模版工程之查核重點。（25 分）

（109 地方四等-施工與估價概要#1）

參考題解

（一）牆模版組成構件

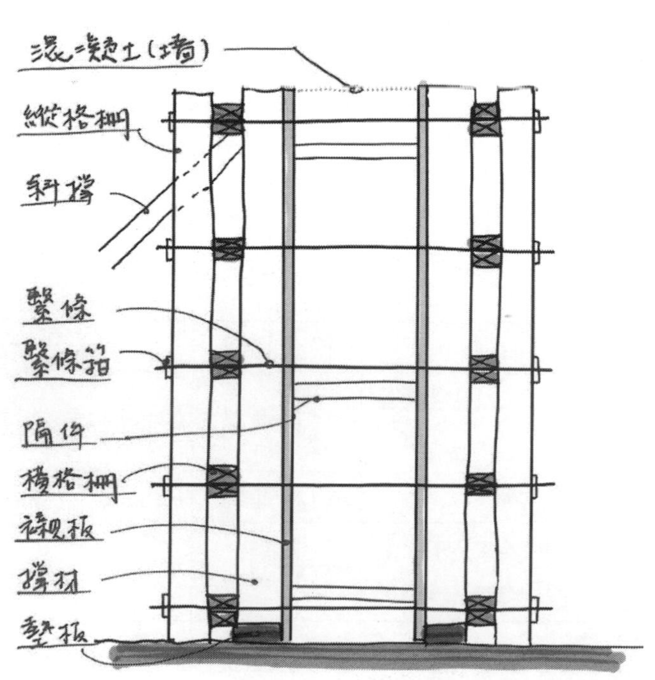

（二）依公共工程委員會「工程施工查核作業參考基準」

<table>
<tr><th>查核項目</th><th>查核細項</th><th>參考基準</th></tr>
<tr><td rowspan="4">（一）
模
板</td><td>（1）
模板品質</td><td>1. 模板規格符合契約要求
2. 模板表面平整，無破損、扭曲
3. 模板整潔，表面無附著物
4. 模板無過度重複使用、過度修補現象（修補面積低於檢查點面積之 20%）
5. 模板使用前必須塗脫模劑
6. 滑動模板具有核可之施工計畫書</td></tr>
<tr><td>*（2）
模板支撐</td><td>1. 模板經結構應力計算
2. 支撐間距適當，組立穩固，底座墊板不鬆動滑移
3. 支撐材無彎曲、破裂或嚴重鏽蝕
4. 同一木支撐材無搭接兩處以上之現象
5. 高 2 m 以上之垂直木支撐應有水平繫材繫連固定
6. 依據營造安全衛生設施標準第 135 條第 1 項第 2 款之規定：以可調式鋼管支柱作為模板支撐時，高度超過 3.5 公尺以上時，高度每 2 公尺內應設置足夠強度之縱向、橫向之水平繫條，以防止支柱之移動</td></tr>
<tr><td>（3）
模板組立</td><td>1. 模板組立完成後無彎曲、膨脹、不平直現象
（1）垂直容許誤差 ±20 mm/3 m
（2）水平容許誤差 ±10 mm/3 m
（3）斷面尺寸容許誤差 ±10 mm
（4）平面位置容許誤差 ±25 mm
2. 模板連結緊密，無縫隙不透光
3. 構件接頭處組立牢固緊密
4. 倒角、收邊條、壓條裝置妥當
5. 繫結材、螺栓、鐵絲、隔件及木楔設置牢固
6. 外牆勿使用套管式繫結材
7. 模板組立完成後，需清理模板內之殘留雜物（如木屑、瓶罐…）
8. 柱、牆留設清潔孔
9. 梁預拱值符合規範要求</td></tr>
<tr><td>（4）
開口及
預埋物</td><td>1. 開口部分固定穩固無鬆動現象
2. 模板內各種預埋物組立穩固不鬆動
3. 開口有加強支撐
4. 窗台板預留灌漿孔</td></tr>
</table>

註：「*」表示為查核重點。

4　鋼筋混凝土施工

內容架構

（一）混凝土施工：混凝土之拌和、輸送、澆置、養護、接縫與埋設物、缺失與修補、表面修飾、品質管制。

1. 混凝土拌和，在製造及運送途中混凝土之最高溫不得超過 32 度。
2. 炎熱天候下混凝土製成可藉預冷之材料或以薄冰屑代替全部或部分之拌和水，惟薄冰屑於拌和時須完全融化。(不可以冰塊拌和)。
3. 混凝土自拌和完成至工地卸料之時間規定。
   （1）運送途中保持攪動者不得超過 1 小時。
   （2）途中為攪動者不得過 30 分鐘。
4. 混凝土自拌和、輸送至澆置完成應連貫作業不宜中途停頓，其時間除經監造人依溫度、濕度、運送攪動情況做適當規定者外，應不超過 1.5 小時。

（二）鋼筋混凝土基礎。

（三）鋼筋混凝土板。

（四）鋼筋混凝土梁。

（五）鋼筋混凝土柱。

（六）鋼筋混凝土牆。

（七）巨積混凝土。

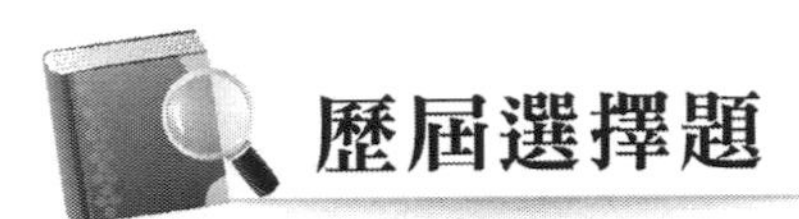

歷屆選擇題

（A）1. 有關 RC 結構體內埋設管線，下列敘述何者錯誤？

(A)結構柱內埋管所占面積不能超過柱斷面百分之四，內徑不得大於 10 cm

(B)配管與梁主筋淨間距若未達 2.5 cm 易使混凝土粒料堵塞，造成混凝土粒料分離

(C)穿過屋頂或露台樓版之管線應施作止水板以免漏水

(D)樓版內埋設管路配管之淨間距不得小於 2 倍管徑，管之外徑不得大於版厚之 1/3

（105 建築師-建築構造與施工#30）

【解析】

(A)結構柱內埋管所占面積不能超過柱斷面百分之四，內徑不得大於 5 cm。

（B）2. 當建築物之柱牆與梁或樓版同時澆置混凝土時，須先澆置柱牆至少若干小時後，方可繼續澆置其上之梁版？

(A) 1　　(B) 2　　(C) 3　　(D) 4

（105 建築師-建築構造與施工#50）

【解析】

當建築物之柱牆與梁或樓版同時澆置混凝土時，須先澆置柱牆至少(B) 2 小時後，方可繼續澆置其上之梁版。（使其混凝土可達到初凝狀況。）

（D）3. 下列四圖所示，何者為混凝土澆置施工造成的冷縫缺陷？

(A)

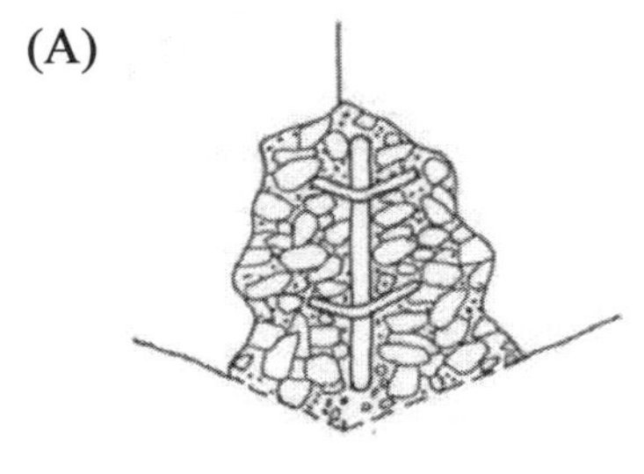

(B)

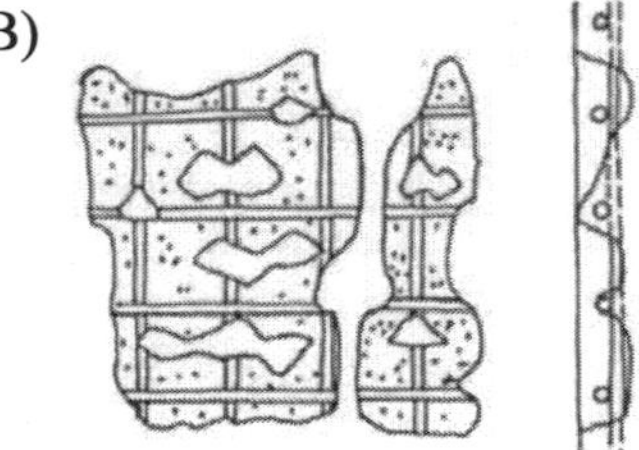

(C)

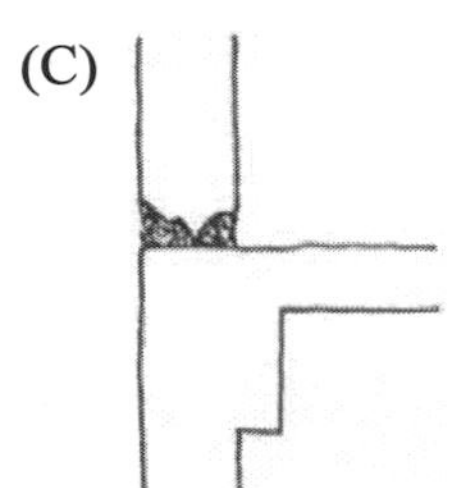

(D)

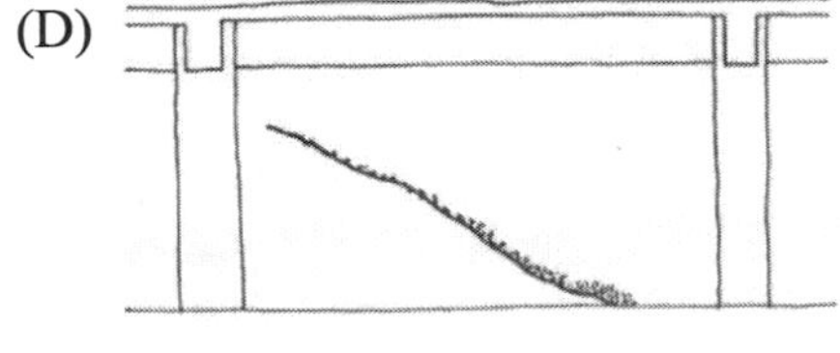

（105 建築師-建築構造與施工#52）

【解析】

冷縫是新的混凝土與舊的已澆置混凝土無法合成一體的施工缺失造成兩者之間的隙縫，本題(A)~(C)選項都屬於結構體破壞模式，本題答案(D)。

（B）4. 有關鋼筋混凝土構造之懸臂樓版配筋，下列敘述何者正確？

(A)主要鋼筋上下層均勻分布　　(B)主要鋼筋配置在上層

(C)主要鋼筋配置在中層　　(D)主要鋼筋配置在下層

（105 建築師-建築構造與施工#60）

【解析】

懸臂式樓板的應力為下方受壓力、上方受拉力，構造應力分配為混凝土承受壓力，鋼筋承受拉力，所以主要鋼筋配於拉力側，也就是上層。

（C）5. 跨距 6 米長的 RC 構造梁，梁深 60 公分，有兩支直徑 12 公分的管線須穿過此梁，下列何者較恰當（圖中單位為公分）？

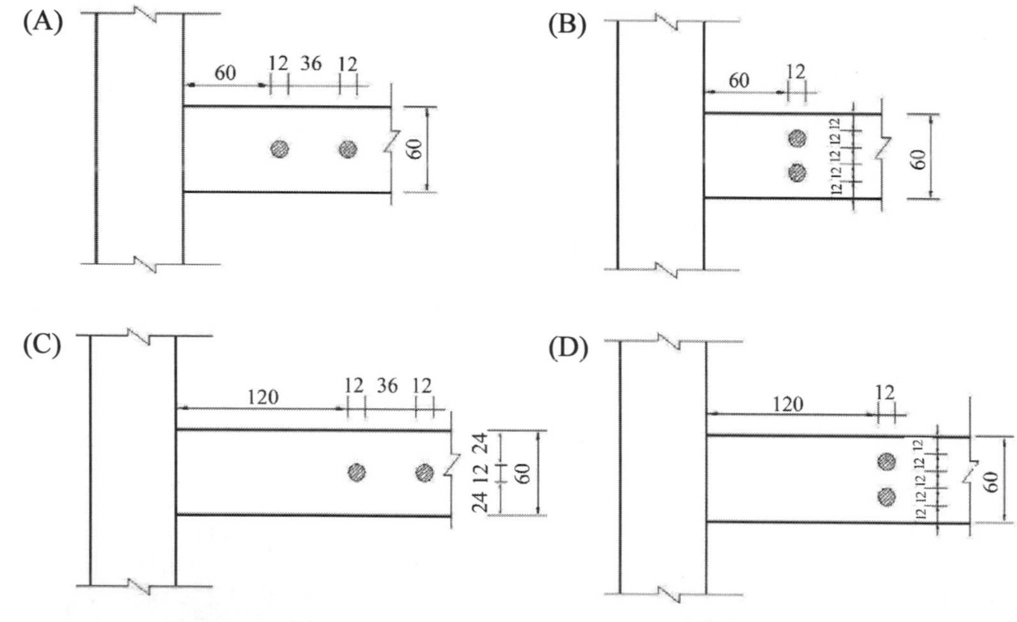

（106 建築師-建築構造與施工#26）

【解析】

(C)穿孔位置距柱面須於兩倍梁深外，梁中間 1/3 處內，兩孔間距需唯孔徑 3 倍以上。

（C）6. 初步設計一般鋼構建築時，如何暫定 H 型鋼其梁深及梁寬？

(A)以跨度 1/8 到 1/10 間為梁深，以不超過梁高的 1/2 為梁寬

(B)以跨度 1/16 到 1/18 間為梁深，以不超過梁高的 1/3 為梁寬

(C)以跨度 1/13 到 1/15 間為梁深，以不超過梁高的 1/2 為梁寬

(D)以跨度 1/19 到 1/21 間為梁深，以不超過梁高的 1/3 為梁寬

（106 建築師-建築構造與施工#28）

【解析】

H 型鋼跨度常見值為梁深的 1/13 到 1/15 之間，梁寬不超過梁高的 1/2。

（D）7. 橡膠止水帶在建築防水工程中的功能，下列何者錯誤？

(A)防止滲漏　(B)構造緩衝　(C)堅固密封　(D)嵌縫塞洞

（106 建築師-建築構造與施工#42）

【解析】

嵌縫塞洞矽利康即可。

（D）8. 普通混凝土施工時，有關澆置完成表面之處理，下列敘述何者正確？

(A)原樣保持乾燥，以免混凝土受水分影響

(B)搗實且保持乾燥

(C)搗實且灑水越多越好

(D)搗實且潤濕即可

（106 建築師-建築構造與施工#47）

【解析】

混凝土幾種養護濕治養護：

（1）澆水法：已持續或間歇方式澆水，以保持表面濕潤，勿中斷澆水使表面變為乾燥，否則乾濕作用下易造成龜裂。

（2）遮蓋法：利用濕麻袋、濕砂或濕稻草覆蓋，保持長期濕潤。

（3）延時拆模法：延遲拆模以保持濕潤。

重點都是搗實且潤濕即可。

（A）9. 依據混凝土施工規範之規定，工地新澆置之一般混凝土養護至少須持續若干日？

(A)7　(B)14　(C)21　(D)28

（106 建築師-建築構造與施工#48）

【解析】

結構混凝土施工規範 12.2.4 除另有規定者外，混凝土之養護期間應按下列規定：

（1）早強混凝土至少須持續養護 3 日。

（2）一般混凝土至少須持續7日，惟若作圓柱試體放在構造物附近以同樣之方法養護，當平均抗壓強度達 f′c 之 70%時，可停止保濕措施。

（A）10.受風雨侵蝕之 RC 構造物，有關鋼筋保護層之敘述下列何者正確？

(A)柱保護層至少應達 40 mm　(B)梁保護層至少應達 30 mm

(C)牆保護層至少應達 20 mm　(D)版保護層至少應達 10 mm

（106 建築師-建築構造與施工#53）

【解析】

混凝土結構設計規範

13.6 鋼筋之保護層

13.6.1 現場澆置混凝土(非預力)

鋼筋混凝土保護層厚度係設計者依據混凝土結構物所處之環境條件，參考表 13.6.1 之鋼筋最小保護層厚決定適當厚度並依規定標示。

表 13.6.1 現場澆置混凝土(非預力)鋼筋之最小保護層厚　(單位：*mm*)

狀　況	版、牆、擱柵及牆版	梁、柱及基腳	薄殼及摺版
不受風雨侵襲且不與土壤接觸者：			
鋼線或 $d_b \le 16\ mm$ 鋼筋	20	40	15
$16mm < d_b \le 36\ mm$ 鋼筋	20	40	20
$d_b > 36\ mm$ 鋼筋	40	40	20
受風雨侵襲或與土壤接觸者：			
鋼線或 $d_b \le 16\ mm$ 鋼筋	40	40	40
$16mm < d_b$ 鋼筋	50	50	50
澆置於土壤或岩石上或經常與水及土壤接觸者：	75	75	
與海水或腐蝕性環境接觸者：	100	100	

（D）11.關於混凝土施工縫之處理，下列何者錯誤？

(A)垂直施工縫，於第一次澆置混凝土前應設置臨時模板以使接縫面較為平整

(B)混凝土之施工縫，應選擇剪力比較小之處設置

(C)梁、托架、柱冠、托肩及柱頭版須與樓版同時澆置，且穿過施工縫之鋼筋須連續

(D)柱或牆之水平施工縫應於接合面加塗一層與混凝土相同水灰比之水泥砂漿，並在凝固硬化後澆置銜接混凝土

（106 建築師-建築構造與施工#54）

【解析】

(D)柱或牆之水平施工縫應於接合面加塗一層與混凝土相同水灰比之水泥砂漿，並在凝固硬化**前**澆置銜接混凝土。使其前後澆置混凝土能完全銜接。

（B）12.下列鋼筋混凝土柱筋搭接位置示意圖何者正確？

(A)

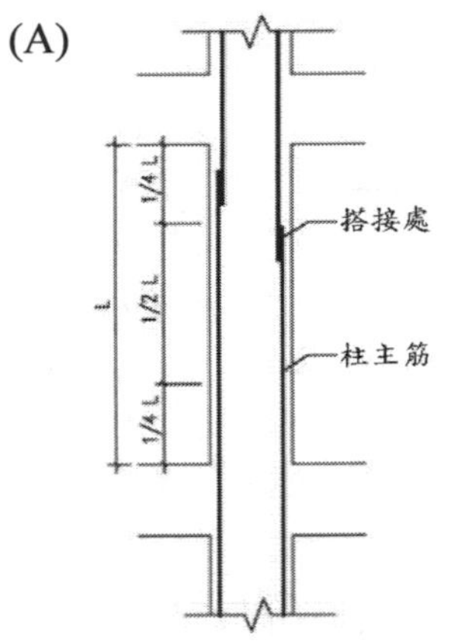

(B)

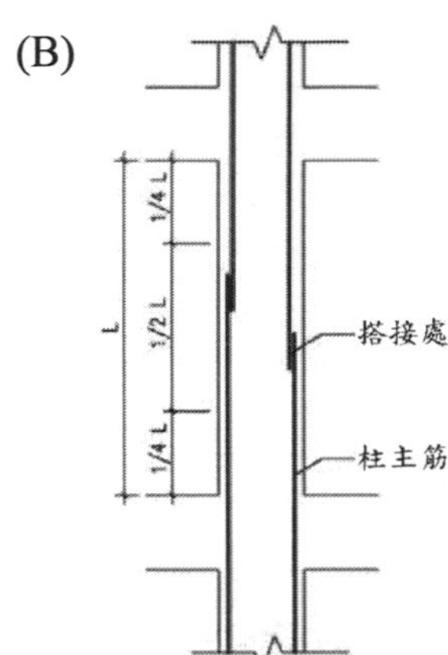

(C)

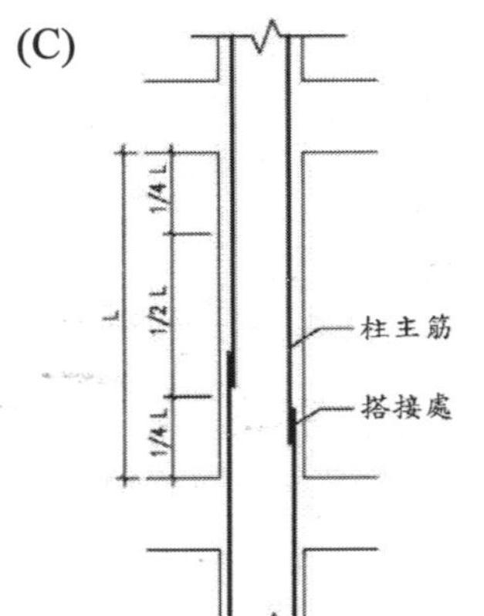

(D)

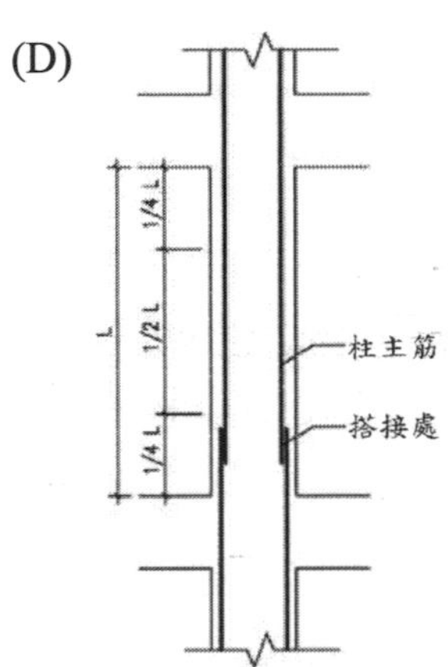

（106 建築師-建築構造與施工#56）

【解析】

鋼筋混凝土柱筋搭接位置於梁下高度，中間段 1/2L 內。L：樓板至梁下距離。

（A）13.建築物樓版伸縮縫，主要考慮下列何種性能？

①變形對應性　②防水性　③耐火性　④隔熱性。

(A)①②③　(B)②③④　(C)①③④　(D)①②④

（106 建築師-建築構造與施工#57）

（B）14.梁最好儘量不要有穿孔，萬不得已要穿梁時，下列敘述何者最不適當？

(A)梁一旦有穿孔就會因斷面減小而使其抗剪強度與剛性降低，同時孔的周圍也會產生應力集中的現象

(B)梁若有穿孔的話，穿孔的位置應設在剪力最小的跨度兩側近柱處

(C)開口的形狀若為長方形時容易造成應力集中及容易使梁產生龜裂的現象，因此開孔應儘可能越圓越佳

(D)補強筋以在孔的周圍設置斜向補強筋最為有效

（107 建築師-建築構造與施工#13）

【解析】

(B)梁若有穿孔的話，穿孔的位置應設在距柱面 2 倍梁深範圍外，穿孔孔徑不得大於 1/3 梁深。

（B）15.混凝土澆置時，為避免產生蜂窩現象，下列有關鋼筋間距之規定何者錯誤？

(A)同層平行鋼筋間之淨距不得小於 1.0 db，或粗粒料標稱最大粒徑 1.33 倍，亦不得小於 2.5 cm

(B)若鋼筋分置兩層以上者，兩層間之淨距不得小於 2.5 cm，各層之鋼筋須交錯排列

(C)受壓構材之主筋間淨距不得小於 1.5 db，或粗粒料標稱最大粒徑之 1.33 倍，亦不得小於 4 cm

(D)除混凝土格柵版外，牆及版之主筋間距不得大於牆厚或版厚之 3 倍，亦不得超過 45 cm

（107 建築師-建築構造與施工#21）

【解析】

(B)若鋼筋分置兩層以上者，兩層間之淨距不得小於 2.5 cm，各層之鋼筋須上下對齊不得錯列。

（A）16.有關混凝土澆置時之注意事項，下列敘述何者錯誤？

(A)澆置時應保持混凝土落下之方向與澆置面呈 45 度

(B)先後澆置時間間隔不宜太長，以免形成冷縫

(C)澆置面為斜面時，應由下而上澆置混凝土

(D)柱之混凝土若與梁版同時澆置，須等到柱混凝土達無塑性且 2 小時後，始可澆置梁版混凝土

（107 建築師-建築構造與施工#41）

【解析】

(A)澆置時應保持混凝土落下之方向與澆置面呈 90 度。

（B）17.有關水泥砂漿粉刷相關施工要求，下列何者不符合規範？

(A)粉刷工作不得曝曬於烈日下，如在室外應搭蓬架，氣溫維持常溫溫度

(B)混凝土面或圬工面於水泥粉刷前應予保持乾燥，以利水泥砂漿附著

(C)為控制粉刷面之精準度及平整度，承包商應先做控制用粉刷灰誌，地坪配合洩水坡度，應考量做灰誌條，以控制品質

(D)表面粉光完成後應養護 48 小時，以細水霧噴灑，使塗面濕潤，但不致飽和，表層即予乾置

（107 建築師-建築構造與施工#65）

【解析】

(B)混凝土面或圬工面於水泥粉刷前應予保持**濕潤**，以利水泥砂漿附著。

（A）18.建築物屋頂及外牆皆留有伸縮縫時，該如何處置？

(A)應配合施作伸縮管

(B)不需特別考慮配合伸縮縫的施作

(C)由營造廠現場自行決定是否施作伸縮管

(D)留待將來有沉陷或變位時再處理 （108 建築師-建築構造與施工#43）

【解析】

設計必須整體考慮管線一起做伸縮處理，才不會導致管線損壞。

（D）19.有關混凝土之澆置，下列何者錯誤？

(A)澆置混凝土前，應先清除模板面及接觸面之雜物，如經判斷，其接觸面有必要增加其黏結性時，則應使用經認可之接著劑

(B)水平或垂直構材混凝土之澆置，必須待其下側新澆置支承構材之混凝土，已達到要求強度後方可澆置

(C)混凝土應連續澆置，且應於混凝土拌和後之規定時間內儘速澆置

(D)混凝土應以適當之厚度分層澆置，並應於下層混凝土凝結後，再澆置上層混凝土，一般上下層間之澆置間隔時間不得超過 2 小時，以免形成冷縫或脆弱面

（108 建築師-建築構造與施工#56）

【解析】

混凝土應以適當之厚度分層澆置，並應於下層混凝土凝結後，再澆置上層混凝土，一般上下層間之澆置間隔時間不得超過 **20 分鐘**，以免形成冷縫或脆弱面。

PS：振動棒應插入前次澆注混凝土內，其進入前層混凝土深度應約為 10 cm。

混凝土自加水拌和起至運送澆置於最後位置之時間止不可超過 1.5 小時。（最佳方式為溫度不可超過 32°C）

（D）20.有關混凝土構造，結構混凝土構材與其他材料構材組合之構體，除應依規定設計外，並應考慮諸多因素，其中不包括下列何者？

(A)結構系統之妥適性　(B)構材間之接合行為、力的傳遞

(C)構材之剛性及韌性、材料的特性　(D)加強不對稱的設計

（109 建築師-建築構造與施工#22）

【解析】

(D)描述錯誤，較好的構體設計應要減少不對稱設計。

（C）21.混凝土蜂窩嚴重時應重新施作，如有不影響結構安全之少量蜂窩時應如何修補？

(A)打除蜂窩，再用一般水泥砂漿填補即可

(B)不需將蜂窩打除，以 1：2 水泥砂漿填補

(C)打除蜂窩，以 1：2 水泥砂漿＋亞克力樹脂填補

(D)蜂窩無需理會，可於外牆裝修時用裝修材料處理

（109 建築師-建築構造與施工#27）

【解析】

模板、泥水工施工不佳，導致粉刷打底的厚度需超過 3 公分，或者有蜂窩、凹陷等缺失。

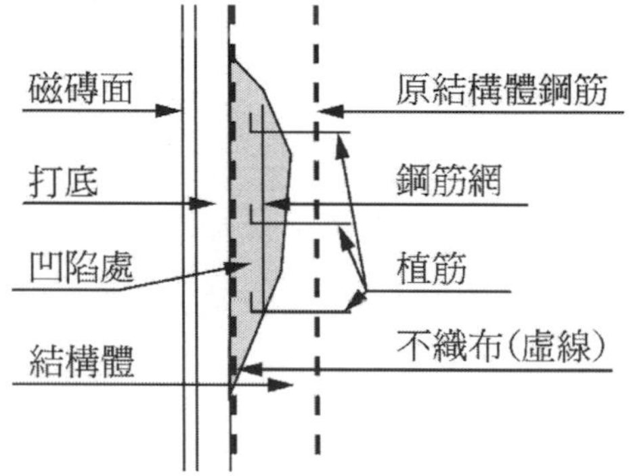

建議補救方法：如上圖計算凹陷部位（含打底、磁磚）重量，加安全係數計算需要植筋直徑、數量，並附掛鋼筋網。凹陷（含打底）及敲打部位均以 1：2 水泥砂漿混合壓克力樹脂填平防水，填平後鋪不織布（圖）以減少龜裂及再遭到雨水侵入。

參考來源：社團法人臺灣省土木技師公會。

（D）22.下列何者不是混凝土表面（不與模板接觸面）在完成澆置及修飾後可選用之養護方法？

(A)持續灑水、噴霧或滯水

(B)覆以保濕性媒介材料，如吸水性織物或細砂等以保持潮濕

(C)施以不超過 65℃低壓蒸汽

(D)使用透水覆蓋材料

（110 建築師-建築構造與施工#14）

【解析】

結構混凝土施工規範 12.2 保持水份之養護

12.2.1 不與模板接觸之混凝土表面在完成澆置及修飾後可選用下列方法養護：

（1）持續灑水、噴霧或滯水。

（2）覆以保濕性媒介材料，如吸水性織物或細砂等以保持潮濕。

（3）施以不超過 65˚C 低壓蒸汽。

（4）使用不透水覆蓋材料。

（5）使用符合 CNS 2178〔混凝土用液膜養護劑〕規定之液膜養護劑。

採用第（1）、（3）或（5）之方式養護者，約經 1 日後，可改用他種方法繼續養護之，但在養護方法之轉換過程中不得使混凝土表面乾燥。

（B）23.下列何者不是中空樓板優點？

(A)增強樓板剛性　(B)降低樓板厚度

(C)降低樓層間噪音傳導　(D)可加大樓板跨度

（110 建築師-建築構造與施工#23）

【解析】

(B)中空樓板厚度達 22.5~25 公分，傳統樓板厚度為 15 cm 左右。

（C）24.配比設計時，決定最經濟用漿量的方法，通常為下列何者？

(A)經驗規則　(B)試誤法　(C)篩分析　(D)骨材比重試驗

（110 建築師-建築構造與施工#79）

【解析】

保持混凝土品質、工作性、增加管材用量之分析。

（C）25.中空樓板可運用於大跨度空間的主因為何？

(A)旋楞鋼管有優良勁度　(B)旋楞鋼管降低樓板的重量

(C)鋼管之間形成混凝土 I 型梁　(D)使用輕質混凝土

（111 建築師-建築構造與施工#24）

【解析】
中空樓板係利用旋楞鋼管之優點作襯管，埋設在鋼筋混凝土樓板內，形成「中空」，去除呆荷重，成為型梁或箱型梁的特殊結構。

（B）26.鋼筋混凝土構造建物中，那一部位之混凝土保護層最厚？
(A)室內柱梁　(B)基礎版底　(C)屋頂版　(D)內部混凝土牆

（111 建築師-建築構造與施工#27）

【解析】
(A)室內柱梁保護層 4 cm
(B)基礎版底保護層 7.5 cm
(C)屋頂版保護層 4 cm
(D)內部混凝土牆保護層 2 cm

（D）27.有關屋頂伸縮縫之設置原因，下列何者正確？
(A)為增加視覺美觀效果
(B)為加速雨水排至落水頭
(C)為施作屋頂防水區劃
(D)為防止因地震、熱脹冷縮等造成裂縫或破壞

（111 建築師-建築構造與施工#32）

【解析】
伸縮縫（Expansion Joints）主要功能為溫度變化或載重作用下結構物變位時，避免結構物相互碰撞損壞而預留變化量的縫隙。

（A）28.下圖為型框噴植式邊坡穩定法之正視圖與剖面示意圖，下列敘述何者錯誤？

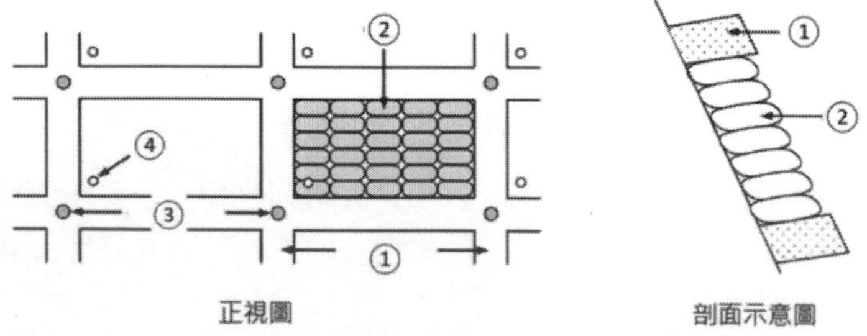

(A)①為型框，可用噴凝土或預鑄混凝土製作，而噴凝土較適用在小於 45 度的邊坡
(B)②為植生包，其堆置應求緊密，以防止雨水沖刷導致位移與粒料流失
(C)③為鋼筋止滑釘，主要為輔助邊坡坡面的穩定以防止滑動
(D)④是排水孔，PVC 管為常用的材料

（111 建築師-建築構造與施工#53）

【解析】

噴凝土護坡沒有限制，自由格樑坡面，適用於坡度小於 45 至 60 度之邊坡。

（C）29.在拌和混凝土當中加入冰水以降低凝結過程產生之大量水化熱，其作用為何？

(A)增加混凝土之強度　(B)延緩混凝土之凝固時間

(C)減少乾縮裂縫　(D)增進混凝土之品質

（111 建築師-建築構造與施工#59）

【解析】

加冰水加速混凝土散熱使其快速冷卻，減小最大溫差，防止裂縫發生。

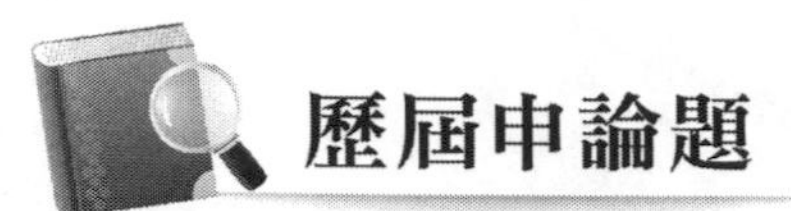

歷屆申論題

一、為防止鋼筋混凝土構造物產生裂縫，在施工階段可採用那些方法改善？（20 分）

（108 公務普考-施工與估價概要#3）

參考題解

防止鋼筋混凝土構造物產生裂縫施工階段改善採用方法

項目	內容
施工模板	模板應採用不吸水模板，避免與混凝土搶水造成膨鼓龜裂。
水泥健度	混凝土健度不佳，石灰水化擠壓混凝土造成裂縫，應改善水泥健度。
養護	應確實養護，避免混凝土失水乾縮。
混凝土添加物	使用高爐爐渣粉、飛灰等添加物取代部分水泥，減緩水化速度，減少裂縫產生。
防水處理	防水處理後減少鋼筋鏽蝕膨脹擠壓產生裂縫。

二、試回答下列關於混凝土工程之問題：

（一）冷縫是澆置混凝土時容易產生的現象，試說明何謂冷縫，應如何防止其發生？（8 分）

（二）為確保混凝土澆置後之品質，可以採用那些養護方法？（12 分）

（108 地方四等-施工與估價概要#5）

參考題解

（一）冷縫的定義與防止方式如下

1. 定義：

   冷縫是指在混凝土澆築過程中因突發不可預料因素而導致的混凝土澆築中斷、且間隔時間超過混凝土的初凝時間，但小於混凝土的終凝時間而在混凝土結構中形成的一種薄弱面。

2. 防止方式：

   （1）添加緩凝劑：使先澆置之混凝土不會過度硬化或凝結。

   （2）控制澆置計畫：避免混凝土之先後作業發生無法銜接之現象。

（3）增加黏結力：在先澆置之混凝土上澆置一層水灰比相同之水泥砂漿，再澆置新混凝土。

（二）混凝土澆置後可以採用的養護方法

依結構混凝土施工規範建議如下：

12.2 保持水份之養護

12.2.1 不與模板接觸之混凝土表面在完成澆置及修飾後可選用下列方法養護：

（1）持續灑水、噴霧或滯水。

（2）覆以保濕性媒介材料，如吸水性織物或細砂等以保持潮濕。

（3）施以不超過 65℃低壓蒸汽。

（4）使用不透水覆蓋材料。

（5）使用符合 CNS 2178〔混凝土用液膜養護劑〕規定之液膜養護劑。

採用第（1）、（3）或（5）之方式養護者，約經 1 日後，可改用他種方法繼續養護之，但在養護方法之轉換過程中不得使混凝土表面乾燥。

三、何謂標準貫入試驗？試說明其內容，試以黏性土壤為例說明其運用方式。（25 分）

（110 地方四等-施工與估價概要#1）

參考題解

【參考九華講義-構造與施工 第 3 章 地質調查及改良】

（一）標準貫入試驗（SPT）

將 140 磅（約 63.6 公斤）之夯錘由 30 英吋（約 76 公分）高度自由落下打擊鑽桿，使採樣器貫入地層 45 cm，每 15 cm 紀錄一次打擊數，後 30 cm 打擊數之和即為 SPT-N 值。

（二）可由標準貫入試驗之 N 值判斷該黏土層之受壓強度，原則上 N 值越小，黏土層之受壓強度亦越小，由 N 值小～大之排列，可預判為軟弱、中等、堅硬、極堅硬等。另標準貫入試驗採劈管取樣，並藉由實驗室分析得到更多工程所需資訊，如含水量、黏滯力、抗壓強度、黏土與沉泥比例、排水性等，以做為工程上之專業判斷分析之依據。

參考來源：臺北市政府土壤液化淺是查詢系統網頁

https://soil.taipei/Taipei/Main/pages/survey_construction.html

5 破壞及補強

內容架構

（一）概論

1. 鑑定：施工前中後、營運使用中。
2. 修復：損壞原因、責任歸屬、結構安全影響項目、估列修復費用。
3. 補強：除修復原有狀態，另提高結構安全及耐久性等行為。

（二）其他重要事項

1. 耐震：折減係數。
2. 火災：600 度 C 以上為評估重要溫度指標。
3. 角變位：
   （1）1/300 產生裂縫。
   （2）1/150 結構性損壞。
4. 層間變位：
   （1）1/50 重建。
   （2）1/100 結構安全評估。
   （3）1/200 修復或補強。
5. 結構補強原則：
   （1）強度補強：增加斷面尺寸、柱翼板。
   （2）韌性補強：避短柱、短梁，包覆碳纖維板、鋼板。
   （3）結構系統補強：耐震壁、斜撐。

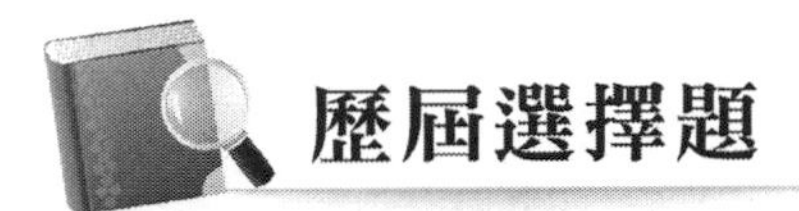

歷屆選擇題

（C）1. 如下列參考圖示，有關隔震工法的敘述，何者錯誤？

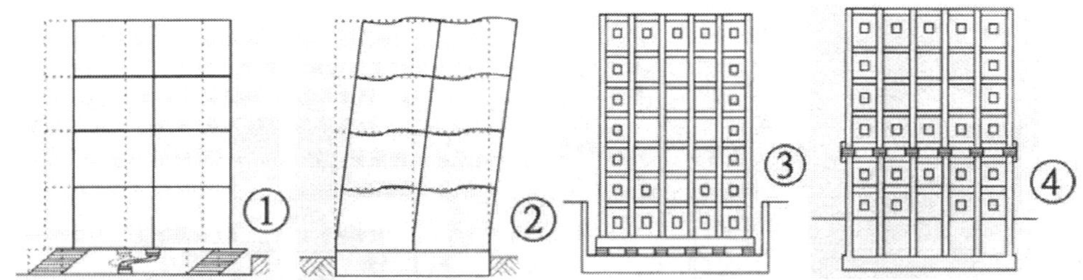

(A)基礎下方裝設橡膠隔震墊的建築物①，與一般建築物②相較，地震來襲時的搖動方式不同

(B)③、④均為有效的隔震裝置安裝方式

(C)如④的做法，於中間層安裝隔震裝置，不能達到良好隔震效果

(D)隔震裝置須做適當的防火包覆

（105 建築師-建築構造與施工#33）

【解析】

(C)如④的做法，於中間層（**二層**）安裝隔震裝置，**仍可以**達到良好隔震效果。

（B）2. 國內建築物外牆面材較少留設龜裂誘發縫，形成不規則裂縫修補困難，一般留設龜裂誘發縫之原則為：

(A)距柱心 2.5 m 之範圍內設置第一條，設置之面積以不大於 25 m^2 為原則

(B)距柱心 1.5 m 之範圍內設置第一條，設置之面積以不大於 25 m^2 為原則

(C)距柱心 1.5 m 之範圍內設置第一條，設置之面積以不大於 36 m^2 為原則

(D)距柱心 2.5 m 之範圍內設置第一條，設置之面積以不大於 36 m^2 為原則

（105 建築師-建築構造與施工#53）

【解析】

一般以距離柱心 1.5 M 之範圍內設置一條垂直龜裂誘發縫，設置面積以 25 m^2 內，跨距大時，則可於一跨距間增設多條誘發縫。

（D）3. 下列有關「制震建築」的敘述，何者錯誤？
(A)採用阻尼器是一種有效的制震工法
(B)當地震發生時，採用阻尼器可減少搖晃時間與幅度
(C)消能阻尼器可以斜撐的構造方式安置於大樓外牆框架結構上
(D)將隔震墊作為基礎隔震或中間層隔震，造價較低廉

（106 建築師-建築構造與施工#32）

【解析】
(D)隔震墊非「制震建築」，是為「隔震建築」。

（A）4. 免震構造內，積層橡膠之特徵與用途，下列何者錯誤？
(A)積層橡膠全部都是橡膠交互相疊而成的構造
(B)具有垂直方向的剛性，可獲得支承較大荷重之能力
(C)水平方向因橡膠特有的柔軟特性而可得到最大的變形
(D)積層橡膠常被用於下述用途：橋梁支撐、防振軸承、免震支承（大樓免震）

（108 建築師-建築構造與施工#38）

【解析】
積層橡膠由橡膠及鋼片一層一層交互相疊而成的構造，中心為鉛心。

（D）5. 有關鋼構造耐震補強策略之敘述，下列何者錯誤？
(A)接頭修改：接頭補強是增加接頭的容量使能承受非彈性變形需求的方法，基本上無法降低結構物在地震力作用下產生的需求，因此接頭補強常需配合其他補強策略
(B)不規則性的減少與移除：由採用新的結構桿件、補強或加勁既有桿件來達到消除或減低不規則性，但需對整體結構進行重新評估以確保結構物具有適當的耐震能力，且不會有新的不規則性或易損壞的部位發生
(C)消能元件：消能元件其目的在減少結構物對地表震動的位移反應，因此與結構加勁十分類似，但此補強方式著重在消能而非加勁，以一些消能裝置作為補強的工具，可增加結構的阻尼並減少其側向位移反應
(D)增加質量：在結構中增加質量可在若干方面改善其性能表現，其中之一便是增加結構物振動週期，因為增加週期之結構物一般比長週期結構具有較大的變形反應，所以可減少變形及損壞

（108 建築師-建築構造與施工#39）

【解析】
(D)減少質量：在結構中減少質量可在若干方面改善其性能表現，其中之一便是減少結構物

振動週期，因為**降低**週期之結構物一般比長週期結構具有**較小**的變形反應，所以可減少變形及損壞。

（D）6. 下圖所示之柱上裂縫，較可能的成因為何？
(A)地震的剪力破壞 (B)混凝土的乾縮現象
(C)水泥砂漿粉刷不良 (D)鋼筋保護層不足

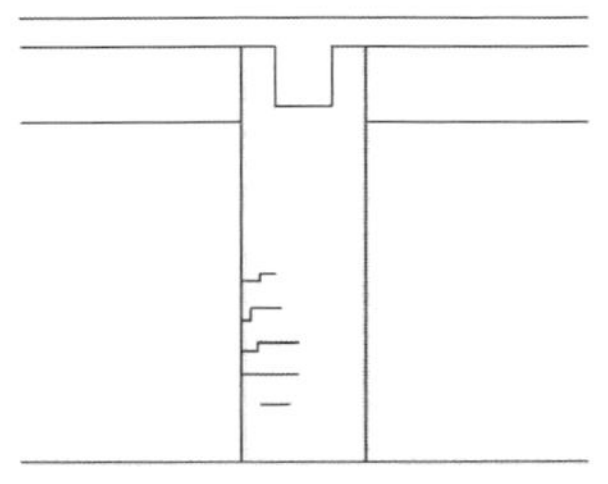

（109 建築師-建築構造與施工#6）

【解析】
因鋼筋配置不當或是保護層太薄的表面裂紋會偏水平垂直向。

（D）7. 有關剪力牆構造之敘述，下列何者正確？
(A)一定要用鋼筋混凝土構造 (B)可用純磚砌的磚砌牆構造
(C)可用純石砌的石砌牆構造 (D)可用純鋼骨構造

（109 建築師-建築構造與施工#28）

【解析】
(A)剪力牆未必要採用鋼筋混凝土，只是比較常用。
(B)磚造沒有用鋼筋加強配置，所以不適合做剪力牆。
(C)石砌與磚砌邏輯類似，沒有鋼筋補強，所以不適合做剪力牆。
(D)可以，且鋼構造受側向力變形亦可吸收地震力達到減震效果。

（B）8. 何種結構補強工法可改善柱的強度而提升耐震能力，但可能導致短梁效應的發生，故不適用於柱間距較小之建物？
(A)梁的剪力補強 (B)翼牆補強 (C)柱碳纖維補強 (D)梁的彎矩補強

（109 建築師-建築構造與施工#41）

【解析】
設置翼牆將縮短梁淨長度（無支撐），使之與梁深比值減少，可能造成短樑。
梁柱混凝土強度偏低（小於 120 kgf/cm^2），植筋效果不佳，或柱箍筋間距太稀疏時，其剪力強度與增其剪力強度與增設翼牆之強度相差太大，不建議使用翼牆補強。
參考來源：中華民國地震工程學會／國家地震工程研究中心／鋼筋混凝土建築物補強及修復-參考圖說及解說研討會 RC 翼牆工法，主講人：許庭偉。

（B）9. 混凝土裂縫原因甚多，從設計、材料及施工面上，關於裂縫之防範對策何者正確？
(A)增加水泥量補強　(B)考量配置溫度鋼筋補強
(C)混凝土不可使用摻合劑　(D)凝結初期不應澆水影響強度

（110 建築師-建築構造與施工#24）

【解析】

(A)應以水灰比控制，水灰比越低強度越大。

(C)混凝土中加用摻合劑，須經監造人同意，並確認不影響混凝土原設計成份及配比。

(D)混凝土在凝結初期加水不會影響強度，澆置的時候會。

參考來源：營造法與施工下冊，第八章（吳卓夫&葉基棟，茂榮書局）

（C）10. 一棟7樓RC公寓欲進行外柱鋼板補強，下列何種補強策略兼顧安全與經濟效益？

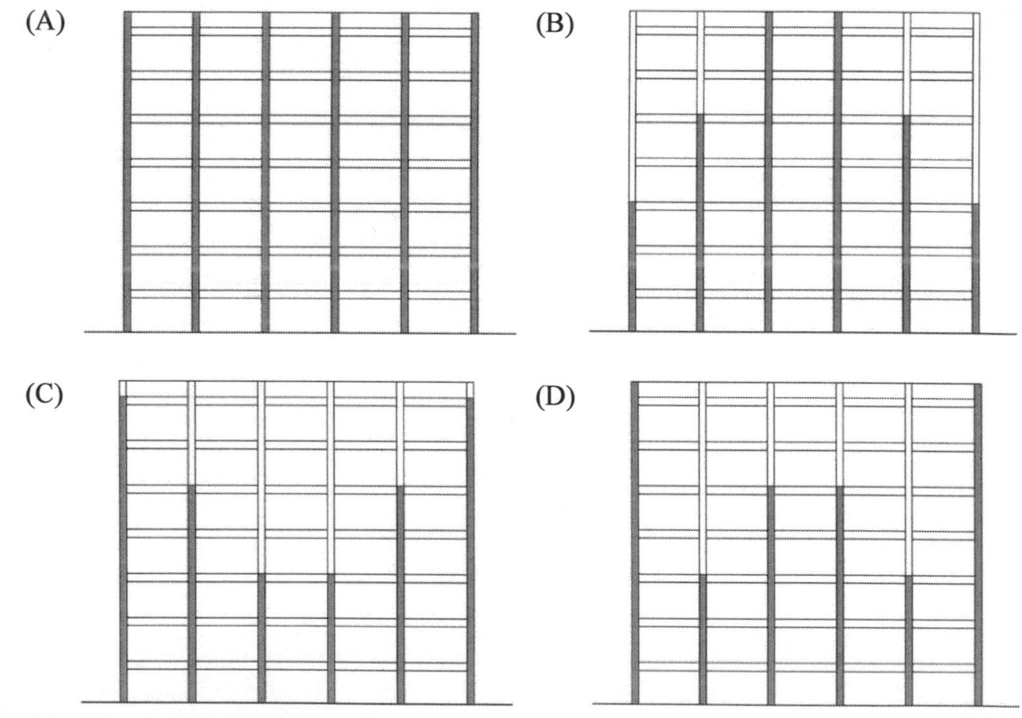

（110 建築師-建築構造與施工#69）

【解析】

柱鋼板補強為增加韌性、減少建物外側變形量。

(C)外側連續至高樓層、內側至低樓層，相較於其他方案較能抵抗水平力，與高層建築採用管中管系統原理類似。

（C）11.有關隔震工法之敘述，下列何者錯誤？

(A)在設置隔震消能裝置時須將既有結構體上舉，因此其假設支承費用昂貴

(B)若發生地下工程設置困難時，也可以考慮將隔震裝置設置於中低樓層

(C)橡膠隔震墊較適用於重量輕之建築物

(D)若隔震層為使用空間，則隔震系統之防火時效應大於當層之柱、梁之防火時效

（111 建築師-建築構造與施工#41）

【解析】

隔震器利用鐘擺原理進行隔震，藉由調整曲率半徑進行隔震周期的設定，建築物重量與隔震設定週期無關，能輕易有效解決輕荷重建築、變動重量結構物如水塔、儲油槽等重量的問題，有效地發揮隔震效果。

（D）12.有關 RC 構造耐震補強工法之敘述，下列何者錯誤？

(A)翼牆補強工法：翼牆補強是在原有的柱子旁增設鋼筋混凝土的牆面，以提升現有柱子的整體耐震能力。翼牆補強具有方向性，設計與建造時應將牆設置在耐震能力不足的方向，提高該方向的耐震強度

(B)柱補強工法：擴柱補強即為擴大柱斷面的補強方式，可在原有柱的四周設置鋼筋，並澆置混凝土以增加原有柱的尺寸，達到提升原有柱的耐震能力。擴柱補強以鋼筋混凝土包覆原有的柱，可同時提升相互垂直兩個方向的耐震能力

(C)剪力牆補強工法：剪力牆補強是在既有的梁柱框架中增設鋼筋混凝土的牆體，或以鋼筋混凝土牆取代原有磚牆，以提升現有梁柱架構的整體耐震能力。剪力牆補強同樣具有方向性，需設置於耐震能力不足的方向上

(D)鋼框架斜撐補強工法：鋼框架斜撐補強是在既有的梁柱構架中填充鋼框架斜撐，以提升既有梁柱構架的整體耐震能力。鋼框架斜撐補強不具有方向性，可依空間使用需求自由配置斜撐位置

（111 建築師-建築構造與施工#43）

【解析】

鋼框架斜撐補強必須考慮方向性，配置斜撐位置相對可能受限。

（C）13.有關 RC 構件所承受之外力，下列敘述何者錯誤？

(A)RC 構件上外力包含軸力、彎矩、剪力與扭力

(B)正負彎矩會使 RC 構件下方與上方伸長而裂開，故須於上、下方配置鋼筋

(C)正負剪力產生的斜向裂縫為相反，為避免斜向鋼筋錯放與施工方便性，一般採水平向鋼筋配置

(D)正負扭力會導致 RC 構件產生斜向螺旋裂縫

（111 建築師-建築構造與施工#72）

【解析】

鋼筋應該雙向配置。

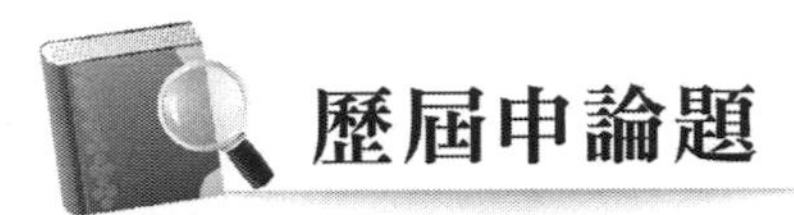

一、於地震受損害鋼筋混凝土建築物的補強中，請問擴柱法的適用時機及施工步驟為何？（20分）

（105公務高考-建築營造與估價#1）

參考題解

（一）地震損害補強

補強型態	補強工法				
強度（剛度）補強	擴梁、柱補強	斜撐、扶壁	增設翼牆	增設構架	剪力牆
韌性補強	複合補強	韌性斜撐	開槽、開縫	增設構架	

（二）擴柱法

1. 使用時機與特性：

（1）相較斜撐或翼牆工法可增加牆面開窗面積，空間採光需求較佳。

（2）提升原構造品質。

（3）強度及韌性皆能獲得補強。

2. 施工步驟：

（1）工作面清理，移除管線設備。

（2）補強範圍如包含基礎，應敲除樓板制基礎面施作基礎補強。

（3）柱面粉刷敲除，包含補強範圍之混凝土梁，牆等構造表面。

（4）結構表面裂縫填充環氧樹酯補強。

（5）植筋及鋼筋綁紮作業。

（6）模板組立。

（7）澆置混凝土，應注意高制高度，避免粒料分離。

（8）頂部以無收縮水泥填充。

（9）養護作業。

（10）水泥砂漿粉刷及其他飾面裝修。

二、臺灣地處地震帶，請繪圖說明 RC 造建築物耐震補強方式。（20 分）

（105 地方三等-建築營造與估價#5）

參考題解

RC 造建築物耐震補強方式：一般而言可分為韌性補強與強度補強。

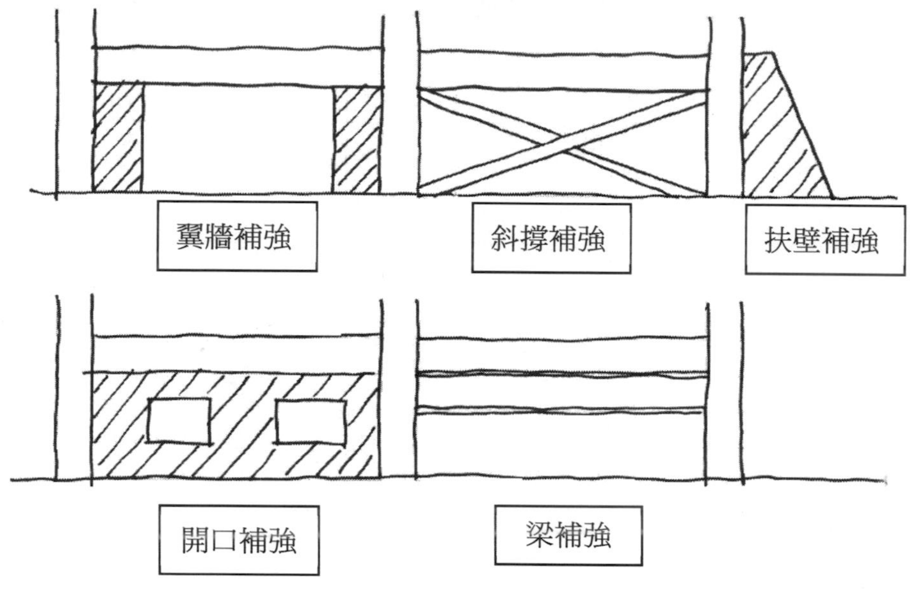

韌性補強圖例

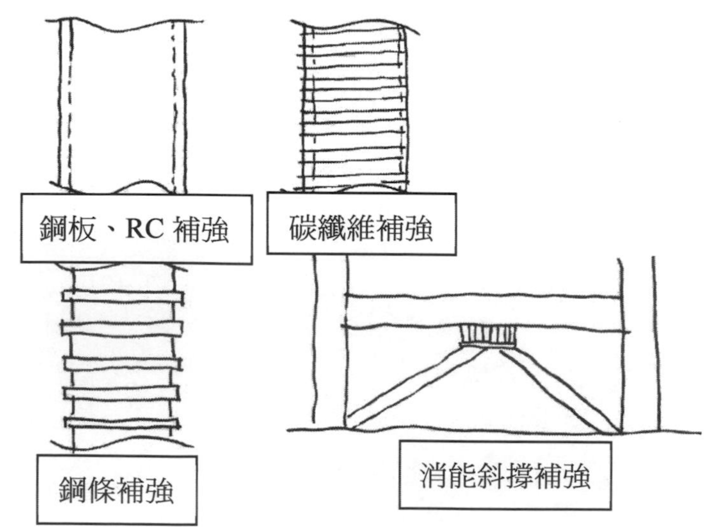

強度補強圖例

三、某國民中學鋼筋混凝土造教室，經評估其耐震能力不足，需進行補強工程，請繪圖並說明何謂 RC 翼牆補強工法？（10 分）另請任意提出其他二種補強工法，繪圖並進行說明。（15 分）

（107 地方三等-建築營造與估價#2）

參考題解

（一）RC 翼牆補強工法

為結構強度補強工法之一，使用 RC 牆施作於無設置（或過短的）牆面之開間，以增加建築結構強度，其使用時機如下：

1. 建築物變形量大。
2. 柱強度不足。
3. 開間補強無法使用剪力牆者。

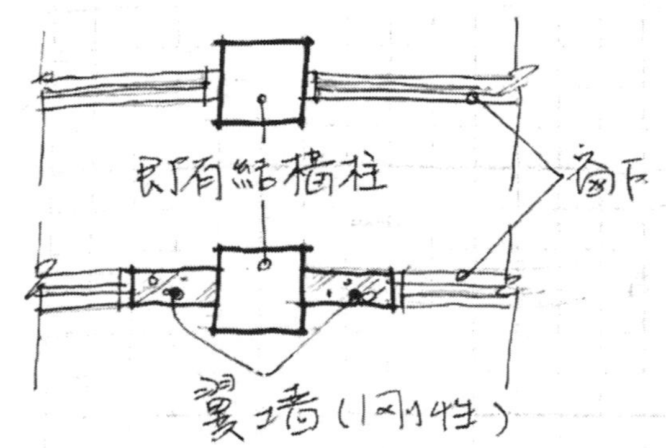

（二）其他補強方式

補強方式	剪力牆補強	消能斜撐
簡圖		
構造元件	RC 剪力牆	阻尼器＋斜撐
補強方式	強度補強	韌性補強
適用	增加建築結構強度 減少架構變形	增加建築物韌性（吸收地震力） 留設開口需求

四、請說明何謂短柱效應？（10 分）對於建築物有何影響？（5 分）並請說明常見於建築物的那些地方？（5 分）

（107 地方三等-建築營造與估價#3）

參考題解

（一）短柱效應：單位樓層柱有效高度因矮牆或窗台束制而增加側向勁度，受地震力時易造成破壞，嚴重影響建築結構安全。

（二）受地震力時，短柱效應易造成 45 度剪力破壞。

（三）常見於學校建築受窗台束制之柱。

五、試繪圖說明為改善原有 RC 建築物之結構性能，可以透過那些增設構材工法來進行補強？並請說明各工法之應注意事項。（25 分）

（108 地方三等-建築營造與估價#3）

參考題解

RC 造建築物改善方式：一般而言可分為韌性補強與強度補強。

	圖例	應注意事項
強度補強	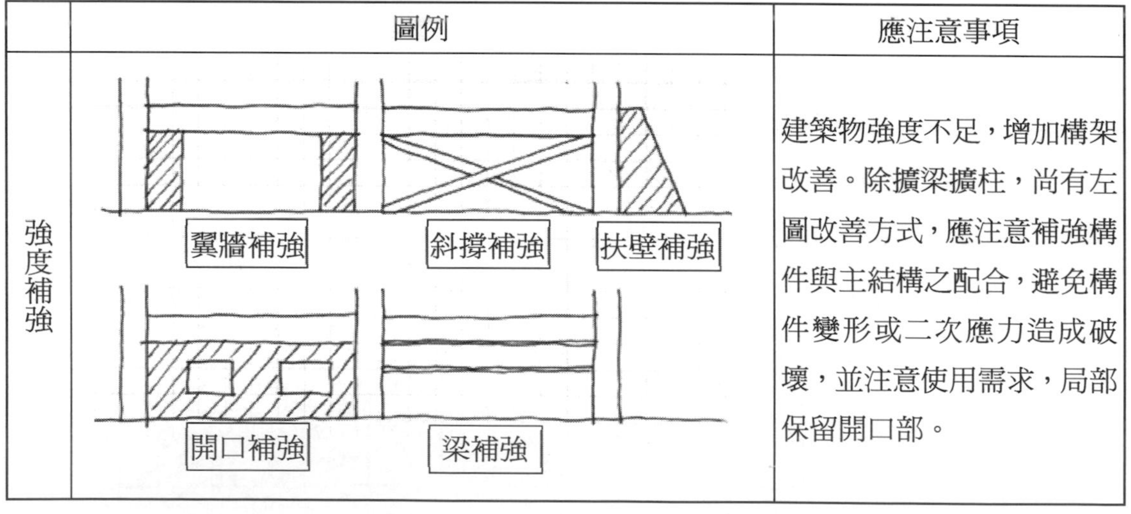	建築物強度不足，增加構架改善。除擴梁擴柱，尚有左圖改善方式，應注意補強構件與主結構之配合，避免構件變形或二次應力造成破壞，並注意使用需求，局部保留開口部。

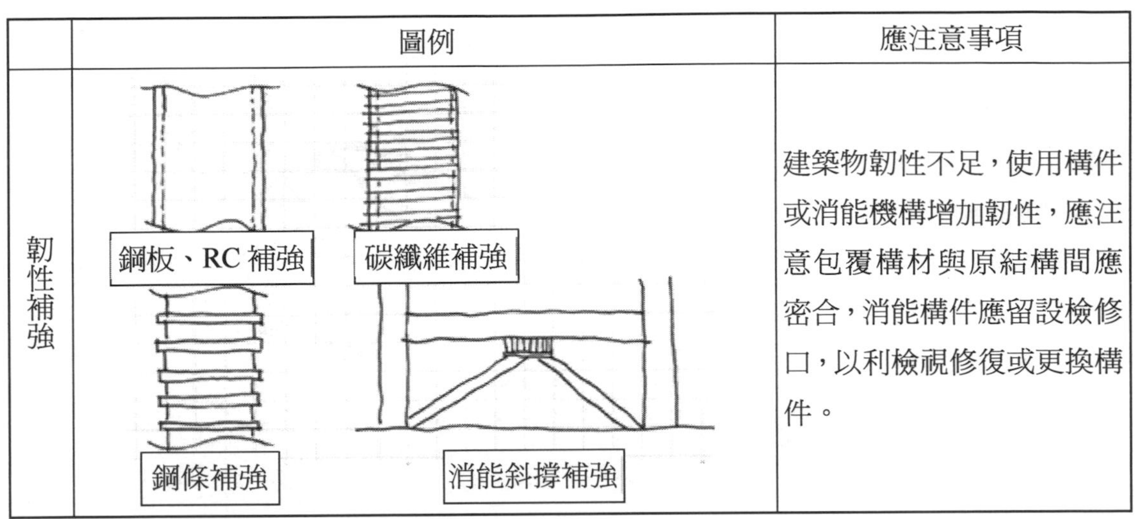

	圖例	應注意事項
韌性補強	鋼板、RC 補強 碳纖維補強 鋼條補強 消能斜撐補強	建築物韌性不足，使用構件或消能機構增加韌性，應注意包覆構材與原結構間應密合，消能構件應留設檢修口，以利檢視修復或更換構件。

六、試分別從設計、施工及材料三方面來說明，為防止鋼筋混凝土建築物發生裂縫損害，可以有那些具體的作法？（20 分）

（108 地方三等-建築營造與估價#5）

參考題解

	裂縫成因	裂縫防止對策
設計	荷重	應依使用需求詳實設計載重，並增加安全係數，以避免超載造成裂縫損害。
	應力集中	建築平面對稱、質心與剛心一致，降低扭轉、位移；合理平面，減少轉折、避免不同構造或相異高度建築相連接，造成應力集中破壞。
	沉陷	建築物不均勻沉陷易造成裂縫，應擴大基礎承載力。
施工	模板	應保持模板濕潤，減低混凝土塑性收縮。
	澆築過程	澆築過程應充分搗實。
	養護	混凝土澆置後應持續濕治養護，避免乾縮裂縫。
材料	配比	混凝土配比、水灰（膠）比應嚴格控制。
	摻合料	巨積混凝土使用低水化熱水泥、加入緩凝劑或使用飛灰等摻合料降低水化速度。
	水泥健度	應控制水泥健度，避免石灰等雜質水化擠壓造成裂縫。

七、請繪圖說明鋼筋混凝土構造之耐震補強中，有關梁之彎矩補強方式，請分別說明正彎矩及負彎矩補強方式及位置。（25分）

（109地方三等-建築營造與估價#3）

參考題解

（一）正彎矩補強

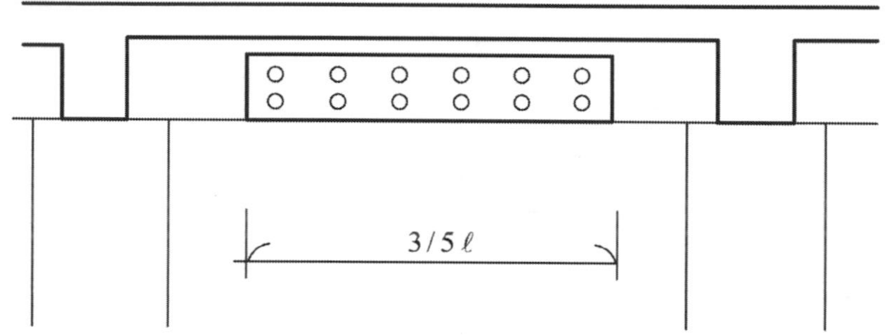

梁正彎矩鋼板補強-立面示意圖

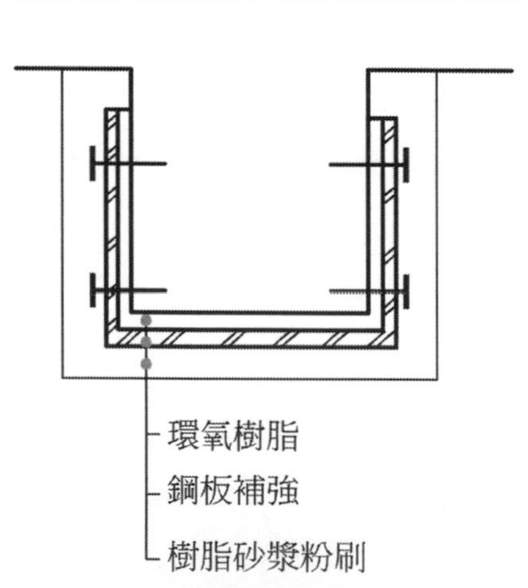

梁正彎矩鋼板補強-剖面示意

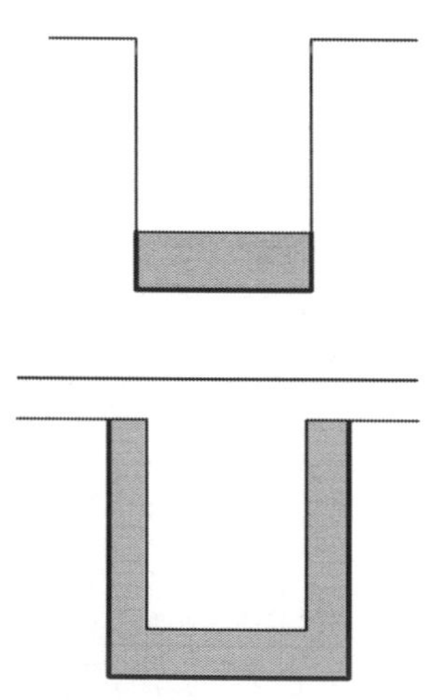

樑底或樑底＋樑側擴樑

（二）負彎矩補強

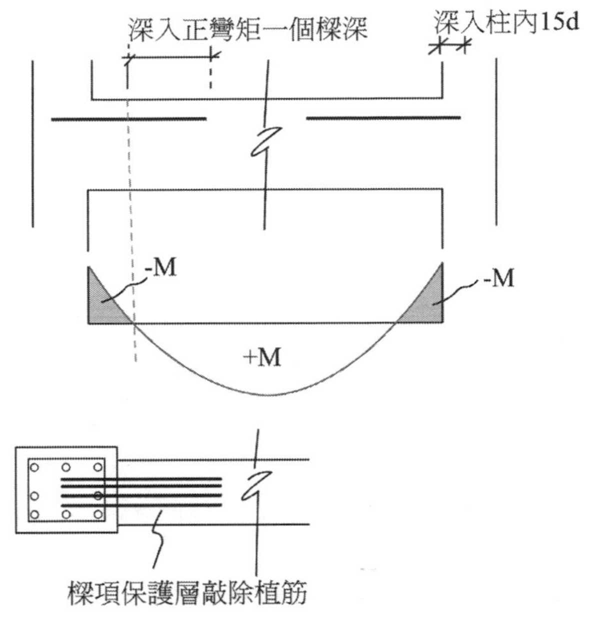

八、試說明影響建築物混凝土外觀面不良的主要因素有那些？（10 分）並說明其因應對策。（10 分）

（109 鐵路高員級-建築營造與估價#1）

參考題解

【參考九華講義-營造與估價 第 10 章】

影響建築物混凝土外觀面不良的主要因素及對策

項次	混凝土外觀面不良主要因素	對策
1	表面不平整：模板精度不佳或施工中側向壓力過大產生位移。	1. 增加模板精度。 2. 增加模板支撐。
2	蜂窩（粒徑較小之麻面）：混凝土澆置過程中在混凝土的表面粗粒料之間形成較大孔隙。可能發生主因由混凝土強度提升，構材斷面較小，混凝土不易填充。	1. 配比設計檢討。 2. 控制粗粒料尺寸及數量。 3. 水及水泥含量應足夠，增加工作性。 4. 確實搗實。 5. 保護層足夠。

項次	混凝土外觀面不良主要因素	對策
3	空鼓：通常出現在模板下方中空部位缺陷。	1. 澆置後確實震動、搗實。 2. 增加混凝土流動性。 3. 設置施工縫、分段澆置。
4	粒料析離：混凝土洩料時高度太高造成粒料分離。	1. 可以把卸料高度限值定為 90~120 公分。 2. 不同構建部位應使用相應澆置方法，如柱體、牆體開口、斜板等，不可一律由上至下高度過高澆置。
5	冷縫：前後混凝土澆禍時間過長，表面已有相當凝結，無法與新混凝土充分黏結而造成之脆弱面現象。	1. 混凝土應連續澆置，中段時間不可過長。 2. 如時間有過長疑慮，可加鋪同水灰比水泥砂漿 3~5 公分。 3. 為避免冷縫形成，應以施工縫替代，分段澆置。

九、今有一棟 5 層樓之鋼筋混凝土構造建築物，經鑑定後發現其整體結構強度不足，若欲對其既有柱構件進行補強，請繪圖說明可以採用那些方式進行補強。（25 分）

（111 公務高考-建築營造與估價#4）

參考題解

【參考九華講義-構造與施工 第 11 章 鋼筋混凝土破壞及補強】

柱構件補強方式：

補強方法	內容	補強效益
增加翼牆補強	建築物強度不足，於結構柱兩側增加鋼性牆體（剪力牆）改善，應注意開口、開窗等問題，補強構件與主結構之配合，避免構件變形或二次應力造成破壞，並注意使用需求，局部保留開口部。 翼牆補強	增加構架之鋼性（勁度）

補強方法	內容	補強效益
擴柱補強	將結構柱斷面尺寸擴大，配置鋼筋後澆置混凝土。此法應注意貫穿樓板部施工較為複雜、頂部接合處二次施工澆置等問題。 擴柱補強	增加構架之鋼性（勁度）及韌性均勻化。
包覆補強（鋼板、帶板、碳纖維網）	將結構柱以補強材料包覆，如鋼板、帶板、碳纖維網等。應注意包覆構材與原結構間應密合，包覆構材固定方式及保護。 鋼板、RC 補強　碳纖維補強　鋼條補強	增加構架之韌性。

十、建築結構耐震設計中，

（一）為何要避免強梁弱柱，而採弱梁強柱的設計？（15 分）

（二）有那些補強手段？並以圖示說明。（10 分）

（111 地方三等-建築營造與估價#1）

參考題解

【參考九華講義-建築營造與估價 第 11 章 鋼筋混凝土破壞及補強】

（一）建築結構受外力（地震力）作用下，構架先以強度抵抗、再進入構件彈性能力抵抗、最後進入塑性階段。當地震力強度足夠，構架於梁柱接頭產生塑性鉸、當塑性鉸破壞行為產生，即梁柱接頭之破壞，整體構架即發生脆性破壞。為避免此情形，應避免強梁弱柱，改採弱梁強柱設計，令構架局部梁於地震力作用下破壞以保持整體構架。

（二）柱構件補強方式

補強方法	內容	補強效益
增加翼牆補強	建築物強度不足，於結構柱兩側增加鋼性牆體（剪力牆）改善，應注意開口、開窗等問題，補強構件與主結構之配合，避免構件變形或二次應力造成破壞，並注意使用需求，局部保留開口部。 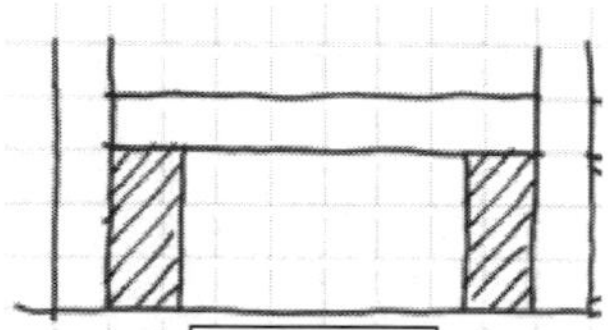 翼牆補強	增加構架之鋼性（勁度）
擴柱補強	將結構柱斷面尺寸擴大，配置鋼筋後澆置混凝土。此法應注意貫穿樓板部施工較為複雜、頂部接合處二次施工澆置等問題。 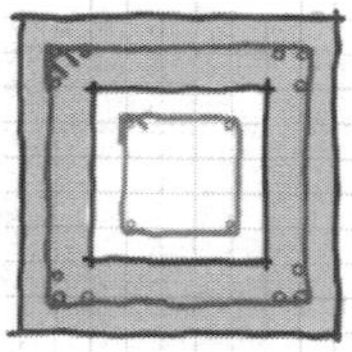 擴柱補強	增加構架之鋼性（勁度）及韌性均勻化。
包覆補強（鋼板、帶板、碳纖維網）	將結構柱以補強材料包覆，如鋼板、帶板、碳纖維網等。應注意包覆構材與原結構間應密合，包覆構材固定方式及保護。 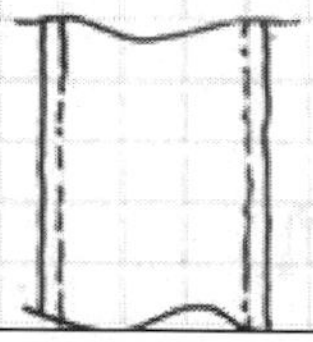 鋼板、RC 補強 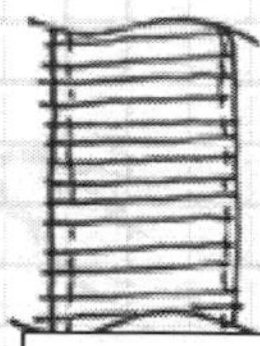　碳纖維補強 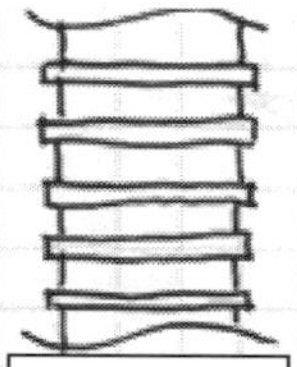　鋼條補強	增加構架之韌性。

> 十一、試針對一抗彎強度不足之鋼筋混凝土之簡支梁，在不拆除重做之前提下，提出至少兩項以上之補強措施，並繪圖說明。（25 分）
>
> （111 地方三等-建築營造與估價#3）

參考題解

【參考九華講義-建築營造與估價 第 11 章 鋼筋混凝土破壞及補強】

（一）正彎矩補強

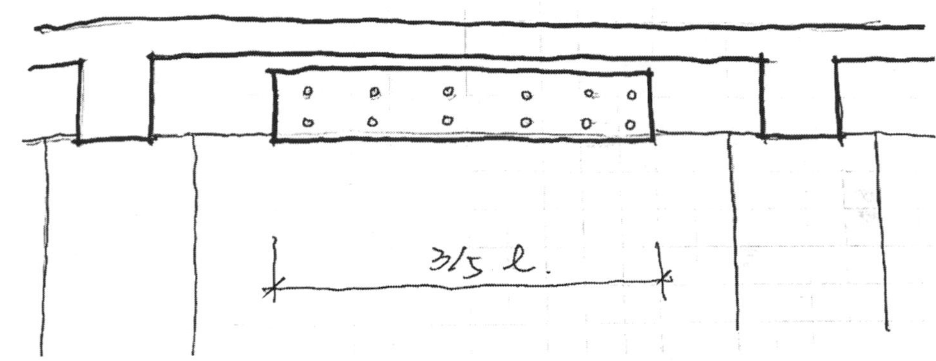

梁正彎矩鋼板補強 立面示意圖

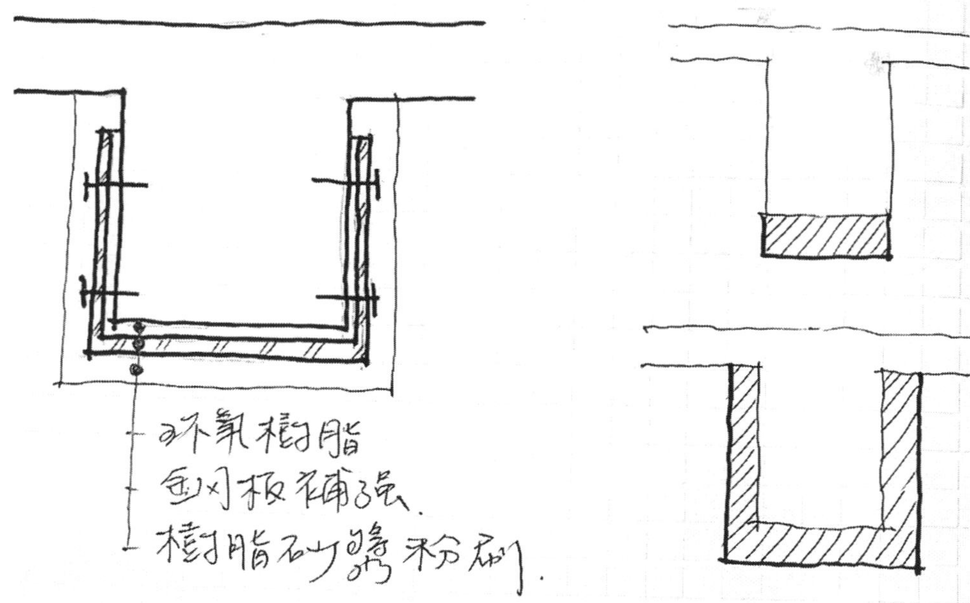

梁正彎矩鋼板補強 剖面示意樑底 或 樑底＋樑側擴樑

（二）負彎矩補強

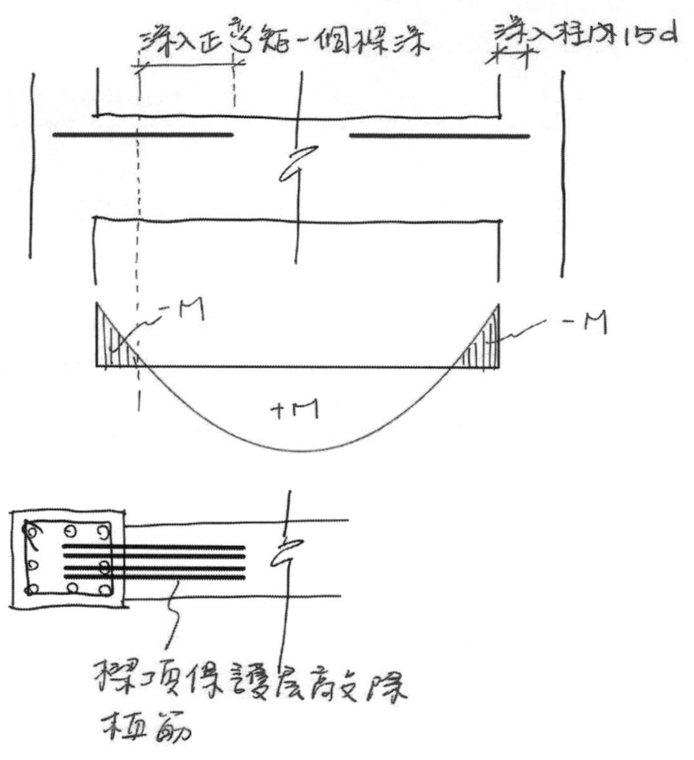

單元

4

鋼構

1 鋼構造概論

內容架構

鋼板、型鋼等材料構成、勁度差異應接近、補強構件避免細長比過大挫屈。鋼構為組合構造，大量構件以接合方式組立，各部接合品質影響整體結構安全甚大，故拼接工作宜採工廠焊接為宜，並可減少現場作業時間。

（一）概論

1. 鋼構造優點：
   （1）設計塑形自由。
   （2）材料均值、結構行為相近，剛性、韌性高。
   （3）降伏後塑性變形範圍能可吸收地震力。
   （4）自重較 RC 輕、耐震力高。
   （5）可大量生產、減短工期。
2. 鋼構造缺點：
   （1）耐候低、耐磨性低。
   （2）現場拼接加工易受加熱不當引起殘留應力。
   （3）受火災影響大。
   （4）細長比影響大、受挫屈影響強度。

（二）鋼構材料

1. 建築用碳鋼含碳量 1.7%以下，1.7%以上一般稱為鑄鐵。
2. 鋼材熱處理：退火、正常化、淬火、回火。
3. 型鋼：
   （1）型鋼：H 型鋼、I 型鋼。
   （2）輕型鋼。
   （3）鋼管。
   （4）特殊用鋼。
4. 耐候鋼：鋼材表面不需另作防鏽處理。

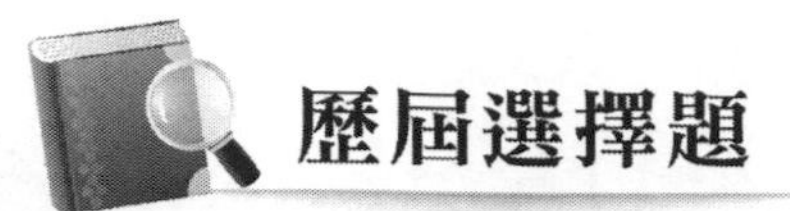

歷屆選擇題

（B）1. 有關下列二圖之鋼管斷面敘述，何者正確？

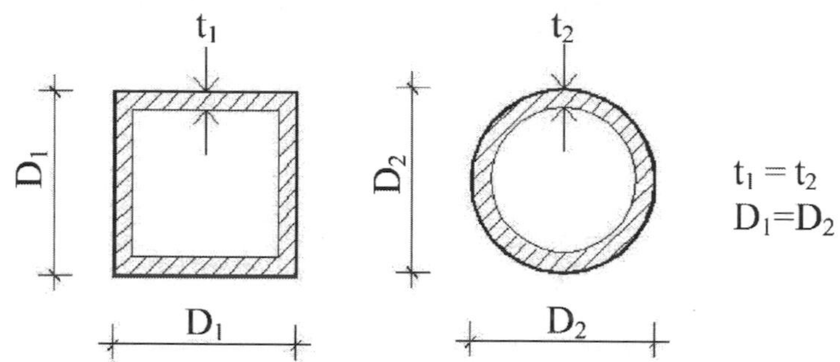

(A)圓形鋼管較能抵抗彎曲

(B)方形鋼管較能抵抗彎曲

(C)圓形鋼管與方形鋼管抵抗彎曲的能力一樣

(D)用在不同位置其抵抗能力會有所差異，所以不一定何者較強

（105 建築師-建築構造與施工#5）

【解析】

(B)方形鋼管較能抵抗彎曲。抗彎強度與鋼板數量至中心距離的三次方成正比。

（B）2. 下列有關鋼桁架的敘述，何者錯誤？

(A)鋼桁架的力學特性為節點均假設為樞（pin）之簡支接合，構材以承受軸力之二力桿件為主

(B)鋼桁架節點原則上均視為鉸節點，其構法上通常將兩構材銲接為一體

(C)平面鋼桁架可組構成立體桁架系列

(D)芬克式（Fink）鋼桁架比中柱式（king post）鋼桁架適合大跨度應用

（105 建築師-建築構造與施工#32）

【解析】

(B)鋼桁架節點原則上均視為鉸節點，其構法上通常將兩構材鉸接為一體。

（A）3. 建築工程鋼構之組配，地面或最高永久性樓版層上，尚未螺栓緊結之樓層數不得超過若干層？

(A) 4　　(B) 5　　(C) 6　　(D) 7

（105 建築師-建築構造與施工#61）

【解析】

營造安全衛生設施標準 第152條

雇主對於鋼構之組配，地面或最高永久性樓板層上，不得有超過四層樓以上之鋼構尚未鉚接、熔接或螺栓緊者。

（C）4. 混凝土或砌體中的金屬埋件，依耐久及穩定性而言由高而低的排序為何？

(A)不銹鋼、鍍鋅鋼、黃銅、青銅　(B)青銅、不銹鋼、黃銅、鍍鋅鋼

(C)不銹鋼、青銅、黃銅、鍍鋅鋼　(D)鍍鋅鋼、不銹鋼、青銅、黃銅

（106 建築師-建築構造與施工#10）

【解析】

不鏽鋼耐淬火，耐磨耗性最佳；青銅，具備延展性、耐疲乏性、耐腐蝕性皆佳；黃銅，沖孔性、延展性、切削性佳；鍍鋅鋼的壽命，主要視鍍鋅層厚度而定。

參考來源：https://tw.misumi-ec.com/pdf/fa/2015/p2_1729_p2_1731.pdf

（D）5. 下列有關鋼筋混凝土構造之敘述，何者正確？

(A)採用早強混凝土可以避免裂縫的發生

(B)以生產方式來說，可分為現場澆置混凝土及預力混凝土兩類

(C)由於混凝土具酸性，因此可以防止內部鋼筋發生生鏽現象

(D)混凝土的中性化現象與澆置時混凝土之水灰比息息相關

（106 建築師-建築構造與施工#13）

【解析】

(A)採用早強混凝土比較**容易**有裂縫的發生。

(B)以生產方式來說，可分為現場澆置混凝土及**預鑄**混凝土兩類。

(C)由於混凝土具**鹼性**，因此可以防止內部鋼筋發生生鏽現象。

（A）6. 耐候性鋼呈現紅棕色，其主要原因為下列何者？

(A)表面鐵銹的顏色　(B)在工廠電鍍的顏色

(C)出廠時塗料顏色　(D)用來區分鋼料的顏色

（106 建築師-建築構造與施工#25）

【解析】

「耐候性鋼」，是一種合金鋼材屬耐大氣腐蝕性鋼料，**表面生鏽產生緻密的紅棕色鐵銹**變成表面保護層，可以防止滲透腐蝕。

（C）7. 有關鋼材符號，下列敘述何者錯誤？

(A) L：角鋼　(B) C：槽型鋼　(C) PL：鋼管　(D) Z：Z 型鋼

（107 建築師-建築構造與施工#58）

【解析】(C) PL：**鋼板**。

（C）8. 有關鋼材防銹之敘述，下列何者錯誤？

(A)耐候鋼的防銹機制是借助於表面生成的穩定性的鐵銹，形成保護膜，來阻止銹蝕向深部侵入

(B)穩定性銹層的生成條件是鋼材表面必須要與大氣接觸，要受日照，要有適量的降雨

(C)鋼材在塗裝及焊接等作業之前，要先將鋼材出廠時所附的銹層刮除，即使在與螺栓的接合面也務必把銹刮淨

(D)鋼骨鋼筋混凝土（SRC）造的建築是以混凝土把鋼骨包覆起來的構法，並兼具鋼材防火及防銹的效用

（109 建築師-建築構造與施工#25）

【解析】

金屬物之光面在塗佈之前，應將所有雜物如油脂、鐵屑、鱗片及污物澈底清除。若有銹蝕應以噴砂處理除銹後，以砂紙研磨，不是刮除。

（D）9. 下列何種銲道非破壞性檢測，檢測時間過長時對人體較有危害？

(A)目視　(B)染色探傷檢驗　(C)磁粉探傷檢驗　(D)放射線檢驗

（110 建築師-建築構造與施工#33）

【解析】

放射線檢測法缺點：放射線有害人體、物件形狀尺寸受限制、儀器設備昂貴笨重、χ-Ray 需要電源、γ-Ray 射源會衰減、與射線平行或物件表面細微瑕疵不易檢出。

參考來源：中華民國工業安全衛生協會。

（A）10.依建築技術規則建築構造編，有關架空吊車所受橫力，下列敘述何者錯誤？

(A)架空吊車行駛方向之剎車力，為剎止各車輪載重百分之十，作用於軌道頂

(B)架空吊車行駛時，每側車道樑承受架空吊車擺動之側力，為吊車車輪重百分之十，作用於車道樑之軌頂

(C)架空吊車斜向牽引工作時，構材受力部分之應予核計

(D)地震力依吊車重量核計，作用於軌頂，不必計吊載重量

（110 建築師-建築構造與施工#35）

【解析】

建築技術規則建築構造編§24

架空吊車所受橫力，應依左列規定：

二、架空吊車行駛時，每側車道樑承受架空吊車擺動之側力，為吊車車輪重百分之十，作用於車道樑之軌頂。

(#) 11. 有關鋼結構構件製作與加工之敘述，下列何者錯誤？**【答 A 或 D 或 AD 者均給分】**

(A)一般鋼材加熱整型或彎曲加工之溫度不得超過攝氏 750 度

(B)鋼板之開槽得使用機械方法及熱切割

(C)預拱可採用機械冷壓整型，熱加工整型等方式

(D)鋼板採機械冷彎加工，其內側半徑應大於 2 倍版厚，其外側應適當加熱以消除內應力

(111 建築師-建築構造與施工#22)

【解析】

(A)一般鋼材加熱整型或彎曲加工之溫度不得超過 650℃

惟本題考選部裁定全部送分。

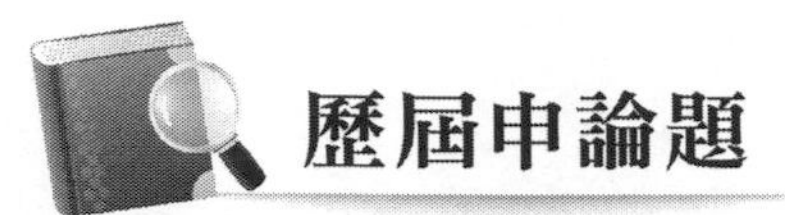

歷屆申論題

一、請說明鋼結構工程中對於銲接的內部缺陷的檢驗方法。（25 分）

（109 地方三等-建築營造與估價#4）

參考題解

焊接缺陷檢驗：

檢測方式	內容	表面檢測	淺層檢測	內部檢測
磁粒檢測	利用磁粒受磁極作用後排列方式，藉以判斷焊道（焊接）處良窳。	佳	尚可	否
液滲檢測	利用有色滲液加上顯影液以及 UV 光源，強調出焊道（焊接）處良窳或缺失。	佳	否	否
射線檢測	以 X 光源及背部成像底片，顯現焊道（焊接）處良窳或缺失，為各項非破壞性檢測中最為精確之方式。	佳	佳	佳
超音波	利用超音波探頭發出音波並回彈接收後分析波段，藉以判斷焊道（焊接）處良窳，需較有經驗者實施與判斷。	可	可	佳

二、試說明工程估價對執行整體建築工程計畫之影響。（25 分）

（106 公務普考-施工與估價概要#4）

參考題解

工程估價對於執行整體建築工程計畫之影響共可分為五大要項如下：

影響項目	估價考量內容
（一）工址環境影響	1. 水保、擋土牆、公共排水等公共設施。 2. 假設工程。 3. 基礎、地質改良、安全支撐等方式。 4. 交通運輸影響。 5. 鄰房觀測、損鄰賠償。
（二）建築設計影響	1. 配置型態。 3. 建材選用。 5. 規劃面積。 2. 造型樣態。 4. 景觀塑造。

影響項目	估價考量內容	
（三）構造影響	1. 主要構造形式。 2. 結構系統。	3. 高、低樓層。 4. 跨距、樓高。
（四）機電設備影響	1. 空調系統選用。 2. 給排水系統。	3. 消防設計型式。 4. 弱電系統。
（五）其他	1. 發包、計價型態。	2. 工期長短。

三、構件預裝作業是鋼結構工程中重要的一環，試說明預裝作業檢查時之檢查項目及檢查內容。（25 分）

（109 公務普考-施工與估價概要#1）

參考題解

（一）預裝之目的

預裝又稱假組立，主要是各單元構件製作完成檢測後，對於各局部結構所採取整體或分節之預裝，以解相互接合部接合之情況及現場安裝之施工難易性。

（二）預裝作業檢查時之檢查項目及檢查內容

項次	檢查項目	檢查內容
1	預裝狀態	1. 構物之支持狀態，地面受載重影響程度。 2. 連結處締緊螺栓及導孔栓之使用狀態。
2	尺寸	跨徑、拱度、長、寬、高之尺度，加工位置，孔距等。
3	方向性	1. 構造物之安裝方向。 2. 固定，可動方向及縱、橫、斷面方向等。
4	工地螺栓孔之加工	1. 用量孔規測定貫通率及阻塞率。 2. 測定孔之錯開量
5	連接處接合之狀態	工地銲接接頭處之間隙，平整度，密接度狀態。
6	附屬設施之安裝狀態	安全設施、排水、電管、走道等。
7	確定工地施工性	螺栓旋轉，架設作業可能性。
8	銲道外觀	銲疤、銲蝕、搭疊、其他。
9	瓦斯切割外觀	缺口、割痕等。
10	鋼料外觀	疤痕、損傷、龜裂等。

四、請說明鋼結構中常用之「型鋼」與「輕型鋼」之製程差異，並比較其成品性質差異及適用範圍。（25 分）

（109 地方四等-施工與估價概要#4）

參考題解

種類	輕型鋼（冷軋型鋼）	型鋼
製成	輕型鋼為冷軋製成，一般使用滾軋、輾軋、折彎等方式製成。	使用熱軋方式製成，經過加熱爐、開胚、初軋／精軋加工、切割、冷卻、矯直等流程。
成品	鋼材厚度不得大於 25.4 mm（常用為 2.3~4 mm）。一般為 C 型斷面，斷面尺寸標示 A×B×C×t 如圖。 t A C B	一般型鋼分為 H 型（或稱 W 型）、I 型（或稱 S 型），斷面標示方式：A×B×t1×t2。 t2 A t1 B
適用	輕型鋼（冷軋型鋼）建築物簷高 14 M 以下、不超過 4 層樓。	適用於自重較輕、造型自由、施工快速等建築。
接合方式	可使用焊接、鉚釘、釘子等方式接合。	可使用焊接、鉚釘（有殘留應力疑慮較少使用）、高強度螺栓等方式接合。

2 鋼骨構造

內容架構

（一）製造

1. 鋼材使用前發現彎曲變形包括因銲接引起之變形，應予以平整。
2. 一般鋼材加熱整形或彎曲加工之溫度不得超過 650 度 C。
3. 組立時，對於承受反覆應力之結構，其假焊應經工程司許可。

（二）接合之銲接注意事項

1. 銲接位置應避免為構材端受彎矩部。
2. 氣溫 0 度以下不可銲接作業。
3. 氣溫 0~15 度，銲接中心線兩側 5 cm 範圍預熱至 36 度以上始銲接作業。

（三）安裝作業注意事項

1. 每一接合部之假固定螺栓或沖梢，數量至少需設計螺栓 1/3 以上，並不得少於 2 支。
2. 柱構件：
   （1）鋼柱底板基準面高程誤差值最大不得超過 3 mm。
   （2）單節鋼柱支允許傾斜值最大不得超過柱長之 1/700，且不得超過 15 mm。
   （3）多節柱之累積傾斜值，內柱在 20 層以下者，不得超過 25 mm，每加一層樓增加 0.8 mm，最大不得超過 50 mm。
3. 構件預裝規定：
   （1）構件之工地螺栓接合部位，接合孔數達 30%以上。
   （2）測量時一般以氣溫 20 度 C 為宜，夏天盡可能以凌晨或夜晚為宜。

（四）銲接缺失

1. 銲熔不足。
2. 陷角。
3. 外觀粗劣。
4. 摻雜銲渣。

5. 砂眼（氣孔）。

6. 裂紋。

7. 銲接不足或過剩（形狀不良）。

（五）非破壞性檢測

1. 目視檢測（VT）：銲道需做 100%目視檢測。

2. 射線檢測（RT）：內部檢測。

3. 超音波檢測（UT）：內部檢測。

4. 磁粒檢測（MT）：表面檢測。

5. 液滲檢測（PT）：表面檢測。

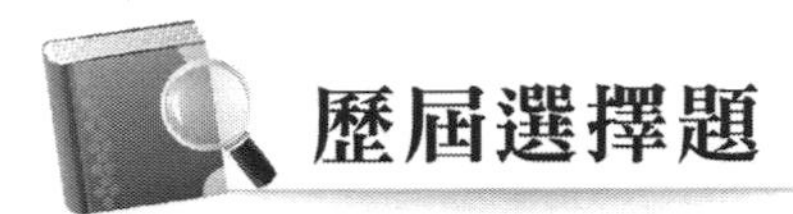

歷屆選擇題

（D）1. 在鋼構建築中，鋼梁與混凝土鋼浪板樓版之間如何結合？

(A)鋼梁與混凝土樓版之間的摩擦力

(B)混凝土樓版中之鋼筋通過鋼梁而產生的結合力

(C)鋼梁與鋼浪板之間的銲接結合力

(D)鋼梁剪力榫與樓版混凝土所產生的結合力

（105 建築師-建築構造與施工#31）

【解析】

(D)鋼梁**剪力榫**與樓版混凝土所產生的結合力。

（B）2. 鋼骨建築梁柱結構銲接施工時，應從何處開始銲接？

(A)銲接後變形量最小之處　(B)銲接後變形量最大之處

(C)鋼骨長度一半處　(D)鋼骨上任何位置均可

（106 建築師-建築構造與施工#43）

【解析】

焊接不可避免會產生內應力變形，所以為了讓焊接部位盡量減少承受的應力變形，先從焊接後變形大的部位開始，先產生變形後再焊接其他部位，可以減少後面焊接部位承受的內應力。

（D）3. 鋼骨建築結構銲接施工時，銲條須預熱烘乾之目的為何？

(A)提升銲接速度　(B)減少銲條用量

(C)減少浪費銲條　(D)防止銲道發生裂縫

（106 建築師-建築構造與施工#44）

【解析】

預熱降低冷卻速度，在焊接完成後採用保溫緩冷等措施，使焊縫中多餘的氫能夠充分逸出，從而減小出現焊縫裂紋。

（B）4. 鋼骨以螺栓接合時，其螺栓群之鎖緊順序何者正確？

(A) 3-2-1

(B) 1-2-3

(C) 3-1-2

(D) 1-3-2

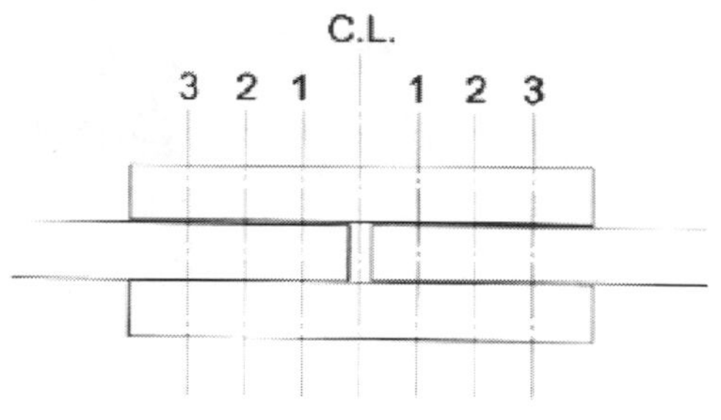

（106 建築師-建築構造與施工#46）

【解析】

(B) 1→2→3，由內向外。

（C）5. 關於鋼骨建築構造的性質及施工，下列何者錯誤？

(A)鋼結構建築採用高強度螺栓，螺栓群之鎖緊工作應由中間向兩側上下、左右交叉方式進行

(B)超音波檢驗法或射線檢驗法是屬於鋼構建築物的非破壞性檢驗法

(C)鋼骨建築柱內灌漿是為了達到防火時效

(D)鋼骨結構可減少水泥用量有利於廢棄物減量的綠建築指標

（106 建築師-建築構造與施工#55）

【解析】

(C)鋼骨建築柱內灌漿是為了**增加柱子支撐力**。

（C）6. 有關鋼材塗裝施工規範之敘述，下列何者錯誤？

(A)鋼材應在表面處理完成後 4 小時內進行防銹底漆之塗裝

(B)除預塗底漆外，同一噴塗面應使用同一廠牌之塗料

(C)工地銲接部位及其相鄰接兩側部分，為使完工後鋼材顏色一致可進行整體塗裝

(D)鋼材表面溫度在 50℃以上時塗膜可能產生氣泡，故應停止施工

（107 建築師-建築構造與施工#22）

【解析】

(C)工地銲接部位及其相鄰接兩側部分，**不可進行**塗裝。

（A）7. 在鋼構建築中，如何確認扭剪型高拉力螺栓已經完全鎖緊？

(A)根據長尾部（Pintail）斷裂並脫離時為鎖緊

(B)根據長尾部（Pintail）仍然存在尚未脫離時為鎖緊

(C)根據螺栓的墊圈是否鬆動來判斷

(D)根據螺栓表面是否有摩擦痕跡來判斷

（107 建築師-建築構造與施工#49）

【解析】

扭剪型高拉力螺栓是採斷尾扭力控制，施加預拉力留於構件裡頭。

（D）8. 下圖為鋼骨工程之銲接部位詳細圖，下列敘述何者錯誤？

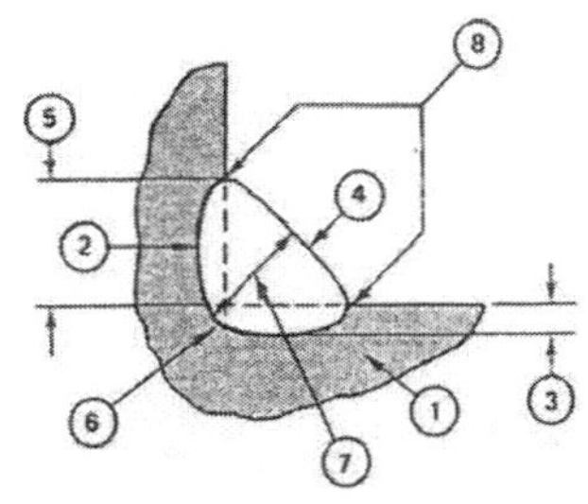

(A)①為母材（Base Metal），意指欲施銲的工件

(B)③為熔合深度（Depth of Fusion），意指銲接金屬融入母材的深度

(C)⑤為角銲腳長（Leg of a Fillet Weld），意指角銲根部到趾部的距離

(D)⑦為角銲喉深（Throat of Fillet Weld），意指根部到銲面間的最大距離

（107 建築師-建築構造與施工#51）

【解析】

(D)⑦為角銲喉深（Throat of Fillet Weld），意指根部到銲面間的最大等腰三角形的高度。

（C）9. 鋼構造樓板剖面詳圖中，A 構件名稱為何？

(A)預力螺栓　(B)預力鋼鍵　(C)剪力釘　(D)火藥植筋

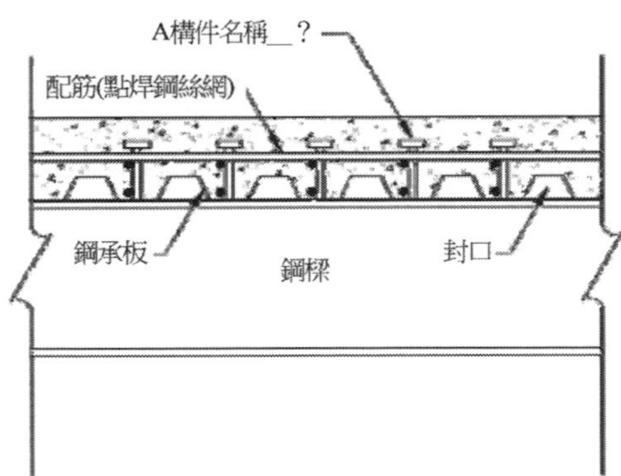

鋼構造樓板剖面詳圖

（107 建築師-建築構造與施工#52）

【解析】

「剪力釘」又名「植銲釘」是多種剪力連接方式的其中一種，也是鋼構造樓板常見的剪力傳遞機制。

（B）10.鋼構在梁柱接合的方式與施工，常用鉸接或剛接來表示，下列符號何者為剛接合的表現方式？

(A)
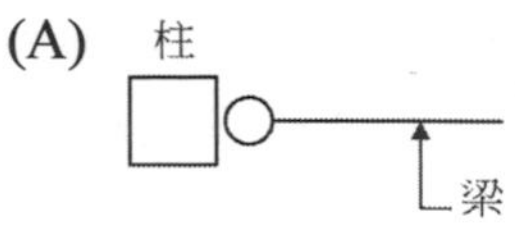

(B)

(C)
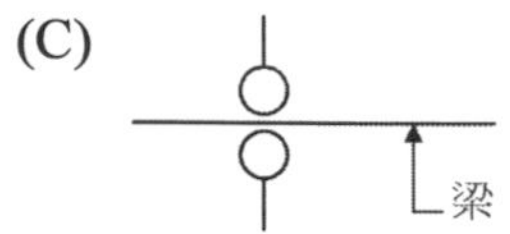

(D)
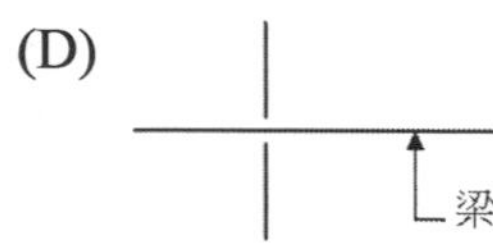

（107 建築師-建築構造與施工#60）

【解析】

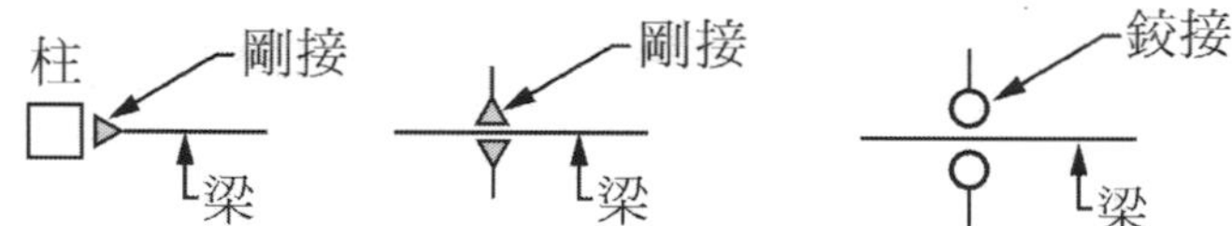

（A）11.鋼構造的接合處為結構上較弱的一環，下圖中何者接合處的銲接方式較不恰當？

(A)
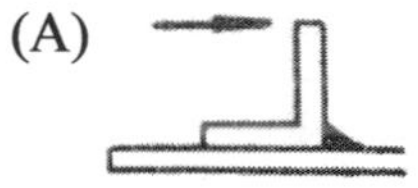
(B)

(C)
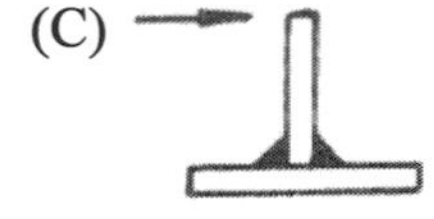
(D)

（108 建築師-建築構造與施工#20）

【解析】

(A)對於施力方向而言較為弱。

（A）12.依據下圖銲接實況，下列何者為正確的表示方法？

(A)
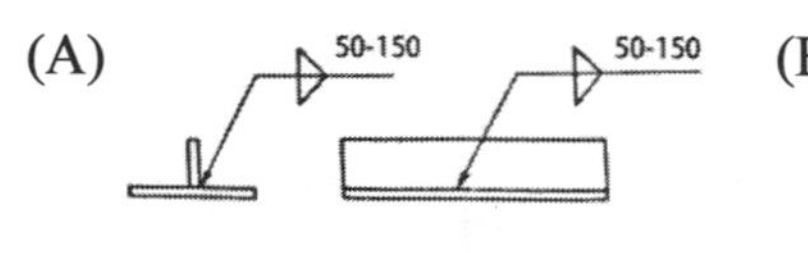

(B)
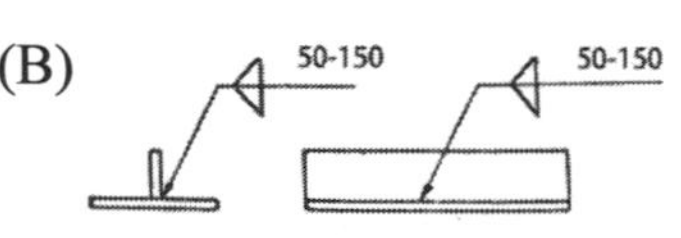

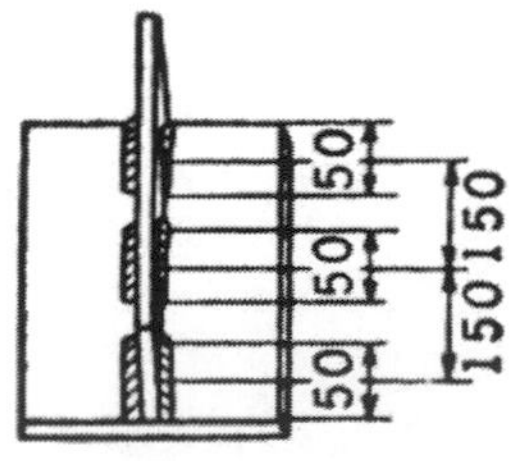

(C)
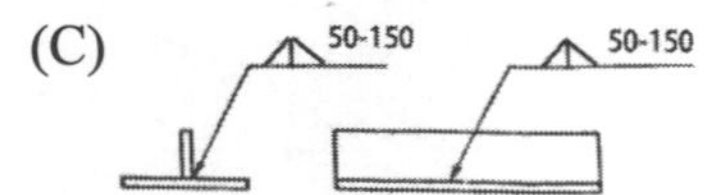

(D)
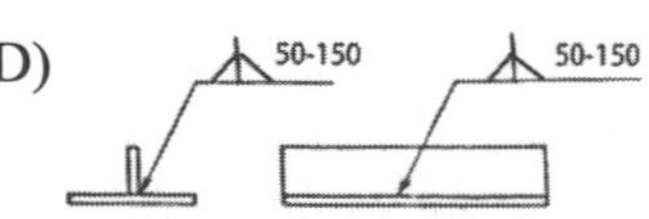

（108 建築師-建築構造與施工#22）

【解析】

填角銲—雙側，銲道長 50 mm，間隔 150 mm。

（C）13.鋼構造樓板柱梁接合詳圖中，A 構件名稱為何？

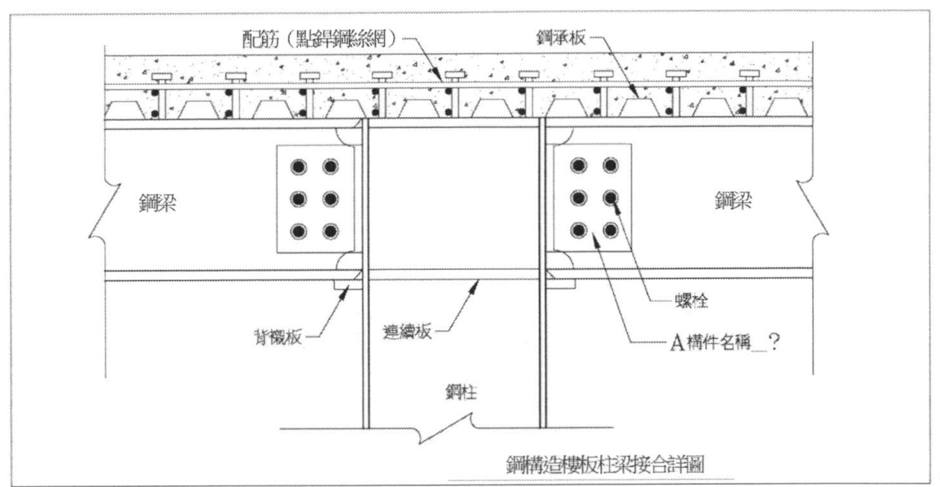

(A)鋼浪板　(B)螺栓鋼板　(C)剪力接合板　(D)加勁板筋

（108 建築師-建築構造與施工#57）

【解析】

剪力接合板位置如圖所示

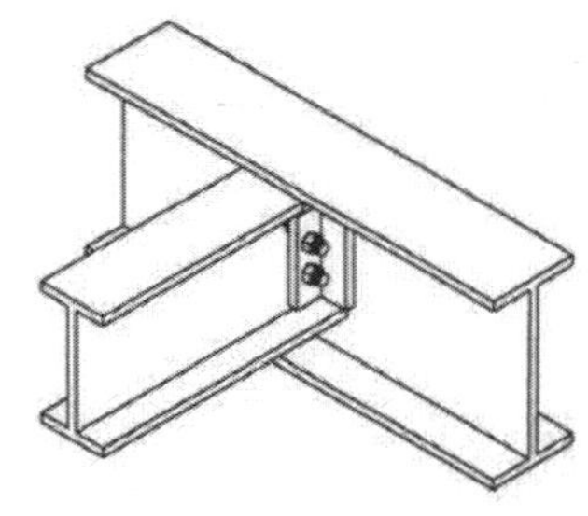

參考來源：https://www.cyut.edu.tw/~swu/new_page_2-1.htm

（D）14.若必須在鋼骨上開孔時，為確保施工品質，除必須繪製施工詳圖外，下列敘述何者最為適當？

(A)先補強後開孔者，在任何時間地點均可以進行

(B)事先於工廠開孔，其後在工地現場進行補強

(C)為了配合工地進度，在工地現場進行開孔與補強

(D)配合工地進度，事先於工廠進行開孔與補強　（109 建築師-建築構造與施工#10）

【解析】

建築技術規則建築構造編 第 519 條

鋼骨鋼筋混凝土構造之施工，需在鋼骨斷面上穿孔時，其穿孔及補強，應事先於工廠內施作完成。

（A）15.有關鋼結構之構材接合方式，下列那一接合方式已較少使用？

(A)鉚釘 (B)螺栓 (C)高拉力螺栓 (D)電焊

（109 建築師-建築構造與施工#24）

【解析】

鉚釘的做法是在材料上鑽孔，然後放入比板材厚度還長的燒熱鉚釘。再將鉚釘突出材料的部分以槌子敲平。中心就會膨脹添滿空間，敲平的頭部也就成為固定所住的頭。但因為這種接合方式無法檢驗構件力量，因此已經慢慢少用。

（目前大部分採用材料依據規格、廠商，可查驗對應力量乘載上限的螺絲、螺栓等）

（D）16.下列何者屬於鋼結構銲道「非破壞檢測法」？

①鋼結構銲道磁粒檢測法 ②鋼結構銲道超音波檢測法

③鋼結構銲道液滲檢測法 ④鋼結構銲道目視檢測法

(A)僅①④ (B)僅①②④ (C)僅④ (D)①②③④

（109 建築師-建築構造與施工#26）

【解析】

鋼構造建築物鋼結構施工規範

第四章 銲接施工

4.5 檢驗

4.5.2 非破壞檢測

2.非破壞檢測程序書

各種非破壞檢測方法之檢測程序與技術須符合下列規定：

（1）CNS 13021「鋼結構銲道目視檢測法」。

（2）CNS 13464「鋼結構銲道液滲檢測法」。

（3）CNS 13341「鋼結構銲道磁粒檢測法」。

（4）CNS 12618「鋼結構銲道超音波檢測法」。

（5）CNS 12845「結構用鋼板超音波直束檢測法」。

（6）CNS 11224「脈波反射式超音波檢測儀系統評鑑」。

（7）CNS 13020「鋼結構銲道射線檢測法」。

（B）17.起重機為工地不可或缺之機具，下列敘述何者錯誤？

(A)吊裝作業規劃需考慮建築材料的大小及作業範圍

(B)吊臂式高塔起重機只能利用水平撐梁做迴轉

(C)膠輪式起重機吊裝時須將油壓式邊撐伸出固定

(D)高塔起重機上昇方法有利用建築柱梁為支撐以及自身自昇式

（109 建築師-建築構造與施工#36）

【解析】

吊臂式高塔起重機沒有方向的限制，上高落低、縱橫交錯方向都可以，不只能利用水平撐梁做迴轉，本題答案(B)。

（D）18.鋼結構之塗裝目的為避免腐蝕造成鋼構件使用週期縮短。有關其防腐蝕方法，下列何者錯誤？

(A)使用耐蝕鋼材　(B)隔絕腐蝕環境　(C)電氣防蝕　(D)使用防水漆

（109 建築師-建築構造與施工#57）

【解析】

(D)防水漆的功能是地板與牆面防水，鋼構防鏽必須用鋼構專用防鏽塗料，防水漆不適合。

（D）19.鋼構建築中，因跨距太大，大梁與小梁接合處會讓梁產生左右彎曲或扭曲等現象，用什麼方法解決較為恰當？

(A)增大 H 型鋼梁結構的翼板厚度　(B)增大 H 型鋼梁結構的腹板厚度

(C)增加 H 型鋼梁結構的翼板寬度　(D)增設 H 型鋼梁的横向加勁板

（109 建築師-建築構造與施工#76）

【解析】

跨距太大梁產生左右彎曲或扭曲，採取彎矩補強，選項(D)增設 H 型鋼梁的横向加勁板。

（A）20.在鋼結構中，當你使用高拉力螺栓時，要求工人鎖螺栓的順序何者正確（參考如下圖）？

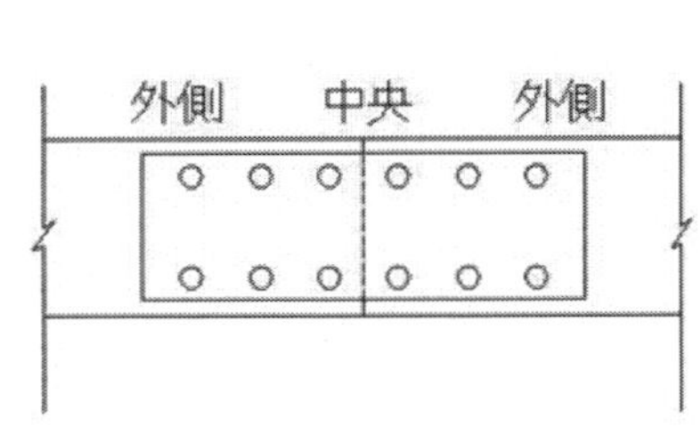

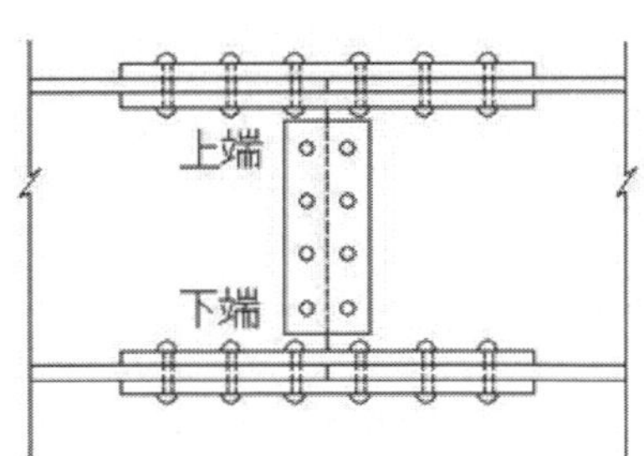

(A)由中央端鎖到外側端，由上端鎖到下端

(B)由外側端鎖到中央端，由上端鎖到下端

(C)由外側端鎖到中央端，由下端鎖到上端

(D)由中央端鎖到外側端，由下端鎖到上端

（109 建築師-建築構造與施工#80）

【解析】

高強度螺栓正式栓固施工流程及檢查

（1）接合面狀態的檢核

高強度螺栓在栓固之前，應檢查是否有滿足接合面狀態。對於會產生降低接觸面的摩擦效果原因的異常物質，應予以除去。組立應以臨時栓固用的螺栓，使螺栓接合部完全密著。構材間 3 mm 以上縫隙的場合應以墊片插入。

（2）手栓固

臨時螺栓以外的螺栓孔塞入螺栓後，以板手全力以手栓固之。此時應注意墊片的位置不可使其偏於一邊。

（3）中期栓固（70%~80%栓固）

整個螺栓群固的場合，由於已栓固好的螺栓的張力，會因其他螺栓的栓固所引起的構材反力等原因而受到影響，因此宜對全體螺栓分兩次予以栓固，以賦予全體螺栓均等的張力。

螺栓的栓固順序由中央部分向端部栓固以減少軸力之間的偏差，中間栓固完成後應做確認記號，以防止因疏忽導致某些螺栓忘了栓固。

（4）第 2 次 100 栓固作業

參考來源：鋼結構工程施工實務，講員：簡俊明 2018.09.21

高鐵公司顧問、行政院 921 重建委員會、內政部營建署、住宅及都市發展局、國家地震工程中心、永峻工程顧問公司、其他（技師公會等）、國立交通大學。

（C）21.有關鋼構造的各種柱斷面形狀與構造特性關係之敘述，下列何者錯誤？

(A)當柱斷面為 H 或 I 型鋼，斷面性能受到方向的控制

(B)當柱子採用圓鋼管時，柱與梁的接合須採用全銲接施工

(C)箱型（口字型）柱斷面若以鋼板組成，銲接長度較短，較具經濟性

(D)十字型的柱斷面接合部的施工容易，但斷面加工較複雜

（110 建築師-建築構造與施工#19）

【解析】

箱型（口字型）柱斷面若以鋼板組成，一樣的面積方形的周長最長，故銲接長度較長，經濟性亦較差。

參考來源：營造法與施工上冊，第六章（吳卓夫&葉基棟，茂榮書局）。

（B）22.「混凝土鋼承板樓板」是鋼構造常用的組合樓板構造，下列敘述何者錯誤？
(A)若鋼承板只充作混凝土的底模之用，不計入樓板的結構強度，則鋼承板可以不必施加防火被覆
(B)鋼承板樓板灌漿時不必施加樓板下支撐，並且具有大跨距的特性，一般而言可以減少樓板小梁的數量
(C)鋼承板可以用點焊、剪力釘植焊以及火藥擊釘等方式固定在鋼梁上
(D)鋼承板樓板在結構設計上常為單向板，底層鋼筋可以只配單向鋼筋

（110 建築師-建築構造與施工#25）

【解析】

(B) 如果因為建築設計或施工的關係，造成鋼承鈑跨度超過允許值時，或是希望能控制變形量在比較低的狀況，建議必須在鋼承鈑底下作支撐。

參考來源：技師報。

（A）23.以鋼構造柱梁系統為例，何者不是增加水平勁度（抗風或抗震）的有效方式？
(A)增加梁的深度或於梁的中間段銲加勁板
(B)增加柱梁接點的剛度
(C)配置對角斜撐
(D)配置抗風柱

（110 建築師-建築構造與施工#39）

【解析】

(A)增加梁的深度或於梁的中間段銲加勁板（挫屈）

（D）24.下列鋼構造柱梁接合圖中，何者屬於剛接之接合方式？

(A)
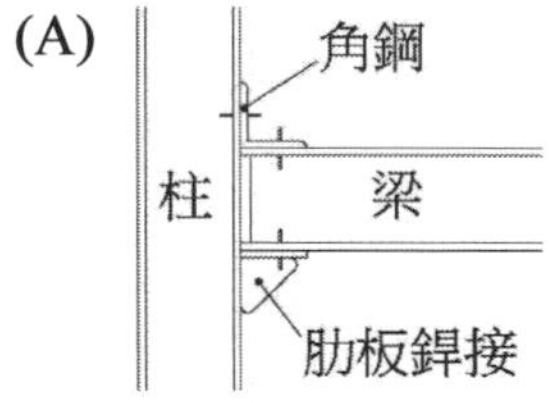

(B)
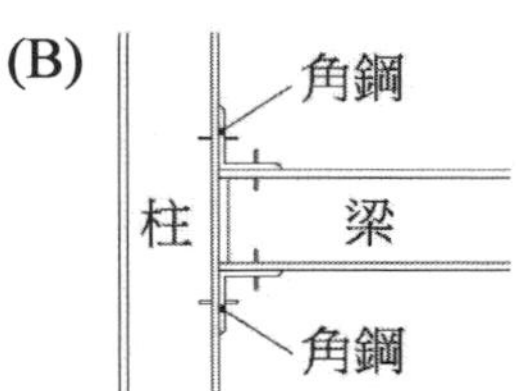

(C)
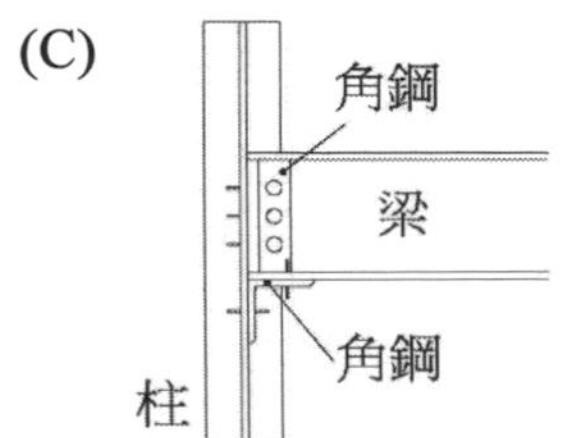

(D)
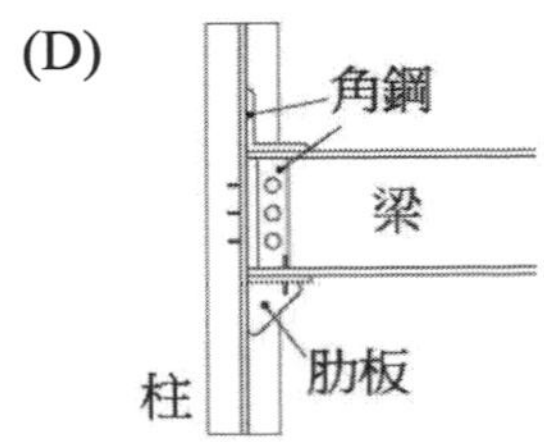

（110 建築師-建築構造與施工#49）

【解析】

(A)(B)(C)屬半鋼接

(D) 3點做接合

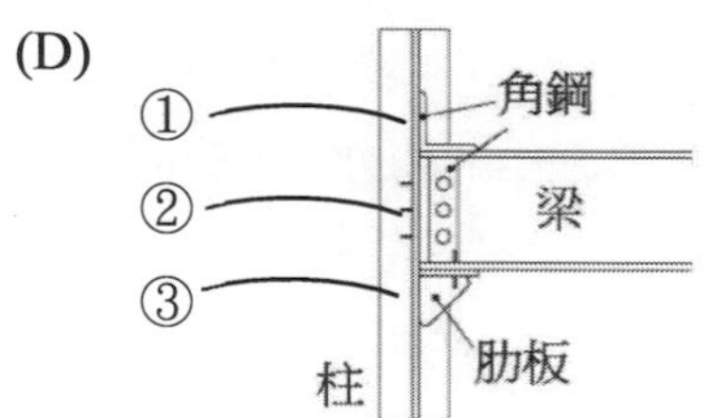

（D）25.下列針對鋼結構「全滲透開槽銲」與「填角銲」之比較，何者錯誤？

(A)全滲透開槽銲成本較高　(B)全滲透開槽銲技藝等級較高

(C)填角銲焊材用量較多　(D)填角銲安全性較高

（110 建築師-建築構造與施工#59）

【解析】

(D)應力集中、疲勞裂縫，填角或部份開槽一樣。

（B）26.有關鋼構件上使用剪力釘之目的，下列敘述何者正確？

(A)協助將鋼承板固定於 H 型鋼梁上　(B)增加鋼材與混凝土的握裹力

(C)提供鋼筋綁紮於鋼骨的接著點　(D)作為澆置樓板混凝土時之標高器

（111 建築師-建築構造與施工#9）

【解析】

剪力釘係配合鋼骨結構、鋼模板、焊鋼網和水泥塑鑄，使用於高樓建築、橋梁及各種鋼骨結構物上，其為防止剪應力效應造成兩者互相滑動，提高強度，並能有效地使樓板與鋼樑接合成一體之一種機構。

（D）27.常見運用在鋼材料防鏽的材料有那些？

①熱浸鍍鋅　②鋅粉漆　③粉底烤漆　④氟碳烤漆

(A)僅①②③　(B)僅②④　(C)僅③④　(D)①②③④

（111 建築師-建築構造與施工#13）

【解析】

常見運用在鋼材料防鏽的方法有：化成皮膜處理，塗料塗裝，有機及無機被覆，熱浸鍍，金屬熔射，電鍍，化學鍍，鈍化處理等。熱浸鍍鋅，鋅粉漆，粉底烤漆，氟碳烤漆都屬於鋼材料防鏽的方法。

（C）28.有關鋼構銲接完成後必須進行銲道的非破壞性檢驗，不包含下列那些？
①超音波檢驗法 ②全銲道拉伸試驗法 ③目視檢驗法
④螢光檢驗法 ⑤放射線檢驗法
(A)②③ (B)①⑤ (C)②④ (D)③④
（111 建築師-建築構造與施工#23）

【解析】
常規非破壞探傷檢測方法
磁粉探傷檢測（MT/MPI）
液滲探傷檢測（PT）
超音波／超聲波檢測（UT）
射線檢測（X-ray，RT）
螢檢探傷檢測（FPI）
渦電流檢測探傷檢測（ET）
目視檢測（VT）

（C）29.有關鋼構造之高強度螺栓之敘述，下列何者正確？
(A)高強度螺栓可重複使用
(B)高強度螺栓可鎚擊入孔
(C)高強度螺栓可以鉸孔方式擴孔後入孔
(D)高強度螺栓群鎖緊工作應由一側單方向依序鎖緊
（111 建築師-建築構造與施工#29）

【解析】
高強度螺栓安裝時，如不能以手將螺栓穿入孔內時，可先用沖梢穿過校正，但不得使用 2.5 kg 以上之鐵鎚，如仍無效時，則以鉸孔方式擴孔，惟擴孔後之孔徑不得大於設計孔徑 2 mm，如超出時應補銲，經檢測合格後重新鑽孔。

（D）30.有關移動式起重機作業前之準備，下列敘述何者錯誤？
(A)操作機械前應詳讀操作手冊充分瞭解機械之性能
(B)必須召集所有參加工作之人員講解工作內容及步驟
(C)在軟弱地點作業時需要舖設墊木或防陷板
(D)吊車作業桁架越長越好且較安全、經濟
（111 建築師-建築構造與施工#38）

【解析】
吊車作業桁架過長影響額定荷重與前方安定度，作業的安全性隨之降低。

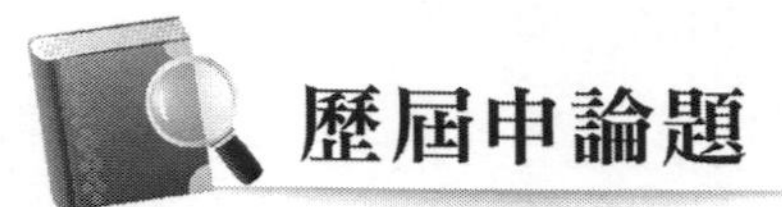

歷屆申論題

一、請繪圖說明鋼構造之柱梁接合處「剪力接點」與「彎矩接點」的接合方式。（20分）
（105地方三等-建築營造與估價#4）

參考題解

依據「鋼構造建築物鋼結構設計技術規範」第十章 接合設計

（一）簡支接合：（剪力接合）

除設計圖說另有規定外，梁、大梁或桁架端部之接合得設計為簡支接合，且一般可設計為僅抵抗剪力。簡支之梁接合部應容許未束制之梁端轉動，因此接合部應具有非彈性之變形能力。

簡支接合在實務上不易做到理想之簡支條件，一般規範均允許藉梁端之非彈性變形能力來降低束制程度。使用雙角鋼接合型式時，為保有適當之柔度，角鋼厚度不宜超過16 mm。

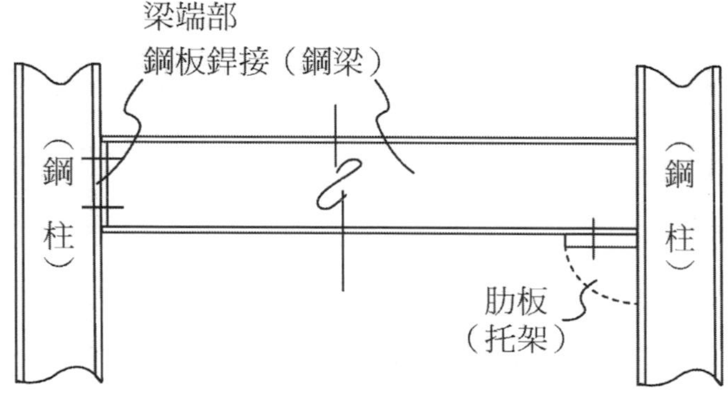

剪力接合圖例

（二）彎矩接合：（完全束制接合）

受束制之梁、大梁和受束制桁架之端部接合，應依其接合處之勁度所計得彎矩與剪力之合成效應設計之。

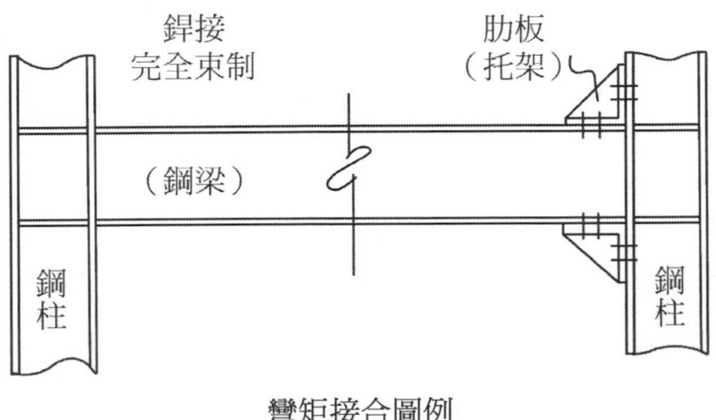

彎矩接合圖例

二、由鋼結構材料之拉力試驗中，可獲得那些材料的重要參數？並請說明其所代表之意義。（20分）

（108公務高考-建築營造與估價#1）

參考題解

（一）由鋼結構材料之拉力試驗中，可獲得材料的基本機械性能參數如抗拉強度、降伏強度及延展性等。

（二）

參數	意義
抗拉強度	抗拉強度為鋼材基本數據，藉由抗拉試驗取得鋼材料發生塑性變形至頸縮破壞之最大抗拉強度，並藉由應力應變曲線了解最大應力，為鋼材料設計之基本參數資料。
降伏強度	鋼材料降伏點強度相當於彈性變形進入塑性永久變形後之最小強度。藉以了解受試驗材料內部組織差異影響狀況及材料降伏點應力。
延展性	延展性為鋼材料受應力起至破壞後之拉伸比例。鋼材料強度與延展性需保持一定比例，以確保剛度及韌性，以鋼材料而言厚度會引響強度，一般規定強度下降則延展性須提高。

三、鋼結構工程在施工前，應提出安裝計畫書供審核，試依鋼構造建築物鋼結構施工規範之規定，說明安裝計畫書應包括那些內容？（25分）

（109公務高考-建築營造與估價#1）

參考題解

安裝計畫書

依鋼構造建築物鋼結構施工規範規定，安裝計畫書之內容應包括前置規劃、組織系統、工程預定進度表、使用機具設備、電力、人力計畫、安裝作業程序、自主檢查、安衛規定等。

項目	內容
工地安裝前	1. 工地現況調查。 2. 安裝分區、分節計畫。 3. 主要設備之機具名稱、能量、數量，及其電力需求計畫。 4. 安裝所用起重設備之型式及能量、裝設位置、爬升及拆裝計畫。 5. 安裝作業能力分析。 6. 安裝程序、方法及步驟。 7. 安裝用構台、臨時支撐配置詳圖及其強度計算書。 8. 運搬及儲放計畫。 9. 人員之專長編制及組織表。 10.施工所需之安全措施。 11.預定施工進度表。 12.施工品質管理計畫。
施工機具、設備、儀器	安裝計畫書中應檢附機具設備清單、作業能量分析、起重設備裝、拆計畫、結構補強計畫及電力需求計畫等。
安裝作業	安裝程序及順序須依安裝計畫書確實執行，如有變更時，應以書面報請審核。
臨時支撐	臨時支撐如為設計圖說中所規定者應按圖施工，如為安裝過程中為確保穩定所必需者，承造人應妥為規劃設計並包含於安裝計畫書中，且未經工程師同意，不得提前拆除。

四、試繪圖及說明鋼構材的接合有那些方法？（25 分）

（110 地方三等-建築營造與估價#2）

參考題解

【參考九華講義-構造施工　第 12 章 鋼構造概論】

鋼材料接合

接合方式		說明
鉚釘		施工噪音與力學行為不穩定等因素，甚少使用。
螺栓		利用抗剪力能力接合鋼材。
高強度螺栓		一般採用扭力控制型高強度螺栓。螺栓群之鎖緊工作，應由中間向兩側，依上下、左右交叉之方式進行，以避免相對應之螺栓受影響而鬆動。
銲接		銲接分為壓桿法、熔銲法，建築工程中鋼構部分較常使用熔銲法之電弧銲為之。

五、銲接作業在鋼構造中極為重要，試以繪圖及說明填角銲或開槽銲於銲接時可能發生的缺陷及原因。而在完成銲接後，又可透過那些方法來進行檢驗？（25 分）

（111 公務高考-建築營造與估價#1）

參考題解

【參考九華講義-構造與施工 第 13 章 鋼構造】

<table>
<tr><th>項目</th><th colspan="5">內容</th></tr>
<tr><td rowspan="6">銲道檢驗方法</td><td>檢測方式</td><td>內容</td><td>表面檢測</td><td>淺層檢測</td><td>內部檢測</td></tr>
<tr><td>磁粒檢測</td><td>利用磁粒受磁極作用後排列方式，藉以判斷銲道（銲接）處良窳。</td><td>佳</td><td>尚可</td><td>否</td></tr>
<tr><td>液滲檢測</td><td>利用有色滲液加上顯影液以及 UV 光源，強調出銲道（銲接）處良窳或缺失。</td><td>佳</td><td>否</td><td>否</td></tr>
<tr><td>射線檢測</td><td>以 X 光源及背部成像底片，顯現銲道(銲接)處良窳或缺失，為各項非破壞性檢測中最為精確之方式。</td><td>佳</td><td>佳</td><td>佳</td></tr>
<tr><td>超音波</td><td>利用超音波探頭發出音波並回彈接收後分析波段，藉以判斷銲道(銲接)處良窳，需較有經驗者實施與判斷。</td><td>可</td><td>可</td><td>佳</td></tr>
<tr><td>目視</td><td>僅由銲接部位表面判斷銲道(銲接)處良窳，對於細微缺失、淺層及內部缺失難以發現判別。</td><td>可</td><td>否</td><td>否</td></tr>
<tr><td rowspan="5">填角銲或開槽銲於銲接時可能發生的缺陷及原因</td><td colspan="2">缺陷及原因</td><td colspan="3">適用檢驗方法</td></tr>
<tr><td colspan="2">1. 龜裂：鋼材與銲條匹配不佳，銲接前未做預熱處理及烘乾等易發生龜裂現象。</td><td colspan="3">超音波、液滲檢測、目視</td></tr>
<tr><td colspan="2">2. 凹凸孔：由於銲接時銲趾距離過長或過短導致。</td><td colspan="3">液滲檢測、目視</td></tr>
<tr><td colspan="2">3. 銲蝕：銲接作業電弧控制不佳，造成母材邊緣融蝕。</td><td colspan="3">超音波、液滲檢測、目視</td></tr>
<tr><td colspan="2">4. 氣孔：銲接凝固時氣體進入銲道而造成，若為內部氣孔應重做銲接作業。</td><td colspan="3">超音波、磁粒檢測、液滲檢測、射線檢測</td></tr>
</table>

項目	內容	
	5. 夾道：前道銲接之銲渣未清除即施作下一道銲接。	超音波、磁粒檢測、液滲檢測、射線檢測

六、試繪圖及說明當以鋼筋混凝土構造為基礎時，鋼構造其柱腳錨栓有那些固定（埋設）方法？（25 分）

（111 公務高考-建築營造與估價#2）

參考題解

【參考九華講義-構造與施工 第 12 章 鋼構造概論】

鋼構造其柱腳錨栓固定（埋設）方法：依鋼構造建築物鋼結構施工規範規定，錨栓之埋設依施工方法可分為固定埋設法、可調埋設法及預留孔法三種。埋設方法須符合設計圖說規定。

方法	內容
固定埋設法	此法為以測量儀器測出錨栓之高程及正確位置後，以鋼製套模或樣板（TEMPLATE）將錨栓群套於正確位置，並以堅固之獨立鋼構架將樣板精確固定，再澆灌混凝土。此種固定方式於澆灌混凝土後沒有調整機會，因此在安裝時應正確量測其中心位置、高程與垂直度並固定之，使澆置混凝土時無鬆動之虞。重要工程（廠房、大樓）多採此法。 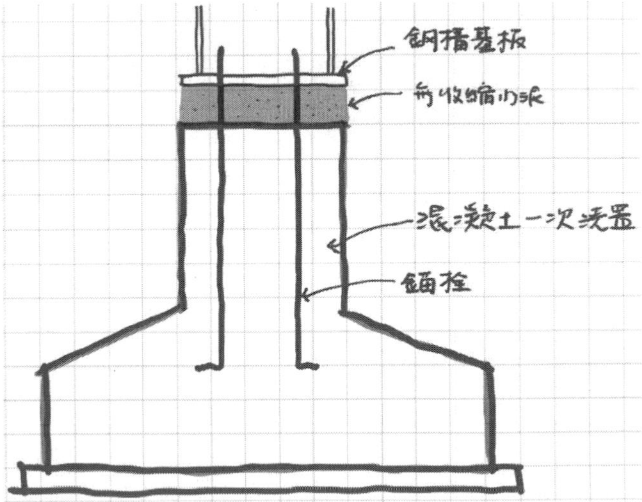

方法	內容
可調埋設法	此法為於錨栓上段以薄鋼板製成漏斗狀或圓筒狀，於灌漿前塞入錨栓埋設位置，以使混凝土不致圍束錨栓上段。混凝土凝固後是否除去套筒則依施工圖說規定；若需除去，則於混凝土澆置後，尚未完全凝固前拔起套筒，空出錨栓上節部分。安裝作業時，錨栓位置如有偏差可做小幅度調整，再灌漿填平。此法在錨栓直徑超過 25 mm 時，調整工作將有困難。一般較簡單或輕型鋼造採用此法。 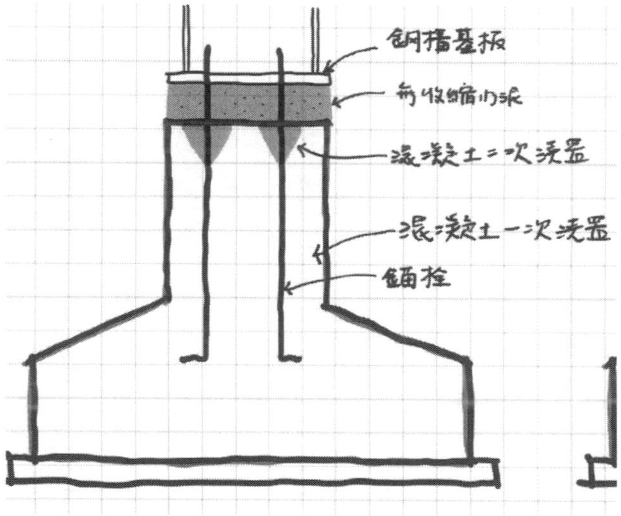
預留孔法	本法為在錨栓位置預先以套管或木模留孔，待混凝土硬化後將模板拆除。亦可以附有錨定裝置之鋼套管代之，混凝土硬化後不必取出，並以錨栓之錨頭卡於錨定裝置而產生抗拉功能。預留孔法為基礎混凝土澆置完成後再插入錨栓，因此可調範圍較大，其空隙再灌漿填平。預留孔之大小須考慮作業之可行性，且不得妨礙鋼筋通過。對於尺寸精度要求嚴格時可用此法。

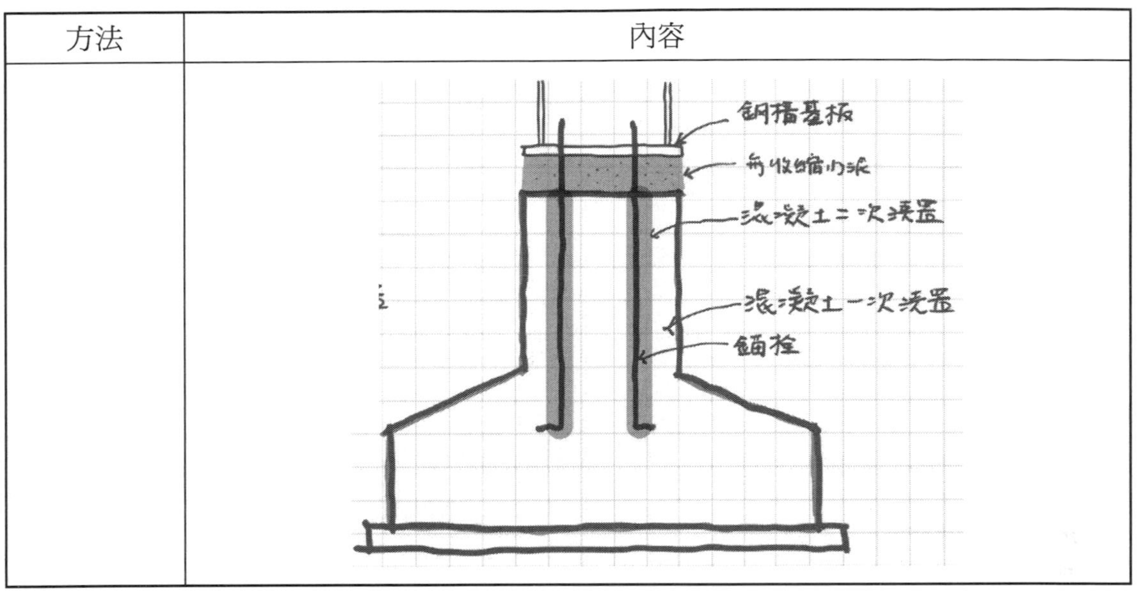

參考來源：鋼構造建築物鋼結構施工規範。

七、請繪圖說明鋼構造防火工法的種類。（20 分）

（105 地方四等-施工與估價概要#2）

參考題解

（一）張貼法：張貼防火材

（二）噴覆法：防火噴覆

（三）隔絕法：防火天花板等隔絕

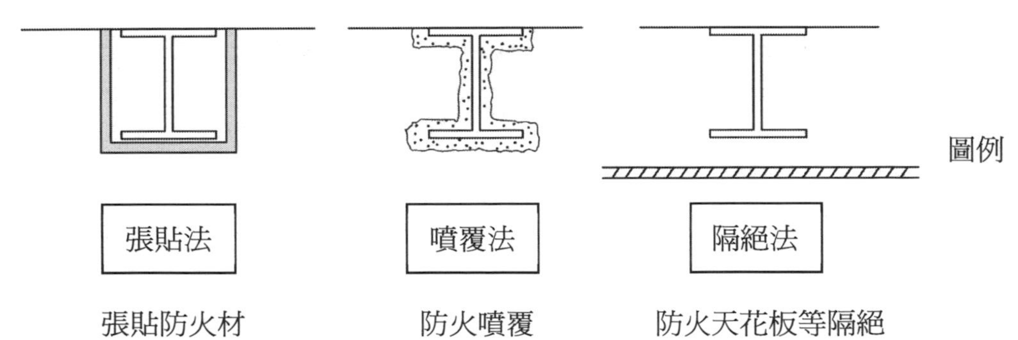

八、鋼構造的梁柱遭受火害時會發生軟化的情形進而影響建築物結構的安全，試繪圖並說明如何對此類構造物進行適當的防火披覆，以免災害發生。（20 分）

（106 地方四等-施工與估價概要#3）

參考題解

鋼構造在設計上空間形塑自由，施工快速，造型配置彈性大等優點。但對於高溫之抵抗能力較弱，一般來說溫度達到 300 度時已足以影響結構強度，到了 500 度時強度將低於 1/2，然而火場之溫度可到達 700~1000 度之高，因此對鋼構造施以適當的防火保護是必要的措施。

防火披覆方式	
工法	內容
張貼法	以防火板材張貼覆蓋於鋼構材表面，以達到防火效果。 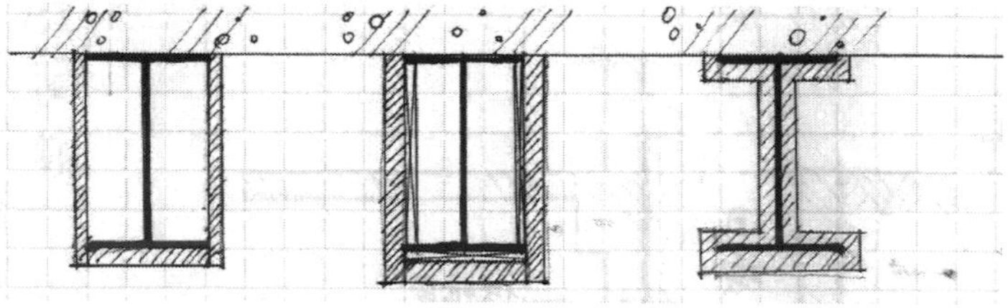 箱式法　間接法　直接法
噴覆法	以防火材料（蛭石、混凝土等混合材料）噴覆於構材表面。 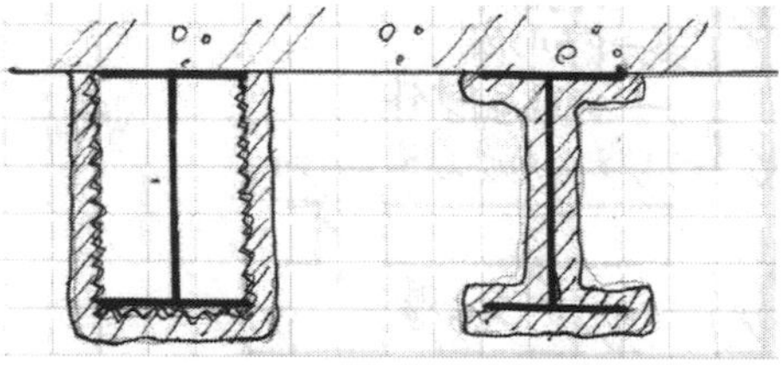 箱式噴覆法　直接噴覆法
粉刷法	以防火漆為材料，以刷塗或噴覆等方式覆蓋於鋼材表面。
澆置法	以輕質混凝土或泡沫混凝土澆置覆蓋於鋼材表面。
阻隔法	以防火板材製成整體牆面、天花板等構件防火。

九、鋼結構建築物之梁多採用 H 型斷面，請說明 H 型斷面有何優點？（10 分）H 型斷面 H300×150×10×15，請繪圖說明其所代表 H 型斷面之尺寸位置，並請計算該斷面之面積為何？（10 分）（請標示單位）

（108 公務普考-施工與估價概要#1）

參考題解

（一）H 型斷面鋼構梁其優：

優點	內容
自重減輕	H 型斷面積遠小於其他構法形式梁斷面，固可減輕自重。
大跨度	H 型形抗斷面及鋼材料鋼度與韌性特性，加大垮度與斷面尺寸比。
品質穩定	工業化生產、品質均勻穩定。
施工快速	使用銲接、高強度螺栓等方式接合，施工簡易、快速、穩定。

（二）H 型斷面 H300×150×10×15 代表尺寸分別為高度 × 寬度 × 腹板厚度 × 翼緣厚度，單位 mm 表示。

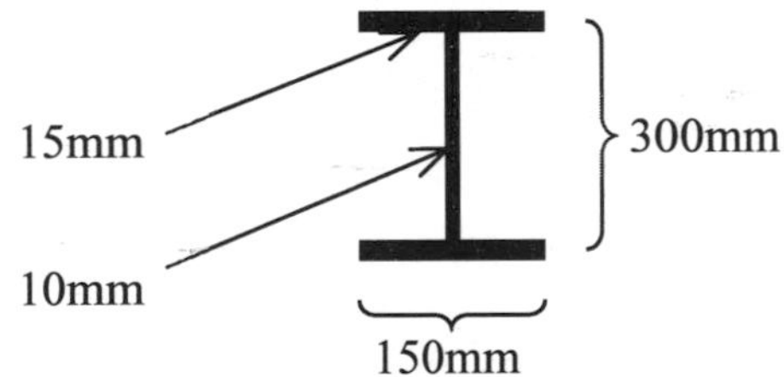

斷面積（30×15）−（27×14）= 72 cm^2

十、依據內政部營建署建築工程施工規範之規定，進行銲接鋼線網工程，在組立與捆紮時，應注意那些事項？（20分）

（108 地方四等-施工與估價概要#4）

參考題解

銲接鋼線網工程，在組立與捆紮時，應注意事項依據內政部營建署建築工程施工規範第03220章、銲接鋼線網規定如下：

3.3.1 組立與捆紮

（一）若銲接鋼線網以整捲運送時，在現場使用前，應伸展攤平。

（二）所有銲接鋼線網，應按施工圖所示位置，正確妥善安置並固定之，使在澆置混凝土時無位移情事，在澆置混凝土前，應先經工程司檢查核可。

（三）銲接鋼線網與模板間之距離，以支撐、墊塊、繫條、吊桿或其他經認可之支撐物維持之。用於支持銲接鋼線網避免與模板面接觸之墊塊，須採用預製之1：1水泥砂漿塊或其他適用之代用品，其形狀及尺度須先經核可。採用金屬品之墊座亦可，與混凝土外表面接觸之金屬墊座，須經熱浸鍍鋅處理。兩層銲接鋼線網間之間隔，須以預製1：1水泥砂漿墊塊隔離，或用其他適當之代用品。

（四）鋼線網在接縫處須重疊，其重疊部分，除另有特別規定外，不得少於一個網眼之寬度加5 cm，但光面鋼線網最少不得小於15 cm，麻面鋼絲網不得小於20 cm。重疊接頭處，須緊連捆紮，並以18#到21#軟鐵絲結紮牢固，使與鄰接之網片連成一均勻之平面。邊緣及末端應緊密固定。

3 鋼骨鋼筋混凝土

內容架構

（一）鋼筋配置

1. 主筋

（1）矩形斷面之 SRC 構材至少應於斷面四個角落各配置一根主筋。

（2）鋼筋間距 1.25 最大骨材料徑、1.5 d、25 mm 以上。

2. 梁之主筋及箍筋

（1）梁主筋之排列一般以在斷面四個角落各配置一根主筋為原則。

（2）箍筋 135 度彎鉤閉合。

3. 柱之主筋及箍筋

（1）主筋間距不得大於 300 mm。

（2）若主筋間距大於 300 mm 時，須加配 D13(#4)以上之軸向補助筋，補助筋不可錨定。

4. SRC 梁柱接頭

（1）一般梁腹板不做穿孔，梁柱接頭箍筋處例外。

（2）梁柱接頭處鋼筋避免在鋼骨上鑽孔，盡可採續接器通過鋼柱。

（二）SRC 構造優點

1. 防火性能佳：混凝土包覆。

2. 隔音性能佳：質量密度相對較高。

3. 韌性高：鋼骨提供抗剪能力，混凝土提供束制，防挫屈。

4. 勁度大：剛度及勁度大、變位小。

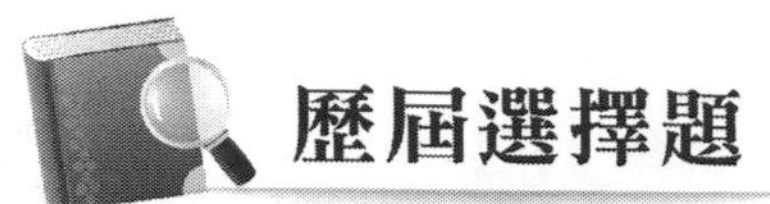

歷屆選擇題

（D）1. 矩形斷面鋼骨鋼筋混凝土柱，主筋應以直接通過梁柱接頭為原則，惟不得貫穿下列何部分？

(A)添加板　(B)連續板　(C)鋼骨腹板　(D)鋼骨翼板

（106 建築師-建築構造與施工#24）

【解析】

矩形斷面鋼骨鋼筋混凝土柱，主筋應以直接通過梁柱接頭為原則，惟不得貫穿(D)鋼骨翼板，可採續接器方式，使力量能傳遞。

（B）2. 如圖示，有關 SRC 構造之柱構材斷面鋼筋主筋的配置方式，何者正確？

(A)

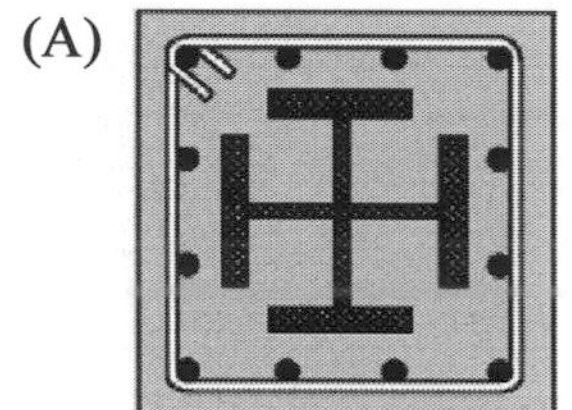

(B)

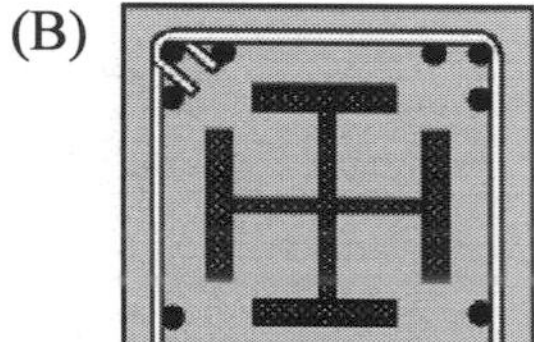

(C)

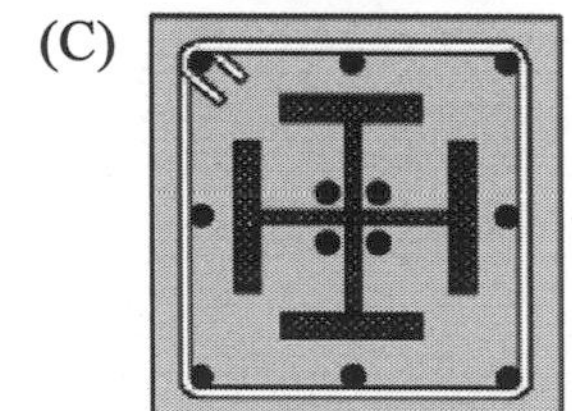

(D)

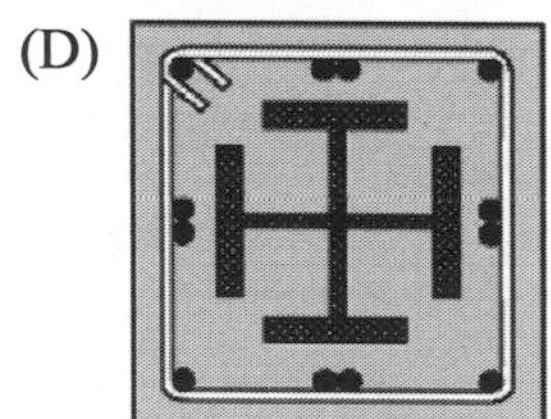

（106 建築師-建築構造與施工#34）

【解析】

建築技術規則建築構造編第 509 條

矩形斷面鋼骨鋼筋混凝土構材之主筋，以配置在斷面四個角落為原則；在梁柱接頭處，主筋應以直接通過梁柱接頭為原則，並不得貫穿鋼骨之翼板。

（B）3. 有關鋼骨鋼筋混凝土構造施工之敘述，下列何者最不適當？

(A)梁柱接頭區內之柱箍筋，可採用 4 支 L 形箍筋貫穿梁腹板後，再以銲接方式續接

(B) SRC 梁之鋼骨斷面翼板原則上可設置鋼筋貫穿孔

(C) 鋼梁翼板上已完成銲接之鋼筋續接器，於運送、搬運、吊裝過程中容易遭到碰撞損壞

(D)在澆置混凝土時，SRC 梁柱接頭處或是 I 形鋼梁之翼板下方容易發生蜂窩或填充不實的現象

（107 建築師-建築構造與施工#20）

【解析】

(B)SRC 梁之鋼骨斷面翼板原則上**不可**設置鋼筋貫穿孔。

（C）4. 有關鋼骨鋼筋混凝土構造（SRC）之敘述，下列何者錯誤？

(A)SRC 構造的 RC 部分使其不必像鋼骨構造須另外施作防火披覆

(B) 相較於鋼構造，SRC 構造因多了 RC 部分，其構材抵抗變形之能力較鋼骨造為佳

(C) 相較於 RC 構造，SRC 構造因多了鋼骨，其韌性略遜於 RC 構造

(D)SRC 構造因構件勁度大，受外力作用時所產生的變形及位移較小

（108 建築師-建築構造與施工#23）

【解析】

SRC 構造韌性較 RC 構造**佳**。

（A）5. 有關鋼骨鋼筋混凝土構造，下列何者錯誤？

(A)矩形斷面鋼骨鋼筋混凝土構材之主筋，以配置在斷面中央為原則

(B) 在梁柱接頭處，主筋應以直接通過梁柱接頭為原則，並不得貫穿鋼骨之翼板

(C) 包覆型鋼骨鋼筋混凝土構材中之鋼骨及鋼筋均應有適當之混凝土保護層，且構材之主筋與鋼骨之間應保持適當之間距，以利混凝土之澆置及發揮鋼筋之握裹力

(D)鋼骨鋼筋混凝土構材應注意開孔對構材強度之影響，並應視需要予以適當之補強

（108 建築師-建築構造與施工#26）

【解析】

矩形斷面鋼骨鋼筋混凝土構材之主筋，以配置在斷面**四周**為原則。

（B）6. 有關鋼骨鋼筋混凝土（SRC）之敘述，下列何者錯誤？

(A)SRC造力學原理是將鋼骨造（S）與鋼筋混凝土造（RC）分開計算後再互相累加計算

(B)鋼骨鋼筋混凝土如果採用鋼管混凝土柱時，與其相接之梁可以採包覆型鋼骨鋼筋混凝土梁來施作

(C)在柱梁接頭的部位主筋應直接穿通過，但不得貫穿翼板

(D)如需在鋼骨斷面上穿孔、補強應先於工廠內施作完成

（108建築師-建築構造與施工#27）

【解析】

(B)鋼骨鋼筋混凝土如果採用鋼管混凝土柱時，與其相接之梁**大多採用鋼梁**來施作。

（B）7. 有關SRC柱梁主筋之敘述，下列何者正確？

(A)SRC 梁之主筋排列，為避免主筋在梁柱接頭處受柱內鋼骨阻擋，可配置於鋼梁翼板之正上方或正下方

(B)矩形斷面之SRC柱主筋不得配置於鋼梁翼板之上下方，以免主筋在梁柱接頭處受到梁內鋼骨之阻擋而無法連續通過

(C)SRC 連續構架中，柱之主筋或梁之端部主筋必須連續通過梁柱接頭，不得以錨定等方式處理

(D)SRC梁之主筋不得配置於梁寬以外之樓板內

（109建築師-建築構造與施工#21）

【解析】

矩形斷面之鋼骨鋼筋混凝土梁，其主筋之排列，以斷面4個角落各配置一根主筋為原則。主筋不宜配置於鋼梁翼板之正上方或正下方，以免主筋在梁柱接頭處受到柱內鋼骨阻擋而無法連續通過梁柱接頭。

參考來源：台灣省土木技師公會技師報。

（B）8. 水電配管穿越結構伸縮縫時，下圖那些正確？

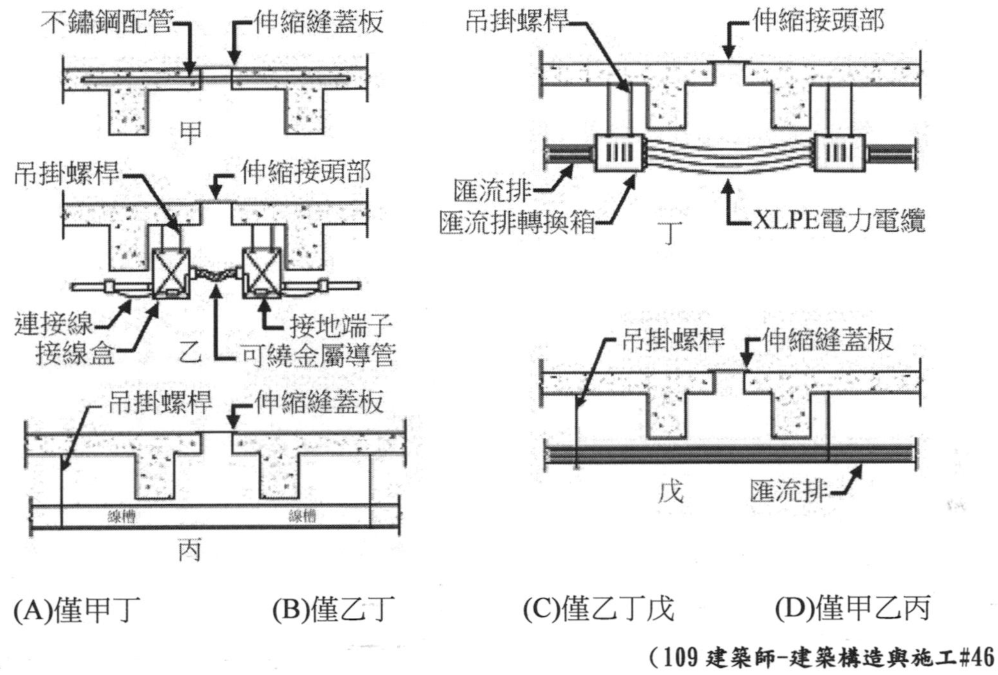

(A)僅甲丁　(B)僅乙丁　(C)僅乙丁戊　(D)僅甲乙丙

（109 建築師-建築構造與施工#46）

【解析】

導管、電力線路等在經過結構伸縮縫須改為可允許錯位之連接方式才符合伸縮縫要允許結構間錯位的功能性。

題目中的甲、丙、戊皆為剛性連接，當發生結構體錯位時有可能造成斷管。

（C）9. 下列關於鋼骨鋼筋混凝土（SRC）構造的敘述，何者錯誤？

(A)矩形斷面之 SRC 構材至少應於斷面四個角落各配置一根主筋

(B)SRC 梁之主筋不得配置於鋼梁翼板之上下方

(C)主筋與鋼骨鋼板面平行時，其淨間距應保持 15mm 以上

(D)如需在鋼梁腹板上開設鋼筋貫穿孔，除應避開銲道之外，應距銲道邊 15mm 以上

（110 建築師-建築構造與施工#20）

鋼骨鋼筋混凝土構造施工規範

6. 鋼筋與鋼骨之淨間距

（1）主筋與鋼骨之淨間距

主筋與鋼骨鋼板面平行時，須考量混凝土之填充性與鋼筋之握裹性等，其淨間距應保持 25 mm 以上，且不得小於粗骨材最大粒徑之 1.25 倍，若間距太小則無法發揮鋼筋之握裹力。但主筋與鋼骨鋼板面垂直時，其間距不受此限。

參考來源：內政部營建署 中華民國一○○年七月。

（A）10.有關 SRC 施工之敘述，下列何者正確？

(A)矩形斷面之 SRC 構材至少應於斷面四個角落各配置一根主筋

(B)頂層柱之柱主筋頂端僅可以標準彎鉤錨定之

(C)SRC 柱中之主筋間距不得大於 300 mm，若主筋間距大於 300 mm 時，則須加配 D10 以上之軸向補助筋，且補助筋亦須錨定

(D)主筋與鋼骨鋼板面平行時，須考量混凝土之填充性與鋼筋之握裹性等，其淨間距應保持 30mm 以上，且不得小於粗骨材最大粒徑之 1.30 倍，若間距太小則無法發揮鋼筋之握裹力

（110 建築師-建築構造與施工#58）

【解析】

(B)頂層柱之柱主筋頂端僅可以非機械式或機械式錨頭（T 頭）定之。

(C)不一定須錨定。

(D)主筋與鋼骨鋼板面平行時，須考量混凝土之填充性與鋼筋之握裹性等，其淨間距應保持 **25 mm** 以上，且不得小於粗骨材最大粒徑之 1.30 倍，若間距太小則無法發揮鋼筋之握裹力。

（B）11.下列關於鋼骨鋼筋混凝土（SRC）構造的敘述，何者錯誤？

(A)鋼骨鋼筋混凝土構造若採用包覆型鋼骨鋼筋混凝土柱時，梁除了同樣採用包覆型鋼骨鋼筋混凝土梁之外，也可以採用鋼梁

(B)相較於現場銲接方式，SRC 梁柱接頭於鋼構廠完工時銲上托梁，運輸成本可大幅降低

(C)當主筋利用機械鋼筋接續器作鋼筋續接時，應距離鋼骨續接處之補強板或螺栓 250 mm 以上

(D)鋼骨鋼筋混凝土梁之主筋續接應距柱之混凝土面 1.5 倍之梁深以上

（111 建築師-建築構造與施工#80）

【解析】

SRC 梁柱接頭於鋼構廠完工時銲上托梁，組件體積與重量都增加，運輸成本會大幅增加。

【近年無相關申論考題】

4 冷軋型鋼

內容架構

（一）構材斷面稱號

（二）材料

1. 鋼材之適用：鋼材厚度。
2. 螺栓、螺帽與墊片。
3. 自攻螺絲。

（三）製造與加工：螺栓接合之設計。

1. 製作方法
2. 構材製造成型之變異：建築物各部位之組構。

（四）接合方式：

1. 銲接。
2. 鉚釘接合。
3. 釘子接合。
4. 特殊的接合裝置。

（五）冷軋型鋼應注意事項：

1. 組裝要求。
2. 冷軋型鋼構造之結構體組裝。
3. 牆體之組構。
4. 樓板之組立。
5. 屋架結構體。
6. 牆與基礎。
7. 表面處理與塗裝。

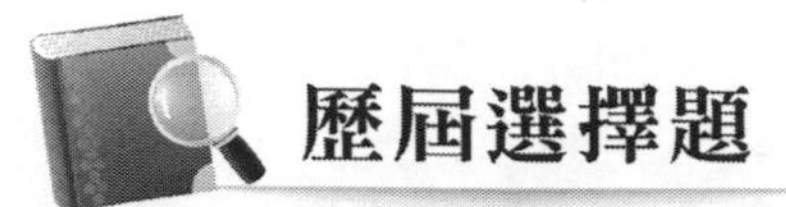

歷屆選擇題

（A）1. 下列外牆材料何者較不適用於冷軋型鋼構造物？

(A)預鑄型混凝土帷幕牆板　(B)水泥纖維板外覆壁防水塗料

(C)木質外覆板　(D)防火鋼浪板外覆壁板

（106 建築師-建築構造與施工#39）

【解析】

建築技術規則建築構造編第 521 條

冷軋型鋼構造建築物之簷高不得超過 14 公尺，並不得超過 4 層樓，不適用高層帷幕。

（D）2. 冷軋型鋼構材係由碳鋼、低合金鋼板或鋼片冷軋成型，其鋼材厚度不得超過多少公釐（cm）？

(A) 26.4　(B) 27.4　(C) 28.4　(D) 25.4

（109 建築師-建築構造與施工#58）

【解析】

建築技術規則構造篇 第 521 條

應用冷軋型鋼構材建造之建築結構，其設計及施工應依本章規定。

前項所稱冷軋型鋼構材，係由碳鋼、低合金鋼板或鋼片冷軋成型；其鋼材厚度不得超過 25.4 公釐。

冷軋型鋼構造建築物之簷高不得超過 14 公尺，並不得超過 4 層樓。

（B）3. 下列何者不是冷軋型鋼構造主要接合方式？

(A)銲接接合　(B)搭接接合　(C)螺栓接合　(D)螺絲接合

（109 建築師-建築構造與施工#59）

【解析】

建築技術規則構造篇 第 540 條

冷軋型鋼構造之接合應考量接合構材及連結物之強度。

冷軋型鋼構造接合以銲接、螺栓及螺絲接合為主；其接合方式及適用範圍應依設計及施工規範規定，並應考慮接合之偏心問題。

（C）4. 關於冷軋型鋼構造的敘述，下列何者錯誤？

(A)冷軋型鋼結構上的螺栓接合，除可採用普通螺栓外也可以使用高強度鋼螺栓

(B)修補元件與構材之連接物至少為#8以上（含）之螺絲，其螺絲間距不得超過30 mm

(C)框組架與屋架應平放堆置，以避免發生扭曲與彎曲之損害

(D)斷面肢材間轉角處之內彎半徑須大於板厚，一般取鋼材厚度的2～2.5倍

（110 建築師-建築構造與施工#63）

【解析】

(C)框組架與屋架應平放堆置，枕木墊高、注意平衡、高度。（冷軋型鋼構造建築物結構設計規範）

【近年無相關申論考題】

單元

5

其他構造

CHAPTER 1 木構造

CHAPTER 2 圬工構造

CHAPTER 3 預力、預鑄

CHAPTER 4 雜項工程及特殊構造

1 木構造

內容架構

（一）木材膨脹與收縮特性

1. 含水低於飽和狀態會漸漸乾縮。
2. 一般乾縮量較膨脹為多。
3. 乾縮易造成木材乾裂及彎曲變形。
4. 木材之平均含水率無法保持在 19%以下時，接合部位容許應力應減少 1/3。

（二）木材維護

木材製成應用尺寸及鑽孔後，須經加壓注入或熱浸注入油性防腐劑或水溶性防腐劑，施以防腐處理。（一般以 ACQ）。

（三）制式工法

1. 單棟建築物總樓地板面積不得超過 600 m^2，且長寬均不得超過 24 m。
2. 建築物高度不得超過 3 層或平均屋頂高度不超過 10 m。
3. 個寬框架內構材間距不得超過 610 mm。
4. 橫隔板或屋頂構架之單跨距不得超過 8 m。
5. 單層承重牆高度不得超過 3 m；非承重牆高度不得超過 6 m。
6. 屋頂之坡度不得超過 45 度。

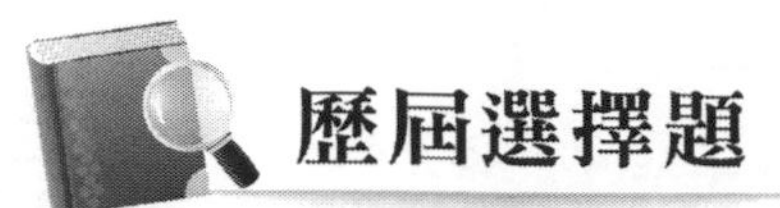

歷屆選擇題

（D）1. 下列有關木材強度之敘述，何者錯誤？

(A)力之作用方向與纖維方向相同時最強

(B)力之作用方向與纖維方向之傾角越大，強度越小

(C)比重較大者，材料強度也較大

(D)含水率增加者，強度也較大

（105 建築師-建築構造與施工#13）

【解析】

木材強度與木材纖維方向息息相關，應力方向與纖維方向相同時強度最佳，反之力的作用方向與纖維方向越接近垂直強度下降。而木材含水率增加，則強度降低。

（A）2. 下列那一項施用於木材之防腐高壓灌注劑在臺灣已經禁止使用？

(A) CCA（Chromated Copper Arsenate） (B) ACQ（Alkaline Copper Quaternary）

(C) CuAz（Copper Azole） (D) Creosote

（106 建築師-建築構造與施工#5）

【解析】

(A)CCA（Chromated Copper Arsenate）施用於木材之防腐高壓灌注劑在臺灣已經禁止使用施用。

新木材之防腐處理是水溶性類木材防腐劑，主要是鉻化砷酸銅（Chromated Copper Arsenate；CCA）。但近年由於 CCA 的毒性對人體健康與環境保護可能造成極大威脅，且加上 CNS14495 木材防腐劑的新制訂，國內木材之防腐劑處理已有採用較環保的新型的低毒性防腐劑（如 ACQ 與 CuAz）之趨勢。

（A）3. 在厚度相同的條件下，結構承載力最強的加工木作板材是：

(A)夾板 (B)鑽泥板 (C)木心板 (D)甘蔗板

（106 建築師-建築構造與施工#6）

【解析】

夾板（或稱合板）的製作方式是由桉類木材旋切成許多單板後層疊壓縮製成，組織結構保留完整作為結構承載力最好。

（B）4. 關於建築木構造性質及工程規劃、設計，下列何者錯誤？

(A)未設置防火被覆之木構造，其柱、梁構材可以預估防火時效內之燃燒炭化深度

(B)木構造建築物一律視為非防火構造，其防火間隔應依建築技術規則設置

(C)木構材接合部位以金屬扣件接合時，可以使用適當之防火被覆材以確保接合部之強度

(D)不同材種集成材燃燒炭化深度經中央主管機關認可者得依認可炭化深度辦理

（106 建築師-建築構造與施工#9）

【解析】

(B)木構造建築物**不可**一律視為非防火構造，其防火規定應依建築技術規則設置。

（B）5. 有關集成材的敘述，下列何者錯誤？

(A)集成材係以平行於纖維方向之木料疊合，用黏著劑膠合成一體，並具結構耐力之構材

(B)集成材建築是新的構築系統，臺灣目前用於集成材構法之構材製品、扣件，及接合物等，尚未有相應的國家標準

(C)除設計圖標示或經設計、監造人核可外，集成材構材不得任意切口、鑽孔

(D)集成材製品若合於規範，可當結構用構材使用

（106 建築師-建築構造與施工#14）

【解析】

(B)集成材建築是新的構築系統，臺灣目前用於集成材構法之構材製品、扣件，及接合物等，**有相應**的國家標準（木構造建築物設計與施工技術規範，CNS3000（2001）木材之加壓注入防腐處理方法，中國國家標準，經濟部標準檢驗局。CNS6717（2001）木材防腐劑之性能基準及其試驗法，中國國家標準，經濟部標準檢驗局……等等）。

（D）6. 木料有多種接合方式，下列何者不屬於工地現場木料的接合方式？

(A)榫接　(B)搭接　(C)對接　(D)壓接

（106 建築師-建築構造與施工#64）

【解析】

(D)壓接屬工廠採用**機械**接合方式。

（A）7. 圖示木構材的組構方式，最有可能屬於那一類型的建築？

(A)傳統日式木構建築

(B)傳統閩南民居建築

(C)2×4 構築住宅

(D)西式木構造住宅

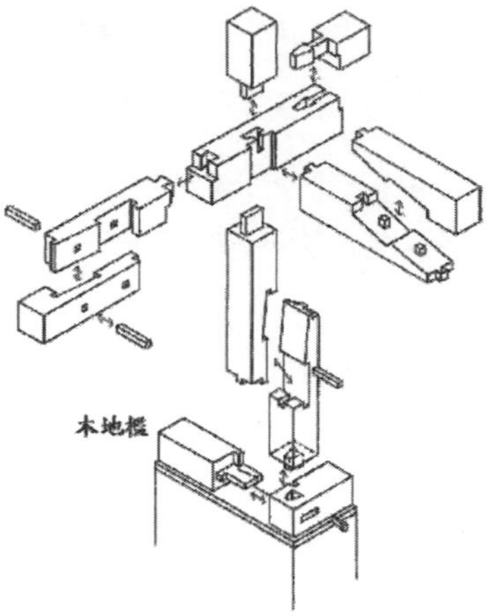

（107 建築師-建築構造與施工#26）

木地檻

【解析】

傳統日式木構建築會使用木地檻構件。

（B）8. 下列何者不是木構造建築物之構架斜撐方式？

(A)對角斜撐　(B)偏心斜撐　(C)平角撐　(D)斜柱

（107 建築師-建築構造與施工#61）

【解析】

木構斜撐類型包括有：對角斜撐、斜角撐、平角撐、斜柱等，當中不包括偏心斜撐，偏心斜撐是鋼構的支撐形式。

（C）9. 俗稱 4 尺 8 尺夾板尺寸規格為下列何者？

(A)60 cm×150 cm　(B)90 cm×180 cm　(C)120 cm×240 cm　(D)150 cm×300 cm

（107 建築師-建築構造與施工#67）

【解析】

單位換算：1 分 = 0.3 cm、1 寸 = 3 cm、1 尺 = 30 cm

題目所述 4 尺 × 8 尺 = (30 × 4) × (30 × 8) = 120 cm × 240 cm

（D）10.為提昇木構造建築之耐火性及延長防火時效，下列何者不是有效措施？

(A)外掛鐵絲網並粉刷水泥砂漿構成防火層

(B)塗刷防火漆

(C)在木材中注入防火劑

(D)儘量以空心之木構造夾層作為熱阻隔

（108 建築師-建築構造與施工#6）

【解析】

空心木構造**本質還是木構造**，不防火。

（C）11.一般結構用木材需經過乾燥處理，其含水率會控制在：

(A) 39%以下　(B) 29%以下　(C) 19%以下　(D) 0%

（108 建築師-建築構造與施工#14）

【解析】

木構造建築物設計及施工技術規範：

4.2.3 木材之乾燥

結構用木材應採用乾燥木材，其平均含水率在 19%（含）以下。

（D）12.右圖木構造缺口對接作法為何種對接？

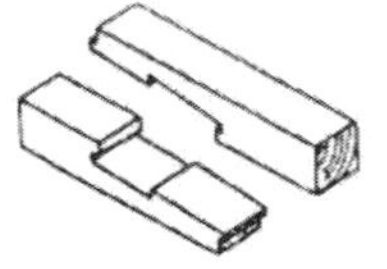

(A)踏步對接 (B)凹槽對接

(C)斜口對接 (D)追掛對接

（108 建築師-建築構造與施工#21）

【解析】

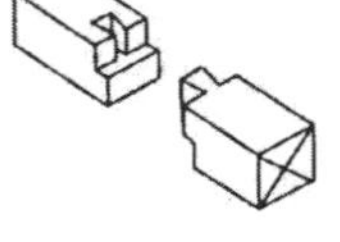

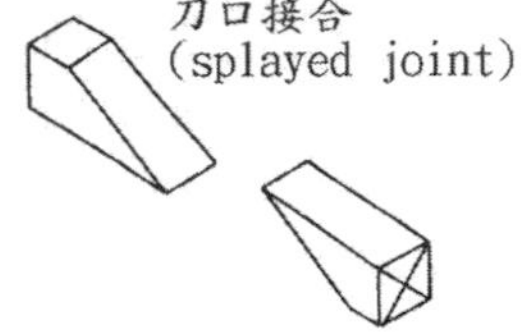

蛇首接合＝凹槽對接

題目所問的形式為追掛對接。

參考來源：樑柱工法木構造建築物(住宅)之施工技術手冊，中華木質構造建築協會 編輯，行政院農委會林務局出版，民國 94 年 12 月。

（C）13.下列有關圖示中木屋架之敘述，何者錯誤？

(A)本屋架為中柱式（king post）木桁架系統

(B)構件①為斜角撐（垂直隅撐），可防止構架柱材傾倒

(C)構件②為貓道支撐架，方便維修屋架構材

(D)構件③為屋架剪刀撐，可抵抗地震水平作用力

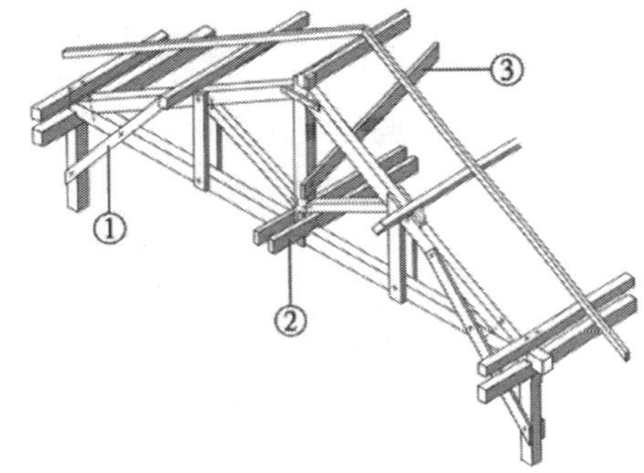

（108 建築師-建築構造與施工#31）

【解析】

(C)構件②為**水平夾撐（梁扶），加強整體屋架的穩定**。

（A）14.在裝修工地現場常用到之夾板，通常以「分」為單位叫料；6 分一般是指何種尺寸的夾板？

(A)1.8 公分厚　(B)180 公分長　(C)90 公分寬　(D)60 公分正方

（108 建築師-建築構造與施工#67）

【解析】

6 分夾板 ＝**1.8 公分厚**。

（B）15.下圖為何種木質材料的製作流程？

(A)集成材　(B)單板積成材　(C)合板　(D)塑合板

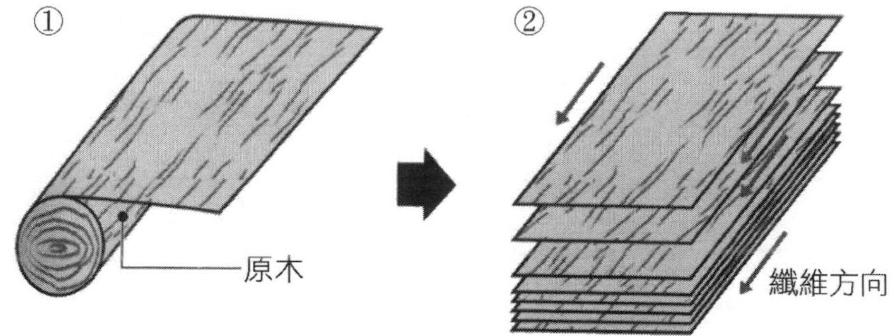

（109 建築師-建築構造與施工#8）

【解析】

單板積成的做法是將原木旋切成單版後高溫乾燥，並以同向順紋的方向進行塗膠熱壓膠合成板材使用。

（C）16.結構用木材之分級（grading）是依據其：

(A)防火等級　(B)防腐等級　(C)結構強度　(D)壽命

（109 建築師-建築構造與施工#15）

【解析】

木構造建築物設計及施工技術規範

4.2.2 等級

（1）結構用木材等級區分為

（a）普通結構材、（b）上等結構材等兩種等級。

（C）17.以現代科技興建 18 層樓以上的中高層木構造大樓可採用：

(A)輕木構造（light framing construction）

(B)大木構造（post and beam construction）

(C)交錯層積木材（cross laminated timber）

(D)乾燥木材（dry wood）

（109 建築師-建築構造與施工#23）

【解析】

交錯層積木材（cross laminated timber）可用以做成結構體並可以用在高層建築。

參考來源：國家林產技術平臺

https://www.cwcba-wqac.org.tw/forest-tech/index.php?action=resources-detail&id=50

（B）18.依據木構造建築物設計及施工技術規範規定，下列何者為木構件之接合扣件？

①釘　②鳳尾釘　③木螺絲釘　④螺栓　⑤膨脹螺栓　⑥突端螺栓　⑦穿孔釘

(A)①②④⑤⑥　(B)①③④⑥⑦　(C)①②③⑥⑦　(D)①③⑤⑥⑦

（109 建築師-建築構造與施工#54）

【解析】

支架式-木構造

（1）定義：以木材為主要構材做成框式構架（Frame）之建築物構造方法通稱為木構造。

適用性：建物簷高 14 M 及四層樓，供公眾使用非居住時，經中央建管結構安全審核者，得不限簷高。

（2）構材接合

①對接—搭頭、蓋板、缺口。

②搭接—榫接、平凹槽搭接、斜凹槽搭接、藏納搭接、單缺口搭接、雙接口搭接、勾齒搭接。

③榫接—T 型榫、平榫、雙榫、短榫、長榫、L 型榫、虎形榫、錐形榫。

④拼接—側身控槽互接合。

⑤補強構件—鐵釘、螺栓、螞蝗釘、尺板鐵、補強鐵框、接合圈（dowel connector）。

參考來源：朝陽科技大學建築系 授課教師：董皇志。

（A）19.長 3 m、寬 27 cm、厚 3 cm 的木料 3 塊，總共是多少才？（假定 1 台寸＝3 cm, 1 台尺＝30 cm）

(A) 27　　(B) 18　　(C) 9　　(D) 15

（109 建築師-建築構造與施工#63）

【解析】

（木材）木積＝1 台尺×1 台尺×1 台尺≒0.0027 m^3

〔(3×0.27×0.03)×3)〕／0.0027＝27 才

〔(長×寬×厚)×塊數〕

（#）20. 下列何種木材是工地木模板中，散模的主要材料來源？【答 C 或 D 或 CD 者均給分】

(A)柚木　　(B)桃花心木　　(C)杉木　　(D)柳安木

（109 建築師-建築構造與施工#73）

【解析】

夾板 Plywood，也稱合板，以三、五、七層單月薄板，取木紋互相垂直方式逐層膠合使其穩定不彎俏。使用樹種多為柳安、杉木、松木、楊木、樺木、椴木、桉木、棕梠木…等，特性為不易變形，表層碰水無礙，但不能最為防水材料，可做為較有濕度區域使用，結構耐用度高，板材價格依據樹種以及製成方式差距很大，是傢俱或是裝潢必用材料也是眾多家飾品以及木質創意品的主要用料，為台灣目前最大宗板材用料之一。

參考來源：松佳有限公司 https://www.yotomo.com.tw/yellowpageMobile/product_808160.html

（C）21.木材在纖維飽和點以下時，有關其各方向之膨脹率，下列排序何者正確？

(A)纖維方向＞徑向＞弦向　　(B)徑向＞纖維方向＞弦向

(C)弦向＞徑向＞纖維方向　　(D)徑向＞弦向＞纖維方向

（110 建築師-建築構造與施工#1）

【解析】

木材各方向之膨脹率，弦向收縮最大 5～10%＞徑向收縮次之 2～8%＞縱向纖維方向收縮變形量甚小僅 0.1～0.3%。

參考來源：營造法與施工上冊，第五章（吳卓夫&葉基棟，茂榮書局）。

（D）22.下列何者不是木構造防火設計？

(A)木構造梁柱構架構材之最小斷面應依防火時效設計，於時效內燃燒之殘餘斷面須符合結構設計承載能力所需之最小斷面尺寸規定

(B)木構材接合部位以金屬扣件接合時，應使用適當之防火被覆材或將金屬扣件設置於規定防火時效之安全斷面內，以確保接合部之強度

(C) 以框組壁式組合之木構造，在牆壁、天花板、樓板及屋頂內中空部位等相互交接處，應設置阻擋延燒構造，避免火燄之竄燒蔓延

(D) 經由表面碳化處理過之原木構架，因已具有不易燃燒的殘餘斷面，故符合木構造防火性能設計

（110 建築師-建築構造與施工#7）

【解析】需計算碳化率。

（C）23. 木材在進行含水率測試時，常用絕乾法進行。絕乾法為將試片置於烘箱中乾燥至恆量之過程。若有一試片乾燥前質量（m1）為 500 g，乾燥後之質量（m0）為 450 g，試問本結構用木材之含水率為何？

(A) 9%　(B) 10%　(C) 11%　(D) 12%

（110 建築師-建築構造與施工#11）

【解析】(500 – 450) / 450 = 11%

（C）24. 使用結構用木材來進行木造建築施工時，在木材之選擇上，下列何者錯誤？

(A)結構用木材應採用乾燥木材，其平均含水率在 19%（含）以下

(B)受彎構材中央附近應避免選用有缺點之木材

(C)應盡量使用未成熟比例較高之木材

(D)使用鐵件接合之部位，應避免選用角隅缺損之木料

（110 建築師-建築構造與施工#22）

【解析】

依據木構造建築物設計及施工技術規範

4.2.4 配材及選材（2）（b）避免使用未成熟材比例過高之木材。

（#）25. 關於木質構造的特性，下列何者錯誤？**【答 A 或 C 或 AC 者均給分】**

(A)木材無明顯之降伏點，伸縮量亦小，意謂較易發生脆性破壞

(B)構件接合部除利用膠合者外，以其他接合扣件接合者，或多或少均會變形

(C)構件接合部若能採用初期剛性低的作法，可提高木質構造的韌性

(D)具有扣件接合部的木質構造體，其變形量包含木材之變形與接合部之變形

（110 建築師-建築構造與施工#26）

【解析】

(A) 木材只有順木理方向受拉力時，屬於脆性破壞之特性。

(C) 若接合部能選用初期剛性高，使構造體之結構行為有較大變形能量，才可提高木質構造的韌性。

參考來源：營造法與施工上冊，第五章（吳卓夫&葉基棟，茂榮書局）

（B）26.木構造之防火設計原則，下列敘述何者最不適當？

(A)構材之防火設計應依防火時效設計，時效內之殘餘斷面須符合結構設計承載能力所需之最小斷面需求

(B)在壁體及樓板兩側覆蓋 9 mm 之耐燃一級石膏板，與壁內填充厚度 50 mm 以上密度 30 kg/m^3 以上之岩棉所構成的壁體，防火時效認定為 1 小時

(C)防火被覆板材之接縫處理，應於規定防火時效內能維持板材間接縫密合狀態外，並於接縫內側須設置能阻擋延燒之材料

(D)牆壁、天花板、樓板及屋頂內中空部位等相互交接處，應設置阻擋延燒構造

（110 建築師-建築構造與施工#45）

【解析】

除建築技術規則明定之構造形式具防火時效性能外，應取得「新材料、新技術及新工法驗證」之認可。

（B）27.框組壁式工法（亦稱為 2 × 4 工法）為常見於北美的一種木構造工法，其特徵為各木構件均以規格化之斷面尺寸進行施工及設計，試問臺灣此工法常見之構件尺寸為何？

(A)5 cm × 10 cm　　(B)3.8 cm × 8.9 cm

(C)10.5 cm × 10.5 cm　　(D)12 cm × 12 cm

（110 建築師-建築構造與施工#53）

【解析】

依木構造建築物設計貴飯及施工技術規範

9.3 木構造防火設計

（二）框組壁式系統防火設計

(a) 框組壁式 2 × 4 工法之最小間柱斷面為 38 mm × 89 mm，牆間柱之中心距不得超過 455 mm。

(b) 框組壁式 2 × 6 工法之最小間柱斷面為 38 mm × 140 mm，牆間柱之中心距不得超過 610 mm。

（C）28.下列何者屬於典型的框組壁式工法？

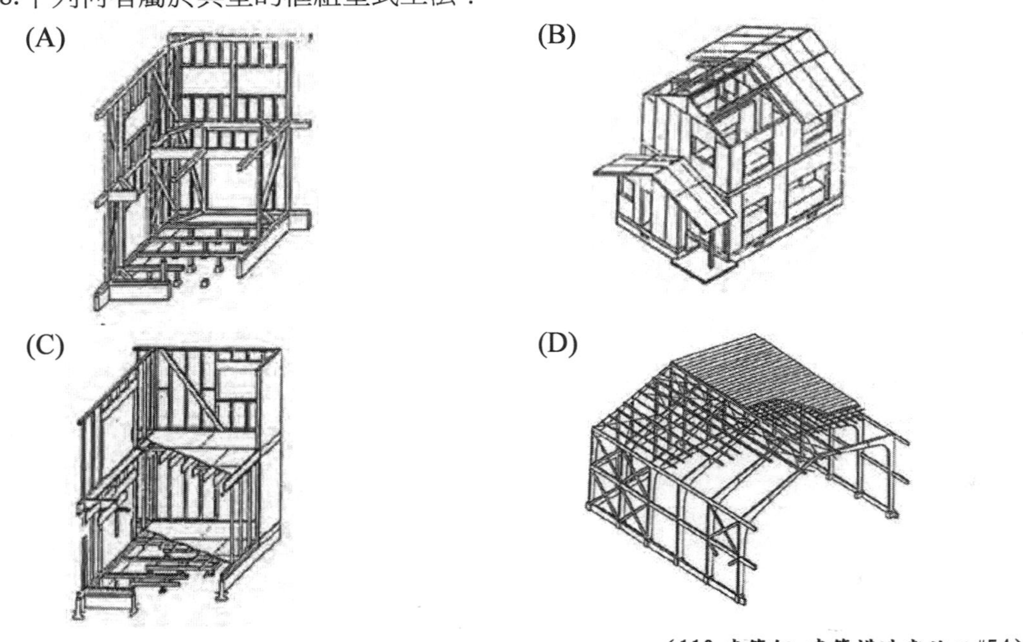

（110 建築師-建築構造與施工#54）

【解析】

依木構造建築物設計規範及施工技術規範如圖 2.2-1(C)

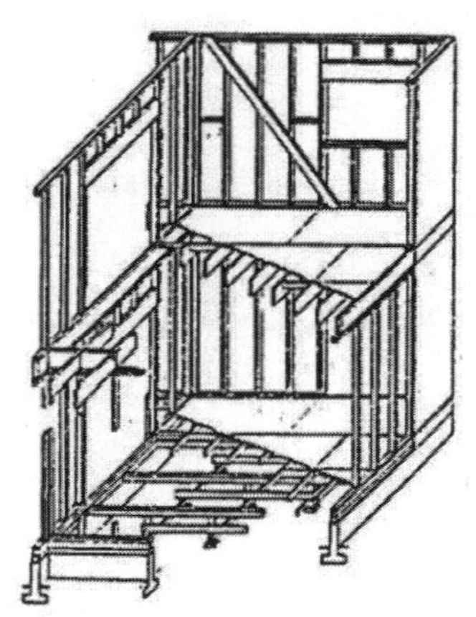

(c) 框組式構造

（B）29.有關木製材料之敘述，下列何者正確？

(A)合板是以偶數層之薄木板黏著加壓製成

(B)合板因木材紋理交錯，故可做任何方向的裁切

(C)塑合板因由木屑熱壓而成，故吸水率比一般木製合板高

(D)木材常用壓接及指接方式接合

（110 建築師-建築構造與施工#57）

【解析】

(A)合板是以 3 層以上之薄木板黏著加壓製成（夾板、單板層積材）。

(C)含水後易變形膨脹、非指吸水率。

(D)木材常用樹脂膠合方式接合。

（B）30.依我國現況，下列對於木質材料或構造的敘述，何者錯誤？

(A)有 FSC（Forest Stewardship Council）認證的結構材屬於環境友善的材料

(B)國產結構材的成本通常比進口結構材低

(C)國產結構材的應用有助於推動相關供應鏈

(D)部分建築類型可以不受木建築樓層高或簷高的限制

（110 建築師-建築構造與施工#77）

【解析】

國內木材需求大部分仰賴國外進口，國內的木材自給部分比例極少價格也相對昂貴。

（D）31.木材經乾燥處理後，其功能可以：

①呈現木紋增加美觀　②增加木材結構強度　③防止真菌生長　④減少白蟻攻擊

(A)僅①②③　(B)僅①②④　(C)僅③④　(D)僅②③④

（111 建築師-建築構造與施工#14）

【解析】

木材經乾燥處理後與呈現木紋增加美觀無關。

（C）32.有關木材的敘述，下列何者正確？

(A)使用時需要乾燥來降低完成後木料的收縮變形等，一般構造用木材含水率大約是乾燥至 40%~50%左右較合適

(B)受壓強度與木頭纖維的方向無關

(C)心材比邊材，乾燥後較不容易有收縮、翹曲的現象，耐久性較高，較不容易蟲害

(D)人工乾燥法中有浸水乾燥法與空氣乾燥法兩種

（111 建築師-建築構造與施工#15）

【解析】

(A)構造材含水率應在 25%以下。

(B)如果接合在上下兩側，當木材承受壓力時會從木紋方向斷裂，但是如果接合在左右兩側，那麼壓力與纖維走向垂直，結構力量才是最大。

(D)人工乾燥法：人工提供熱源，利用空氣加熱乾燥。

（A）33.有關木構造之敘述，下列何者正確？

(A)獨立木柱的柱腳為了防止雨淋積水而腐爛，會用墩柱或是金屬柱腳來抬高柱腳使其不積水

(B)常用 2 × 4 木構造建築，因木材本身就是保溫材料並不需要額外設置隔熱材料

(C)管柱為一層樓以上木構造自底層貫通至頂層的垂直構件

(D)我國木構造構架的主要種類有抬梁式、抬柱式及中柱式

（111 建築師-建築構造與施工#26）

【解析】

(B)木材本身雖是保溫材料但仍需要搭配其他隔熱材料才能有最好的效益。

(C)管柱為其中一種木構造柱體的構件型態，不限樓層數。

(D)現有木質房屋結構種類依系統種類可概分為：框組壁構造系統、柱梁式構造系統、原木層疊構造系統、其他經認證的特殊構造系統。

（A）34.下列何者非木料接合固定時常用之鐵件？

(A)鉚釘　(B)鐵釘　(C)螺釘　(D)螞蝗釘

（111 建築師-建築構造與施工#28）

【解析】

鉚釘的功能為緊固件，主要用於機械工程或金屬加工。

（B）35.一塊長 5 台尺，寬 3 台寸，厚度 0.6 台寸的木材，其材積為多少才？

(A) 3　(B) 0.9　(C) 18　(D) 0

（111 建築師-建築構造與施工#45）

【解析】

才數 = 長度（公分）×寬度（公分）×高度（公分）÷2700，5 台尺 = 151.5 cm，3 台寸 = 9.1cm，0.6 台寸 = 1.8 cm，151.5×9.1×1.8÷2700 = 0.9 才。

（D）36.木構造中常見框架系統內有建構木斜撐壁體，其接合處常以五金鐵件或螺栓細部予以與梁柱框架接合，該斜撐壁體的作用相當 RC 結構的：

(A)梁　(B)柱　(C)樓板　(D)剪力牆

（111 建築師-建築構造與施工#58）

【解析】

木構造的斜撐主要功能性為增加水平抵抗能力，功能性相當於剪力牆。

歷屆申論題

一、試說明木質構造建築物之防腐工法可以採用之具體做法與其注意事項。（25 分）

（109 公務高考-建築營造與估價#3）

參考題解

木構造防腐處理

（一）（依木構造建築物設計及施工技術規範）

選擇與建築物周圍環境、建地條件、建築物構法、用途、規模及目標耐用年限相對應之防腐工法加以實施。實施防腐處理時，下列項目為其基本原則：

項目	內容	注意事項
利用構法	1. 主要部分之木材應使用乾燥材。 2. 對於特別容易腐朽之場所，應使用耐腐朽性佳之木材。 基礎構造為木地檻、地板、外牆等，應為耐腐朽之構造，並應設置適當之換氣口。 3. 廚房、浴室等排水周圍部分，應施予防水措施，並應注意使水分不會滯留且容易乾燥。 4. 屋架組內之換氣，必需設置相對應之換氣口，並注意防露。	就木材腐朽與其含水率之相關性而言，含水率在 25~35%為臨界點，超過時木材會容易腐朽，因此採用含水率在 25%以下之木材為佳，構造材之含水率應在 25%以下。 卵石基礎固然在耐震上有所助益，但由於地盤之吸濕效應，使地檻材非常容易發生腐朽，因此需考慮地板下方之通氣，通常將地板設置在地盤面 20 cm 以上之高度，在潮濕地區，此數值可能需再提高；換氣口之數目依基地之乾濕程度而異，在 450 cm^2 內以每 5 m 設置一處較為適當。

項目	內容	注意事項
利用防腐劑處理法	1. 木材防腐劑及其吸收量，應依 CNS 14495「木材防腐劑」及 CNS 3000「木材之加壓注入防腐處理方法」之規定。 2. 木材防腐劑處理應考量處理效果、安全管理及施工性等，選擇適當之方法。 3. 即使為防腐處理材，對於横向接合處或縱向接合處之加工部分，應進行再處理。 4. 施工時，防腐處理材之養生、藥劑之保管、作業場所之安全性等，應充分注意。	木材實施防腐劑處理時，需考慮藥劑之防腐效果及其持續性、浸透性，以及其對金屬類之腐蝕性與處理後之木材對火之危險性、塗裝性、著色之有無、處理之難易及對人體之影響等，再決定防腐劑之種類、濃度及處理方法。

（二）注意事項（依木構造建築物設計及施工技術規範）

一般木質構造建築物容易發生腐朽之場所，包括：

1. 一般日照、通風不良之場所。
2. 易暴露在雨水之部分，例如直接接觸外面之外牆、簷端等。
3. 經常接觸水之場所，如水分容易發生滯留之流理台、廁所、浴室等。
4. 北側最易發生腐朽，其次分別為西側、東側及南側。
5. 塗抹水泥砂漿之大壁構造比真壁構造容易腐朽。
6. 有可能產生內部結露之處。
7. 與鐵件接觸，其表面有可能產生結露之處。

因此，容易發生構材腐朽之部位如下：

1. 與混凝土、磚石、土壤及其他類似含水物質接觸或埋入之構材。
2. 鄰近給、排水管之木質構材部份。
3. 外牆內易使水分滯留之底部構材，如地檻、柱及斜撐之底部等。
4. 塗抹水泥砂漿之基礎部。
5. 地板托梁及地板欄柵。
6. 柱與窗台之横向接合部份。

> 二、何謂柱樑構架（軸組）式木構造？請以 2 層樓高度規模之木構為例，繪圖說明其構成及組立方式。（25 分）
>
> （111 公務高考-建築營造與估價#3）

參考題解

【參考九華講義-構造與施工 第 16 章 木構造】

（一）柱樑構架（軸組）式木構造：

相較於傳統木構造運用不同材料來源、尺寸，加工應用於各個適切位置；軸組工法梁柱等構件大量使用一致斷面尺寸及長度材料（模矩化），實現快速（大量）生產之優勢。如梁柱斷面 105 mm、120 mm、長度 3 M~6 M。

（二）構成及組立方式示意圖：

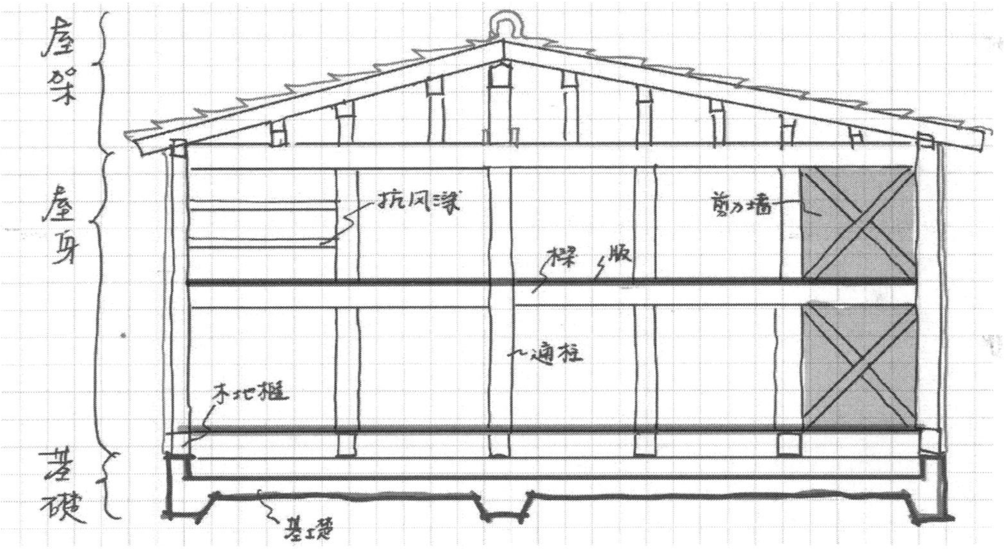

三、試解釋符合一小時防火時效之木構造牆之內容及組成方式。（25 分）

（111 地方四等-施工與估價概要#3）

參考題解

【參考九華講義-第 16 章　木構造】

一小時防火時效之木構造牆：

具垂直承重性能	防火被覆用板材與填充材等，應於防火時效內能維持壁體之垂直承重性能與防火性能。牆骨架採用斷面為 38 mm × 89 mm 或 38 mm × 140 mm 木料，載重比小於 1.0。兩側防火被覆用板材各採用厚度為 15 mm 以上之耐燃一級石膏板（GBR 或 GBF 種類）二層，或厚度為 12 mm 以上之耐燃一級矽酸鈣板二層，或厚度為 15 mm（5/8 in 或 15.9 mm）以上之特殊耐火級石膏板一層，與壁內填充材為厚度 50 mm 以上密度 60 kg/m³ 以上之岩棉所構成壁體，防火時效可認定為一小時。	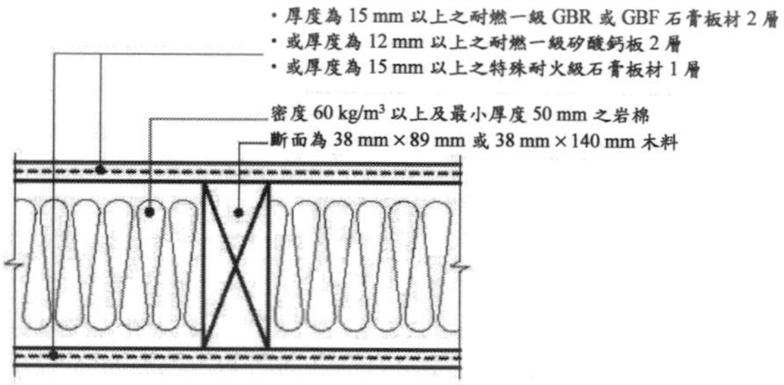 ・厚度為 15 mm 以上之耐燃一級 GBR 或 GBF 石膏板材 2 層 ・或厚度為 12 mm 以上之耐燃一級矽酸鈣板 2 層 ・或厚度為 15 mm 以上之特殊耐火級石膏板材 1 層 密度 60 kg/m³ 以上及最小厚度 50 mm 之岩棉 斷面為 38 mm × 89 mm 或 38 mm × 140 mm 木料
不具垂直承重性能	防火被覆用板材與填充材等，應於防火時效內能維持壁體之防火性能。兩側防火被覆用板材各採用厚度為 15 mm 以上之耐燃一級石膏板，或厚度為 12 mm 以上之耐燃一級矽酸鈣板，與壁內填充材為厚度 50 mm 以上密度 60 kg/m³ 以上之岩棉所構成壁體，防火時效可認定為一小時。	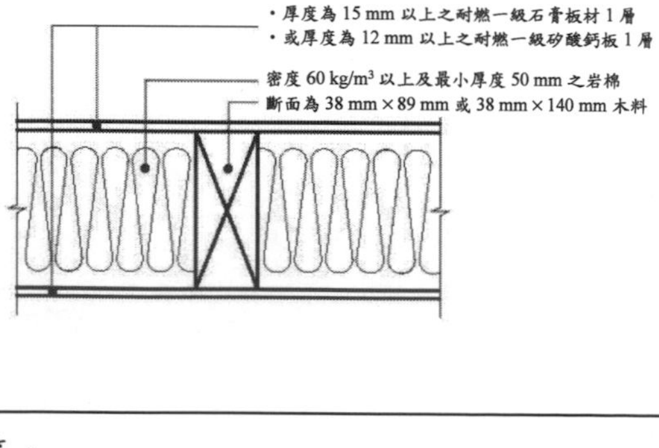 ・厚度為 15 mm 以上之耐燃一級石膏板材 1 層 ・或厚度為 12 mm 以上之耐燃一級矽酸鈣板 1 層 密度 60 kg/m³ 以上及最小厚度 50 mm 之岩棉 斷面為 38 mm × 89 mm 或 38 mm × 140 mm 木料

參考來源：木構造建築物設計及施工技術規範。

2 圬工構造

內容架構

(一) 建築物高度限制

1. 磚造、加強磚造、加強混凝土空心磚造，高寬比不得大於 2.2 m，層高不得超過 4 m。
2. 磚造建築物，高度不得超過 9 m，簷高不得超過 7 m。
3. 加強磚造建築物，高度不得超過 12 m，簷高不得超過 10 m，但不得超過三層。

(二) 其他重要事項

1. 建築物牆壁用紅磚，結構牆者最小抗壓強度不得低於 300 kgf/cm^2，吸水率不超過 13%。
2. 非結構牆者最小抗壓強度不得低於 200 kgf/cm^2，吸水率不超過 15%。
3. 磚之比重約 2.1~2.2 kg。
4. 屋頂欄杆牆高度不得超過 1.2 m。
5. 圍牆高度不得超過 1.7 m。
6. 圍牆高度 1.2 m 以下者，厚度應大於 9.5 cm。
7. 圍牆高度 1.2 m 以上者，厚度應大於 20 cm。

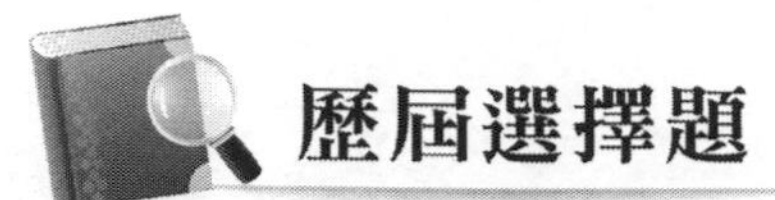

（B）1. 磚構造中，兩承重牆垂直交接處，下列何種工法不可使用？

(A)交丁砌　　(B)對縫砌

(C) RC 固定梁　　(D)金屬版固定件（metal plate strap anchors）

（105 建築師-建築構造與施工#16）

【解析】

磚構造中，兩承重牆垂直交接處，不可使用(B)對縫砌。（沒有交疊）

（D）2. 有關照片中所見構造體，下列敘述何者錯誤？

(A)臺灣傳統民宅建築的斗砌牆構造

(B)其構築方式各地做法不盡相同，②④⑤是照片案例可能的做法

(C)斗砌牆一般較不耐震

(D)平板磚所框築之內部空心部分常以灰漿加碎石填充

（105 建築師-建築構造與施工#22）

【解析】

(D)平板磚所框築之內部空心部分常以**土石碎料**填充。

（C）3. 在合歡山寒冷地區建一棟二層樓遊客中心，外牆採清水磚造，下列圖示砌磚灰縫何者正確？

(A) 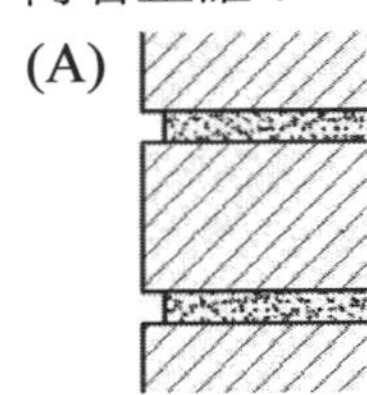 (B) 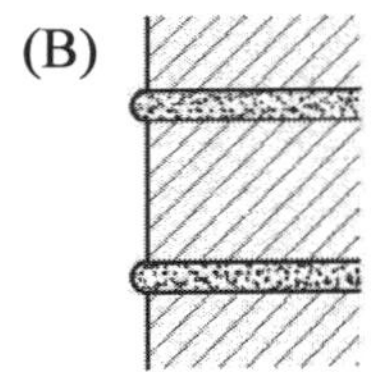 (C) 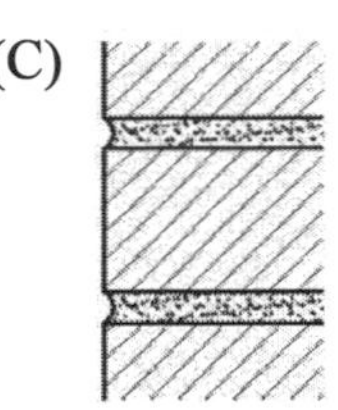 (D) 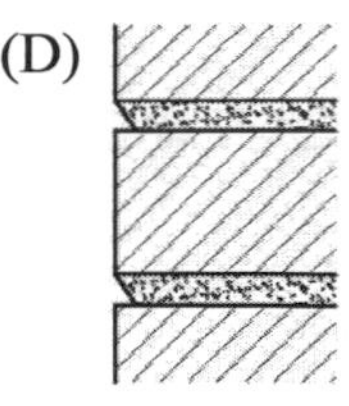

（105 建築師-建築構造與施工#46）

【解析】

圖(C)為外牆清水磚造，灰縫施作方式。

（C）4. 石灰灰漿之品質與下列何者關係最小？

(A)養灰時間　(B)石灰與麻絨之配比

(C)養灰位置　(D)水分

（106 建築師-建築構造與施工#3）

【解析】

配比／時間／水分皆有關，位置最無關。

（B）5. 依建築技術規則規定，有一平房磚造建築物，結構牆長度為 8 公尺，其牆身之厚度不得小於多少公分？

(A)20　(B)29.5　(C)40　(D)45

（106 建築師-建築構造與施工#38）

【解析】

建築物磚構造設計及施工規範

4.2 牆身厚度限制

4.2.1 磚造建築物之結構牆牆身厚度依建築物之樓層數與該牆壁之長度而定。表 4-1 所示為不含粉刷層之最小牆身厚度：

表 4-1 最小牆身厚度（cm）

牆身長度 ／ 樓層	5 m 以下者	超過 5 m 但 10 m 以下者
平房	20	29.5
二層樓以上	29.5	40

（C）6. 有關玻璃磚施工規範之敘述，下列何者錯誤？

(A)玻璃磚之施築面如為地面時，應檢查其是否水平；如為牆或壁柱時，應先檢查其是否垂直。工作面缺點未改正以前，不得進行工作

(B)水平接縫每 60 cm 應設置一錨定板

(C)補強筋應跨越伸縮縫

(D)須在砂漿仍為塑性狀態且未固結前將接縫整平

（107 建築師-建築構造與施工#38）

【解析】

(C)補強筋**不可**跨越伸縮縫。

（D）7. 現代建築中雖將磚視為非建築構造來使用，但為了使其仍有一定的強度束制，於磚的中間常用何者予以加固？

(A)FRP　(B)保麗龍　(C)H 型鋼　(D)鋼筋

（107 建築師-建築構造與施工#59）

【解析】

於磚的中間常用(D)鋼筋予以加固，仍有一定的強度束制。

（B）8. CNS 對於陶瓷面磚分為 Ia、Ib、II 及 III 四類，主要分類之依據為該材料的：

(A)耐磨耗性　(B)吸水率　(C)硬度　(D)耐釉裂性

（107 建築師-建築構造與施工#66）

【解析】

依 CNS9737 R1018 陶瓷面磚總則國家標準以吸水率區分材料等級

Ia 類（瓷質）：吸水率 0.5%以下。

Ib 類（瓷質）：吸水率超過 0.5%，3.0%以下。

II 類（石質）：吸水率 10.0%以下。

III 類（陶質）：吸水率 50.0%以下。

（D）9. 從工地隨機取出紅磚樣本，尺寸為 21 × 10 × 6 cm，依 CNS 規範測試出荷重值為 12600 kgf，則抗壓強度為：

(A)60 kgf/cm^2　(B)80 kgf/cm^2　(C)100 kgf/cm^2　(D)120 kgf/cm^2

（107 建築師-建築構造與施工#68）

【解析】

$S = P/A = 12600\ kgf / (10.5cm \times 10cm) = 120\ kgf/cm^2$。

（D）10.吸水率是石材選用時需考量的性質之一，下列何種石材具較高之吸水率？

(A)大理石　(B)安山岩　(C)蛇紋岩　(D)凝灰岩

（108 建築師-建築構造與施工#8）

【解析】

凝灰岩：石質軟，孔質多，故**吸水率大**，但對熱抵抗性大，強度稍差，但重量輕、加工性大，所以被廣泛運用在建築工程上。

（C）11.有關紅磚牆體砌築施工之規定，下列敘述何者錯誤？

(A)砌磚時應四周同時並進，每日所砌高度不得超過 1 公尺，收工時須砌成階梯形接頭，其露出於接縫之水泥砂漿應在未凝固前刮去，並用草蓆或監造人核可之覆蓋物遮蓋妥善養護

(B)砌磚時各接觸面應布滿水泥砂漿，每塊磚拍實擠緊，使完工後之外牆在下雨時不致滲水入內。磚縫厚度不得大於 10 公釐，亦不得小於 8 公釐，且應上下一致。磚砌至頂層得預留 2 層磚厚，改砌成傾斜狀，如此填縫較易。磚縫填滿水泥砂漿後可於接觸面加舖龜格網，減少裂隙

(C)磚塊於砌築前應呈完全乾燥狀態，以使砌築時不吸收水泥砂漿內水分為判定標準

(D)牆內應裝設之鐵件或木磚均須於砌磚時安置妥善，木磚應為楔形並須塗柏油兩度等防腐蝕處理措施

（108 建築師-建築構造與施工#9）

【解析】

磚塊於砌築前應呈**飽水狀態**，以使砌築時不吸收水泥砂漿內水分為判定標準。

（A）12.8 層樓高的大學宿舍主結構之外的紅磚隔間牆，若全部改採 RC 構造，將會有何改變？

(A)增加整體建築物重量　(B)增加牆面龜裂的可能性

(C)增加聲音傳導至隔壁的可能性　(D)地震發生時增加牆面倒塌的可能性

（108 建築師-建築構造與施工#24）

【解析】

RC 牆單位重（2.2-2.4）**大於**磚牆單位重（1.8-2.0）。

（A）13.有關室內砌紅磚牆之裝修工程，下列敘述那些錯誤？

①紅磚砌築施工前應避免溼潤以免影響水泥砂漿之固化凝結功能；

②1B 磚牆高度超過 3 公尺時應加設補強梁柱；

③下層砌磚高度達 1.5S 公尺高度時應予暫停，剩餘次日再砌；

④磚牆轉角處，應以相交錯開方式（交丁）砌疊

(A)①②　(B)①④　(C)②③　(D)③④

（108 建築師-建築構造與施工#32）

【解析】

①紅磚砌築施工前應溼潤以免影響水泥砂漿之固化凝結功能。

②1B 磚牆高度超過 **3.5 公尺**時應加設補強梁柱。

（D）14.依據磚構造設計及施工規範，下列敘述何者錯誤？

(A)磚造建築物，建築物高度不得超過 9 公尺，簷高不得超過 7 公尺

(B)用於紅磚牆體之水泥砂漿，其設計抗壓強度不得低於 100 kgf/cm^2

(C)屋頂欄杆牆、陽臺欄杆牆及壓簷牆均不得單獨以磚砌造，須以鋼筋混凝土梁柱補強設計

(D)磚牆中不得埋管

（108 建築師-建築構造與施工#52）

【解析】

建築物磚構造設計及施工規範：

3.5 牆中埋管

牆中埋管不得影響結構安全與防火要求。

（C）15.磚構造無法形成下列何種系統？

(A)殼　(B)牆　(C)框架　(D)基礎

（108 建築師-建築構造與施工#59）

【解析】

磚造是以磚牆承重，無法做成框架結構。

（#）16. 空心磚的特性不包括下列何者？**【答 C 給分】**

(A)隔音　(B)防熱

(C)隔絕水分滲透　(D)可做為結構體承受載重之用

（108 建築師-建築構造與施工#62）

【解析】

建築物磚構造設計及施工規範 3.5 牆中埋管

牆中埋管不得影響結構安全與防火要求。

因建築物使用所需之水管及其他維生管線，宜儘可能以明管方式設置於專用之管道間，儘量勿埋設於關係到結構穩固性或有一定防火厚度要求之牆體內。若非不得已欲埋設於牆體內時，應設置於不較會因佔用牆體剖面積而影響結構強度或防火能力之部位。利用空心磚牆中固有存在之**空心孔洞作為穿管之用時，則可不受此限制**。

（C）17.依據 CNS382R2，承重牆壁必須用一等磚，其抗壓強度至少需大於多少 kg/cm^2？

(A) 100　(B) 125　(C) 150　(D) 175

（109 建築師-建築構造與施工#9）

【解析】

建築物磚構造設計及施工規範

2.2 矽灰磚

建築物牆壁所用矽灰磚，須符合國家標準 CNS 2220 之規定，結構牆必須用特級或一級磚，最小抗壓強度不得低於 150kgf/c ㎡；非結構牆得用二級磚，最小抗壓強度不得低於 100 kgf/cm^2

（D）18.有關各種紅磚規格之敘述，下列何者錯誤？

(A)半磚的體積約等於半條磚的體積

(B)整磚的體積約為半磚體積的兩倍

(C)二五磚的體積約為七五磚體積的 1/3

(D)小半條磚的體積約為二五磚體積的 1/2

（109 建築師-建築構造與施工#13）

【解析】

體積相同（皆為 1/4 整磚）

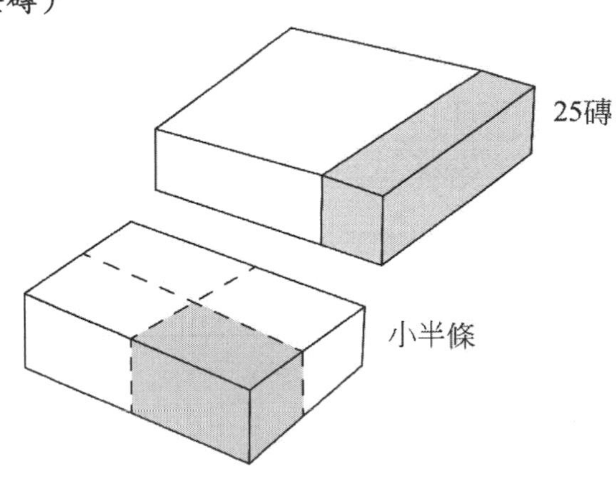

（B）19.下列何種磚材常應用於臺灣之古蹟修復？

(A)陶磚 (B)黏土磚 (C)頁岩磚 (D)青灰磚

（109 建築師-建築構造與施工#39）

【解析】

紅瓦、黑瓦、尺磚等常見古蹟修復的供應材料皆為傳統黏土磚窯燒技術製成。

（B）20.紅磚牆體砌築每日收工時所留接頭型式應為下列何者？

(A)順丁型 (B)階梯型 (C)鋸齒型 (D)交丁型

（109 建築師-建築構造與施工#53）

【解析】

建築物磚構造設計及施工規範

第七章 砌磚工程施工要求

7.5 紅磚牆體砌築施工

（8）砌磚時應四週同時並進，每日所砌高度不得超過 1 公尺，收工時須砌成階梯形接頭，其露出於接縫之水泥砂漿應在未凝固前刮去，並用草蓆或監造人核可之覆蓋物遮蓋妥善養護。

（B）21.有關壁磚施工之敘述，下列何者錯誤？

(A)外牆鋪貼面磚時，應至少於每一樓層之接縫處，垂直部分至少於每 3~4 m 處，預留一條 10~20 mm 寬之面磚伸縮縫；若牆體結構已有預留伸縮縫者，面磚伸縮縫應配合其位置設置，其深度應含面磚與接著劑之厚度，伸縮縫應以彈性密封材料填充

(B)貼著、抹縫及勾縫完成後，磁磚面不可立即清洗，以免破壞抹縫及勾縫

(C)室內應於所有樓板與牆板處設置伸縮縫，其於廁所、廚房、茶水間等經常處於潮濕之場所，其轉角均應設置伸縮縫，伸縮縫應以彈性密封材料做防水填縫處理

(D)打底之水泥砂漿粉刷前，若混凝土結構體上，已有預留龜裂誘發縫或伸縮縫時，水泥砂漿粉刷層亦應於其相對位置上預留伸縮縫，該伸縮縫應以彈性密封材料填充

（109 建築師-建築構造與施工#55）

【解析】

磁磚鋪貼應注意事項

施工應注意天候，施工好部份須加蓋棚蓋防雨水淋落。尤其在馬賽克等外牆磁磚施工，施工完成時應全部清洗一次。

無釉磚之施工，應一面施工一面勾縫，隨時以清水清洗受污面，工程完工時再清洗一次。

參考來源：美麗空間。

（B）22.針對路易士康（Louis Kahn）在印度管理大學的磚拱細部設計（如圖所示）。下列敘述何者最不適當？

(A)磚是形成拱圈的良好材料

(B)既有磚拱，何須 RC 過梁

(C)RC 過梁的加入，免除了磚拱原本需要的加厚牆體

(D)RC 過梁既有承受磚拱外推力的作用，同時成為立面的元素之一

（110 建築師-建築構造與施工#6）

【解析】

平拱、弧拱≦開口 1M＜RC 過樑

（D）23.下列何者係屬於變質岩之天然裝修石材？

(A)花崗岩　　(B)安山岩　　(C)砂岩　　(D)大理石

（110 建築師-建築構造與施工#47）

【解析】

(A)花崗岩-火成岩

(B)安山岩-火成岩

(C)砂岩-水成岩（又名沉積岩）

(D)大理石-變質岩

參考來源：營造法與施工上冊，第四章（吳卓夫&葉基棟，茂榮書局）。

（A）24.一般建材有瓷製品、石製品及陶製品，若以吸水率及燒成溫度來區分，下列何者正確？

(A)吸水率：瓷製品＜石製品＜陶製品，燒成溫度：瓷製品＞石製品＞陶製品

(B)吸水率：石製品＜瓷製品＜陶製品，燒成溫度：石製品＞瓷製品＞陶製品

(C)吸水率：石製品＜瓷製品＜陶製品，燒成溫度：瓷製品＞石製品＞陶製品

(D)吸水率：瓷製品＜石製品＜陶製品，燒成溫度：石製品＞瓷製品＞陶製品

（111 建築師-建築構造與施工#8）

【解析】

陶質磚為三種中吸水率最高的，燒製溫度多在 1,000 度上下，因爲尚未「瓷化」所以密度也比較低，使用於室外則容易受到天候、氣溫、濕度等影響產生龜裂。石質磚的吸水率介於三種之中，其坯土需經過 1,100~1,200 度的高溫燒製，因而它的密度也較高一點，吸水率比陶質磚低了不少。

（D）25.某基地欲設計一建築物，下列規模何者不符合建築物磚構造設計及施工規範之規定？
(A)磚造，二層樓，建築物高度 9 公尺，簷高 7 公尺
(B)加強混凝土空心磚造，空心磚抗壓強度為 40 kgf/cm^2 時，二層樓，簷高 7 公尺
(C)加強磚造，三層樓，建築物高度 12 公尺，簷高 10 公尺
(D)加強混凝土空心磚造，空心磚抗壓強度為 80 kgf/cm^2 時，四層樓，簷高 12 公尺
（111 建築師-建築構造與施工#11）

【解析】
加強混凝土空心磚造，空心磚抗壓強度為 40 kgf/cm^2 時，二層樓，簷高 7 公尺，(D)錯誤。

（B）26.臺灣傳統建築「土埆厝」以「土埆磚」作為傳統建築牆面主要材料時，需特別注意那一項性能？
(A)室內濕度調整　(B)抗震力　(C)表面粗糙度　(D)隔音能力
（111 建築師-建築構造與施工#25）

【解析】
傳統的土角厝耐震能力差。

（D）27.清水砌磚工法中勾縫之目的為何？①黏著　②防水　③美觀　④抑制白華
(A) ①③　(B) ②④　(C) ③④　(D) ②③
（111 建築師-建築構造與施工#44）

【解析】
勾縫是指用砂漿將相鄰兩塊砌築塊體材料之間的縫隙填塞飽滿，其作用是有效的讓上下左右砌築塊體材料之間的連接更為牢固，防止風雨侵入牆體內部，並使牆面清潔、整齊美觀。

（A）28.依據 CNS 標準規定，一種磚建築用普通磚之吸水率應不超過：
(A) 10%　(B) 13%　(C) 15%　(D) 20%
（111 建築師-建築構造與施工#60）

【解析】
公共工程得標廠商之營造業依照設計，需購買 CNS382 一種(級)磚時(抗壓強度 300kgf/cm^2，吸水率 10%以下)。

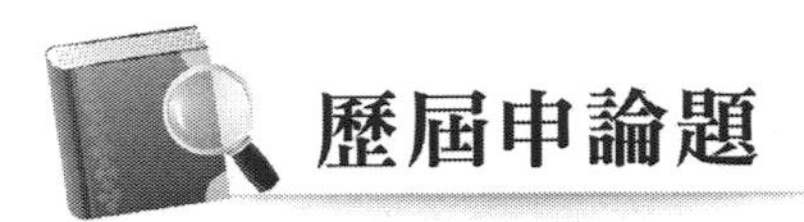

歷屆申論題

> 一、於建築物施工中，砌磚在現場作業應注意那些重要事項？（20 分）
>
> **（105 公務普考-施工與估價概要#5）**

參考題解

（一）填縫水泥砂漿

1. 除另有規定者外，須用容積比不低於 1:3 之水泥砂漿接縫疊砌，即以一份水泥、三份細粒料之配比加適量清水拌和至適用稠度，隨拌隨用，或用容積比 1：1/4：3 之水泥石灰砂漿接縫疊砌。且應於拌和後一小時內用完，逾時不得使用。
2. 砂漿層之舖置厚度應予以控制，最少應有 1.5 公分。

（二）填充水泥砂漿與填充混凝土施工

1. 填充水泥砂漿與填充混凝土施工：

   砌磚施工若小規模使用填充水泥砂漿、填充混凝土或填縫水泥砂漿時，可在工地現場拌合製造。如混凝土空心磚牆每砌築二至三皮後，在灰縫水泥砂漿仍未硬化之際，即將填充水泥砂漿或混凝土澆注於空洞部中。此工法稱逐次填充工法。

   （1）混凝土空心磚牆縱灰縫之空洞部中，通常在縱灰縫施工後約 1 小時後，才澆置填充用混凝土，以免灰縫被擠壓出來。

   （2）填充時須以細長圓棒搗實之。

   （3）牆體每砌築 2 至 3 皮，高約 40 至 60 公分時，就填充一次。

   （4）牆體之 L 形隅角、T 形交角、端部、RC 梁下方、楣梁等處，得採用特殊空心磚單元或模版以利配筋及填充混凝土。橫灰縫空洞部中之橫筋，須於填充後上下有充分之保護層。

   （5）每日一個作業終了之縱灰縫空洞部中之填充高度，宜距空心磚單元上端起約 5 公分之內，以利後續之接續填充，並使剪斷強度與防水性能不致減低。

2. 填充預拌混凝土：

   砌牆施工採階高填充工法，意即牆體砌至一樓層高或半樓層高，俟灰縫水泥砂漿硬化後，再進行縱灰縫空洞部之填充。此工法可採用預拌混凝土，其優點為品質較穩定且省工，其缺點為較易產生牆體漏水或鋼筋生鏽。

   （1）有良好的二次連續的縱橫空洞部，使易於填充。

（2）使用高性能 AE 減水劑，以確保填充水泥砂漿之流動性。

（3）可能於填充時側壓力造成弱點處，須予補強之。

（4）填充前使用灌漿用混和劑令空心磚單元充分水溼，以免空心磚之吸水性造成填充水泥砂漿劣化。

（三）紅磚牆體砌築

1. 磚塊於砌築前應充分灑水至飽和面乾狀態，以使砌築時不吸收水泥砂漿內水份為判定標準。
2. 砌牆位置須按圖先畫線於地上，並將每皮磚牆逐皮繪於標尺上，然後據以施工。
3. 砌疊之接縫，在垂直方向必須將接縫每層錯開，並隔層整齊一致，保持美觀。圖上如未特別註明，所用磚牆一概用英國式砌法，即一皮丁磚一皮順磚相間疊砌。
4. 砌磚時各接觸面應佈滿水泥砂漿，每塊磚拍實擠緊，使完工後之外牆在下雨時不致滲水入內。磚縫厚度不得大於 10 公釐，亦不得小於 8 公釐，且應上下一致。磚砌至頂層得預留 2 層磚厚，改砌成傾斜狀如此填縫較易。磚縫填滿水泥砂漿後可於接觸面加鋪龜格網，減少裂隙。
5. 砌磚時應四週同時並進，每日所砌高度不得超過 1 公尺，收工時須砌成階梯形接頭，其露出於接縫之水泥砂漿應在未凝固前刮去，並用草蓆或監造人核可之覆蓋物遮蓋妥善養護。

（四）清水紅磚牆體砌築施工

嵌縫工作進行之前，應先以 5%鹽酸溶液洗刷牆面，然後再用清水洗淨。嵌縫用漿應為 1：1 水泥砂漿另加防水劑。除另有規定外所嵌水泥砂漿應較牆面縮進 2 公釐至 3 公釐，清水紅磚牆其內牆面與外牆面要求相同。

（五）磚牆砌法

各式磚牆砌法之臨界破裂角：

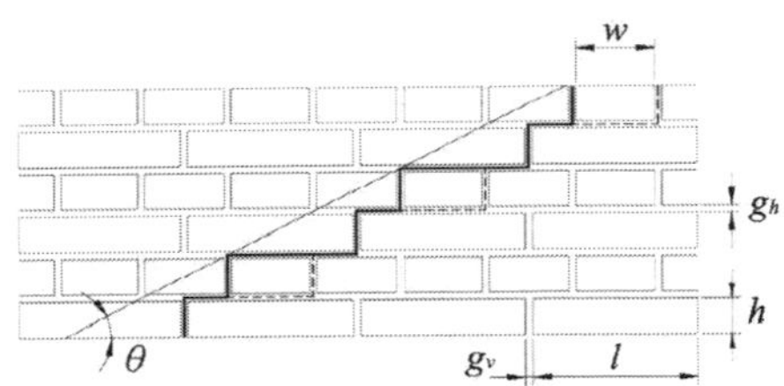

(a). 英國式砌法
(English Bond)

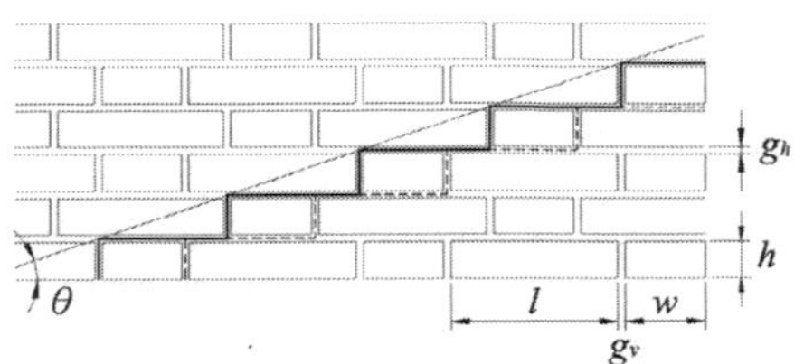

(b). 法國式砌法
(Flemish Bond)

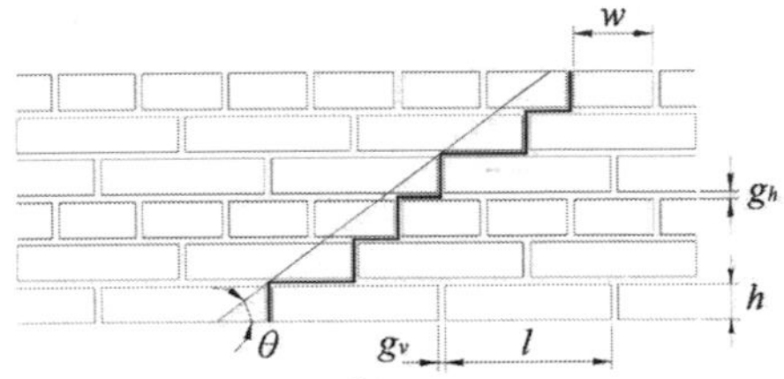

(c). 兩順一丁砌法

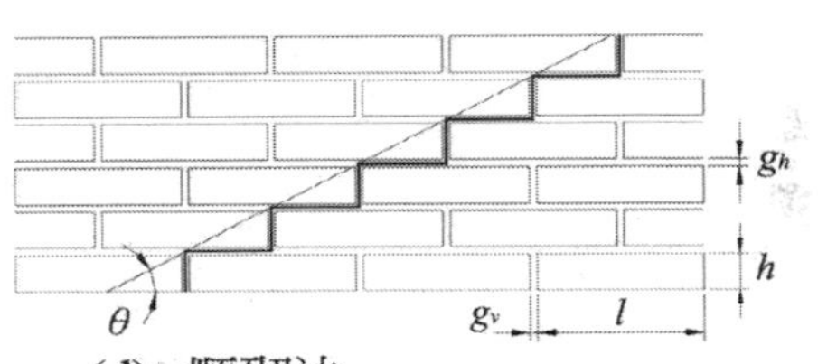

(d). 順砌法
(Stretching Bond)

圖 RA.2 各式磚牆砌法之臨界破裂角

參考來源：建築物磚構造設計及施工規範。

3 預力與預鑄

內容架構

（一）預力混凝土

1. 預力原理。
2. 於預力混凝土結構之主要材料。
3. 模板與支撐。
4. 鋼筋補強。

（二）先拉法與後拉法

1. 先拉法。
2. 後拉法。
3. 施工流程。
4. 施預力作業。

（三）預力混凝土預力損失

1. 預力鋼腱於錨錠處滑動。
2. 混凝土之彈性收縮及彎曲。
3. 混凝土之潛變。
4. 混凝土之乾縮。
5. 預力鋼材應力之鬆弛。
6. 預力鋼材之摩擦損失。

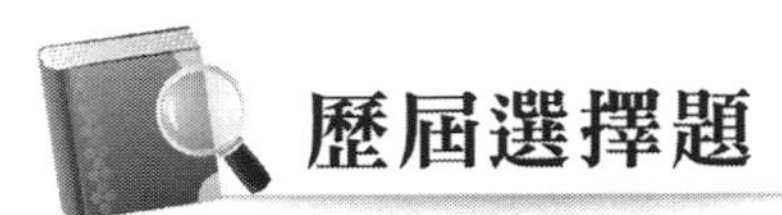

歷屆選擇題

（C）1. 下列何項措施做為對「預鑄混凝土版」設計倉庫最有效的價值工程（value engineering）的評估項目？

(A)不做預鑄版上的裝飾凹縫　(B)更換預鑄版上洗石面的碎石

(C)標準化及放大化預鑄版的尺寸　(D)水泥中不採用調色劑

（105 建築師-建築構造與施工#10）

【解析】

為對「預鑄混凝土版」設計倉庫最有效的價值工程（value engineering）的評估項目(C)標準化及放大化預鑄版的尺寸。

（D）2. 下列有關預鑄混凝土構造的敘述，何者錯誤？

(A)有效率的預鑄混凝土構材設計必須配合建築物各部尺寸關係並予以模矩化

(B)預鑄混凝土構造一般分為板構系統（panel system）、構架系統（frame system）及單元系統（cellularsystem）三大類

(C)大型板構式工法可減少構件接合處防水處理的困擾

(D)構架式工法是在傳統鋼構柱梁中，安裝預鑄之板、牆構材

（106 建築師-建築構造與施工#15）

【解析】

(D)構架式工法是在傳統**鋼筋混凝土**柱梁中，安裝預鑄之板、牆構材。

（B）3. 依現行「混凝土結構設計規範」，計算預力混凝土的有效預力時，下列何者不是考慮預力損失的必要因素？

(A)預力鋼材錨定處滑動　(B)預力鋼材之熱脹冷縮

(C)混凝土之潛變，乾縮　(D)混凝土之彈性壓縮

（106 建築師-建築構造與施工#33）

【解析】

混凝土結構設計規範 11.7.1

計算預力鋼筋之有效預力時應考慮下列各種預力損失：

（1）預力鋼筋錨定損失。　（4）混凝土之潛變。

（2）混凝土之彈性壓縮。　（5）混凝土之乾縮。

（3）後拉預力之摩擦損失。　（6）預力鋼筋之應力鬆弛。

（A）4. 有關預鑄中空樓板與 KT（K truss）板的比較，下列敘述何者錯誤？

(A)預鑄中空樓板的開口較靈活

(B)預鑄中空樓板的隔音較佳

(C)KT 板可事先在工廠預埋出線盒

(D)相同規模下，KT 板的板片數量可較少，工期較節省

（107 建築師-建築構造與施工#43）

【解析】

(A) KT（K truss）板的開口較靈活。

（B）5. 下圖之半預鑄樓板屬於下列何種系統？

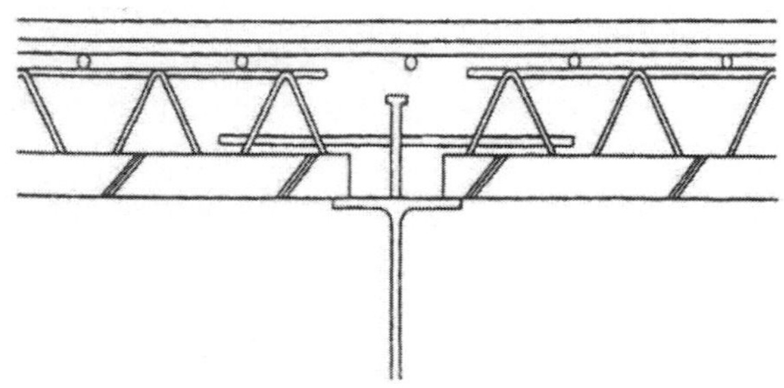

(A) FC 半預鑄樓板系統　　(B) Kaiser Truss 半預鑄樓板系統

(C) Picos 半預鑄樓板系統　　(D)旋楞鋼管半預鑄樓板系統

（109 建築師-建築構造與施工#50）

【解析】

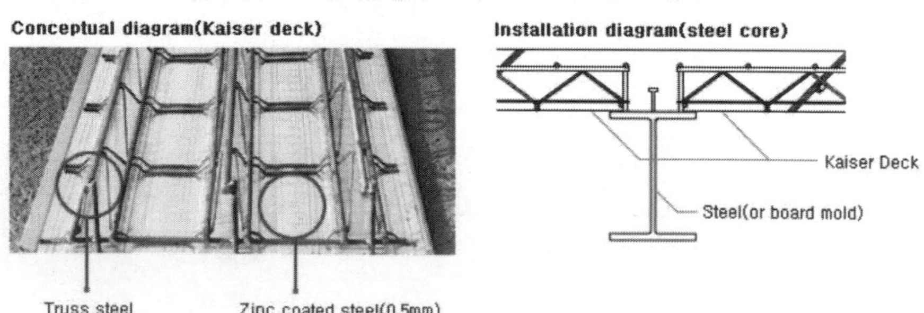

圖片來源：http://www.kumkangnet.co.kr/en/product/kaiser-deck.htm?ckattempt=1

(D)旋楞鋼管半預鑄樓板系統

圖片來源：http://etimes.twce.org.tw/%E5%9C%B0%E5%B7%A5%E6%8A%80%E8%A1%93/2811-%E6%B7%BA%E8%AB%87%E4%B8%AD%E7%A9%BA%E6%A8%93%E6%9D%BF%E6%96%BD%E5%B7%A5%E7%B6%93%E9%A9%97.html?start=10

（D）6. 有關高層建築採用預鑄板系統有其優點，下列敘述何者錯誤？
(A)單純的施工方式可降低高空作業的危險性
(B)場外生產施工期可縮短不受天候影響
(C)不須傳統鷹架、模板、混凝土澆置等降低工地環境污染
(D)因需大量組裝，故施工人數比傳統工法多

（109 建築師-建築構造與施工#77）

【解析】
(D)預組、預鑄可減人力。

（D）7. 有關衛浴施工之敘述，下列何者錯誤？
(A)整體衛浴為乾式施工，工地環境容易維持整潔
(B)整體衛浴基本上是一個整體的工業產品，預先在工廠生產後運送至工地組裝
(C)傳統衛浴是需要多種技術人員配合，工期控制不易
(D)無論是整體衛浴或是傳統衛浴，下水管、糞管都必須要上下跨戶施作

（109 建築師-建築構造與施工#78）

【解析】
整體衛浴可在該戶處理管線，避免未來施工或維修的時候隔戶處理，便利性或私密性的層面皆要考量。

（A）8. 依建築技術規則建築構造編，壁式預鑄鋼筋混凝土造之建築物，其簷高最高不得超過多少公尺？

(A)15　(B)16　(C)18　(D)20

（110 建築師-建築構造與施工#21）

【解析】

構造篇第 475-1 條

壁式預鑄鋼筋混凝土造之建築物，其建築高度，不得超過五層樓，簷高不得超過十五公尺。

（D）9. 一般集合住宅採用預鑄混凝土工法時，其施工順序何者較為合理？（以其中一層標準層的作法為例）

①梁柱接頭封模　②梁與版構件吊裝　③柱接頭無收縮水泥灌注

④澆置混凝土　⑤柱構件吊裝

(A)⑤②①④③　(B)⑤①②④③　(C)⑤①②③④　(D)⑤③②①④

（110 建築師-建築構造與施工#40）

【解析】

⑤柱構件吊裝③柱接頭無收縮水泥灌注②梁與版構件吊裝①梁柱接頭封模④澆置混凝土

此題複合性觀念，建築物結構體的施作順序為柱→梁→版，預鑄工法則是先吊裝後澆置。

參考來源：營造法與施工上冊，第三章（吳卓夫&葉基棟，茂榮書局）。

（C）10.預鑄工法相較於一般現場澆灌工法的最大優勢為何？

(A)製造與營建的成本較低，造成的環境污染也較低

(B)應用範圍更為廣泛

(C)預鑄構件本身的品質較為可靠

(D)對生產商而言進入門檻較低

（110 建築師-建築構造與施工#80）

【解析】

預鑄工法在住宅、辦公大樓、工業廠房等各種建築類型都可以施工且具有品質穩定、施工快、多樣性三大優點。

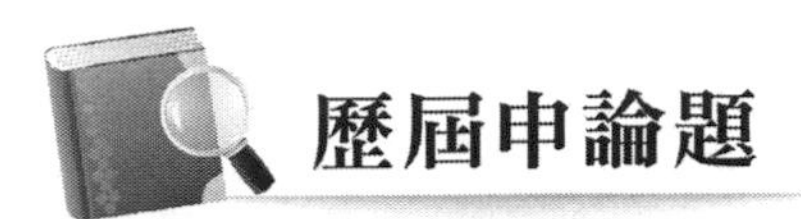

歷屆申論題

一、試以建築結構體為例，說明以預鑄工法實現營建自動化的流程及內容。（25 分）

（110 地方三等-建築營造與估價#3）

參考題解

預鑄工法營建自動化的流程及內容

樓層造型複雜較難以預鑄方式施作，故於標準層使以預鑄工法施築較為合理，並配合營建自動化方式簡化重複作業縮短施工期程。流程如下：

材料吊裝→吊裝預鑄梁（與前次吊裝預鑄柱接合）→接合灌漿->鋼構、樓板吊裝→前層柱底灌漿→樓板配筋、配管→吊裝上層預鑄柱→樓板澆置→自動化爬升鷹架→接續前述流程循環施作。

預鑄工法日新月異，目標在減少現場澆置、增加預鑄組裝量體、以增加營建速度及施工品質，為達到此目標，仍需配合增加預鑄構件及現場施工之精準度，標準化流程建置等作業。

參考來源：新式預鑄工法應用於高層隔震建築之規劃及施工成果-遠揚營造工程股份有限公司。

二、於建築施工中，請問使用於預力混凝土結構之主要材料為那些？（20 分）

（105 公務普考-施工與估價概要#3）

參考題解

預力混凝土結構之主要材料：

（1）混凝土；（2）預力鋼腱與鋼筋；（3）錨定器與續接器；（4）套管

（5）灌漿液；（6）減摩劑；（7）黏接劑

（一）混凝土

混凝土應能達到規定強度，並能確實注滿錨定器、鋼腱或套管、鋼筋周圍及模板內各角落。一般預力混凝土構材之斷面較薄，且內部配置有較密之鋼腱或套管及錨定器等；又斷面長期承受甚大之壓力，故要求之混凝土強度甚高。

1. 配比應具有高流動性以利注滿構體內空隙，是以粗骨材之標稱最大粒徑不宜超過 25 mm。
2. 為減少混凝土之乾縮及潛變以降低預力損失，水膠比宜在 0.40 以下，單位體積之水泥用量宜在 500 kg/m^3 以下。

3. 為維持混凝土之高流動性，拌和時可摻入適宜之摻料。
4. 為防止鋼鍵腐蝕，混凝土各項材料之氯離子含量應特別管制。
5. 預力混凝土允許飛灰取代水泥之上限 10%。
6. 預力混凝新拌混凝土中最大水溶性氯離子含量 0.15 kg/m^3。
7. 預力混凝土梁流動性混凝土之坍度之標準 10~15 cm。

（二）預力鋼腱

1. 鋼腱種類：

（1）鋼線；（2）鋼絞線；（3）預力鋼棒

2. 鋼腱規定：

（1）鋼腱表面應潔淨，不得有浮銹、生鱗屑或凹點。

（2）一般施工將環氧樹脂、油脂、臘、塑膠或瀝青等塗料塗刷於鋼腱表面以防銹蝕。

①在結構物可能之溫度變化範圍內塗料應保持韌性，不生裂紋且不致液化。

②塗料不得與鋼腱、混凝土及套管材料發生化學反應。

③塗料應附著於全部無握裹長度。

④位於含鹽份或高濕度大氣中結構物之鋼腱及曝露於混凝土外之後拉法預力構材之鋼腱應於工地加敷經許可之塗料。

（3）鋼腱不得承受過高之溫度，銲接火花或接地電流。未經許可不得在鋼腱附近進行燃燒及銲接作業。除製造商另有限制外，超出錨定器外之鋼腱可用快速乙焰切除，但最好採用機械砂輪切除。

（三）錨定器與續接器：錨定器及續接器一般多用於後拉法。

1. 用混凝土或鋼片製成之楔子固定法
2. 在鋼線端部製造鉚頭，固定於梁端鋼鈑法
3. 在預力鋼棒端部輾造螺紋用螺帽固定法
4. 用鋼套筒將預力鋼線或鋼鉸線壓結後固定於鋼鈑或錨定器，或在套筒外再輾造螺紋並用螺帽固定法
5. 將鋼腱之一端鋼材或配合鋼鈑埋固於混凝土內以構成錨固法

（四）黏裹鋼腱之套管

1. 套管應具相當剛度以防施工中變形或損壞，接縫應具水密性以防止混凝土澆置時水泥砂漿之滲入。
2. 套管之內徑應比鋼腱整束大 6 mm，套管內斷面積至少為鋼腱淨斷面積之 2 倍。

3. 套管兩端應設灌漿孔或排氣孔。雙曲率以上套管之所有頂點亦應設灌漿孔或排氣孔。

（五）外露鋼腱之保護管

未埋於混凝土中外露鋼腱之保護管應具有保護鋼腱及供灌注防銹填充劑套管之功能。保護管之品質應具有所需之強度與耐久性，其本身亦須施以有效之防蝕處理。

（六）灌漿液

灌漿液應能確實填滿套管內空隙，以包裹預力鋼材，防止生銹，並使混凝土構材與預力鋼材結合為一體。

灌漿用漿液在作業過程要求保持良好之流動性與填充性，並具有較少之浮水率與適當的膨脹率，使其有較高之水密性與強度，以達到防銹與結合之目的。

為提高結構之耐久性與節省施工勞力，近年漸有使用環氧樹脂材料，預先注入套管內，施預力後待其硬化，達到粘著之新工法。

水與水泥之重量比不得超過 0.45、浮水率不得大於 3%、膨脹率不得大於 10%、7 天抗壓強度不得低於 175kgf/cm^2。

> 三、何謂預力混凝土構造？請繪圖及說明依據預力導入的時機分別有那些方式？（25 分）
>
> **（110 地方四等-施工與估價概要#3）**

參考題解

【參考九華講義-構造與施工 第 18 章 預力與預鑄】

（一）何謂預力混凝土構造：

拉伸預力鋼腱施加預力於混凝土結構之施工方法。利用混凝土抗壓能力較強之特性，預施壓力使構材免於拉力破壞，藉以增加構材載重、垮距能力。

（二）預力導入時機：

1. 先拉法：

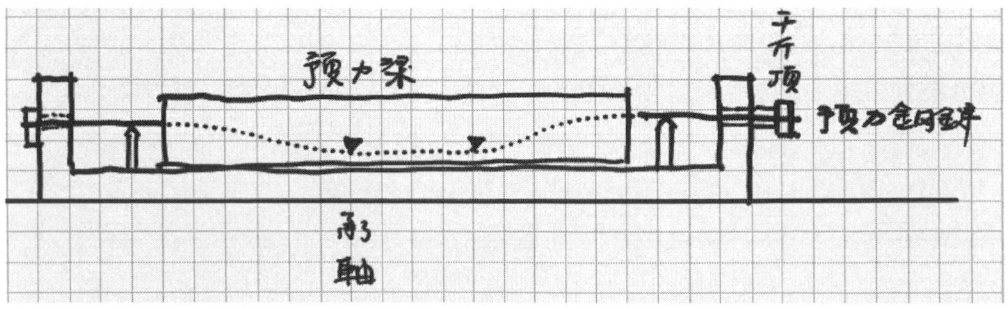

2. 後拉法：

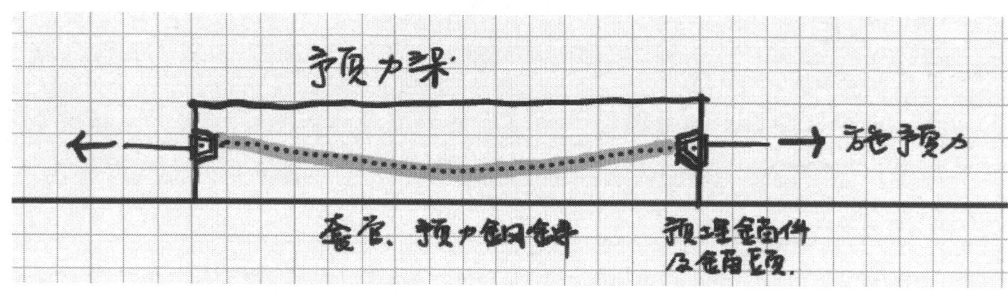

<table>
<tr><td>先拉法</td><td>後拉法</td></tr>
<tr><td colspan="2">施預力底床及底部模版安裝</td></tr>
<tr><td>配置預力鋼腱及施加預力</td><td rowspan="2">鋼筋組立、套管鋼腱配置、端錨預埋</td></tr>
<tr><td>鋼筋組立</td></tr>
<tr><td colspan="2">側模組立</td></tr>
<tr><td colspan="2">澆置混凝土</td></tr>
<tr><td colspan="2">養護（達規定強度）</td></tr>
<tr><td>結束鋼腱施力、預力導入</td><td>拆側模</td></tr>
<tr><td>切斷預力腱</td><td>鋼腱施加預力</td></tr>
<tr><td>拆模</td><td>端部錨定處理</td></tr>
<tr><td></td><td>套管內灌漿及封蓋</td></tr>
<tr><td></td><td>拆底模</td></tr>
</table>

4 雜項工程及特殊構造

內容架構

（一）生態工法

1. 水土保持目的

（1）合理之土地利用。

（2）農地生產環境之改善。

（3）水土災害之防治。

（4）集水區之綜合治理。

（5）風蝕防治與沙漠綠化。

（6）生態平衡之維持。

2. 水土保持方法

（1）農藝方法。

（2）植生方法。

（3）工程方法。

3.生態工法

（1）坡地保育。

（2）工程方法。

（二）伸縮縫工程

地板、牆面及屋頂伸縮縫。

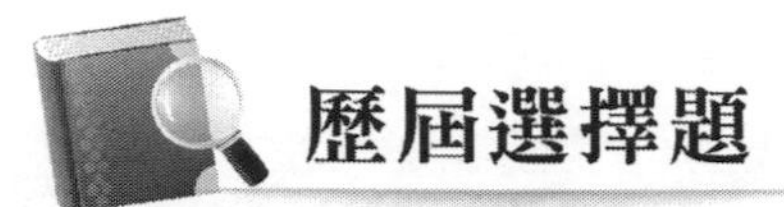

（A）1. 有關電梯的敘述，下列何者錯誤？

(A)主要構件強度計算書應由設計建築師簽證

(B)昇降路之圍護物應以不燃性材料建造

(C)載貨用及病床用昇降機之無礙人員安全者，每一車廂在同一樓層所設之昇降路出入口，得超過一處

(D)非油壓電梯昇降機機坑應裝置緩衝器

（105 建築師-建築構造與施工#37）

【解析】

電梯(A)主要構件強度計算書應由**設備廠商**簽證。

（C）2. 景觀整地時，樹木常需斷根。斷根溝作法，下列何者正確？

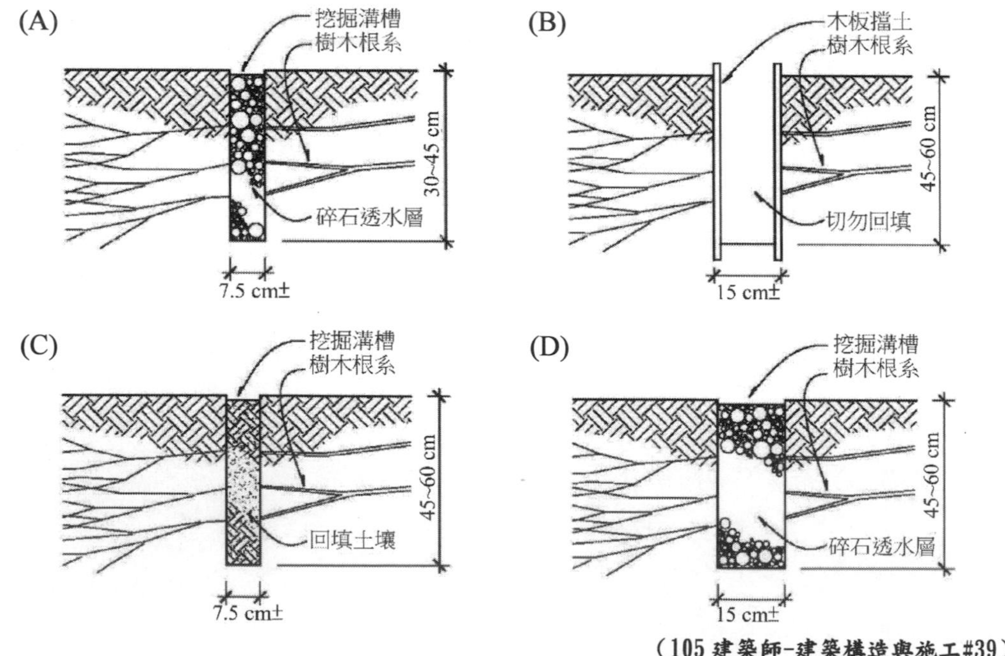

（105 建築師-建築構造與施工#39）

【解析】

圖(C)回填土壤，以利根部未來之發根。

（D）3. 下列何者不是電扶梯常用的踏階寬度？

(A) 600 mm　(B) 800 mm　(C) 1,000 mm　(D) 1,200 mm

（105 建築師-建築構造與施工#63）

【解析】

公共工程技術資料庫第 14300 章升降階梯及電動走道：

1.5.1　電扶梯

（5）踏階寬度：淨寬[1000][800][600]±20mm。

(D) 1,200 mm 不在規範內。

（B）4. 基地上現有大樹如因規劃設計需要必須整地時，下列圖示何者正確？

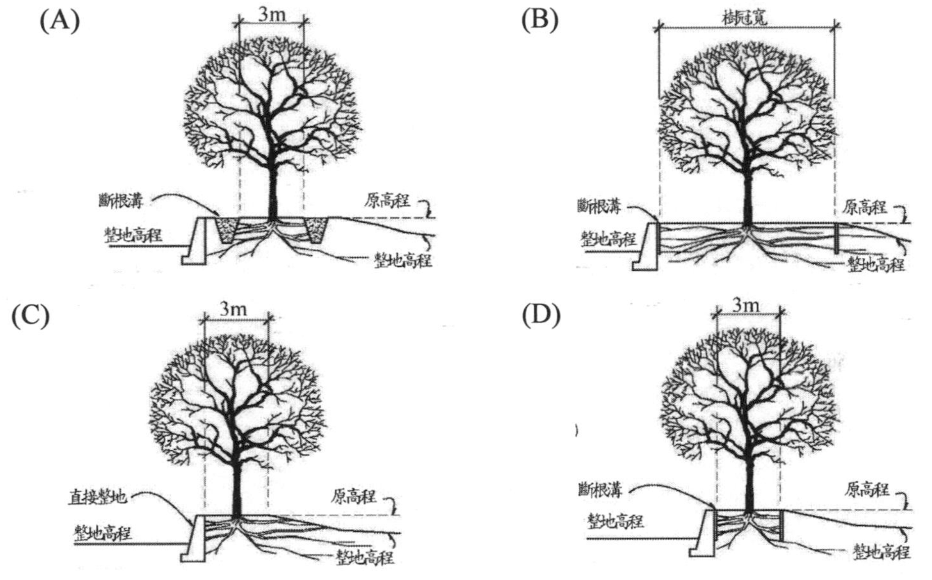

（106 建築師-建築構造與施工#29）

【解析】

(B)整地時應以樹冠寬度為界。

（D）5. 有關電梯昇降設備，下列敘述何者錯誤？

(A)升降路中固定導軌所須之托架、鋼梁等應由電梯專業廠商提供並安裝

(B)除另有規定外，每一車廂在同一樓層所設之升降路出入口，不得超過二處，且出入口不得同時開啟

(C)出入口處應設置不燃性材料之門扉

(D)申請安全檢驗及使用合格證取得之各項事宜應由監造人辦理

（106 建築師-建築構造與施工#50）

【解析】(D)申請安全檢驗及使用合格證取得之各項事宜應由**專業施工廠商**辦理。

（A）6. 垂直移動為建築物中不可或缺的設備構造，下列敘述何者正確？
(A)由於電扶梯式相當於挑空空間，故必須依挑空空間相關規定設置防火區劃
(B)昇降階梯設計其速度不可小於每分鐘 60 公尺
(C)昇降機只要人進得去無論用途就可供人搭乘
(D)個人住家用昇降機因非供公共使用故不必定期檢查

（107 建築師-建築構造與施工#35）

【解析】

(B) 昇降階梯設計其速度**無硬性規定**，應符合中華民國國家標準 CNS12651 之相關規定。

(C) 昇降機得依用途使用。

(D) 個人住家用昇降機因非供公共使用**也需**定期檢查。

（D）7. 有關複式草溝設計與施工之敘述，下列何者錯誤？
(A)日照不足以供草類正常成長或砂礫地及含石量較多之土地均不適用
(B)草溝之逕流量估算應比照一般排水溝之標準或規定
(C)溝底應採用塊石或卵礫石等天然材料
(D)草溝斷面大小應依現況條件調整，與坡度及逕流無關

（108 建築師-建築構造與施工#37）

【解析】

草溝斷面大小應依現況坡度及逕流條件調整。

（A）8. 下列何者為正確之鋼纜拖引式電梯昇降道剖面示意圖？

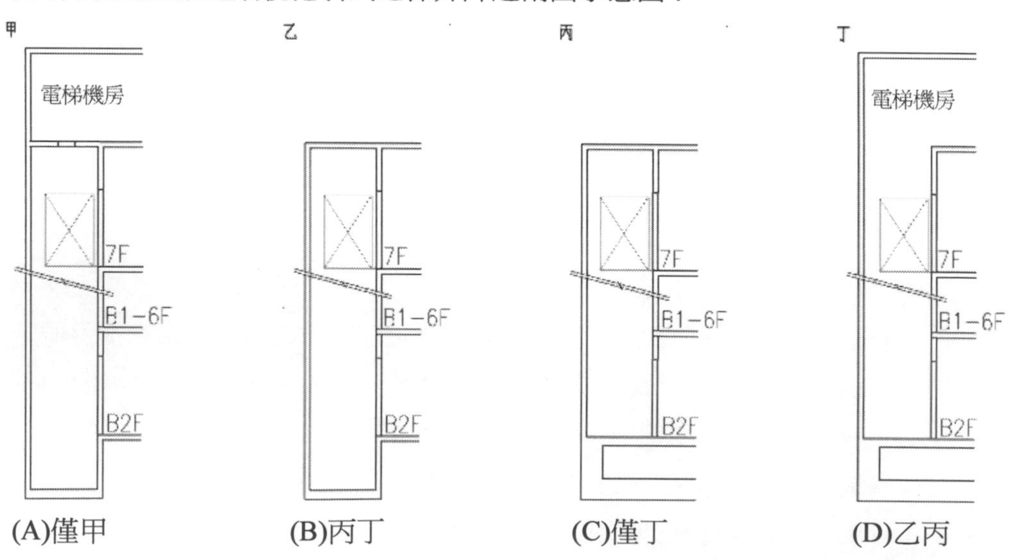

(A)僅甲　(B)丙丁　(C)僅丁　(D)乙丙

（108 建築師-建築構造與施工#69）

【解析】

甲，鋼纜拖引式電梯昇降道上方需有樓板（機房），下方需有緩衝空間（安全距離）。

（B）9. 有關河川護岸工程之敘述，下列何者錯誤？

(A)乾貼石護岸工法適用於河岸坡度較緩之地區

(B)混凝土貼石護岸工法比起乾砌石護岸工法，可適用於較大坡度之河岸

(C)混凝土砌石護岸工法自立性強，能於陡坡處施工

(D)RC 擋土牆護岸工法安全持久，但較不具生態性

（108 建築師-建築構造與施工#70）

【解析】

(B) 混凝土貼石護岸工法比起乾砌石護岸工法，可適用於較緩坡度之河岸。

（B）10.有關建築工地施工中電梯開口處的防護措施，下列敘述何者錯誤？

(A)電梯開口應設置欄杆或柵門式護欄加以防護

(B)欄杆或護欄高度不得低於 80 公分

(C)欄杆須設置上、中欄杆及腳趾板

(D)柵式護欄以加裝自動上鎖裝置為佳

（109 建築師-建築構造與施工#34）

【解析】

營造安全衛生設施標準第 20 條

欄杆或護欄高度不得低於 90 公分

（D）11.有關景觀工程及綠建築評估之敘述，下列何者錯誤？

(A)屋頂設置植栽時要考慮填土層的厚度與重量

(B)施作牆面綠化時要對牆壁做適度的保護

(C)生物多樣性中建築立體綠化為垂直綠網系統，故屋頂陽台綠化是加分的項目

(D)計算二氧化碳固定量時，樹齡 20 年以上老樹經移植後還是以老樹計算

（109 建築師-建築構造與施工#42）

【解析】

建築基地綠化設計技術規範修正規定

8.4 老樹及受保護樹木的優惠評估

對於由外移入的老樹，由於存活率極低之故，規範則一律視同新樹評估，不予以優惠計算。

（D）12.有關生態水池設計與施工之敘述，下列何者錯誤？

(A)生態池若以生態景觀為目標，可將水池作為高低水位兩階段；低水位的水池底可用不透水構造建造（黏土層），高水位面可用滲透性之材質如多孔質的連鎖磚、植草磚、砌塊石，高低水位間之池邊作成緩坡綠地

(B)可於池底挖溝、堆石、堆木塊、放置多孔隙材料等做成深淺不一，具有變化之地形

(C)水岸之邊坡應平緩，並以自然之土壤、枯木或天然石塊砌成。若水岸邊坡土質差時，則可採用生態工法之護岸，如打樁編柵護岸、木排樁護岸等

(D)為使生態池內水體能完整滲透於土壤，不可設置溢流口連結至排水系統

（111 建築師-建築構造與施工#42）

【解析】

生態池若設置溢流口連結至排水系統，會讓水體排掉而不能完整滲透於土壤。

（D）13.下列那些最有可能是室外伸縮縫設計詳圖？

(A)甲乙　(B)丙丁　(C)乙丙　(D)甲丁

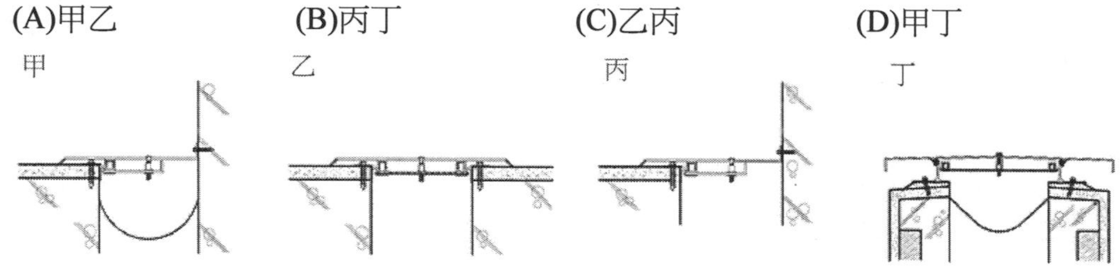

（111 建築師-建築構造與施工#51）

【解析】

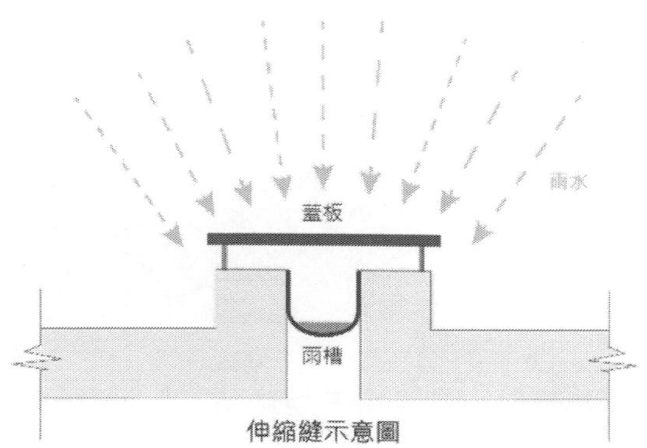

參考圖解，甲與丁兩個案例都有蓋板跟雨槽的設計。

（D）14.有關永續生態建築手法，下列敘述何者錯誤？

(A)於基地地面增加綠化及透水鋪面面積，增加基地保水量，可改善都市熱島效應

(B)設計綠屋頂可有效降低室內溫度，減少空調耗能

(C)藉由雨水回收再利用，可有效節省水資源

(D)於建築四周外牆大面積開窗可使室內有良好的通風採光，可減少耗能

（111 建築師-建築構造與施工#70）

【解析】

(D)於建築四周外牆大面積開窗可使室內有良好的通風採光，但會增加耗能。

【近年無相關申論考題】

單元

6

外牆防水工程

CHAPTER 1　帷幕牆工程
CHAPTER 2　屋頂工程
CHAPTER 3　防水工程
CHAPTER 4　防火工程

1　帷幕牆工程

內容架構

（一）帷幕牆之種類

1. 帷幕牆材料種類。
2. 帷幕牆製程種類。

（二）帷幕牆施工

1. 帷幕牆施工接合。
2. 安裝鐵件。
   （1）一次鐵件：結構體鐵件、構材鐵件。
   （2）二次鐵件：連結鐵件。
3. 玻璃
   （1）低輻射玻璃。
   （2）反射玻璃。
   （3）窗框防水填縫。

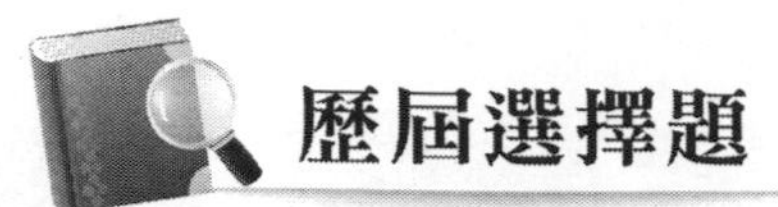

歷屆選擇題

（D）1. 有關鋁框玻璃帷幕牆，下列何者不屬於建築師的設計範圍？
(A)單元式（unit system）或骨架式（stick system）的系統選擇
(B)建築立面分割以及玻璃性能與外觀
(C)鋁擠型的外型（profile）與表面塗裝（finish）
(D)鋁擠型的內部防水與排水系統設計

（105 建築師-建築構造與施工#26）

【解析】

(D)鋁擠型的內部防水與排水系統設計屬**各專業廠商的** know-how。

（C）2. 以等壓原理作外牆系統的防水設計，下列何者不是「空縫」的效用？
(A)空縫中之壓力等於大氣壓力　(B)利用空縫解除風壓
(C)以負壓將雨水排出　(D)填縫劑不會曝曬於紫外線中

（106 建築師-建築構造與施工#23）

【解析】

「空縫」是以雙層構造加上負壓排出達到防水的目的，不只是單純以引流的方式排水。

（C）3. 大面積單元式帷幕牆之風雨試驗，其試體之寬度不得少於幾個標準單元（構件）？
(A) 1　(B) 2　(C) 3　(D) 6

（106 建築師-建築構造與施工#75）

【解析】

依內政部建築研究所「帷幕牆風雨試驗宣導手冊之研究」

（1）確認風雨試驗計劃書

試體之尺度須可代表測定帷幕牆系統中所有標準構件性能，且提供完整受力於標準垂直向及水平骨架，包括建築物之端點及轉角。試體其寬度不得少於 3 **個標準單元**（構件）。

（D）4. RC平屋頂採複合式防水材兩底三度塗佈膜厚3 mm以上作防水，並以PS隔熱板隔熱時，下列構造排列由下至上何者正確？

①結構混凝土　②複合式防水材　③6cm厚3000 PSI PC

④塑木地板　⑤PS隔熱板

(A)①②③④⑤　(B)①⑤②③④　(C)①②③⑤④　(D)①②⑤③④

（107建築師-建築構造與施工#1）

【解析】

①結構混凝土→②複合式防水材→⑤PS隔熱板→③6cm厚3000 psi PC→④塑木地板。

（C）5. 下列四種帷幕牆系統中，何者最能因應建築結構體的誤差，可於施工現場裁切帷幕牆材料？

(A)單元式系統（Unit System）

(B)柱覆裙板系統（Column Cover & Spandrel System）

(C)直橫料系統（Stick System）

(D)板系統（Panel System）

（107建築師-建築構造與施工#31）

【解析】

直橫料系統是把帷幕牆元件在工地上現場組合，先裝上固定系統，再來是直料，然後是橫料，後裝上窗間板後再加上橫料，最後裝上玻璃及內部裝飾。

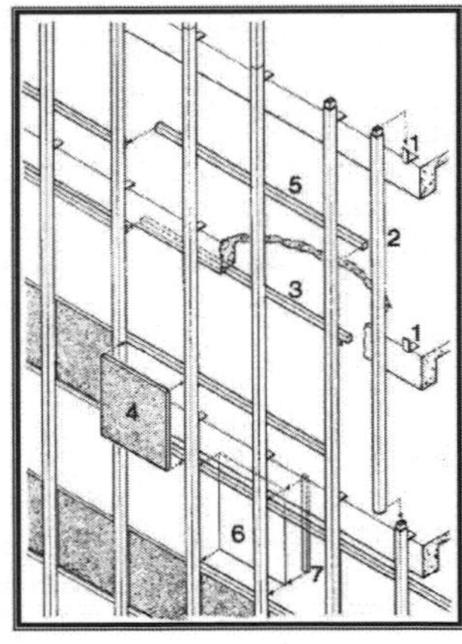

圖　直橫料系統

施工順序

1.繫件
2.直料
3.橫料
4.樓版邊板片
5.橫料
6.視窗邊玻璃
7.直料內壓條

參考來源：帷幕牆部落格，品贊有限公司，http://curtainwall-blog.blogspot.com/

（B）6. 有關帷幕牆之施工與性能，下列敘述何者正確？

(A)帷幕牆為建築物之外牆，為安全起見，安裝時不可有任何自由端，必須全部要固接於結構體上，以免地震掉落

(B)金屬帷幕牆層間為防止火災時延燒，必須要加入防火材料及裝置

(C)預鑄混凝土帷幕牆可當作承重牆

(D)帷幕牆為現場溼式組裝施工

（107建築師-建築構造與施工#46）

【解析】

(A)帷幕牆為建築物之外牆，為安全起見，須經風雨試驗檢附報告或現場預埋拉拔試驗。

(C)預鑄混凝土帷幕牆**不可**當作承重牆。

(D)帷幕牆為現場**乾**式組裝施工。

（A）7. 下圖之金屬帷幕牆系統大樣圖屬於何種系統？

(A)直橫料系統 (B)單元式系統 (C)格板系統 (D)窗間牆系統

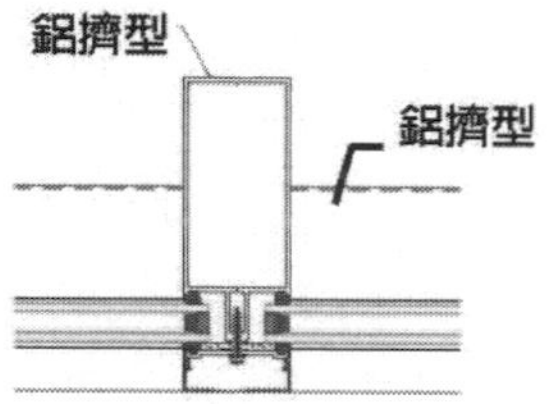

（108建築師-建築構造與施工#28）

【解析】

題目的圖說為直橫料系統的平面圖，此系統的透視圖如下：

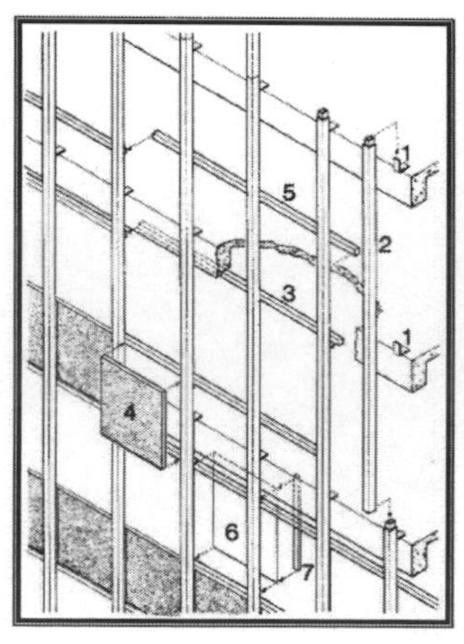

圖 直橫料系統

施工順序

1.繫件
2.直料
3.橫料
4.樓版邊板片
5.橫料
6.視窗邊玻璃
7.直料內壓條

圖片來源：帷幕牆部落格，品贊有限公司，http://curtainwall-blog.blogspot.com/

（D）8. 有關各種帷幕牆的填縫材料，下列敘述何者正確？

(A)運用導帶（Comply Band）與 G-Bar Gasket 進行填縫施工時，必須先在表面塗一層底油

(B)油質填縫劑的防水性較非收縮性填縫劑佳

(C)硫化聚合系二液型填縫劑施打的環境溫度越高，其工作時效越長

(D)矽質填縫劑對於鋁具有良好的接合性，但對鋼鐵的黏著效果較差

（108 建築師-建築構造與施工#29）

【解析】

(C)硫化聚合系二液型填縫劑施打的環境溫度越高，其工作時效越**短**。

(D)矽質填縫劑對於鋁具有良好的接合性，但對鋼鐵的黏著效果較差。

（B）9. 帷幕牆施工項目不包括下列何者？

(A)構件製作　(B)防火被覆　(C)運輸存放　(D)吊裝組立

（108 建築師-建築構造與施工#60）

【解析】

帷幕牆施工項目不包刮(B)**防火被覆**。

防火被覆為鋼構件防火之材料之一。

（B）10.有關帷幕牆填縫材料施工之敘述，下列何者錯誤？

(A)硫化聚合系二液型之填縫劑在使用時須加入定量之硬化劑，其在完成接縫填充後就有充分之耐久性與伸縮性

(B)墊背材料主要作為隔離材料，因此以硬質材料為佳

(C)單液型的矽質填縫劑在正常的大氣濕度下會產生硬化作用

(D)如在砂漿面或木材面上施作時，須塗上底油以利黏合

（108 建築師-建築構造與施工#74）

【解析】

帷幕牆填縫材料施工(B)墊背材料主要作為隔離材料，因此以**膠硬**質材料為佳。

（A）11.有關金屬帷幕牆施工規範之敘述，下列何者錯誤？

(A)金屬帷幕牆穿孔或截斷工作，可於防銹處理後並組成完成時再進行處理

(B)帷幕牆須設計有完善之排水系統

(C)牆板需銲接之處，以氬氣電銲為之，銲縫須修整平滑，不得露出銲痕，表面應依規定處理

(D)帷幕牆必須能承受洗窗機之吊台上下走動時，其保護膠圈碰撞之力量

（109 建築師-建築構造與施工#31）

【解析】

08910 金屬帷幕牆規範

3.1.5　穿孔或截斷工作應於防銹處理以前完成，若有部分事前無法防銹者，必須在組成以前完成處理。

（B）12.有關 Low-E 玻璃，下列敘述何者錯誤？

(A)Low-E 是指低輻射（Low Emissivity）的意思，Emissivity 是指物體吸收了熱量之後再將能量輻射出去的能力

(B)遮蔽係數愈低，代表玻璃建材阻擋外界太陽熱能進入建築物之輻射能量越高

(C)Low-E 複層玻璃是以真空濺射方式將玻璃表面濺鍍多層不同材質的鍍膜

(D)Low-E 複層玻璃鍍膜，其中鍍銀層對紅外線光具有高反射功能，及具有高熱阻隔的功能

（110 建築師-建築構造與施工#2）

【解析】

遮蔽係數愈低，代表玻璃建材阻擋外界太陽熱能進入建築物之輻射能量越低。

（A）13.低輻射鍍膜玻璃或稱 Low-E 玻璃，其放射率（輻射率）ε 值須達到 CNS15833 規定為何？

(A)小於 0.2　　(B)小於 0.3　　(C)大於 0.2　　(D)大於 0.3

（110 建築師-建築構造與施工#12）

【解析】

依 CNS 15833「建築用低輻射鍍膜玻璃」用語定義，低輻射鍍膜玻璃為：指放射率（輻射率）<0.2 之玻璃。

（D）14.帷幕牆依使用之主要材料分類，下列何者錯誤？

(A)金屬帷幕牆　　(B)預鑄混凝土帷幕牆

(C)玻璃帷幕牆　　(D)純石材帷幕牆

（110 建築師-建築構造與施工#27）

【解析】

純石材帷幕牆屬於**複合帷幕牆**。

參考來源：營造法與施工下冊，第十三章（吳卓夫&葉基棟，茂榮書局）

（B）15.依據 CNS14280，帷幕牆之物理性能試驗不包含下列何項性能之試驗？

(A)水密性能試驗　　(B)隔熱性能試驗

(C)風壓結構性能試驗　　(D)層間變位性能試驗

（111 建築師-建築構造與施工#30）

【解析】

CNS14280「帷幕牆及其附屬門、窗物理性能試驗總則」要求之標準測試程序進行試驗。其完整之試驗項目如下：

（1）預施壓力達正風壓設計值之 50%

（2）氣密性能試驗

（3）第一次靜態水密性能試驗

（4）動態水密性能試驗

（5）設計值之層間變位性能試驗

（6）第二次靜態水密性能試驗

（7）正風壓結構性能試驗

（8）負風壓結構性能試驗

（9）第三次靜態水密性能試驗

（10）1.5 倍正風壓結構性能試驗

（11）1.5 倍負風壓結構性能試驗

（12）1.5 倍設計值之層間變位性能試驗

（C）16.下列何種帷幕外牆系統，最常搭配鷹架系統施工？

(A)單元式系統　　(B)格版式系統　　(C)直橫料式系統　　(D)窗間牆系統

（111 建築師-建築構造與施工#39）

【解析】

直橫料式系統屬於現場組裝施工故要搭配鷹架。

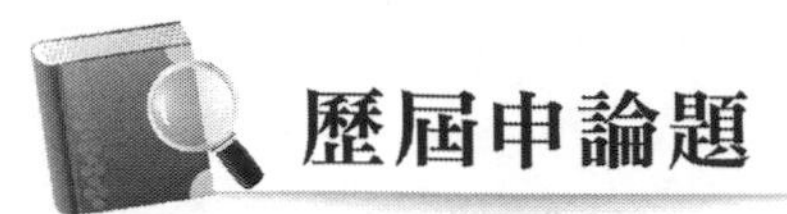

歷屆申論題

一、考量臺灣氣候與環境，請說明建築物外牆應具備之各種性能。（20 分）

（105 地方三等-建築營造與估價#2）

參考題解

建築物外牆應具備之各種性能：

外牆應具備之性能	對應氣候與環境型態	設計特點	構造特點
隔熱性能	台灣夏季均溫 28 度	熱傳導係數與重質量設計	隔熱層、空氣設置。
防水性能	台灣年均雨量 2500 mm 以上	屋頂與牆緣防水設計、窗緣水路設計	女兒牆泛水收頭、牆體施工縫防水墩、窗緣防水墩施作及雨遮。
遮陽性能	台灣年均日照時數 1500 小時以上	開口遮陽設計。建築物座向設計	施作遮陽板，東、西向分別設計水平與垂直遮陽板。
通風性能	春、秋兩季適合引進自然外氣	建物縱深設計、建築物座向設計。	開口兼具進氣與遮陽性能。
耐震性能	台灣位於地震帶	韌性設計、帷幕牆設計。	對稱、形心與鋼心一致、帷幕牆追隨結構體變形能力。
防風性能	颱風危害	建築配置。	開口氣密性與強度。

二、帷幕外牆被廣泛的運用在各種建築物上，試繪圖及説明關於帷幕牆的下列問題：

（一）帷幕牆依其構成方式，會有那些系統？（10 分）

（二）何謂 SSG（Structural Silicone Glazing）系統？（5 分）

（三）何謂 DPG（Dot Point Glazing）系統？（5 分）

（四）何謂風雨試驗？在我國通常會進行那些測試項目？（5 分）

（106 地方三等-建築營造與估價#3）

參考題解

（一）

帷幕牆構成系統	
系統	內容
單元式	構件於工廠組裝為一單元，現場作業量少，主要為吊裝、背側填縫作業。
框架式	於現場組裝繫件、玻璃、鋁料等構件、結構直橫料，構件之間接需做填縫以防水，現場作業量為帷幕牆種類中最為繁複者。
框架+單元式	係結合單元式與框架式之工法，主要於工廠組裝小型單元，工地現場仍須做單元之組合。

（二）SSG：結構玻璃系統中使用有機矽粘合劑，接合玻璃、金屬板等材料，以作為整體構架的一部分，並依照設計強度承受一定風力荷重、溫度荷重等。

（三）DPG：點支承（結構）帷幕玻璃，利用可吸收變形能力具有迴轉功能結構支承鐵件與結構框架，以點狀方式結合帷幕材料（玻璃），而成為完整結構玻璃架構。

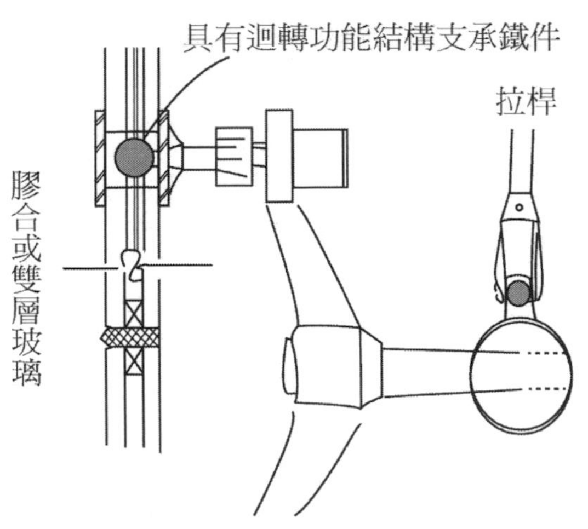

DPG 點支承（結構）帷幕玻璃示意圖

（四）風雨試驗系為利用設計之門窗、帷幕等構件，在特定試驗場地組建，且主要以風力及灑水裝置作為試驗設備，以測試構件之氣密、水密性，用以檢核設計之構件與系統能否符合規範之規定。

風雨試驗測試項目	
試驗項目	內容
氣密性能	評估帷幕牆氣密能力，與水密性能相關。
（靜態／動態）水密性能	評估受強烈風雨時，帷幕牆防止漏水能力。
（正／負）抗風壓性能	主要試驗帷幕牆抵抗風壓能力，以確保風壓下帷幕牆結構安全。
層間變位吸收性能	模擬帷幕牆受地震力導致層間變位變形，為帷幕牆體變形能力之試驗。

三、請問高層建築物的帷幕牆有那些種類及其優缺點？（20 分）

（107 公務高考-建築營造與估價#2）

參考題解

帷幕牆種類	優點	缺點
框架式	1. 造型變化較自由。 2. 數量門檻較低。	1. 構件多，安裝耗時。 2. 精準度較低。 3. 品質受施工技術限制，不易控制。 4. 可能需要額外鷹架施工。 5. 構件易相互束制損壞。
單元式	1. 精準度較高。 2. 品質控制較佳。 3. 現場組裝作業快。 4. 減少鷹架施工。	1. 造型限制較多。 2. 數量門檻高。 3. 伸縮縫較易位移損壞
框架＋單元式	兼具兩者優缺點，設計應考量使用位置、相互配合方式。	

四、試回答下列關於帷幕牆工程之問題：

（一）安裝鐵件須滿足那些性能的要求？（10分）

（二）預鑄混凝土帷幕牆的安裝鐵件可以採用那些方式來達到其性能上的要求？（10分）

（108 地方三等-建築營造與估價#4）

參考題解

（一）

項目	性能需求
組裝需求	1/2 次鐵件接合，為達到一定的精準度，需要有微調性能，且應能做上下、前後、左右方向調整。
載重	安裝鐵件承受帷幕自重、風力載重…等載重傳遞至建築主要結構。
變形	建築物受風力、地震力變形時，帷幕與主結構間之鐵件須因應變化（層間變位、角變量等），隨結構體變形。

（二）

項目	採用方式
組裝	1/2 次鐵件接合部位及各自與結構或帷幕牆接合處，開垂直或水平方向槽，以便於做上下、前後、左右方向調整。
載重	載重計算，使用符合需求之接合鐵件。必要時增加抗風梁等輔助構件。
變形	利用鐵件自身接合方式形成滾接支承、角接支承、固定支承等形式，配合接合點位、點數以達到追隨結構體變形能力。

五、掛簾或嵌版方式的金屬帷幕牆，依構造形式有那些種類？試繪圖及說明之。（25 分） （109 公務高考-建築營造與估價#4）

參考題解

（依金屬帷幕牆設計技術手冊）

（一）帷幕牆（構架構造建築物之外牆），除承載本身重量及其所受之地震、風力外，不再承載或傳導其他載重之牆壁。

1. 支撐於主結構體上，但不承載或傳導主結構之載重。
2. 僅承受本身之重量，風力及地震力。
3. 工廠生產為主之預製外牆。

（二）金屬帷幕依裝置方式不同分為

1. 掛簾型式（curtain wall）：由樓版或橫樑外側裝置的方式。
2. 嵌版型式（window wall）：由樓版之間或橫樑到橫樑之間，崁上之方式。
3. 包覆型式。

（三）掛簾型式、嵌版型式依構造型式分類：

項目	內容		簡圖
立框方式	樓版間架設立框，再裝設窗框、層間窗牆等。		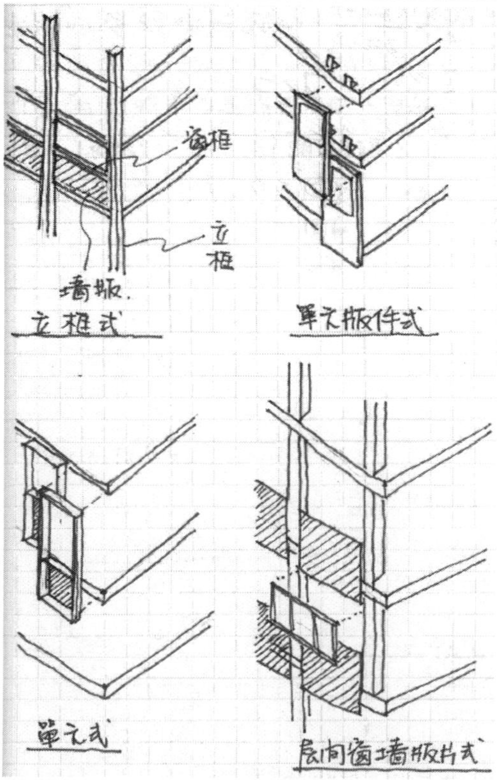 窗框 立框 墻版 立框式 單元版件式 單元式 層間窗墻版片式
版件方式	單元版件式	將單元版件安裝於上下兩層樓版上。	
	單元式	將預製一層樓高的單元版，單元間直橫料以楔合方式相接和。	
	層間窗牆版片式	樓版之間或橫樑到橫樑之間裝設層間窗牆等，再裝設窗框。	
	框架版件式	在分割立框等框材上，裝設層間窗牆、窗框等組成之合成版於上下兩層樓版。	

項目	內容		簡圖
			框架版件式

六、建築工程在考量施工進度與明亮外觀等因素下，帷幕牆（CurtainWall）使用率愈來愈高，常見於高層建築之採用，試以流程圖繪製帷幕牆施工步驟並請詳述其施工步驟工作內容。（25 分）

（110 公務高考-建築營造與估價#1）

參考題解

【參考九華講義-構造與施工 第 20 章 帷幕牆工程】

（一）帷幕牆施作步驟流程

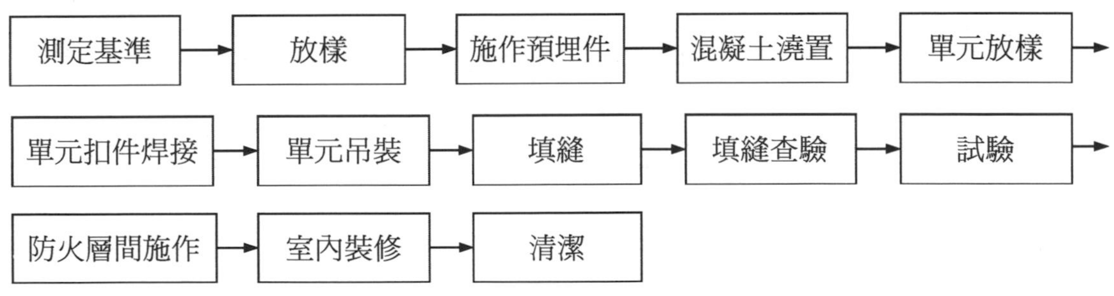

（二）工作內容

步驟	內容
測定基準	現場高程及垂直軸線基準點之測量定位。
放樣	依測定基準將預埋件位置放樣。
施作預埋件	預埋件依側定位置安裝。
混凝土澆置	預埋件安裝後澆置版樑等構件混凝土。
單元放樣	帷幕牆單元之扣件放樣。
單元扣件施作	帷幕牆單元扣件定位後施作。二次鐵件之安裝，應注意位置調整檢查，並應於完成後做防鏽塗裝處理。
單元吊裝	使用吊裝機具將帷幕牆單元吊放定位，以螺栓鎖固。
填縫	帷幕牆單元接頭，一次填縫及二次填縫。(完成後可逐層查驗)
試驗	填縫作業完成，該接頭施作水密性試驗。
防火層間施作	依技術規則中防火區劃部分施作防火時效之防火層間塞，依達防火區劃之功能。
室內裝修	依技術規則中防火區劃部分施作符合垂直高度之防火時效窗台或倒吊版，並注意作為室內表面材者應整飾美觀。

七、何謂帷幕牆風雨試驗？依據我國國家標準（CNS）之要求，試說明受測試體條件的要求及試驗的執行程序與各項目之內容。（20 分）

（106 地方四等-施工與估價概要#5）

參考題解

（一）風雨試驗系為利用設計之門窗、帷幕等構件，在特定試驗場地組建，且主要以風力及灑水裝置作為試驗設備，以測試構件之氣密、水密性，用以檢核設計之構件與系統能否符合規範之規定。

（二）受試驗試體施工應完全按照核准之施工圖說與施工規範施作，且試體施工之單位由未來執行工程之同一單位為佳。

（三）依照 CNS14280 規定

風雨試驗執行程序與內容		
項次	項目	內容
1	預壓	試驗艙體虛充氣施預壓力，待穩定後開始試驗。
2	氣密試驗	艙體加壓至指定壓力，量測壁體單位面積或周邊單位長度在單位時間內之通氣量。
3	靜態水密性試驗（第一次）	以每分鐘 3.4 L/m^2 水量噴灑，並以風鼓機製造艙體壓力差，十五分鐘後，檢查漏水量不超過 15 mL。
4	動態水密性試驗	同靜態水密性試驗外，同時以造風機製造正風壓，十五分鐘後，檢查漏水量不超過 15 mL。
5	層間變為試驗	帷幕與框架須受油壓缸三個週期的位移變形試驗。
6	靜態水密性試驗（第二次）	同第一次靜態水密性試驗。
7	正／負風壓試驗	以較大之靜止壓力差，測試帷幕牆變形能力與結構體之影響。
8	靜態水密性試驗（第三次）	同第一次靜態水密性試驗。
9	1.5 倍正／負風壓試驗	或稱極限風壓性能試驗，該壓力下結構不能破壞，但容許些微永久變形。

2 屋頂工程

內容架構

（一）傳統建築屋頂
1. 閩南建築屋頂。
2. 日式建築屋頂。

（二）金屬屋頂
1. 金屬板扣合。
2. 金屬屋頂天溝。
3. 鋼浪板屋頂：
（1）山牆收頭。
（2）女兒牆收頭。

（三）屋頂隔熱
1. 結構體隔熱。
2. 輕質隔熱材。
3. 天花板隔熱。

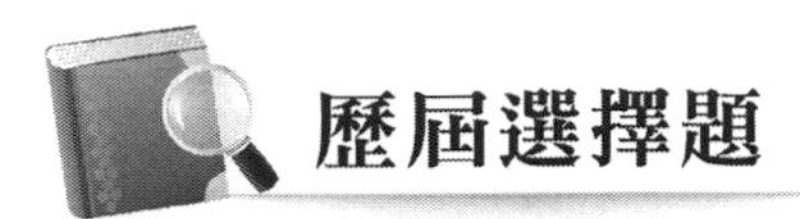

歷屆選擇題

（B）1. 下列何者與建築物外牆之熱傳導值（U 值）無關？
(A)空氣層 (B)建築物方位 (C)室外氣膜層 (D)室內氣膜層

（105 建築師-建築構造與施工#12）

【解析】

(B)建築物方位會影響外殼節能檢討結果，但不影響外牆 U 值。

（D）2. 有關屋頂花園防水工法，下列何者正確？

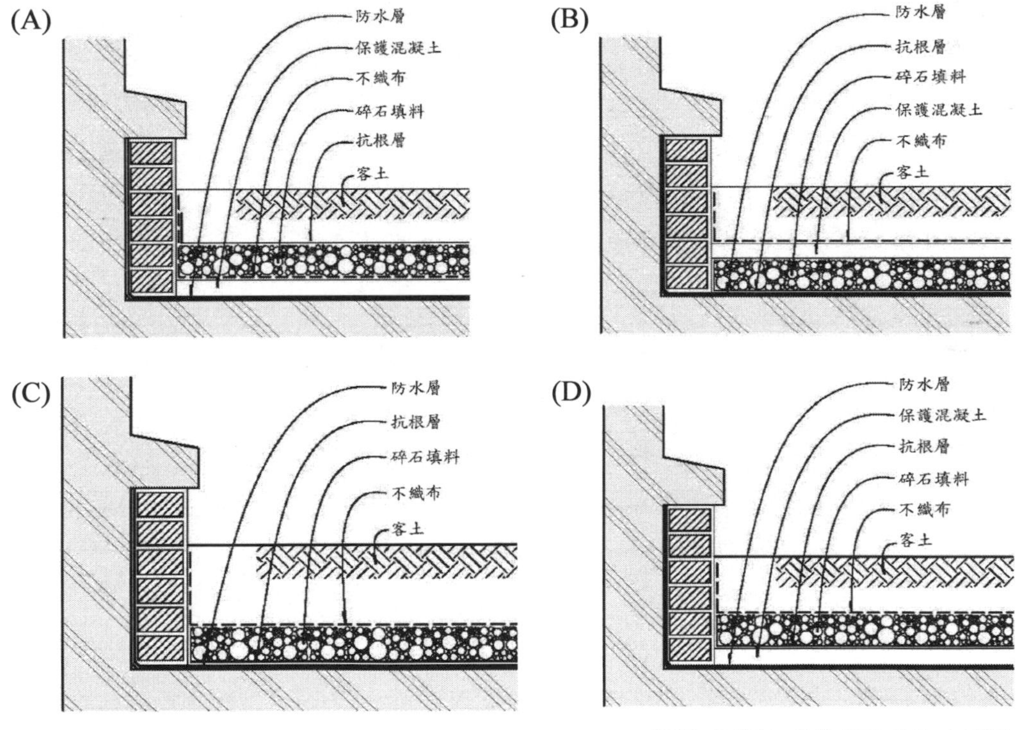

（106 建築師-建築構造與施工#59）

【解析】

屋頂花園防水工法(D)防水層→保護混凝土→抗根層→碎石填料→不織布→客土。

（C）3. 有關薄層綠屋頂的結構由上而下排序，下列何者正確？
①植栽層　②介質層　③排（蓄）水層　④過濾層　⑤防水層
⑥阻根層　⑦樓板
(A)①②③④⑤⑥⑦　(B)①②④⑤⑥③⑦
(C)①②④③⑥⑤⑦　(D)①②③④⑥⑤⑦
（107 建築師-建築構造與施工#28）

【解析】
①植栽層；②介質層；④過濾層；③排（蓄）水層；⑥阻根層；⑤防水層；⑦樓板。

（C）4. 有關屋頂瀝青防水施工法之敘述，下列何者錯誤？
(A)油毛氈之四邊重疊接合長度應在 9 公分以上
(B)若不做步行或其他用途時，則屋頂露出部分常以砂粒油毛氈作為外層之保護層
(C)底油之主要功用在提供瀝青層與油毛氈之密著黏結
(D)瀝青使用時需加熱熔解，若施工後鍋內仍有殘留時亦不得隔日使用
（107 建築師-建築構造與施工#29）

【解析】
(C)底油之主要功用在提供瀝青層與樓板混凝土之密著黏結。

（B）5. 有關在混凝土樓板安裝屋頂硬質隔熱材料時，下列敘述何者錯誤？
(A)將隔熱板片與樓板邊緣平行放置，隔熱板表面或底面視需要加以刻痕以配合屋頂曲度
(B)隔熱材料上下層間之接縫必須統一在同一斷面上
(C)在屋頂蓋板與垂直面相接處之絕緣材料，須依實際情況做適度之切割，但在所有垂直面泛水處須留下 6 mm 之距離
(D)在絕緣材料所有接合面，應有足夠之接合面積，但須注意勿使其變形，配合使用黏著劑，將絕緣材料黏附在樓板上
（107 建築師-建築構造與施工#37）

【解析】
(B)隔熱材料上下層間之接縫**不可**在同一斷面上。

（D）6. 有關建築屋頂細部施工之敘述，下列何者正確？
(A)屋頂花園的屋頂版最底層設置抗根層，上面再設置防水層
(B)屋頂花園防水層的高度與覆土高度相同即可
(C)屋頂戶外停車防水必須施作在瀝青混凝土上才可達到防水
(D)屋頂花園的植栽必須考慮到樹根部竄伸結構體破壞防水層之問題

（107 建築師-建築構造與施工#55）

【解析】
(A)屋頂花園的屋頂版最底層設置防水層，上面再設置抗根層。
(B)屋頂花園防水層的高度與覆土高度略高。
(C)屋頂戶外停車防水必須施作在瀝青混凝土下才可達到防水。

（B）7. 屋頂隔熱材料裝設於 RC 屋頂板下，其隔熱效果比起裝設於 RC 屋頂板上較為不好的原因為何？
(A)無法施作空氣層　(B)混凝土導熱性佳
(C)施工困難失敗率高　(D)容易維護檢修

（108 建築師-建築構造與施工#25）

【解析】
混凝土具有導熱性（及吸熱性）。

（B）8. 有關 RC 屋頂之敘述，下列何者錯誤？
(A)屋頂構造在設計時就須考慮是否供人行走、屋頂隔熱構造等
(B)為達成瀝青防水毯與屋頂結構能密接，在剛灌漿完馬上實施最佳
(C)屋頂防水施工不能只鋪設平面，女兒牆、壓頂等也是重要的部分
(D)屋頂落水頭為防止異物阻塞故多採用立體式落水頭

（108 建築師-建築構造與施工#30）

【解析】
剛灌漿完成，無法施作瀝青防水毯。施作時混凝土需達到一定的乾燥性。

（D）9. 屋頂薄層綠化可有效降低屋頂層的熱負荷，下列那一項不是減少熱負荷的主因？
(A)植物及土壤水分蒸發　(B)空氣層
(C)土壤隔熱係數佳　(D)塑膠容器層隔熱係數佳

（109 建築師-建築構造與施工#4）

【解析】
(D)塑膠材質熱傳導低，但至少要做成約 50 mm 才有效果，用於屋頂綠化的塑膠容器很薄，隔熱效果甚微。

（A）10.有關金屬屋頂板設計與施工之敘述，下列何者錯誤？

(A)屋頂板可在工地現場依尺寸加工，鋪設方式原則由屋簷至屋脊，為多片續接構成

(B)除不銹鋼外，凡異質材料接觸之表面，皆須使用焦油瀝青或其他永久性隔離材料

(C)隔熱層應安裝在下框架內，並使其面層朝向室內，修剪後能順利嵌入而不致變形

(D)屋面泛水板裝設時，須先對其有開口離縫之處，施加一層填縫料

（109 建築師-建築構造與施工#30）

【解析】

耐震補強施工規範第 07410 章金屬屋頂板及牆面板規定

2.2 設計與製造

2.2.2 屋頂板須在工廠成型，其長度應由屋簷至屋脊為單片無續接構成。牆面板應以實際最大之長度製成，以減少水平接縫。

（B）11.下列何者不是綠化屋頂之主要效益？

(A)隔熱節能　(B)減少屋頂違建

(C)增加休憩空間，創造屋頂農園　(D)降低都市熱島效應

（110 建築師-建築構造與施工#72）

【解析】

隔熱節能、增加休憩空間，創造屋頂農園、降低都市熱島效應都是綠化屋頂之主要效益，(B)減少屋頂違建之需求與是否施作屋頂綠化無關。

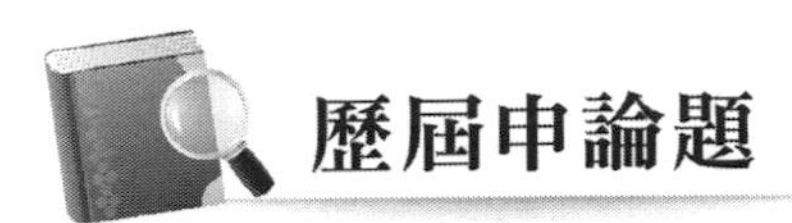

歷屆申論題

一、何謂薄層綠屋頂？試說明其構成及施作流程並以 RC 建築物屋頂為例，繪出薄層綠屋頂女兒牆收邊及屋頂天溝及防水施工詳圖。（20 分）

（106 地方三等-建築營造與估價#1）

參考題解

（一）於屋頂層以厚度 30 公分以下輕質覆土介質鋪設，並種植低矮、適應能力強、低維護成本之植栽，可增加建築綠化面積，具有屋頂隔熱效果調整為氣候功能之屋頂綠化方式。

（二）

薄層綠屋頂構成與施作流程		
步驟	構成	施作項目
1	基礎	薄層綠屋頂範圍規劃
2		屋頂排水溝施作、整平、給水系統配置、收邊構造施作。
3	保護層	隔熱層施作。
4		防水層施作。
5		阻根層施作。
6	蓄／排水	鋪設蓄／排水管／版。
7		施作隔離濾層。
8	植栽	給水系統出水頭配置、設定。
9		輕質覆土介質鋪設。
10		種植植栽。

（三）薄層綠屋頂女兒牆收邊及屋頂天溝及防水施工詳圖

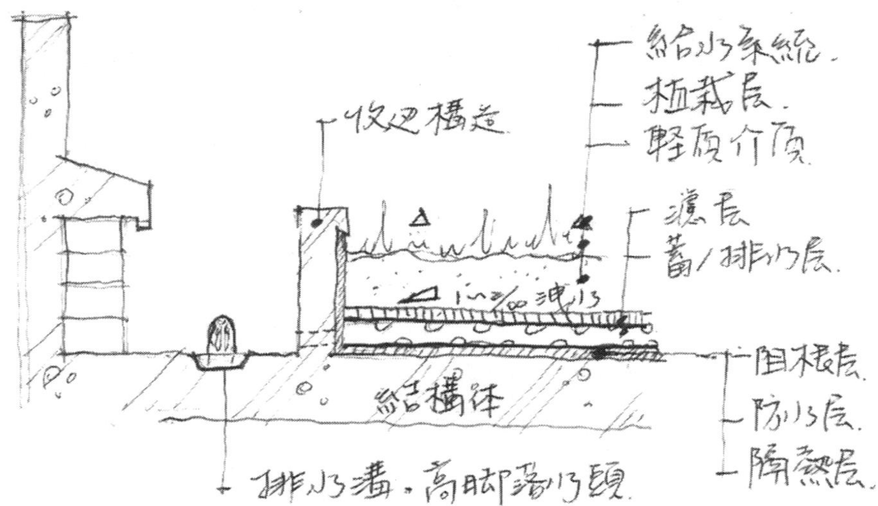

> 二、屋頂綠化近來十分盛行，試繪圖及說明薄層綠屋頂的施工方法與流程。（25 分）
>
> （109 公務普考-施工與估價概要#3）

參考題解

【參考九華講義-構造與施工　第 21 章　屋頂工程】

（一）薄層綠屋頂可綠化環境、於熱帶亞熱帶地區具有隔熱功能，藉以減少空調負荷、耗能，減輕能源與環境壓力。

（二）施工方法與流程

項次	項目	內容
1	屋頂結構現況	檢核屋頂樓版結構、防水狀態，必要時先施作試水，以確認基底狀態。
2	隔熱、防水層	首先施作隔熱層，後施作防水層，以減少薄層綠屋頂滲水。
3	阻根層	鋪設阻根層，避免植物根系破壞結構。
4	蓄／排水板	鋪設蓄／排水板，減低日常維護需求。
5	濾層	減少介質流失、過濾排水避免阻塞。

項次	項目	內容
6	輕質介質	使用輕質介質減少結構載重，可以有機與無機質搭配，注意介質厚度約 30 公分，至少應達 10 公分以上。
7	給水系統	利用自動噴灌或滴灌系統自動澆灌。
8	植栽	依區域不同選擇植栽，應注意耐日照高溫、耐風、耐旱等特性。

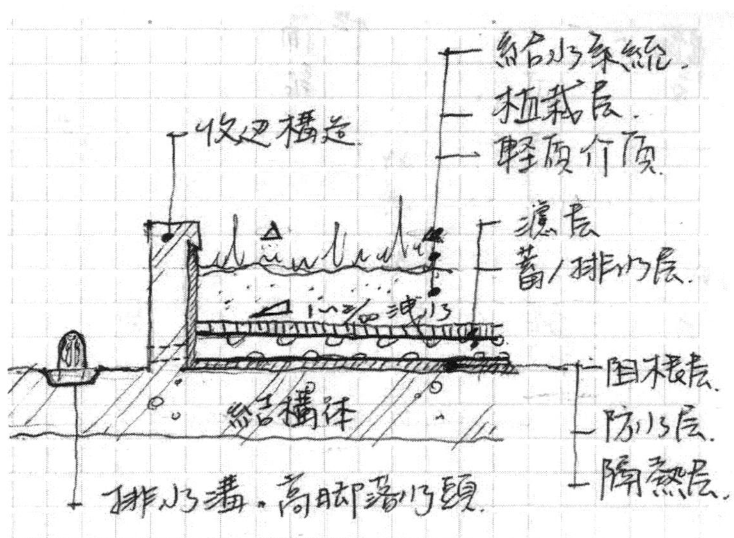

薄層綠屋頂簡圖

三、RC 造屋頂薄層綠化設計及施工須注意之重點為何？試繪剖面圖解釋之。（25 分）

（111 地方四等-施工與估價概要#4）

參考題解

【參考九華講義-第 21 章 屋頂工程】

剖面簡圖	給水系統 植栽層 輕質介質 收邊構造 濾層(不織布) 蓄/排水層 結構体 阻根層 防水層 隔熱層 排水溝.高腳落水頭
設計及施工須注意之重點	1. 防水層：多層防水原則，轉角處滾圓角或導角。排水落水頭需施作完整。 2. 阻根層：利用物理性和化學性方法阻絕根部，以免防水層被根酸腐蝕。 3. 蓄／排水層：尺寸合理選擇、洩水坡度 2%以上、2 處以上排水原則、女兒牆或收邊材與綠帶間、突出物周圍留設 20 cm 以上排水通道。 4. 介質：考量質輕、保水、通氣、保肥及穩定不易分解等特性。薄層綠屋頂覆土深度一般≦30 cm，比重在 0.8 左右，需有良好的排水性。（土壤入滲率＞10-3 及保水力＞20%） 5. 植栽：應配合現地環境、氣候（微氣候）配合觀賞性、維護性等，選擇適合之植栽品種。
其他注意事項	1. 建築許可之申請。 2. 結構載重、裂縫、傾斜問題。 3. 洩水坡度及排水。 4. 使用強度、女兒牆高度。 5. 使用面積及限制。 6. 氣候條件，風量、雨量、日照時數。 7. 管理維護。

參考來源：屋頂綠化技術手冊。

CHAPTER 3 防水工程

內容架構

(一) 建築防水理論

1. 建築物水侵入原因。
2. 防水原則。
3. 防水方法。
4. 防水材料。

(二) 屋頂防水

1. 泛水收頭。
2. 油毛氈。
3. 落水頭。

(三) 地下室外壁防水

1. 外部防水。
2. 內部防水。

(四) 伸縮縫防水。

(五) 外牆防水。

(六) 車道防水閘門。

(七) 溫度、濕度、結露。

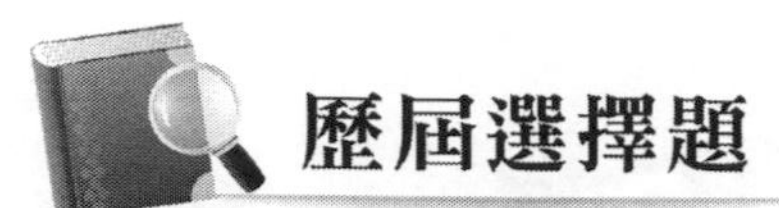

歷屆選擇題

（C）1. 地下室外牆經常採用複層牆工法，其原理是：

(A)增強結構性，減少地下室外牆龜裂漏水

(B)外牆內側無壁柱，停車或內裝規劃較容易

(C)利用牆間空隙導流滲漏與減少潮氣

(D)施作兩次防水，較為保險 （105 建築師-建築構造與施工#6）

【解析】

(A)地下室外牆的複層牆之內層通常是裝修用的輕隔間材質，與增強結構性，減少地下室外牆龜裂漏水無關。

(B)外牆內側無壁柱，停車或內裝規劃較容易，為附加的需求條件非主要目的。

(D)複層牆的內層通常是裝修用的輕隔間材質沒有防水的功能。

（B）2. 下列無障礙落地拉窗，何者防水較為有效？

(A)

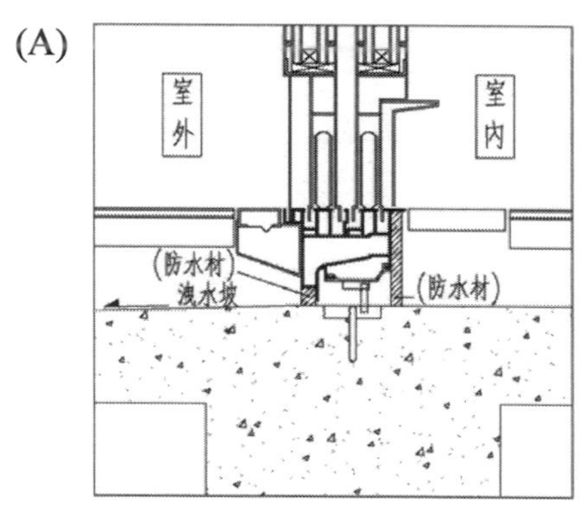

(B)

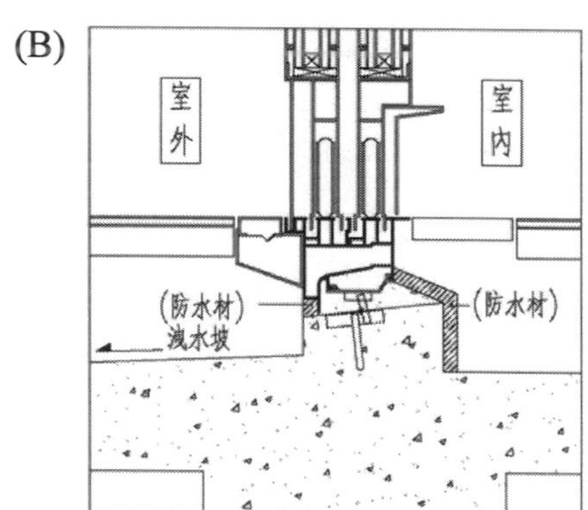

(C)

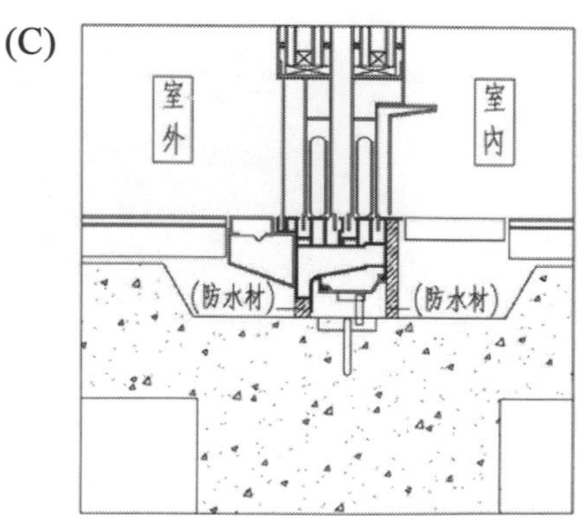

(D)

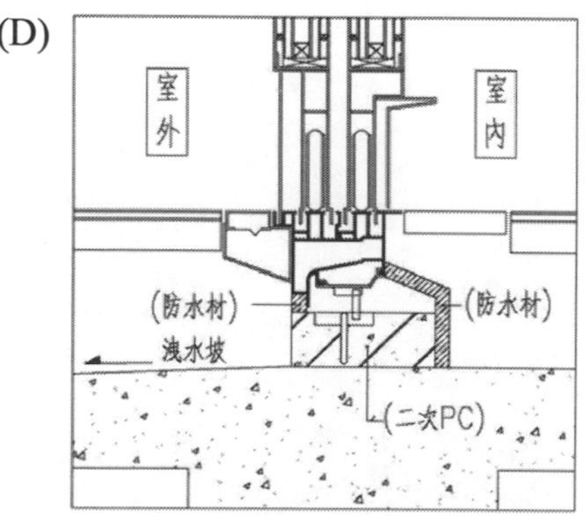

（105 建築師-建築構造與施工#24）

【解析】

防水較為有效為圖(B)。有止水墩，一次澆置減少施工縫。

（B）3. 下列屋頂防水詳圖，何者有滲水的疑慮？

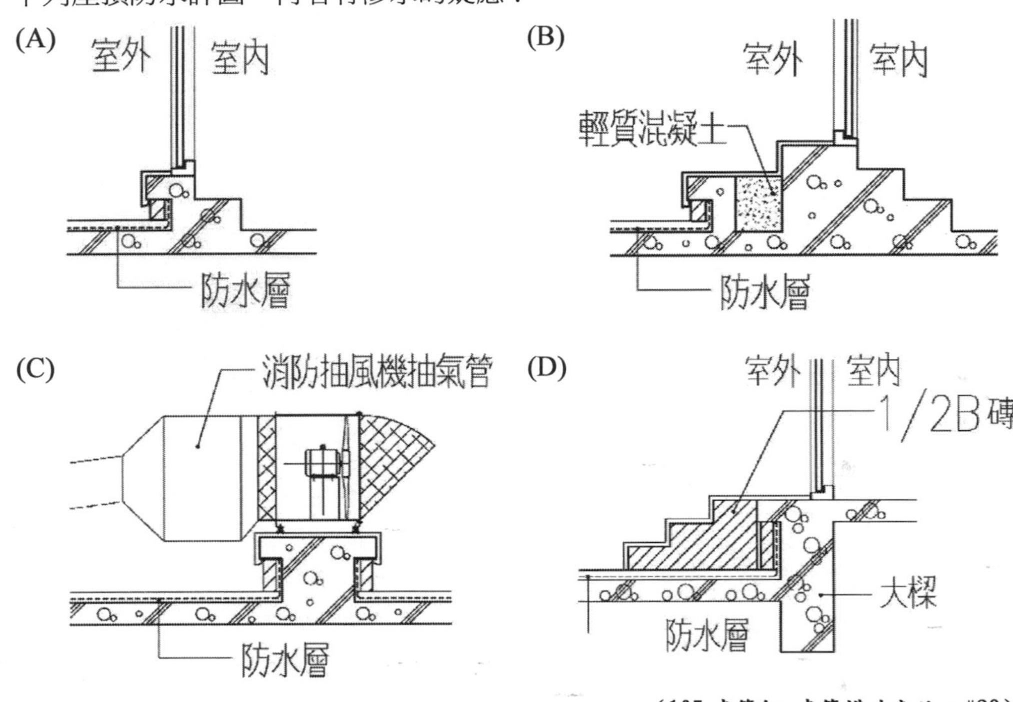

（105 建築師-建築構造與施工#28）

【解析】

圖(B)將輕質混凝土二次澆置增加施工介面，容易產生裂縫，造成積水機會，故有水的疑慮。

（C）4. 有關石材覆面的外牆乾式工法的敘述，下列何者錯誤？

(A)係以不銹鋼的金屬固定件來固定石板的工法

(B)乾式工法亦可稱空縫（open joint）工法

(C)乾式工法因不填縫，故在外牆防水上不利，無法克服

(D)乾式工法因不採用砂漿填滿石材與外牆之間的縫隙，所以可以避免產生白華

（105 建築師-建築構造與施工#47）

【解析】

有關石材覆面的外牆乾式工法的敘述，(C)乾式工法因不填縫，故在外牆防水上不利，**可於結構體上直接施作防水材**。

（A）5. 施工構造上，材料間經常會用到矽酸樹脂（silicone）作為材料交接的填縫劑，下列施作圖何者正確？

(A)

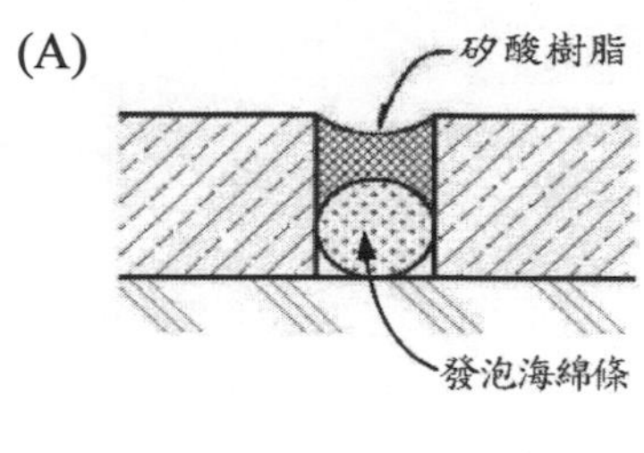

(B)

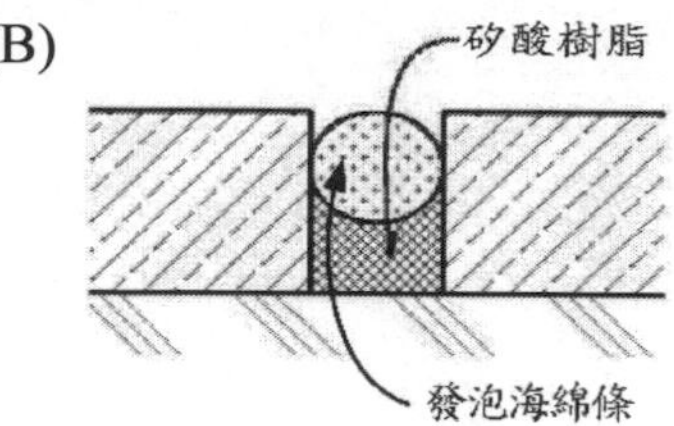

(C)

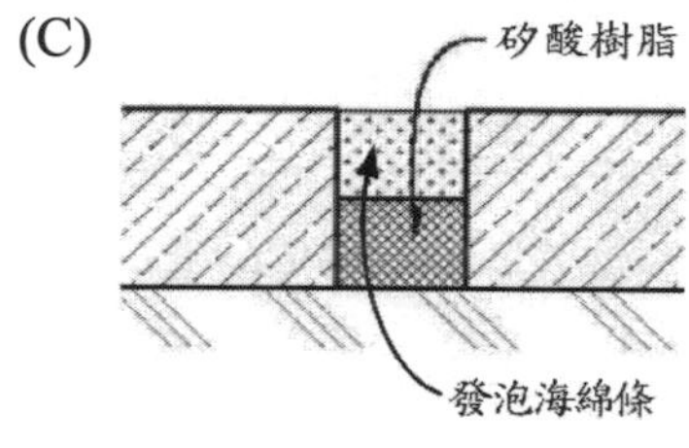

(D)

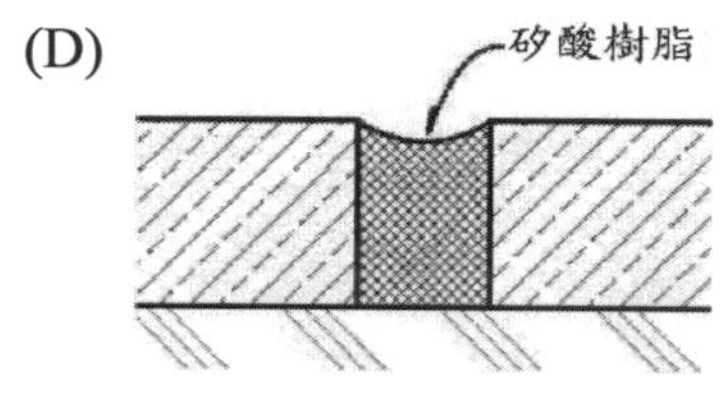

（106 建築師-建築構造與施工#58）

【解析】

施工構造上，材料間經常會用到矽酸樹脂（silicone）作為材料交接的填縫劑，以雙向伸縮為主。填塞發泡海綿條主要是讓其不會產生三個方向之伸縮。

（C）6. 下列何者不屬於薄片防水材之常用材料？

(A)加硫橡膠　(B) PVC　(C) PU　(D) PE

（107 建築師-建築構造與施工#3）

【解析】

PU 不屬於薄片防水材。PU 需塗厚厚一層，且為油性的防水膜，無法和素地中的水氣結合，在潮濕海島台灣，現在比較少人在使用。

（B）7. 有關各種防水工法之敘述，下列何者正確？

(A)熱熔式瀝青（油毛氈）防水工法中，臺灣常用的「七皮」，係指三層瀝青澆置層與四層油毛氈張貼層的交互鋪設

(B)聚氨酯系塗膜防水材的特性在於塗抹一體成型無接縫，較無搭接不良的問題

(C)相較於傳統的熱熔式瀝青防水工法，常溫自黏式防水氈的鋪設面條件可較為粗糙，施工精度要求亦較低

(D)俗稱「黑膠」的乳化瀝青塗膜防水材，比起亞克力（丙烯酸酯）橡膠系塗膜防水材具有更高的抗紫外線與耐久性能

（107 建築師-建築構造與施工#4）

【解析】

(A)熱熔式瀝青（油毛氈）防水工法中，臺灣常用的「七皮」，係指**四**層瀝青澆置層與**三**層油毛氈張貼層的交互鋪設。

(C)相較於常溫自黏式防水氈，傳統的熱熔式瀝青防水工法的鋪設面條件可較為粗糙，施工精度要求亦較低。

(D)亞克力（丙烯酸酯）橡膠系塗膜防水材，比俗稱「黑膠」的乳化瀝青塗膜防水材，具有更高的抗紫外線與耐久性能。

（D）8. 按照臺灣住宅一般用水習慣，有關防水施工之敘述，下列何者最不適當？

(A)浴室牆面防水層應自地坪起施作至 1.8 公尺以上

(B)浴室地坪牆面防水工程完成後，為確認品質，應做 24 小時以上的積水測試，俗稱試水

(C)地下室外牆防水以施作於外側為佳

(D)住宅廚房空間地坪，一般不施作防水層

（108 建築師-建築構造與施工#2）

【解析】

台灣住宅一般有**水**之空間皆會施作防水層，如：陽台、廁所、**廚房**……

（C）9. 建築物地下室防水工程之施作概念，何者最佳？

(A)於室內阻擋水流，使之不流入室內

(B)於戶外導引水流，使之不影響使用位置

(C)戶外阻擋及室內導引兩者兼施

(D)使用雙層牆面 **（108 建築師-建築構造與施工#44）**

【解析】

選項(A)(B)(D)都有偏頗，戶外阻擋及室內導引兩者兼施是 4 個選項當中相對最佳方式。

（B）10.有關住宅防水材料施工設計之敘述，下列何者正確？

(A)施作完水泥砂漿地面或是貼完地面磚後，才在完成面上施作防水以避免漏水

(B)續接設備排水管的管根處一般留設高於地面 10~20 mm，且由上管套入下管

(C)瀝青油毛氈因防水性能佳、材料厚度大，張貼於屋頂後不須再保養更換

(D)落水頭處的防水層在排水孔外截斷，落水頭形式平面即可

（109 建築師-建築構造與施工#7）

【解析】

(A)施作順序面磚之前應先施作防水層。

(C)需要定期更換瀝青油毛氈。

(D)屋頂層塵土多，平面落水頭容易阻塞，應使用高頸落水頭。

（A）11.有關屋頂防水工程施作與防水材料特性等，下列敘述何者最為適當？

(A)RC 屋頂板坡度在 2/100 以上，做成單斜或雙斜坡，再於其上施作防水層

(B)屋頂七皮瀝青油毛氈防水之作法，總計採用一層底油，三層瀝青及三層油毛氈

(C)水槽內之防水工程宜採用乳劑型塗膜或溶劑型防水材

(D)採水泥砂漿防水層作為屋頂防水措施時，最小厚度須在 2~3 公分以上，可一次粉刷施工，粉刷之厚度越厚則防水效果越佳　　（109 建築師-建築構造與施工#29）

【解析】

(B) 屋頂七皮瀝青油毛氈防水之作法，總計採用 1 層底油，4 層瀝青及 3 層油毛氈。

(C) 乳劑型塗膜防水材塗料乾燥較慢，可在稍為潮濕的基層上施工，耐久性較差；溶劑型防水材施工時對環境有一定污染，用於水槽不適合。

(D) 水泥砂漿防水層作為屋頂防水措施時，最小厚度單層施工宜為 6~8 mm，雙層施工宜為 10~12 mm，摻外加劑、摻和料等的水泥砂漿防水層厚度宜為 18~20 mm。

（C）12.地下室永久性擋土牆防水層之防水處理，下圖何者正確？

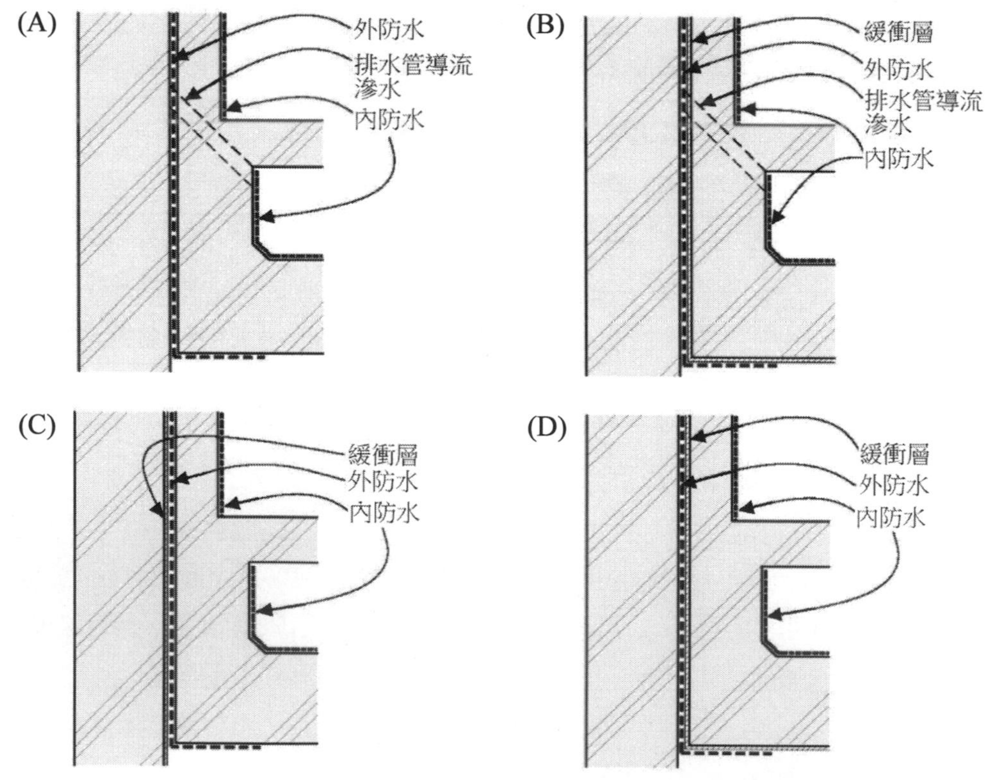

（109 建築師-建築構造與施工#45）

【解析】

擋土牆防水層緩衝層在最外側，導排水管從地下室樓面導進筏基內。

（A）13.下列窗臺細部詳圖，何者較容易造成室內漏水？

(A)

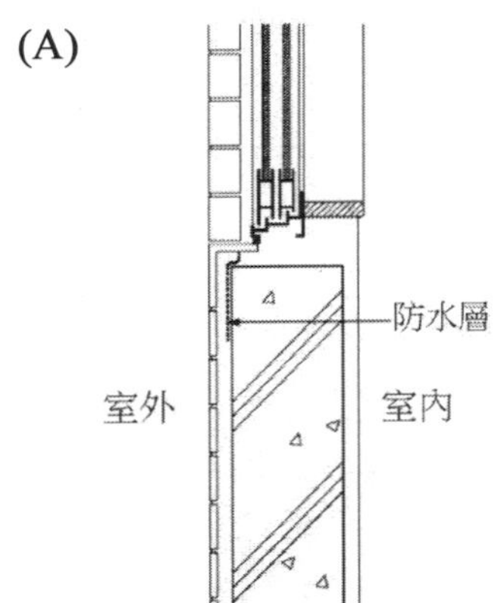

(B)

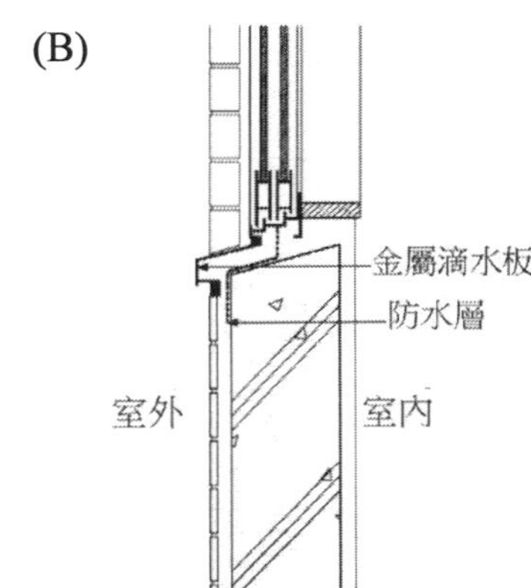

(C)

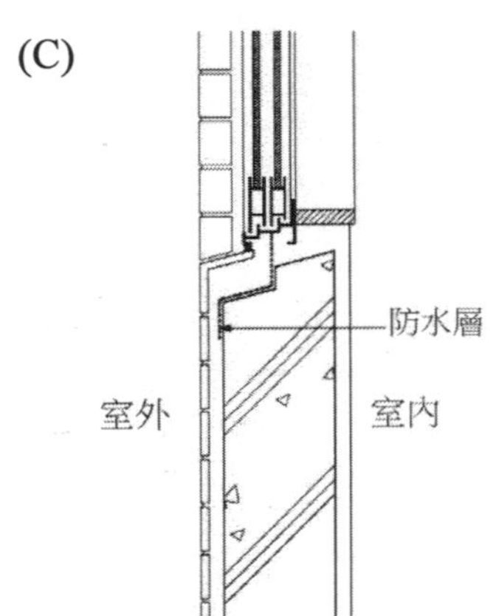

(D)

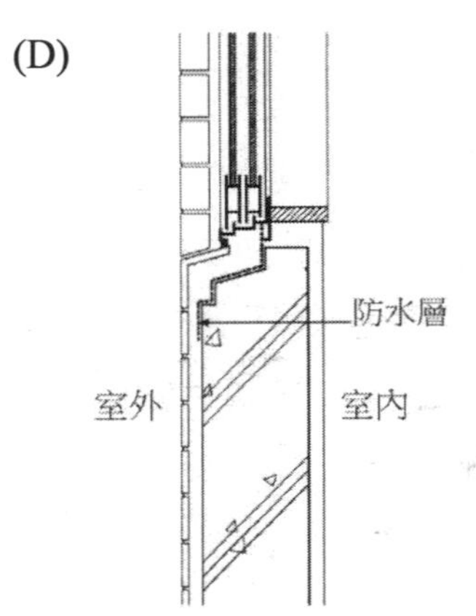

（109 建築師-建築構造與施工#49）

【解析】

窗台外側要有向外斜的洩水坡度，選項(A)無外斜的洩水坡度，下雨時水容易往內滲流。

（C）14.下列何項不是新建建築物在選擇「屋頂防水」的材料及工法的主要考量因素？

(A)有多少人會在屋頂行走　(B)施工時的天氣及素地面的濕度條件

(C)水壓側或背水壓側　(D)屋頂構造種類及素地面的材料

（110 建築師-建築構造與施工#4）

【解析】

水壓側或背水壓側，屬「地下防水」。

（A）15.下列關於屋頂防水工程的敘述，何者錯誤？

(A)進行瀝青油毛氈防水工程時，為使油毛氈與屋頂面妥善黏著，宜先使屋頂混凝土面保持濕潤

(B)屋頂防水層施作完成後，必須做淹水試驗，確認無滲漏水之虞後，才施作隔熱層

(C)女兒牆底部與屋頂面之轉角處，宜以圓角或三角處理

(D)採用塗膜防水工法時，如採用張貼式補強材料，其疊接長度約保持 5 公分即可

（110 建築師-建築構造與施工#29）

【解析】

依行政院公共工程委員會各類施工綱要規範工具書第 07505 章

3.1.1 施工面處理：防水膜施工前 鋪 設面應使之乾燥、清除油污、塵屑、碎石等雜物。

（D）16.某建築師接受業主委託，執行企業總部大樓地上第十八層的招待所之室內設計，而所選用的各種室內材料如①～⑦所示，

①設置於舞台，提供簡報或發表用之投影布幕

②鋪設於出入口，面積 1.5 平方公尺的門墊地毯

③垂掛於室內，展示企業形象的廣告合板

④放置於展示區的絨布製企業吉祥物，高 1.1 公尺

⑤安裝於窗邊的布製橫葉式百葉窗簾

⑥供來賓使用之真皮沙發與吧台區的布製椅墊高腳椅

⑦鋪設於室內造景區之人工草皮，面積 8 平方公尺

若依據消防法施行細則所訂定之「防焰性能認證實施要點」，下列何者組合均不屬於被規範的室內防焰物品？

(A)①②③　　(B)④⑤⑦　　(C)①③⑥　　(D)②④⑥

（110 建築師-建築構造與施工#32）

【解析】

②鋪設於出入口，面積 **2** 平方公尺以上的門墊地毯

（C）17.鋼構件有防火需求時，常用的防火工法或材料不包含下列那種？

(A)外覆矽酸鈣板等包板　　(B)含水泥的噴附式被覆

(C)包覆玻璃纖維並以樹脂黏著　　(D)塗覆防火漆

（110 建築師-建築構造與施工#50）

【解析】

一般鋼構工程常施作之防火建材可分為：

一、RC 被覆：單價最高，效果也最好。施作方式同一般 RC，須綁紮溫度鋼筋後組模灌漿；不容易因裝修而破壞。

二、噴灑防火被覆：最常用的一種，價格也最低，常遇到裝修時將其局部刮除後未回補，且常須另行施作木作裝潢以維美觀。

三、塗佈防火漆：單價較防火被覆高許多，一般使用於有景觀需求之鋼結構（例如室內造型梯等）。

四、施作防火板：常用的有石膏板或矽酸鈣板；個人認為最不保險的做法，防火板若被拆除，則鋼構將完全裸露，故一般施作於公共區域（不易因個人行為而遭拆除）。

（A）18.建築構造中所謂的止水帶應用於：

(A)結構體防止水進入建築內部　(B)防止排水管逆流

(C)屋頂防水　(D)門窗防水

（111 建築師-建築構造與施工#4）

【解析】

止水帶的運作原理止水帶因柔軟堅韌的特性，可被埋設在混凝土當中，充當防水的防線。

（C）19.有關防水之敘述，下列何者正確？

(A)屋簷的滴水槽設計是利用毛細管現象之防水原理

(B)設置減壓空間（等壓空間）是利用材料的氣密性來達成防水效果

(C)止水帶防水工法適合用於先後澆置混凝土的續接處

(D)雨天或下雪時屋頂防水還是可以施作

（111 建築師-建築構造與施工#5）

【解析】

(A)滴水條最主要的功能就是排水、水切，破壞雨水、露水沿著屋頂、牆面流下的路徑，將雨水排出，不是毛細管現象。

(B)設置減壓空間（等壓空間）是，利用加壓、減壓使室內與室外產生壓差達到其效果。

(D)雨天或下雪時屋頂防水工法無法施作。

（B）20.屋頂上往往設有眾多的建築設備和管線，下列四張照片中，何者較能維持屋頂防水層的完整性？

(A)甲乙　(B)甲丙　(C)乙丙　(D)丙丁

甲

乙

丙

丁

（111 建築師-建築構造與施工#6）

【解析】

題目中的乙與丁的工法皆有穿版，相較於另外兩個比較不利防水。

（D）21.挖設地下室牆體時需施作防水工程，下列何者不是常用地下室防水工程之作法？

(A)先施外防水工法　(B)後施外防水工法
(C)內防水工法　(D)等壓層防水工法

（111 建築師-建築構造與施工#47）

【解析】

等壓層防水工法是外牆防水的工法。

（B）22.建築構造細部設計中所謂「滴水」之主要日的為何？

(A)立面線條美觀　(B)防止建築表面污染
(C)防止房屋漏水　(D)材料收邊

（111 建築師-建築構造與施工#67）

【解析】

利用水的表面張，滴水線可以遮斷雨水污染建築物立面。

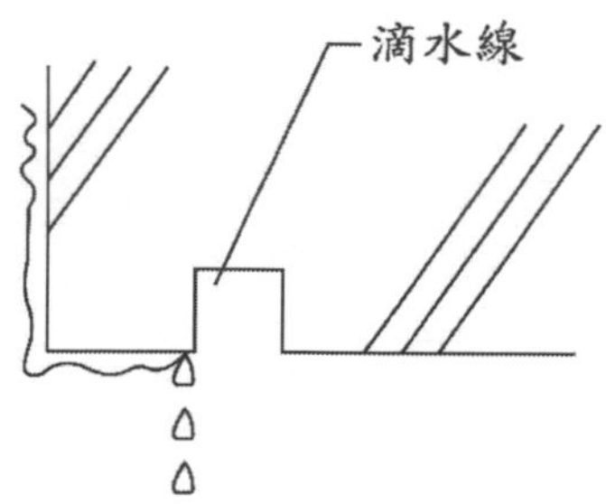

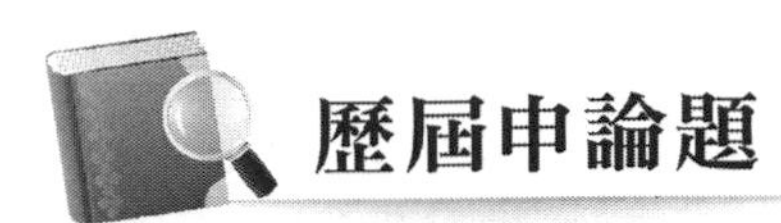

歷屆申論題

一、建築物為達成防水及防潮之目的，一般採用的防水工法有那些種類？（20 分）

（105 公務高考-建築營造與估價#5）

參考題解

防水工法	內容
軀體防水	1：2 防水粉刷、止水帶。
鋪設防水	油毛氈、橡化瀝青防水膜。
塗膜坊水	PU、聚胺酯、聚脲系塗膜
填縫防水	Silicon、PU、Epoxy。
灌注防水	Epoxy，發泡樹酯。

二、在建築防水工程中，請詳述屋頂防水常見之瑕疵與表面塗佈之缺失。（25 分）

（110 公務高考-建築營造與估價#4）

參考題解

【參考九華講義-構造與施工 第 22 章 防水工程】

（一）防水施作應注意原則

1. 介面單純、施工簡易。
2. 單一材料多層塗佈防水原則。
3. 應施作保護層避免劣化失敗。
4. 施工縫、伸縮縫、帷幕牆單元等結構接縫處理。
5. 防水施作細部處理及收頭原則。
6. 材料接著原則。

（二）屋頂防水常見瑕疵與表面塗佈之缺失

1. 氣候不良條件下施工或防水材接著不良產生膨臌現象。
2. 結構體表面或施作底材未清理，已有風化起砂、劣化使之接著不良。
3. 接縫處未考量外力作，使防水材料破壞或防水材料不連續而導致失敗。
4. 未將結構體表面填封，防止水氣之穿透，造成防水材產生膨臌現象。

5. 隅角、伸縮縫、接縫、施工縫等處未能有效施作截水、滾邊防水，使接縫處理不佳。
6. 細部處理及收頭施工不良，導致邊緣、收頭處失敗。
7. 不同材質界面施工縫未施作防水（如落水頭與 RC 等）。
8. 未考量不同材料特性對應該材料接著方式，如使用底油或接著劑、與結構表面直接接著等。

三、請繪圖說明建築物屋頂防水工法的種類。（20 分） **（105 地方四等-施工與估價概要#3）**

參考題解

（一）防水毯、瀝青防水層張貼法

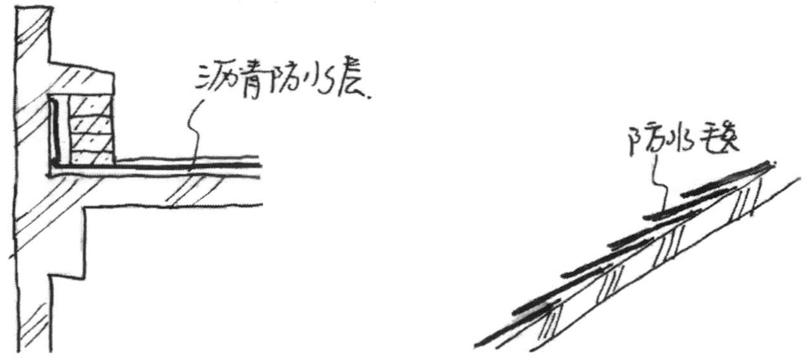

（二）塗佈法：聚尿系等表面噴塗防水。

（三）覆蓋法

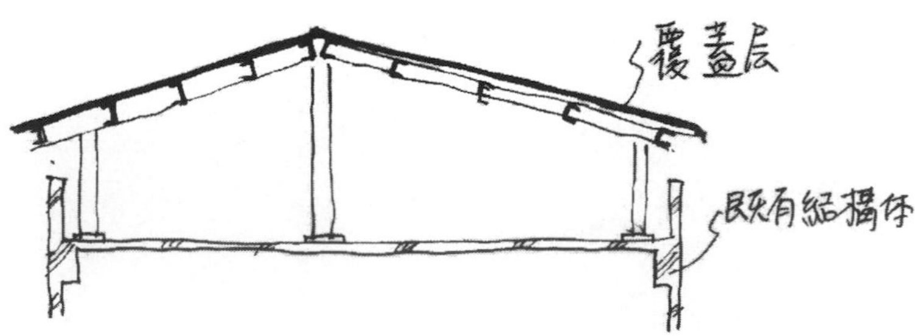

四、地下室可以採用那些防水工法來防止地下水的滲透？試繪圖說明之。（20 分）

（106 地方四等-施工與估價概要#1）

參考題解

有關地下室防水工法，常見可分為：先施防水工法、後施防水工法、複層壁，可依照不同工程類別或地質、地下水等因素因地制宜選用適當方式，有關各種工法及其詳圖示意如下：

地下室防水工法		
先施 防水工法	地下室防水層施作於連續壁與室內壁體之間，因施作順序先於地下室壁體，故稱先施法，適用地下室壁體接近地界或連續壁者。	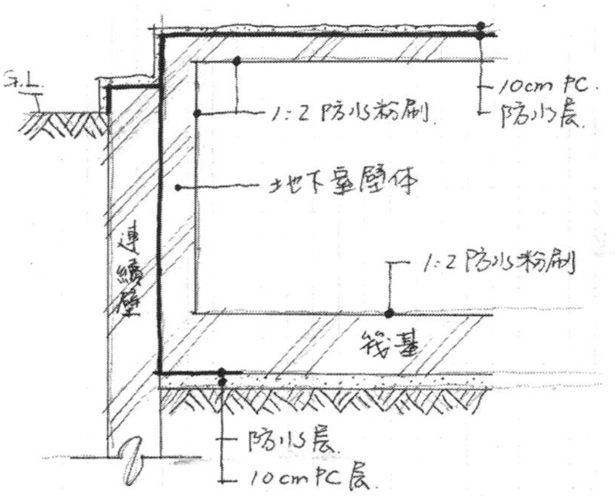
後施 防水工法	地下室防水層施作於壁體外側，需有適當施工空間，故適用於明開挖工法之工程，防水層作業工序上後於地下室壁體，而稱後施法。	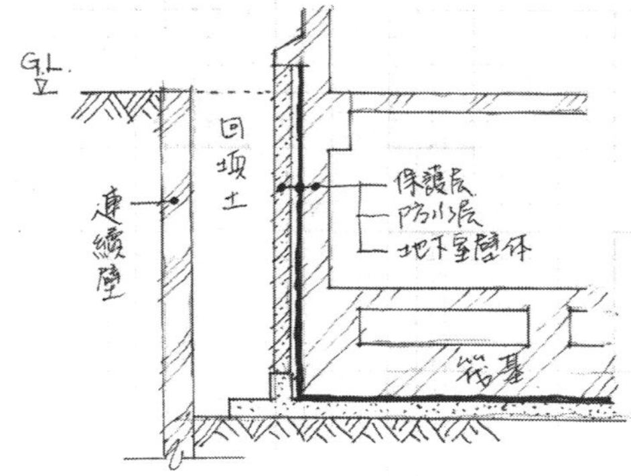

地下室防水工法		
複層壁	地下連續壁與地下室壁體間留設排水空間，使滲入連續壁之地下水由排水空間處裡，以保持地下室壁體乾燥。狹義防水原則中複層壁工法非屬防水工法，然於地下室工程中具有排水／防止水滲入室內功能。	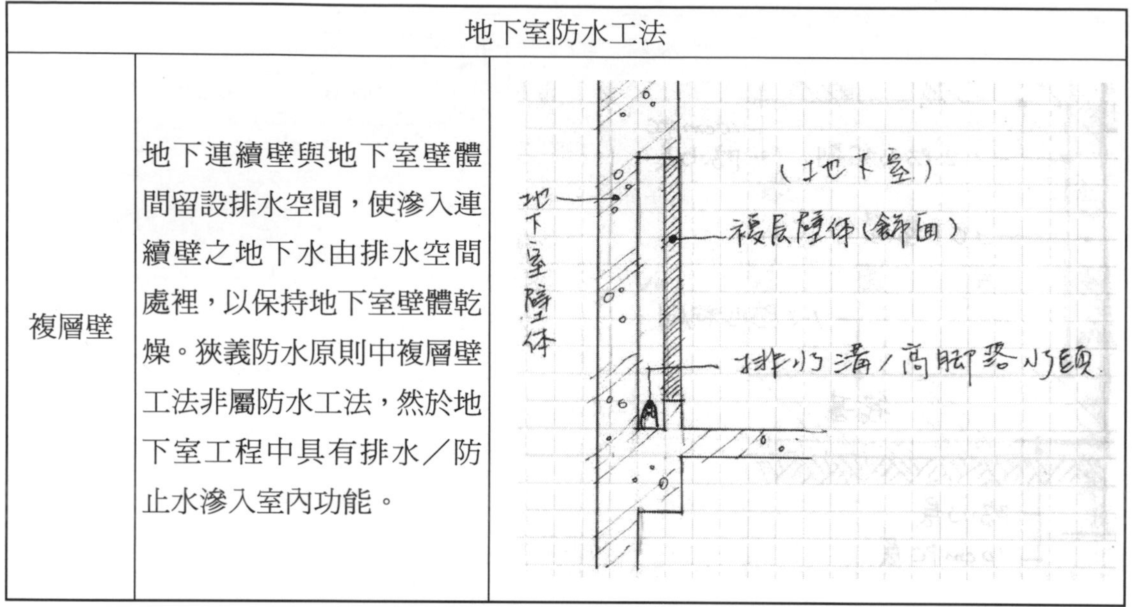

五、試依據內政部營建署建築工程施工規範之規定，說明採用聚胺脂防水膜進行屋頂防水工程時之施工步驟及其注意事項。（25 分）

（108 地方四等-施工與估價概要#3）

參考題解

聚胺脂防水膜進行屋頂防水工程時之施工步驟及其注意事項依據內政部營建署建築工程施工規範、屋頂防水章節規定如下：

3.2.2 聚胺脂防水膜

（一）底層處理

底層應為平整之整體粉光之混凝土面或水泥砂漿粉光面，不得有孔洞或明顯龜裂情形，陽角隅角處均須做成圓弧狀，底層須完全乾燥方可舖築防水層。

1. 屋面泛水與屋頂結構體應為一體澆築一次施作完成。
2. 過板管應澆築時同時埋設。
3. 落水管於澆築前事先擴口管緣磨順。

（二）塗布底油

底油之塗布，塗布時須薄而均勻，除圖說另有規定者外用量約為 0.15~0.2 kg/m^2。

（三）施築聚胺脂防水層

1. 施築防水膜現場應有良好之通風，並應隨時保持清潔，作業人員均應備有保護肌膚之手套等衣物及口罩。

2. 應依據材料製造廠商所提供之施工說明備妥必需之特殊工具，並依廠商規定已配合比例及方法攪拌後塗布。
3. 防水材塗布，底層防水材塗布須於底油充份乾燥後（約 3~5 小時）用鋼鏝均勻塗布，一次完成，不得中斷，若存砂粒或其他雜質應 即去除，底層防水材充份乾燥後（約 12~24 小時），再用鋼鏝均勻塗布上層防水材，除圖說另有規定外，其完成總厚度至少 2 mm 以上。
4. 防水膜施築完成後，應有 4 天以上保養時間，絕對禁止人員進入踐踏。
5. 落水頭施工，落水頭及其固定底盤應於防水材施工後再予覆上，落水頭邊緣與水泥搭接處施以 PU 填縫材，以加強防水效果。

六、試從結構物系統與材料角度說明基礎工程之結構體如何防水？（20 分）

（109 鐵路員級-施工與估價概要#1）

參考題解

【參考九華講義-構造與施工 第 22 章 防水工程】

結構物之防水系統	防水材料之使用	內容
軀體防水	軀體防水材	軀體防水為防水材於混凝土拌合過程加入或壁體形成後再塗抹於表面。一般使用「混凝土添加劑」及「水泥系防水材」兩大類材料。
表面防水	面防水材	表面防水為結構體成形後施作於表面之防水方式。主要使用材料有「片狀防水材」、「塗膜防水材」及「皂土系防水材」等三類，其原理係利用本身之不透水、抗張及可撓等性能，彌補軀體或接縫防水之缺陷，於結構體表面形成一道防水層以阻斷水份入侵。
線防水	線防水材	線防水指施作於結構體間縫隙之防水。適用場合包括結構單元之接合與裝修部位、施工縫、伸縮縫等之處理，主要使用「墊片防水材（襯墊條防水、止水帶）」與「填縫材」兩種。

參考來源：現代營建，第 270–272 期。

七、建築工程必須防堵屋外雨水流入屋內，試分別針對 RC 平版屋頂與金屬屋面等施作位置之防水工程詳述其防水方式、使用材料與施工方法。（25 分）

（110 公務普考-施工與估價概要#3）

參考題解

【參考九華講義-構造與施工 第 22 章 防水工程】

（一）建築物水侵入原因

1. 水壓力。
2. 重力。
3. 風壓力。
4. 毛細作用。
5. 綜合因素。

（二）RC 平版屋頂及金屬屋面

屋頂形式	防水方式	防水材料	施工方法
RC 平版屋頂	1. 軀體防水 2. 鋪設防水	1. RC 水密性良好。 2. 鋪設面狀防水層，如瀝青油毛氈。	1. 良好水密性 RC，厚度若達 20~25cm 視為良好防水層，已達軀體防水功能。 2. 鋪設面狀防水層，如以瀝青油毛氈鋪設七皮者，結構體表面粉光清潔，施作一層底油後鋪設瀝青與油毛氈，合計 4 層瀝青 3 層油毛氈。鋪設方式可依鋸齒鋪、百頁鋪等方式，由下而上並交疊 10 公分以上為原則施作。最後表面施以保護層，以延長使用年限。
金屬屋面	隔絕及導水	金屬屋面本體、排水路，導水溝。	金屬本體為防水隔絕，金屬版片間卡扣之形抗構造應高於金屬屋面本體，並方向向下水平於屋頂斜面，既可構成排水路，減少水分聚留，末端以天溝導水後排水。屋面金屬亦可施作塗佈形防水層增加防水性能，注意接縫面之收頭，天溝固定位置應避開金屬屋面並於高於排水水位。屋脊設置金屬蓋版隔絕水進入。金屬板屋面斜率應大於 20%，如需以穿孔方式固定時，應側面入釘為原則。

4 防火工程

內容架構

（一）防火規定

1. 防火時效。
2. 防火構造。

（二）面積區劃

（三）用途區劃

（四）貫穿規定

（五）開口規定

1. 緊急進口。
2. 直通梯避難層開口。
3. 防火門。
4. 防火窗。
5. 防火間隔開口。

（六）耐燃等級

（七）防火門

防火鋼板門：

1. 常開式。
2. 常閉式。
3. 防火門構造。

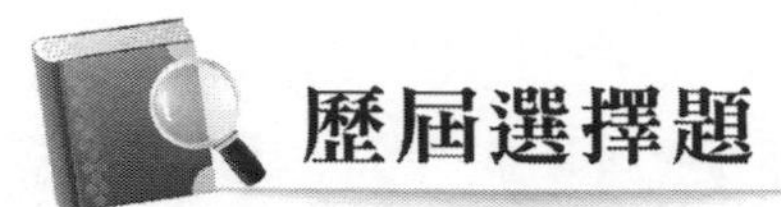

歷屆選擇題

（A）1. 有關噴附式防火被覆之設計與施工，下列敘述何者錯誤？

(A)材料進場應提出經銷商證明書

(B)廠商對施工現場所使用之被覆材料，須證明為與試驗報告中之防火成品係相同材料

(C)施工前鋼料表面之有礙附著之雜質均應先清除

(D)輕鋼架隔間之上座板若固定於須施作防火被覆之構材上時，應先銲接於該構材上並塗防銹漆後，再施作防火被覆

（105 建築師-建築構造與施工#62）

【解析】

有關噴附式防火被覆之設計與施工，(A)材料進場前應提出「**材料**」相關證明書。

（#）2. 有關耐燃材料之敘述，下列何者錯誤？**【一律給分】**

(A)玻璃可以視為耐燃一級材料　(B)耐燃三級材料還是可能會燃燒

(C)木質材料經過加工可以成為耐燃材料　(D)矽酸鈣板均為耐燃一級材料

（106 建築師-建築構造與施工#2）

（D）3. 有關防火門之設計，下列敘述何者錯誤？

①防火門之門扇寬度應在 75 公分以上

②為建築物安全維護，防火門於火災發生時應需用鑰匙方可開啟

③常閉式防火門應裝設經開啟後可自行關閉之裝置

④常開式防火門應於火災發生時保持開啟。

(A)①②　(B)③④　(C)①③　(D)②④

（106 建築師-建築構造與施工#22）

【解析】

②為建築物安全維護，防火門於火災發生時應採**水平用水平推把將門扇開啟**，無須鑰匙。

④常開式防火門應於火災發生**自動關閉**。

（D）4. 就現行法令而言，下列何種防火被覆工法無法滿足 3.6 m 樓高鋼構造建築，及其鋼梁 1 小時防火時效之需求？

(A)混凝土保護層　　(B)防火漆

(C)岩棉　　(D)懸吊式石膏板天花

（106 建築師-建築構造與施工#45）

【解析】

懸吊式石膏板天花為保護防火披覆之裝潢板材，不屬於防火被覆工法。

（B）5. 建築物之防火，關於分戶牆及分間牆構造，下列何者錯誤？

(A)連棟式或集合住宅之分戶牆，應以具有 1 小時以上防火時效之牆壁及防火門窗等防火設備與該處之樓板或屋頂形成區劃分隔

(B)建築物使用類組為 B-3 組餐飲場所之廚房，應以具有半小時以上防火時效之牆壁及防火門窗等防火設備與該樓層之樓地板形成區劃

(C)建築物使用類組為 B-3 組餐飲場所之廚房，其天花板及牆面之裝修材料以耐燃一級材料為限

(D)無窗戶居室者，區劃或分隔其居室之牆壁及門窗應以不燃材料建造

（107 建築師-建築構造與施工#40）

【解析】

(B)建築物使用類組為 B-3 組餐飲場所之廚房，應以具有一小時以上防火時效之牆壁及防火門窗等防火設備與該樓層之樓地板形成區劃。

（B）6. 下列構造何者不符合集合住宅分戶牆防火規範之要求？

(A)厚度 12 公分鋼筋混凝土牆

(B)鋼骨造而雙面覆以鐵絲網水泥粉刷，其單面厚度在 1.5 公分以上者

(C)厚度 7 公分磚造牆

(D)鋼骨造而雙面覆以磚、石或水泥空心磚，其單面厚度在 5 公分以上者

（108 建築師-建築構造與施工#3）

【解析】

建築技術規則建築設計施工篇

第 86 條

分戶牆及分間牆構造依左列規定：

一、連棟式或集合住宅之分戶牆，應以具有**一小時以上防火時效**之牆壁及防火門窗等防火設備與該處之樓板或屋頂形成區劃分隔。

第73條

具有一小時以上防火時效之牆壁、樑、柱、樓地板，應依左列規定：

一、牆壁：

（一）鋼筋混凝土造、鋼骨鋼筋混凝土造或鋼骨混凝土造厚度在**七公分以上**者。

（二）鋼骨造而雙面覆以鐵絲網水泥粉刷，其單面厚度在**三公分以上**或雙面覆以磚、石或水泥空心磚，其單面厚度在**四公分以上**者。但用以保護鋼骨之鐵絲網水泥砂漿保護層應將非不燃材料部分扣除。

（三）磚、石造、無筋混凝土造或水泥空心磚造，其厚度在**七公分以上**者。

（四）其他經中央主管建築機關認可具有同等以上之防火性能者。

（B）7. 有關防火門窗之規定，下列何者錯誤？

(A)防火門窗周邊15公分範圍內之牆壁應以不燃材料建造

(B)防火門之門扇寬度應在90公分以上，高度應在190公分以上

(C)常時關閉式之防火門不得裝設門止

(D)常時開放式之防火門採用防火捲門者，應附設門扇寬度在75公分以上，高度在180公分以上之防火門

（108建築師-建築構造與施工#5）

【解析】

建築技術規則建築設計施工篇

第76條

防火門窗係指防火門及防火窗，其組件包括門窗扇、門窗樘、開關五金、嵌裝玻璃、通風百葉等配件或構材；其構造應依左列規定：

一、防火門窗周邊十五公分範圍內之牆壁應以不燃材料建造。

二、防火門之門扇寬度應在**七十五公分以上**，高度應在**一百八十公分以上**。

三、常時關閉式之防火門應依左列規定：

（一）免用鑰匙即可開啟，並應裝設經開啟後可自行關閉之裝置。

（二）單一門扇面積不得超過三平方公尺。

（三）不得裝設門止。

（四）門扇或門樘上應標示常時關閉式防火門等文字。

四、常時開放式之防火門應依左列規定：

（一）可隨時關閉，並應裝設利用煙感應器連動或其他方法控制之自動關閉裝置，使能於火災發生時自動關閉。

（二）關閉後免用鑰匙即可開啟，並應裝設經開啟後可自行關閉之裝置。

（三）採用防火捲門者，應附設門扇寬度在七十五公分以上，高度在一百八十公分以上之防火門。

五、防火門應朝避難方向開啟。但供住宅使用及宿舍寢室、旅館客房、醫院病房等連接走廊者，不在此限。

（B）8. 下列那項構造不符合建築技術規則中二小時以上之防火時效要求？

(A)厚度在 10 公分以上之鋼筋混凝土造牆壁

(B)厚度在 7 公分以上之鋼骨鋼筋混凝土造牆壁

(C)短邊寬度達 30 公分之鋼筋混凝土柱

(D)高溫高壓蒸氣保養製造，且厚度達 10 公分之輕質泡沫混凝土板

（110 建築師-建築構造與施工#71）

【解析】

建築技術規則建築設計施工編 第 72 條

具有二小時以上防火時效之牆壁、樑、柱、樓地板，應依左列規定：

一、牆壁：

（一）鋼筋混凝土造或鋼骨鋼筋混凝土造厚度在十公分以上，且鋼骨混凝土造之混凝土保護層厚度在三公分以上者。

（二）鋼骨造而雙面覆以鐵絲網水泥粉刷，其單面厚度在四公分以上，或雙面覆以磚、石或空心磚，其單面厚度在五公分以上者。但用以保護鋼骨構造之鐵絲網水泥砂漿保護層應將非不燃材料部分之厚度扣除。

（三）木絲水泥板二面各粉以厚度一公分以上之水泥砂漿，板壁總厚度在八公分以上者。

（四）以高溫高壓蒸氣保養製造之輕質泡沫混凝土板，其厚度在七・五公分以上者。

（五）中空鋼筋混凝土版，中間填以泡沫混凝土等其總厚度在十二公分以上，且單邊之版厚在五公分以上者。

（六）其他經中央主管建築機關認可具有同等以上之防火性能。

二、柱：短邊寬二十五公分以上，並符合左列規定者：

（一）鋼筋混凝土造鋼骨鋼筋混凝土造。

（二）鋼骨混凝土造之混凝土保護層厚度在五公分以上者。

（三）經中央主管建築機關認可具有同等以上之防火性能者。

三、樑：

（一）鋼筋混凝土造或鋼骨鋼筋混凝土造。

（二）鋼骨混凝土造之混凝土保護層厚度在五公分以上者。

（三）鋼骨造覆以鐵絲網水泥粉刷其厚度在六公分以上（使用輕骨材時為五公分）以上，或覆以磚、石或空心磚，其厚度在七公分以上者（水泥空心磚使用輕質骨材得時為六公分）。

（四）其他經中央主管建築機關認可具有同等以上之防火性能者。

四、樓地板：

（一）鋼筋混凝土造或鋼骨鋼筋混凝土造厚度在十公分以上者。

（二）鋼骨造而雙面覆以鐵絲網水泥粉刷或混凝土，其單面厚度在五公分以上者。但用以保護鋼鐵之鐵絲網水泥砂漿保護層應將非不燃材料部分扣除。

（三）其他經中央主管建築機關認可具有同等以上之防火性能者。

（B）9. 有關常時關閉式之防火門之規定，下列敘述何者錯誤？

(A)免用鑰匙即可開啟，並應裝設經開啟後可自行關閉之裝置

(B)單一門扇面積不得超過 6 平方公尺

(C)不得裝設門止

(D)門扇或門樘上應標示常時關閉式防火門等文字

（111 建築師-建築構造與施工#7）

【解析】

建築技術規則建築設計施工編§76

三、常時關閉式之防火門應依左列規定：

（一）免用鑰匙即可開啟，並應裝設經開啟後可自行關閉之裝置。

（二）單一門扇面積不得超過三平方公尺。

（三）不得裝設門止。

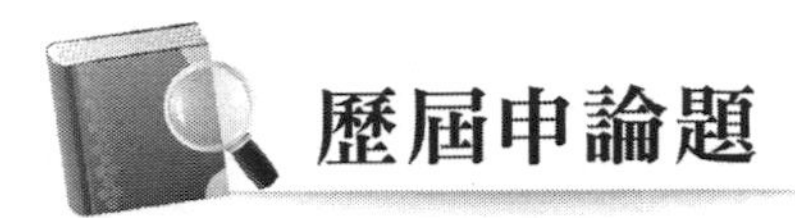

歷屆申論題

一、試解釋符合二小時防火時效之鋼骨造「柱」與「梁」之內容及組成方式。（25 分）

（111 地方三等-建築營造與估價#4）

參考題解

【參考九華講義-第 7 章 混凝土概論、第 23 章 防火工程】

（一）鋼骨造覆以鐵絲網水泥粉刷其厚度在六公分以上（使用輕骨材時為五公分）以上，或覆以磚、石或空心磚，其厚度在七公分以上者（水泥空心磚使用輕質骨材得時為六公分）。

（二）或其他經中央主管建築機關認可具有同等以上之防火性能者。

1. 2 小時防火時效噴覆或塗抹防火被覆材（石膏、珍珠岩、蛭石、石灰、纖維、無機防火材等材料）。
2. 2 小時防火時效輕隔間包覆，如箱式、間接式、直接式。

（三）其他依建築技術規則具有二小時以上防火時效之牆壁包覆。

1. 鋼筋混凝土造或鋼骨鋼筋混凝土造厚度在十公分以上，且鋼骨混凝土造之混凝土保護層厚度在三公分以上者。
2. 鋼骨造而雙面覆以鐵絲網水泥粉刷，其單面厚度在四公分以上，或雙面覆以磚、石或空心磚，其單面厚度在五公分以上者。但用以保護鋼骨構造之鐵絲網水泥砂漿保護層應將非不燃材料部分之厚度扣除。
3. 木絲水泥板二面各粉以厚度一公分以上之水泥砂漿，板壁總厚度在八公分以上者。
4. 以高溫高壓蒸氣保養製造之輕質泡沫混凝土板，其厚度在七・五公分以上者。
5. 中空鋼筋混凝土版，中間填以泡沫混凝土等其總厚度在十二公分以上，且單邊之版厚在五公分以上者。
6. 其他經中央主管建築機關認可具有同等以上之防火性能。

參考來源：建築技術規則設計施工篇／建築營造與估價。

二、依建築技術規則規定，防火材料依防火等級可分為那些種類？（20分）

（108地方四等-施工與估價概要#2）

參考題解

依建築技術規則防火材料依防火等級係依CH1、§1、二十八、二十九、三十規定如下：

二十八、不燃材料：混凝土、磚或空心磚、瓦、石料、鋼鐵、鋁、玻璃、玻璃纖維、礦棉、陶瓷品、砂漿、石灰及其他經中央主管建築機關認定符合耐燃一級之不因火熱引起燃燒、熔化、破裂變形及產生有害氣體之材料。

二十九、耐火板：木絲水泥板、耐燃石膏板及其他經中央主管建築機關認定符合耐燃二級之材料。

三十、耐燃材料：耐燃合板、耐燃纖維板、耐燃塑膠板、石膏板及其他經中央主管建築機關認定符合耐燃三級之材。

三、防火性能設計的目的在於防止建築物內的延燒擴大及建築物主體的損害。防止火災擴大的設計稱為防火區劃設計，確保必要的耐火性能防止建築物主體的損害稱為構造防火設計。木構造建築物屬防火構造者，防火區劃的設置須依建築技術規則建築設計施工編第 79 條規定。請依據(1)總樓地板面積及(2)防火區劃之牆壁分別說明規定的要求。（20分）

（108鐵路員級-施工與估價概要#2）

參考題解

（一）防火區劃依建築技術規則可分為：a.面積區劃、b.用途區劃、c.豎道區劃。

（二）防火性能總樓地板面積（依建築技術規則設計施工篇#79）

防火構造建築物總樓地板面積在一、五〇〇平方公尺以上者，應按每一、五〇〇平方公尺，以具有一小時以上防火時效之牆壁、防火門窗等防火設備與該處防火構造之樓地板區劃分隔。防火設備並應具有一小時以上之阻熱性。

前項應予區劃範圍內，如備有效自動滅火設備者，得免計算其有效範圍樓地面板面積之二分之一。

防火區劃之牆壁，應突出建築物外牆面五十公分以上。但與其交接處之外牆面長度有九十公分以上，且該外牆構造具有與防火區劃之牆壁同等以上防火時效者，得免突出。

建築物外牆為帷幕牆者，其外牆面與防火區劃牆壁交接處之構造，仍應依前項之規定。

（三）防火區劃之牆壁分別說明規定的要求面積（依建築技術規則設計施工篇#72#73）

1. 具有二小時以上防火時效之牆壁：

（1）鋼筋混凝土造或鋼骨鋼筋混凝土造厚度在十公分以上，且鋼骨混凝土造之混凝土保護層厚度在三公分以上者。

（2）鋼骨造而雙面覆以鐵絲網水泥粉刷，其單面厚度在四公分以上，或雙面覆以磚、石或空心磚，其單面厚度在五公分以上者。但用以保護鋼骨構造之鐵絲網水泥砂漿保護層應將非不燃材料部分之厚度扣除。

（3）木絲水泥板二面各粉以厚度一公分以上之水泥砂漿，板壁總厚度在八公分以上者。

（4）以高溫高壓蒸氣保養製造之輕質泡沫混凝土板，其厚度在七・五公分以上者。

（5）中空鋼筋混凝土版，中間填以泡沫混凝土等其總厚度在十二公分以上，且單邊之版厚在五公分以上者。

（6）其他經中央主管建築機關認可具有同等以上之防火性能。

2. 具有一小時以上防火時效之牆壁：

（1）鋼筋混凝土造、鋼骨鋼筋混凝土造或鋼骨混凝土造厚度在七公分以上者。

（2）鋼骨造而雙面覆以鐵絲網水泥粉刷，其單面厚度在三公分以上或雙面覆以磚、石或水泥空心磚，其單面厚度在四公分以上者。但用以保護鋼骨之鐵絲網水泥砂漿保護層應將非不燃材料部分扣除。

（3）磚、石造、無筋混凝土造或水泥空心磚造，其厚度在七公分以上者。

（4）其他經中央主管建築機關認可具有同等以上之防火性能者。

單元

7

裝修工程

CHAPTER 1 門窗工程

內容架構

（一）門窗種類及構件
- 1. 木門窗
  - （1）木門。
  - （2）木窗。
  - （3）上、下拉窗及平衡垂。
- 2. 鋼板門
  - （1）防火時效鋼板門。
  - （2）阻熱性。
  - （3）隔音。

（二）門窗防水
- 1. 窗台防水收頭。
- 2. 防水閘門。

（三）性能規定
- 1. 鋁窗規定
  - （1）機械性。
  - （2）表面處理。
  - （3）玻璃規定。

（四）抗風壓強度
- 1. 水密性。
- 2. 氣密性。
- 3. 隔音性。

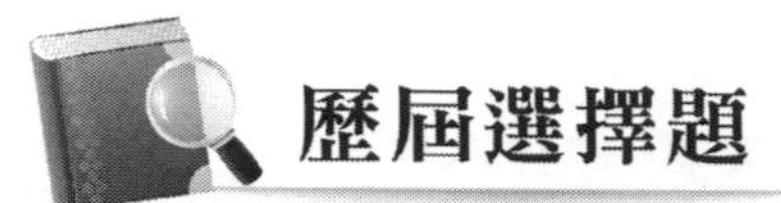

歷屆選擇題

（A）1. 依建築物無障礙設施設計規範，門把不得使用何種型式？
(A)喇叭鎖　(B)水平短把手　(C)水平長把手　(D)垂直長把手

（105 建築師-建築構造與施工#1）

【解析】

建築物無障礙設施設計規範

205　出入口

205.4.3 門把：應設置於地板上 75-85 公分處，且門把應採用容易操作之型式，不得使用喇叭鎖。

（D）2. 有關玻璃材料之敘述，下列何者正確？
(A)建築物北面外牆使用玻璃帷幕構造時，必須採用反射玻璃
(B)一般用於外牆之清玻璃對電磁波具有良好的反射率
(C)具有遮焰性的防火玻璃一定具有隔熱性
(D)防煙區劃之防煙垂壁採用之鐵絲網玻璃不須具有防火時效性能

（105 建築師-建築構造與施工#2）

【解析】

(A)建築物北面外牆使用玻璃帷幕構造時，無須一定採用反射玻璃（台灣位於北半球）。無須一定採用反射玻璃

(B)一般用於外牆之清玻璃對電磁波不具有良好的反射率。

(C)具有遮焰性的防火玻璃不一定具有隔熱性。

（D）3. 依建築物無障礙設施設計規範，考慮急救及空間使用，廁所的門應採用何種型式？
(A)向內推開門　(B)旋轉門　(C)向外推開門　(D)水平推拉門

（105 建築師-建築構造與施工#18）

【解析】

建築物無障礙設施設計規範 504.2

無障礙廁所門應採用橫向拉門，出入口淨寬不得小於 80 公分。

（B）4. 以 RC 結構體裝設窗框時，用密封材做為主要之防水材料，下列圖示中何者對防水較為有利？

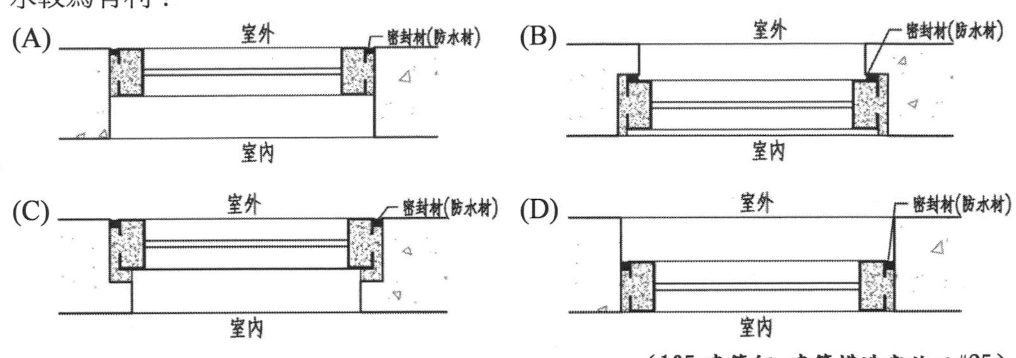

（105 建築師-建築構造與施工#25）

【解析】

圖(B)對防水較為有利，退縮部分減少雨水直接接觸，密封材減少與陽光接觸，使老化現象延緩。

（B）5. 下列那項門五金不具有支承門扇自重之功能？

(A)蝴蝶鉸鏈　(B)門弓器　(C)地鉸鏈　(D)吊軌與滾輪

（105 建築師-建築構造與施工#35）

【解析】

(B)門弓器金不具有支承門扇自重之功能，為**回歸門片用**。

（A）6. 陽台使用玻璃欄杆時，下列何者正確？

①使用強化玻璃，先裁切後強化　②使用強化玻璃，先強化後裁切

③使用膠合玻璃　④使用一般有色玻璃。

(A)①③　(B)①④　(C)②③　(D)②④

（106 建築師-建築構造與施工#35）

【解析】

①②玻璃的強化：將普通玻璃加熱至軟化後急速冷卻。強化後不能再切割。

③膠合玻璃是二層以上玻璃中間夾有韌性之塑膠膜膠合在一起，破裂時不至於飛散，可用於陽台。

④一般有色玻璃只是普通玻璃染色，強度不夠，破裂時碎片易飛散，安全性不佳，不宜使用於陽台。

（C）7. 下列何種玻璃因成品製成後不能再予切割，所以須訂製？

①浮式及磨光平板玻璃　②強化玻璃　③雙層玻璃　④膠合玻璃。

(A)①②　(B)①④　(C)②③　(D)③④

（106 建築師-建築構造與施工#49）

【解析】

②強化玻璃製造過程是將普通玻璃加熱至軟化再急速冷卻。完成強化不適合再切割。

③雙層玻璃是將無濕、無塵之熱空氣注入中間空隙抽換原有空氣在兩片玻璃中間，製成後是有良好隔音及隔熱效果的玻璃窗，內層空氣無濕氣不會結露，一旦切割玻璃會破壞效果。

（B）8. 下列圖示玻璃窗框施作何者正確？

(A)

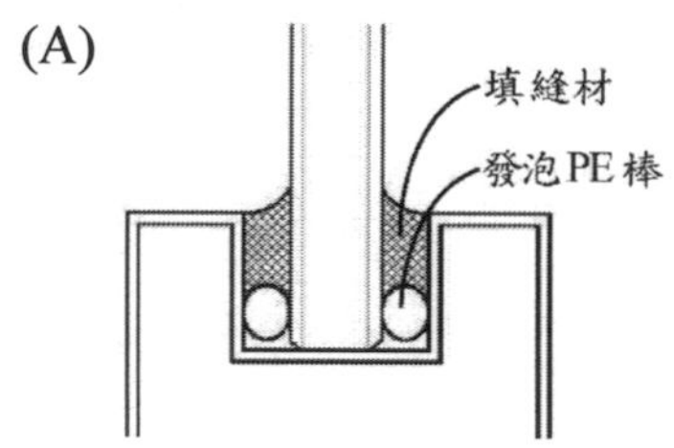

(B)

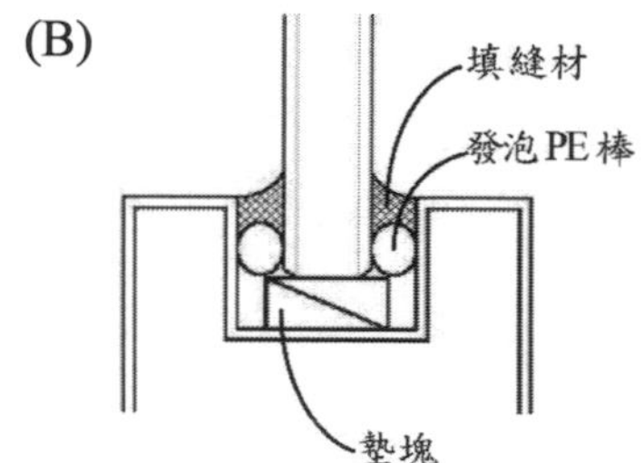

(C)

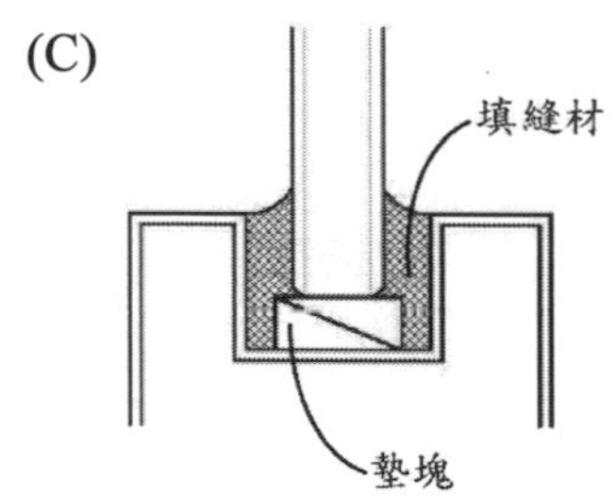

(D)

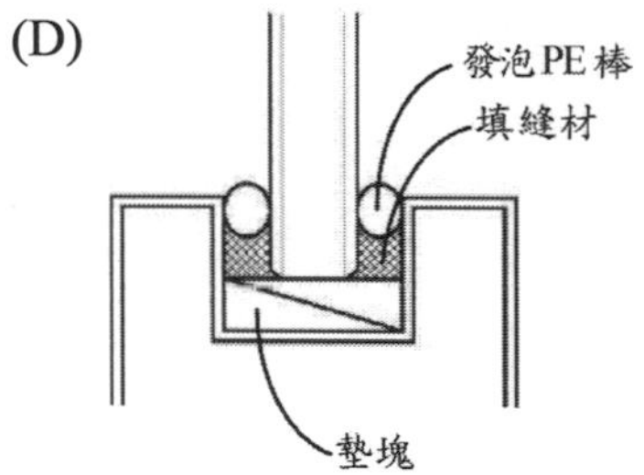

（106 建築師-建築構造與施工#60）

【解析】

(B)玻璃下方加墊塊，避免玻璃與框摩擦，玻璃框內兩側先加發泡 PE 棒加打填縫材，填塞發泡 PE 棒條主要是讓其不會產生三個方向之伸縮。

（#）9. 有關玻璃性質之敘述，下列何者正確？　**【一律給分】**

(A)鐵絲網玻璃為唯一可用於防火門窗的玻璃

(B)膠合玻璃係以 2 片或 2 片以上之平板玻璃，以黏著劑膠合而成

(C)採用熱強化玻璃可減緩結露現象的發生

(D)FRP（玻璃纖維強化塑膠）製採光罩雖具備良好之耐熱性但其耐寒性不佳

（107 建築師-建築構造與施工#10）

【解析】

(B) 描述不完全正確，膠合玻璃中間是夾有韌性之塑膠膜膠合在一起，故本題最後考選部裁定送分！

（D）10.有關玻璃之敘述，下列何者正確？

(A)在製造的過程中將平板玻璃強化後得到的強化玻璃，製成後再整批加工切割需要的大小形狀

(B)膠合玻璃是把 2 塊或 2 塊以上的強化玻璃夾入柔強韌的透明塑膠膜膠合而成

(C)雙層玻璃的缺點為無法清理因玻璃內外溫濕差而引起的結露現象

(D)鐵絲網玻璃中嵌鐵絲的性質形同於鋼筋混凝土材料中鋼筋的效果

（107 建築師-建築構造與施工#14）

【解析】

(A) 在製造的過程中將平板玻璃強化後得到的強化玻璃，製成後無法再加工切割。

(B) 膠合玻璃是把 2 塊或 2 塊以上的玻璃夾入強韌而富熱可塑性的樹脂中間膜（PVB）而製成。

(C) 雙層玻璃因中間層為乾燥氣體，所以有防霧效果。

（C）11.下列有關 Low-E 玻璃的敘述，何者錯誤？

(A)Low-E 玻璃即低輻射鍍膜玻璃（Low-EmissivityGlass）

(B)Low-E 玻璃符合現行綠建材標章

(C)Low-E 玻璃用於建築室內裝修時，亦屬於低逸散健康綠建材

(D)Low-E 玻璃屬於高技術產品，價格比一般玻璃高很多

（107 建築師-建築構造與施工#15）

【解析】

(C)Low-E 玻璃用於建築室內裝修時，**非**屬於低逸散健康綠建材。

PS：低逸散健康綠建材是指具有揮發性有機化合物之綜合評定指標。

（A）12.窗戶是 RC 建築最常見漏水的地方，其漏水的關鍵原因可能為何？

①塞水路不確實　②窗角剪力裂縫　③粉刷不確實　④止水帶施作失敗

(A)①②　(B)③④　(C)①③　(D)①④

（107 建築師-建築構造與施工#24）

【解析】

塞水路不確實與窗角剪力裂縫為題目提供的 4 個項目當中相對與漏水最為相關。

（D）13.RC 外牆的窗邊經常滲水，較有可能的原因是：

①窗太大　②RC 外牆厚度不足　③窗框料件太小　④窗框與 RC 牆間填塞不實　⑤RC 牆開口與窗框尺寸間距太大

(A)①②　(B)②③　(C)③④　(D)④⑤

（107 建築師-建築構造與施工#48）

【解析】

鋼筋混凝土建築物從窗戶滲水可能是窗扇本身滲水或是窗框與牆邊隙縫滲水。

（D）14.下列何種外牆窗台之作法較為妥善？

(A) 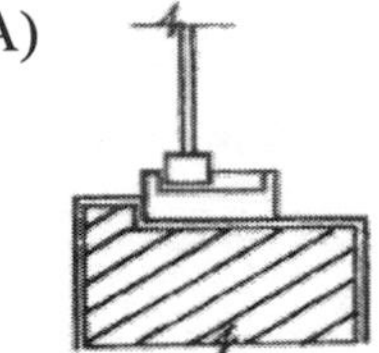　(B) 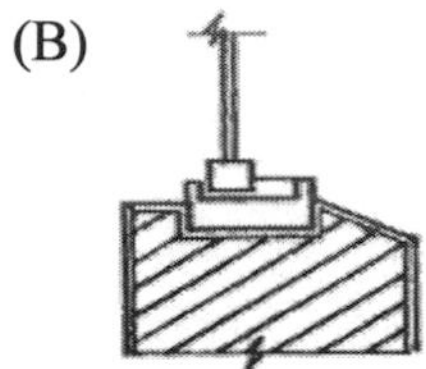　(C) 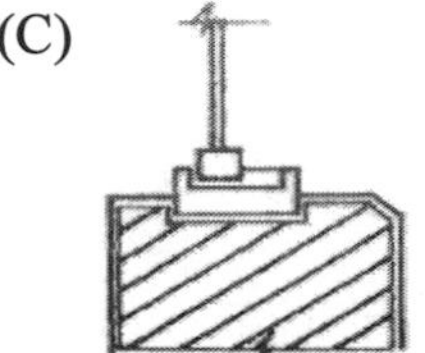　(D) 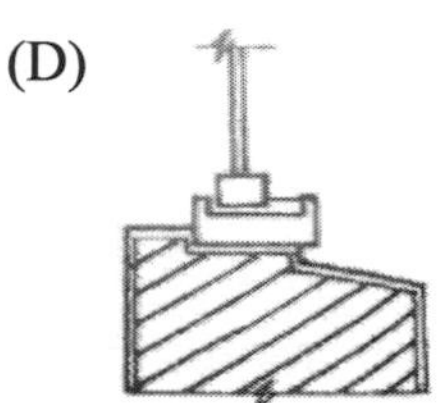

（107 建築師-建築構造與施工#50）

【解析】

(D)的窗台設計有階梯狀向下的水路設計以利排水，並使窗外雨水無法進入。

（B）15.複層 Low-E 玻璃為近來極受建築師採用的建築材料，在臺灣為達到較佳的隔熱效果，其氧化金屬鍍膜最好位於下圖何處？

(A) A　(B) B

(C) C　(D) D

（108 建築師-建築構造與施工#10）

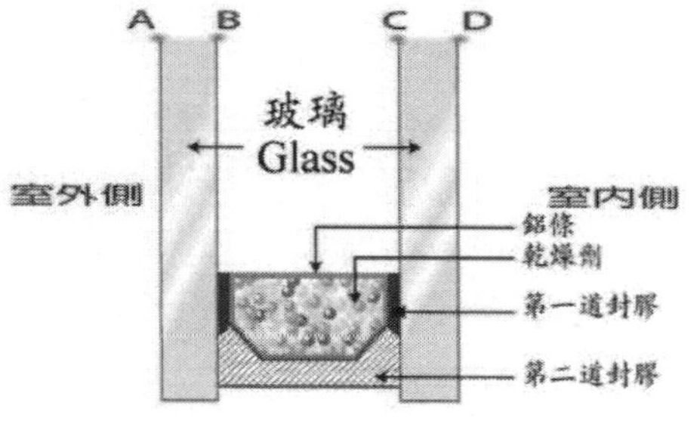

【解析】

鍍銀層會鍍在外層玻璃的內側，可大幅度阻擋陽光的輻射熱。

（B）16.依據 CNS7477（鋁合金製門）進行鋁門的推門扇之開啟力試驗時，先依標準方法將門的試體垂直安裝後，試問於門扇全關的狀態下，於門扇把手與門扇面呈直角的方向，需施加多少質量的重錘，以檢查門扇是否圓滑開啟？

(A)3 kg　(B)5 kg　(C)8 kg　(D)10 kg

（108 建築師-建築構造與施工#12）

【解析】

CNS 7444 規定開啟力為 5 kg。

（B）17.有關 Low-E 玻璃（低輻射鍍膜玻璃）之特性，下列敘述何者錯誤？

(A)鍍膜玻璃之放射率（輻射率）須小於 0.2（$\varepsilon < 0.2$）

(B)浮式玻璃、強化玻璃、膠合玻璃無法藉由施加鍍膜使其符合規範要求之輻射量，成為 Low-E 玻璃

(C)鍍膜係指在玻璃基板表面以各種沉積方式施加一層或多層無機固態薄膜

(D) Low-E 玻璃是透過鍍膜改良其可視光／日光／常溫熱輻射波長域的透射率／反射率／放射率（輻射率）等特性

（109 建築師-建築構造與施工#12）

【解析】

任何玻璃都可以透過黏貼鍍膜成為 Low-E 玻璃。

（B）18.下列何者不是物理強化玻璃之特性？

(A)物理強化玻璃耐壓力及衝力是普通玻璃的 3~5 倍

(B)強化後還可以再做鑽孔或切割

(C)物理強化玻璃破碎時，顆粒成鈍角，比較不會傷害人體

(D)物理強化玻璃耐溫差變化可達攝氏 250 度

（109 建築師-建築構造與施工#16）

【解析】

強化玻璃的製程是使其經過極大的溫度差，強化後不是和再鑽孔或切割。

（B）19.一塊 120 cm × 150 cm 的玻璃約為多少才？

(A) 25　　(B) 20　　(C) 15　　(D) 10

（109 建築師-建築構造與施工#64）

【解析】

（玻璃）才 = 1 台尺 × 1 台尺，1 台尺 = 30 cm

（120 × 150）／（30 × 30）= 20（才）

（A）20.某鋁窗依據 CNS3092「鋁合金製窗」規定進行如下圖之試驗規劃，試問該鋁窗所進行的試驗為何者？

(A)開啟力試驗　(B)邊料強度試驗　(C)抗風壓性試驗　(D)氣密性試驗

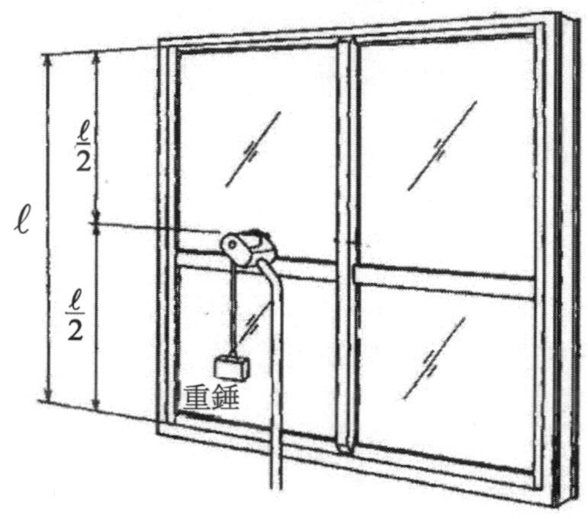

（110 建築師-建築構造與施工#10）

【解析】

依 CNS 3092 A2044—9.6 規定開啟力試驗。

（D）21.鋁門窗的性能，以 CNS 11526 門窗抗風壓性試驗法進行試驗。其抗風壓性能，允許門窗變形範圍內所能承受的荷載能力，分為五個等級。下列何者不是等級範圍？

(A)240 kgf/m^2　(B)280 kgf/m^2　(C)360 kgf/m^2　(D)480 kgf/m^2

（110 建築師-建築構造與施工#44）

【解析】

160、200、240、280、360 kgf/m^2

（B）22.鋁門窗的表面處理，下列那一種最耐候？

(A)陽極處理　(B)氟碳烤漆　(C)油性油漆　(D)鋁本色

（111 建築師-建築構造與施工#1）

【解析】

氟碳烤漆是建築中常見的塗料，具有耐侯力強、防蝕能力佳的特性，更可避免紫外線侵入，通常可以耐用 20 年以上。

【近年無相關申論考題】

2 地板裝修工程

內容架構

（一）地坪整體粉光

（二）泥作地坪

1. 1：3 水泥砂漿粉刷。

2. 洗石子。

3. 抿石子。

4.磨石子。

5.斬石子。

6.磁磚、石材地坪。

（1）硬底、（2）軟底。

（三）木作地坪

1. 木地板

（1）實木地板、（2）海島型、（3）超耐磨木地板。

2. 鋪貼方式

（1）直鋪、（2）平鋪。

（四）高架地板。

（五）防止靜電高架地板。

（六）塑膠地毯、地磚。

（七）Epoxy 地板。

（八）隔音地板。

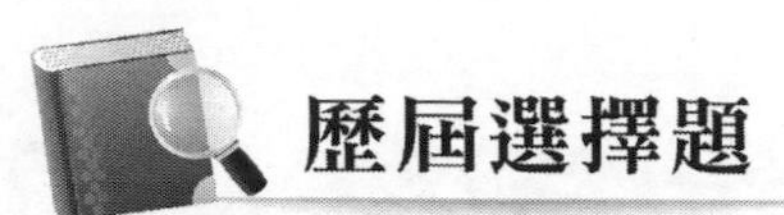

（A）1. 辦公室以及人行流量大的空間內，使用的地毯類型何者為宜？

(A) 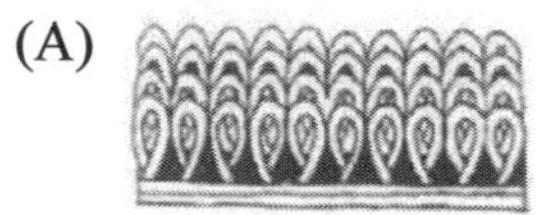
平圈絨或多層圈絨地毯

(B) 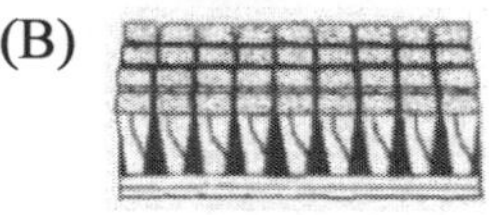
長毛剪絨地毯

(C) 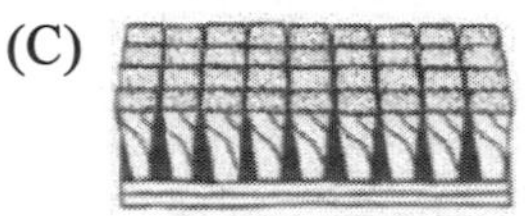
起絨地毯

(D) 
剪絨與圈絨混合地毯

（105 建築師-建築構造與施工#14）

【解析】

圈絨類地毯表面密實、耐磨，支撐與抗倒伏性較佳，使用在人流量大區域相對合適。

（D）2. 磨石子地磚工法比現場磨石子工法普及的原因，不包含下列何種特質？

(A)工廠預製，施工迅速

(B)會施工的工人數量較多

(C)現場磨石子產生的污染較多

(D)採用石子的大小沒有限制

（107 建築師-建築構造與施工#74）

【解析】

磨石子工法因考量做工，所採用石子的大小必須篩選過。

（A）3. 施作戶外走廊磨石子地磚工法，標準的灰漿厚度是 3 公分，但現場施作往往超過 3 公分的主因為何？

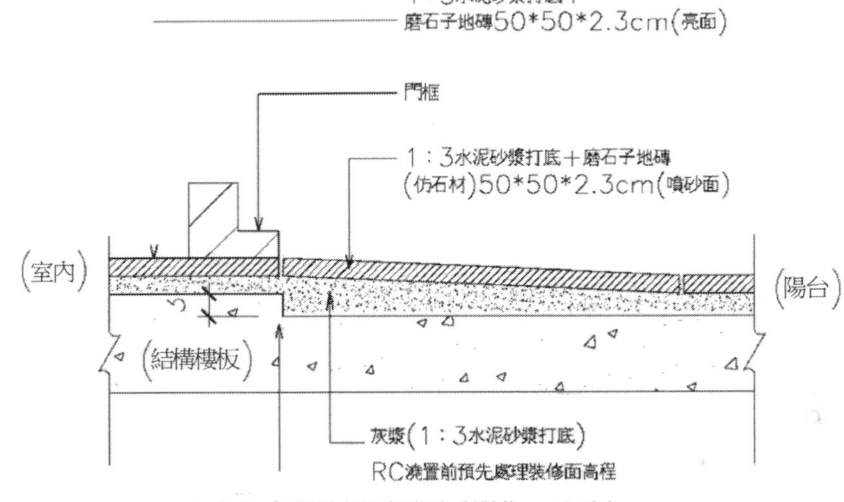

室內及走廊地坪剖面圖（單位：公分）

(A)需要考慮洩水坡度　　(B)混凝土板灌漿後，不容易平整
(C) 3 公分太淺無法施作　　(D)預留黏結材灰漿熱漲冷縮的空間

（108 建築師-建築構造與施工#51）

【解析】
洩水坡度：通常在水泥砂漿打底時施作完成。

（C）4. 某建築師欲以六種吸水率不同的陶瓷面磚，選用於某河濱公園設計案的戶外地坪。若以 CNS 9737「陶瓷面磚」對於吸水率的區分規定，下列組合中何者全部屬於 II 類？

①吸水率 14%　②吸水率 5%　③吸水率 18%
④吸水率 12%　⑤吸水率 2%　⑥吸水率 7%

(A)④⑥　(B)①③　(C)②⑥　(D)②⑤

（110 建築師-建築構造與施工#5）

【解析】
II 類 10%以下。3%以下屬 1 類，僅 5%、7%屬 2 類。

（C）5. 下列四種運動場地標準作法的大樣圖，何者錯誤？

(A)

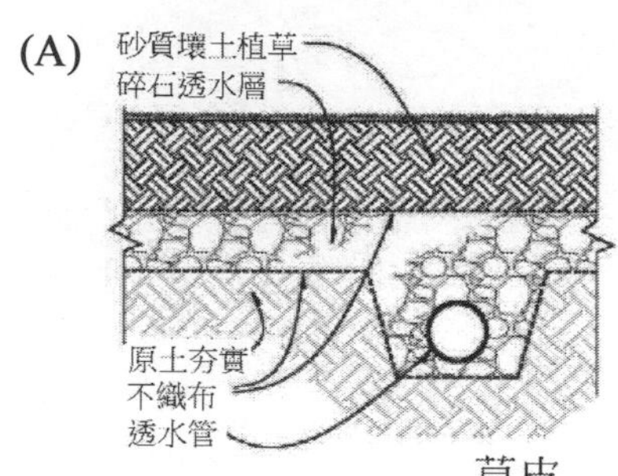

(B)

黏土層
粉土攙細砂表層
碎石透水層
清碎石
細石
原土夯實
不織布
透水管
砂土

(C)

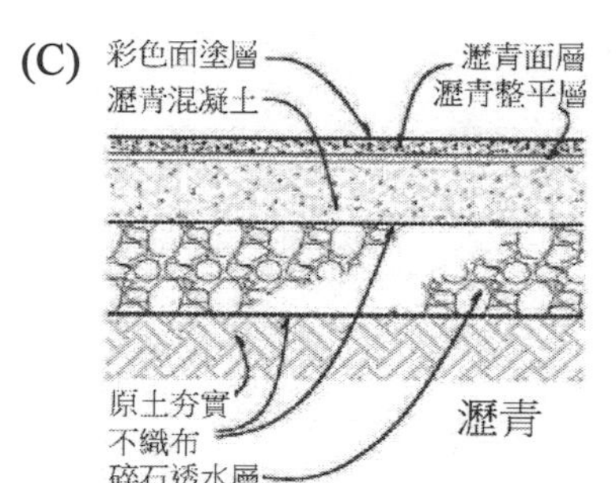

(D)

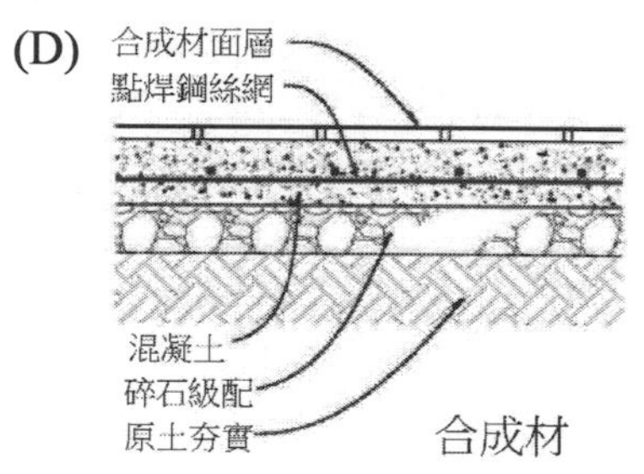

(A)圖 A：草皮　(B)圖 B：砂土　(C)圖 C：瀝青　(D)圖 D：合成材

（110 建築師-建築構造與施工#28）

【解析】

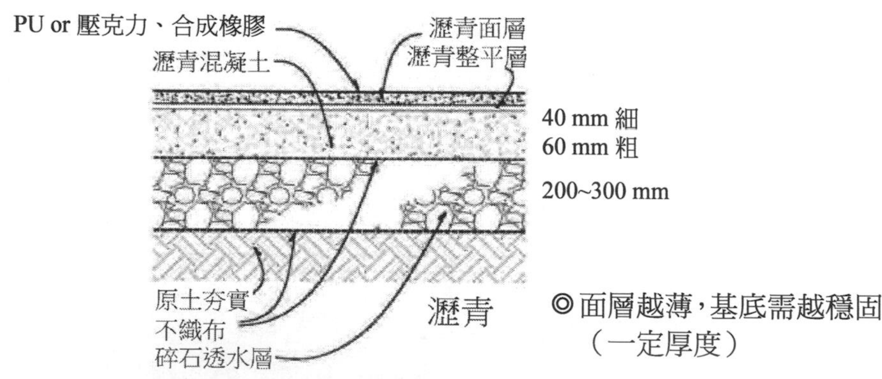

◎面層越薄，基底需越穩固
（一定厚度）

（#）6. 有關環氧樹脂砂漿地坪 Expoxy 之施工方式，下列何者錯誤？【答 B 或 D 或 BD 者均給分】

(A)施工前應檢查施工面至可施工狀況後，如表面仍有碎塊、油漬、瀝青、膠類等物質，必須使用電動磨石機及輪機磨除突出處及水泥鏝刀接痕，並使太過光滑細緻之區域打磨成粗糙表面

(B)地坪混凝土面若有小裂縫及凹洞部分須用水泥補平，並經研磨平整方可施作環氧樹脂砂漿

(C) 環氧樹脂砂漿一般型（流展砂漿型）共分為底圖層、砂漿層及面塗層三層，其中砂漿層至少須為 2 mm 以上，三層完成後之總厚度至少須為 3 mm 以上

(D)環氧樹脂砂漿厚塗型（乾式砂漿型）共分為底圖層、接著層、砂漿層、密封層及面塗層五層，其中砂漿層至少須為 4 mm 以上，三層完成後之總厚度至少須為 5 mm 以上

（110 建築師-建築構造與施工#68）

【解析】

(B)公共工程共通性工項施工綱要規範第 09622 章環氧樹脂砂漿地坪

3.1.3 混凝土面之小裂縫須用樹脂補平，凹洞部分須用環氧樹脂拌和石英砂補平並經研磨平整。

(D)公共工程共通性工項施工綱要規範第 09622 章環氧樹脂砂漿地坪

3.2.2 厚塗型（厚度 5mm 以上）【乾式砂漿型】

（1）第一層（底塗層）

參照原製造廠商之技術資料，基材表面處理後塗布底漆（為環氧樹脂主劑添加硬化劑）一層，但用量不得少於 0.15 kg/㎡。

（2）第二層（接著層）

參照原製造廠商之技術資料，底漆乾燥後塗布環氧樹脂主劑添加硬化劑之樹脂一層，但用量不得少於 0.3 kg/㎡。

（3）第三層（砂漿層）

參照原製造廠商之技術資料，接著層未乾燥前，將環氧樹脂主劑與硬化劑充分攪拌，但用量不得少於 1.3 kg/㎡，再加入粒料其用量不得少於 2.7 kg/㎡一起攪拌，將拌和好的砂漿即在接著層上以鏝刀整平，其厚度不得少於 4 mm。

（4）第四層（密封層）

參照原製造廠商之技術資料，砂漿層乾燥後以環氧樹脂主劑添加硬化劑及填充料之批土一層，但用量不得少於 0.6 kg/㎡均勻塗布於砂漿層上，作密封、填縫補平用。

（5）第五層（面塗層）

參照原製造廠商之技術資料，密封層乾燥後以動力研磨機將突出物清除後，再以環氧樹脂主劑摻添加硬化劑之面漆一層，但用量不得少於 1.2 kg/㎡均勻塗布於密封層上，其厚度不得少於 1 mm，完成後之總厚度不得少於 5 mm。

（B）7. 室內地坪舖設長條實木板於鋼筋混凝土樓版面時，下列敘述何者最不適當？

(A)舖設木地板由下而上之順序為防潮塑膠布、木角材、木夾板、木板條

(B)舖設木地板由下而上之順序為防潮塑膠布、木夾板、木角材、木板條

(C)舖設木板條時，應與牆面保持約 1.0 cm 之距離作為伸縮間隙，且利用踢腳板覆蓋其上

(D)混凝土樓版面平整度不佳時，可利用自平水泥或木角材及三角楔木來調整

（111 建築師-建築構造與施工#65）

【解析】

防潮塑膠布與木夾板之間應以木角材做為固定材同時隔出縫隙壁面日後受潮。

【近年無相關申論考題】

3 牆面裝修工程

內容架構

（一）牆面裝修種類

1. 泥作類裝修

（1）塗抹修飾。

（2）貼附材料修飾。

2. 木作類裝修

3. 輕鋼架牆面

（1）輕隔間之構件及組裝。

（2）補強。

（3）種類。

（4）防火填縫。

（二）牆面裝修性能

1. 防水。

2. 防火。

3. 防音。

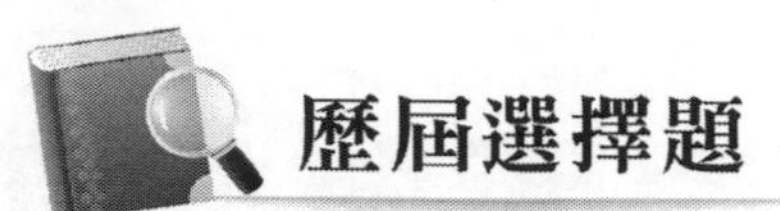

歷屆選擇題

（C）1. 有關石膏板之設計與施工，下列敘述何者錯誤？
(A)材料應儲存於室內並平堆於架高平台上
(B)防火石膏板應貼附印有核可商品之驗證登錄標識
(C)安裝雙層板時，第二層之接縫應與第一層接縫對齊
(D)外露接縫、邊緣與角落應貼膠帶、填充及批土

（106 建築師-建築構造與施工#51）

【解析】

(C)安裝雙層板時，第二層之接縫應與第一層接縫**不可對齊**。

（C）2. 三明治構法牆壁之兩側面板材相同時，下列何者在中高頻部分之隔音性能較佳？
(A)中間層為蜂巢板
(B)中間層為纖維水泥板
(C)中間層為含蛭石多孔水泥板
(D)中間層為 PU 發泡板

（106 建築師-建築構造與施工#63）

【解析】

多孔性吸音材料對高頻和中頻的聲音吸收效果較好，其原理是吸音系數是從低頻到高頻逐漸增大的關係。

（C）3. 若建築物外牆瓷磚的脫落介面發生於面磚與黏著水泥砂漿之間，則最不可能的原因為何？
(A)面磚的背溝過淺或背溝的形狀不良
(B)黏著水泥砂漿塗佈後至面磚張貼前的靜置時間（Open Time）過長
(C)打底水泥砂漿施作前混凝土軀體面未保持濕潤狀態
(D)面磚張貼後的敲壓不足導致水泥砂漿無法填滿背溝間的間隙

（107 建築師-建築構造與施工#39）

【解析】

(C)打底水泥砂漿施作前混凝土軀體面保持濕潤狀態。

（D）4. 有關輕質隔間牆之使用維護，下列敘述何者錯誤？

(A)附掛或鑽孔時，應採專用之膨脹螺絲及掛勾

(B)若使用振動鑽孔機將影響牆體強度

(C)石膏版牆應避免受潮或水洗

(D)牆若有孔洞需要修補，可使用水泥砂漿材料加以填補

（107 建築師-建築構造與施工#42）

【解析】

(D)牆若有孔洞需要修補，禁止使用水泥砂漿，應採用一般批土或專用的補孔材料為宜。

（C）5. 有關防止石材「吐白」現象的對策，下列何者錯誤？

(A)勾縫以矽酯膠填縫，以防止滲水入侵

(B)採用防水水泥砂漿敷設底層

(C)採用乾拌水泥砂澆水打底之施工法

(D)洞石類石材施工前將孔隙補滿，背面再塗一層樹脂，正面打蠟

（108 建築師-建築構造與施工#11）

【解析】

採用乾拌水泥砂澆水打底之施工法為軟底施工法，無法防止**吐白**現象發生。

（C）6. 有關牆面鋪貼磁磚之裝修工程，下列敘述那些較正確？

①塗抹黏著劑時，以水紋狀塗抹較佳；

②內牆磁磚鋪貼後應立即以溼海綿擦拭並進行抹縫作業；

③外牆磁磚可透過雷射水平儀調整施工區塊內磁磚之水平及垂直度；

④勾縫作業較適合磚片厚度大、接縫間隙較寬處。

(A)①②　　(B)②③　　(C)①④　　(D)③④

（108 建築師-建築構造與施工#33）

【解析】

②內牆磁磚鋪貼後**不可**立即以溼海綿擦拭並進行抹縫作業。

③外牆磁磚可透過**牆面墨線**調整施工區塊內磁磚之水平及垂直度。

（C）7. 在臺灣外牆面磚張貼工程中，常用「海菜粉」添加於無機接著劑（水泥砂漿）作為黏著材料，以達到保水緩凝之效果，其正式名稱為何？

(A)合成橡膠乳膠　(B)聚胺脂樹脂

(C)甲基纖維素　(D)熱塑性樹脂乳液

（108 建築師-建築構造與施工#40）

【解析】

海菜粉是俗稱，學名為甲基纖維素，是水溶性高分子聚合物，其功能性是添加在混凝土作保水劑用。

（A）8. 有關建築物外牆之敘述，下列何者正確？

(A)外牆面 SSG 架構工法主要是強調玻璃立面，利用結構用膠，結合玻璃與內支撐

(B)外牆 DPG 工法主要是利用金屬框固定玻璃於開口部

(C)屋頂欄杆牆因不受承載力，故可單獨使用磚砌造

(D)鋼筋混凝土外牆開口部因有窗框支承，開口部不須再行任何補強

（108 建築師-建築構造與施工#61）

【解析】

(B)外牆 DPG 工法主要是利用**金屬爪具**固定玻璃於開口部。

(C)陽台欄杆、樓梯欄杆、須依欄杆頂每公尺受橫力**三十公斤**設計之。

(D)鋼筋混凝土外牆開口部須於四周設置**補強鋼筋**，防止裂縫產生。

（D）9. 外牆塗料經常無法平整，下列那一項方法無法改善視覺上的不平整感受？

(A)增加外牆灌漿的精密度　(B)增加外牆打底的平整度

(C)增加外牆塗料的粗糙度　(D)增加外牆塗料的反光度

（109 建築師-建築構造與施工#38）

【解析】

要改善視覺上的不平整感受必須利用減少光反射，盡量讓瑕疵看不清楚，增加外牆塗料的反光度較能達成這樣的效果。

（D）10.關於外牆磁磚的敘述，下列何者正確？

(A)現行 CNS 將磁磚分為 Ia、Ib、II、III 四大類，其分類是根據磁磚原料的成分

(B)低吸水率的外牆磁磚在鋪貼完成後很容易清潔，所以適合採用「抹縫」作為填縫的工法

(C)馬賽克磁磚因為沒有「背溝」，無法改善黏著性不佳的問題，所以非常不適合使用於外牆

(D)俗稱的「二丁掛磁磚」指的是一種特定尺寸的磁磚

（110 建築師-建築構造與施工#13）

【解析】

(A)現行 CNS 將磁磚分為 Ia、Ib、II、III 四大類，其分類是根據吸水率。

(B)「抹縫」作為填縫的工法與外牆磁磚的吸水率無關。

(C)馬賽克磁磚的「背溝」，好黏著，適合使用於外牆。

參考來源：小院選磁磚，CNS 四大指標，作者小米。

潤泰精密材料，磁磚填縫施工與磁磚清潔 2016/02/05。

外牆瓷磚背溝形狀與尺寸對抗拉接著強度之影響（內政部建築研究所自行研究報告（108/12）

（C）11. 下列有關外牆貼面磚鋪貼施工，何者錯誤？

(A)打底之水泥砂漿粉刷前，應先將牆面妥善處理，再將施工面掃淨，充分保持濕潤或塗布吸水調整材

(B)打底之水泥砂漿粉刷前，若混凝土結構體上，已有預留龜裂誘發縫或伸縮縫時，水泥砂漿粉刷層亦應於其相對位置上預留伸縮縫，該伸縮縫應以彈性密封材料填充

(C)於面磚鋪貼二天後，應進行檢查，如有鼓起或鬆脫現象，工程司應即要求拆除重做

(D)經現場拉拔接著強度試驗不合格，工程司應即要求拆除重做

（110 建築師-建築構造與施工#30）

【解析】

公共工程施工綱要規範第 09310 章

3.4.2 於面磚鋪貼二週後，應進行檢查，如有鼓起或鬆脫現象，工程司應即要. 求拆除重做。

（B）12. 依據公共工程施工綱要規範第 9310 章「鋪貼壁磚」之規定，下列敘述何者正確？

(A)無論用何種接著劑作為面磚貼著之材料，業主可要求面磚貼著後隔日進行取樣以實施拉拔試驗

(B)於施作水泥砂漿打底層或塗布水泥基材面磚接著劑前，為避免水分急遽被施工面過度吸取，造成水化作用不完全接著力不足現象，可考慮事先塗布吸水調整材

(C)打底之水泥砂漿粉刷前，若混凝土結構體上，已有預留龜裂誘發縫或伸縮縫時，水泥砂漿粉刷層亦應於其相對位置上預留伸縮縫，該伸縮縫應以空縫方式處理，不得用彈性密封材料填充

(D)施工於外牆打底之水泥砂漿，抹、勾縫材料等若不使用防水劑時，可採用 1：3 防水砂漿打底來代替

（110 建築師-建築構造與施工#64）

【解析】

(A)公共工程施工綱要規範第 9310 章「鋪貼壁磚」1.5.3 貼著二週後，應於現場參考 ASTM C1583 之規定進行拉拔試驗。

(C)公共工程施工綱要規範第 9310 章「鋪貼壁磚」3.1.6 打底之水泥砂漿粉刷前，若混凝土結構體上，已有預留龜裂誘發縫或伸縮縫時，水泥砂漿粉刷層亦應於其相對位置上預留伸縮縫，該伸縮縫應以彈性密封材料填充。

(D)公共工程施工綱要規範第 9310 章「鋪貼壁磚」3.2.14 施工於外牆打底之水泥砂漿，抹、勾縫材料均須使用防水劑，或採用 1：2 防水砂漿打底。

（B）13.下圖之外牆磁磚張貼工法為下列何者？

(A)壓貼工法　(B)改良式壓貼工法　(C)密貼工法　(D)軟底直貼工法

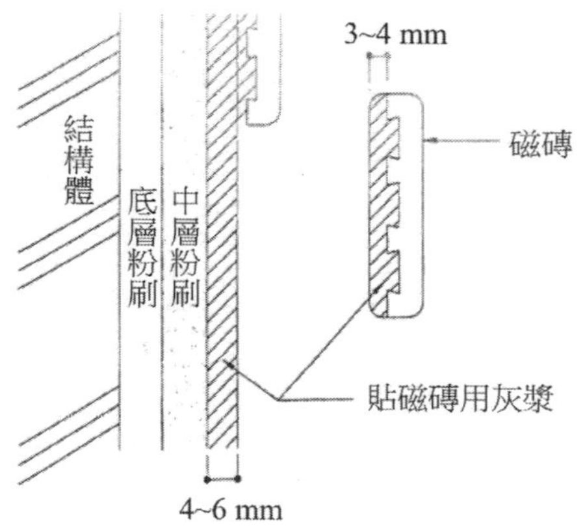

（111 建築師-建築構造與施工#40）

【解析】

改良式的壓貼法會在磁磚背面也抹上水泥漿，藉此增加黏著強度。

（D）14.有關室內牆面材料珪藻土之敘述，下列何者錯誤？

(A)為無機質組成具不燃性且不會產生有毒氣體

(B)具保溫及隔熱性能

(C)有脫臭及吸附煙效果

(D)硬度高可用於易碰撞部位　（111 建築師-建築構造與施工#48）

【解析】

珪藻土主要的功能性為保溫、隔熱性能、脫臭、吸附煙效果等且本身為環保材料，但不是防撞。

（C）15.下列何者為建築外牆石材安裝作業之正確流程？

(A)放樣→牆面整理→安裝固定鐵件、石材→填、斂縫→表面清潔→完成

(B)牆面整理→放樣→安裝固定鐵件、石材→表面清潔→填、斂縫→完成

(C)牆面整理→放樣→安裝固定鐵件、石材→填、斂縫→表面清潔→完成

(D)放樣→牆面整理→安裝固定鐵件、石材→表面清潔→填、斂縫→完成

（111 建築師-建築構造與施工#56）

【解析】

外牆施工一般的順序，首先牆面整理後放樣，接著安裝固定鐵件、石材掛上後須做完填、斂縫才能做表面清潔並完工。

（B）16.近來外牆飾材傷人意外頻傳，有關外牆飾材及檢驗法之敘述，下列何者正確？

(A)建築法規定帷幕牆、瓷磚或其他外牆飾材剝落，只能罰鍰及限期改善，無法停水停電甚至強制拆除

(B)白華現象、龜裂、鼓脹等現象都是造成瓷磚剝落的瑕疵種類

(C)紅外線熱顯像儀檢驗法雖然儀器高貴，但可百分之百檢驗出瓷磚的劣化現象

(D)非破壞性檢測中拉拔試驗可檢驗出瓷磚的抗拉強度

（111 建築師-建築構造與施工#57）

【解析】

(A)建築法§58、三、危害公共安全者，§81、三、傾頹或朽壞有危險之虞必須立即拆除之建築物。等規定，於必要時，皆得強制拆除，不只能罰鍰及限期改善。

(C)紅外線熱顯像儀檢驗法，大多數紅外熱成像儀的圖像解析度相對來說比較低；除了特殊的紅外玻璃外，無法穿透普通玻璃進行測量。

(D)拉拔試驗屬於破壞檢測。

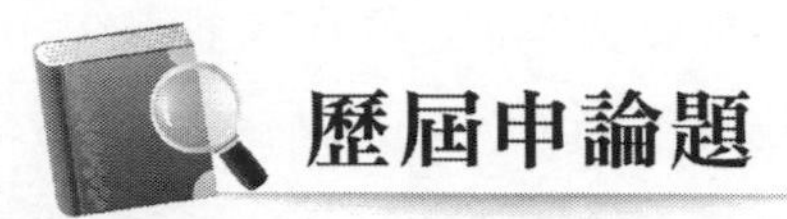

歷屆申論題

一、試繪圖及說明牆面貼掛石材乾式工法與濕式工法之施作方式並比較其特性。(25 分)

(110 地方三等-建築營造與估價#4)

參考題解

【參考九華講義-構造施工　第 26 章 牆面裝修工程】

牆面貼掛石材

	乾式	濕式
圖例		
施工方式	1. 牆面整平清潔。 2. 放樣、定完成面位置、拉水準線。 3. 牆面固定鐵件安裝。 4. 安裝金屬釦件。 5. 石材安裝(預留孔填膠後與扣件接合)。 6. 填縫或留設開放接口。 7. 表面清潔。	1. 粉刷表面打毛處理, 2. 依鋪貼計畫及尺寸放樣、拉水準線。 3. 使用黏著劑張貼石材、調整位置並以膠槌輕敲。 4. 乾固後填縫。 5. 表面清潔。

		乾式	濕式
特性比較	優點	1. 較濕式可使用厚度重量較大之石材。 2. 接著品質穩定，較受信賴、安全度較高。	1. 拼貼尺寸、形狀等方式較自由。 2. 施工技術門檻低。 3. 收邊轉折較易施工。
	缺點	1. 施工技術條件限制較高。 2. 收邊轉折須預先規劃。 3. 造型受限金屬接合件。	1. 張貼石材重量(厚度)限制較大。 2. 接著強度較不受信賴，避免施作於過高場合。 3. 施工環境條件限制較多。
	注意事項	1. 安裝鐵件應注意防鏽耐蝕性能。 2. 石材預鑽孔應避免龜裂等，影響石材接著強度。 3. 應注意防水問題。	1. 應注意施作時序，避免接著不良。 2. 張貼應敲實，使接著材與石材密合。

二、臺灣夏季高溫炎熱，若建築物外殼隔熱良好，可降低室內空調用電負荷，請繪圖說明建築物外牆：（每小題 10 分，共 20 分）

（一）外隔熱工法（隔熱材設置於外牆之室外側）與其特點。

（二）內隔熱工法（隔熱材設置於外牆之室內側）與其特點。

（105 地方四等-施工與估價概要#5）

參考題解

（一）外隔熱工法（隔熱材設置於外牆之室外側）與其特點。

1. 複牆。2. 隔熱磚

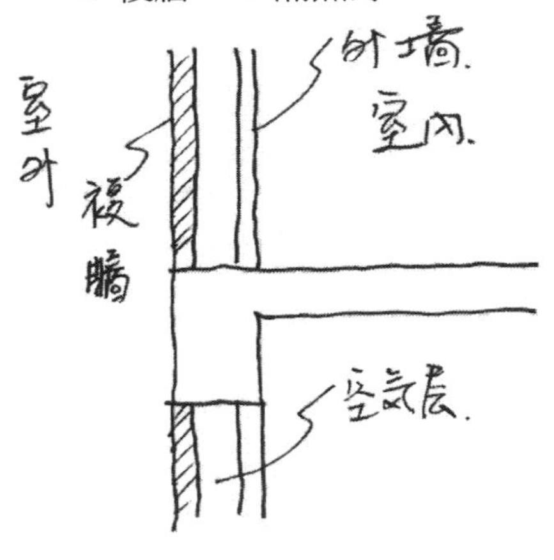

複牆工法

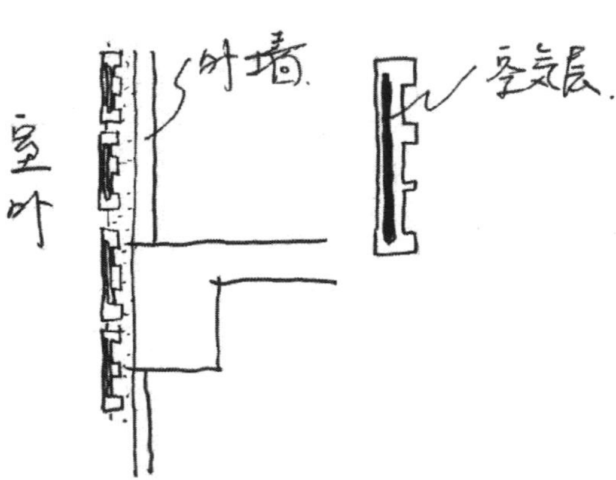

隔熱磚工法

（二）內隔熱工法（隔熱材設置於外牆之室內側）與其特點。

1. 隔熱材。
2. 空氣層。

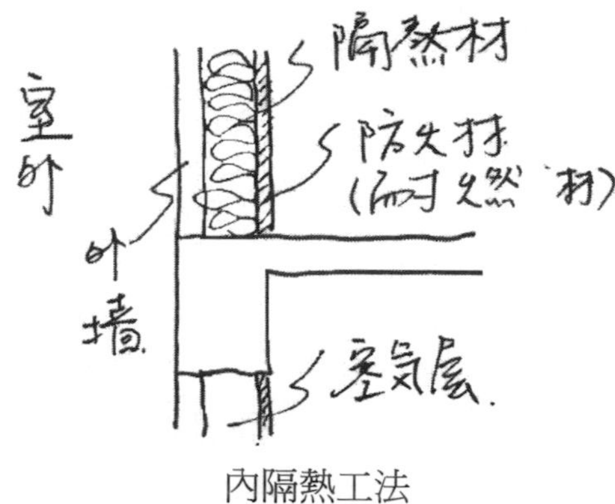

內隔熱工法

三、近年外牆磁磚發生剝落導致傷人事故頻傳，請就材料、施工、設計、管理等層面對磁磚發生剝落的可能原因進行分析，並進一步說明施工管理層面上應注意的重點及可改善的方向。（25 分）

（107 地方四等-施工與估價概要#1）

參考題解

（一）磁磚發生剝落的可能原因分析

發生因素	內容
材料	不同材質、工法未選用適配接著材料。
施工	養護不足、黏著劑厚度不足、磁磚敲壓不足等。
設計	磁磚選擇不當（背溝不良）、未設置收縮縫等。

（二）施工管理層面上應注意

TM 介面	MM 介面	MC 介面
磁磚品質管理	設置伸縮縫	設置伸縮縫
黏著劑選用	確保接著面粗造	施工面應打毛
黏著劑塗抹厚度	確保接著面養護時間	確保混凝土養護時間
磁磚張貼後敲壓	確保接著面強度足夠	確保混凝土表面清潔
設置收縮縫	確保接著面清潔	避免混凝土搶水

（T：磁磚、M：打底材與黏著劑、C：混凝土。）

四、請繪圖說明外牆石材乾式工法中的插銷式及背擴孔式工法，並比較此兩種工法的適用性及優缺點。（20 分）

（107 地方四等-施工與估價概要#4）

參考題解

工法		插銷式	背擴孔式
簡圖		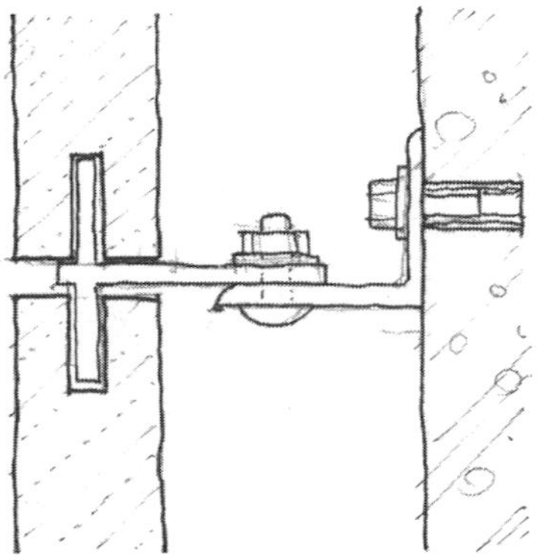 利用石材自身厚度於板周邊開孔（槽），以插銷固定之方式。	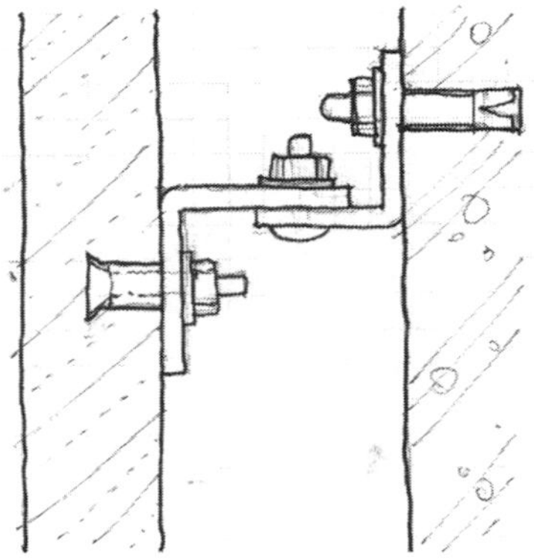 利用特殊設備於石材背面鑽孔後以螺栓擴張固定。
適用性		適用較低樓層。 適用配置變化較低立面。	適用各樓層。 配置適當變化立面。
優缺點	耐震位移	抗震能力較弱，容易應力集中破壞。	固定鐵件可提供部分位移性能。
	拉拔抵抗	拉拔抵抗能力較差。	拉拔抵抗能力較佳。
	使用黏結材	須使用黏結材固定。	無需使用黏結材。
	經濟	較為經濟。	費用較高。
	設計	變化較少。	配置分佈較靈活。
	施工安裝	簡便。	較困難。
	加工損耗	較高。	較低。
	外觀	鐵件容易外露，需填縫處理。 因此易因填縫造成表面汙染。	可使用開放接縫。
	排水	易積水潮濕。	無積水問題。
	耐久性	耐久性較低。	耐久性較高。
	安全性	安全性較低。	安全性較高。
	維護	石材更替困難。	石材更替困難。背栓品質不易檢測。

4 天花板裝修工程

內容架構

（一）直接塗覆式天花

1. 清水模混凝土面。
2. 噴凝土面。
3. 貼覆木絲水泥板。
4. 石灰粉刷面。

（二）吊式天花：明架、暗架、半明架

（三）造型天花：

1. 複式天花。
2. 流明天花：燈具安裝、表面材質。

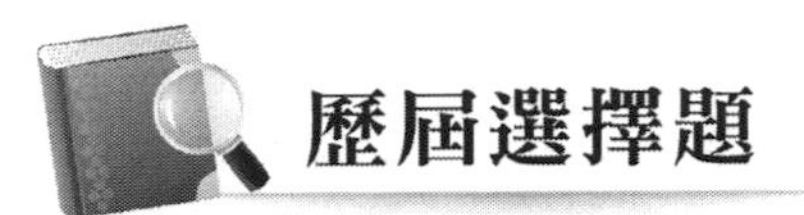

歷屆選擇題

(A) 1. 有關天花板之規劃與施工，下列敘述何者較不適當？

(A)偵煙感知器裝設於遠離回風口之處

(B)風管之角鐵，不可做為懸吊天花板之用

(C)天花板內梁底留設空間，應足夠讓風管通過

(D)施工時照明器具、電線管等，避免與風管直接接觸

（105 建築師-建築構造與施工#38）

【解析】

(A)偵煙感知器裝設於**接近**回風口之處，較容易感應到室內空氣狀況。

(D) 2. 下列何種天花構造，較有可能因環境溫濕度關係，導致結露、滴水？

(A)明架礦纖吸音板天花　(B)暗架矽酸鈣板天花

(C)明架石膏板天花　(D)暗架烤漆鋁板天花

（106 建築師-建築構造與施工#65）

【解析】

(D)暗架烤漆鋁板天花是四個材質中材質面最光滑的，而空氣濕度造成的結露水容易附著於低孔隙表面的材質，表面光滑越容易附著結露。

(A) 3. 有關外牆石材貼掛規範之敘述，下列何者錯誤？

(A)石材砌築採用濕式工法時，因繫件在水泥砂漿內，故無需作防銹處理

(B)拉鉤繫件僅能拉扣石材而不具承重之作用

(C)為防止石材剝離，每 3 m 或每樓層應設置承重繫件，每片石材至少需要 2 個支撐點

(D)乾式工法之金屬支撐系統，其固定繫件應採用 SUS 304 不銹鋼製造

（107 建築師-建築構造與施工#30）

【解析】

(A)石材砌築採用濕式工法時，因繫件在水泥砂漿內，也需作防銹處理。

（D）4. 明架天花板廣泛運用於教室及辦公室，下列那一項不是主要原因？
(A)可選擇不同面材板，符合預算需求
(B)選擇吸音面板時，可創造合宜的室內音環境
(C)可增加耐震細部設計，抵抗較大地震
(D)可完全隱藏骨架，創造全平空間

（107 建築師-建築構造與施工#32）

【解析】
明架天花板(D)無法隱藏骨架，骨架為外漏式。

（B）5. 根據懸吊式輕鋼架天花板耐震施工指南之燈具安裝，下列敘述何者錯誤？
(A)重量超過 25 公斤的燈具應以經核可的懸吊鉤具直接連接上方的結構體作支撐
(B)得以硬式電線管固定燈具
(C)自懸式燈具吊件應使用直徑 3.8 公釐（#9）的懸吊線直接固定至上方結構體作支撐
(D)使用重型懸吊式輕鋼架天花板等級系統，且為 120 公分以下模矩者，不須懸吊措施（燈具每個角落 75 公釐內加#12 懸吊線）

（110 建築師-建築構造與施工#74）

【解析】
(B)不得用以固定燈具。

（C）6. 有關暗架天花板相關施工要求，下列何者不符合規範？
(A)吊架及壁條安裝前，應先完成牆面粉刷、窗簾盒製作及天花板內水電空調消防管線等所有設備之安裝與檢驗
(B)主架方向其端部之吊筋，應設於自牆粉刷面起 15 cm 以內
(C)吊筋如果與水電、空調、消防等工程管線位置重疊，可固著於管線下方
(D)暗架天花板內須定期維修或操作之設備（如閥、存水彎、空調盤管、閘門、過濾器、偵測裝置、開關及清潔口等），均應於下方可及處設置維修口，一般房間每間至少應有一處以上之維修口

（111 建築師-建築構造與施工#66）

【解析】
(C)吊筋如果與水電、空調、消防等工程管線位置重疊，不宜裝置在各類水管之下方，以免因漏水而影響消防電氣功能。

【近年無相關申論考題】

5 綠建材、其它裝修

內容架構

由於建築裝修建材種類繁多，不僅裝修建材工法有乾式、濕式之分，裝修部位亦有構造之別，對於材質之厚度、種類之差異，均有對應的試驗方法及程序，所以健康綠建材檢測過程中，對於不同種類的建築材料亦具有不同的分析條件及不同的參數，依健康綠建材評定項目：

（一）地板類：木質地板、地毯、架高地板、木塑複合材等。

（二）牆壁類：合板、纖維板、石膏板、壁紙、防音材、粒片板、水泥粘結木絲板、水泥粘結木片板、水泥粘結木質板、纖維水泥板、矽酸鈣板、木塑複合材、壁布（合成纖維）等。

（三）天花板：合板、石膏板、岩棉裝飾吸音板、玻璃棉天花板等。

（四）填縫劑：聚胺酯、環氧樹脂、磁磚填縫劑、矽利康、防水塗膜材料等。

（五）塗料類：各式水性、油性、無溶劑型粉刷塗料等。

（六）接著（合）劑：各式牆板、地板、磁磚黏著劑等。

（七）門窗類：木製門窗（單一均質材料）。

歷屆選擇題

（B）1. 設計室外景觀環境中的金屬欄杆時，低成本及低維護保養的金屬材料或表面處理是：

(A)不銹鋼 SS 304 (B)熱浸鍍鋅 (C)氟碳烤漆 (D)陽極處理

（105 建築師-建築構造與施工#3）

【解析】

(A)不銹鋼 SS 304：無磁性，不能熱處理。

(C)氟碳烤漆：塗裝前須九道程序處理。

(D)陽極處理：目的為防止氧化。

相對比較熱浸鍍鋅成本最低。

（B）2. 不同金屬相接會產生侵蝕現象，下列常用之金屬其電化學腐蝕活性由高至低排序何者正確？

(A)黃銅、鋼鐵、鋁 (B)鋁、鋼鐵、黃銅

(C)鋼鐵、鋁、黃銅 (D)鋼鐵、黃銅、鋁

（105 建築師-建築構造與施工#4）

【解析】

常見金屬元素的活性順序、氧化還原的能力

鉀＞鈉＞鈣＞鎂＞鋁＞（碳）＞鋅＞鐵＞鈷＞鎳＞錫＞鉛＞（氫）＞銅＞汞＞銀＞鉑＞金

這題的出題精神在於要了解材料，鋁窗不要用鋼螺絲釘固定，不然要加隔離片避免氧化反應。

（D）3. 下列有關「綠建材」的敘述，何者錯誤？

(A)綠建材是對人體、環境較無害的建材

(B)現行「建築技術規則」對綠建材之定義為：經中央主管建築機關認可符合生態性、再生性、環保性、健康性及高性能之建材

(C)現行「綠建材設計技術規範」的適用範圍為：供公眾使用之建築物，及經內政部認定有必要之非供公眾使用之建築物

(D)現行「綠建材標章」由內政部營建署核發

（105 建築師-建築構造與施工#15）

【解析】

(D)現行「綠建材標章」由內政部核發。

（B）4. 下列何種室內裝修材料，在長期使用過程中，可能釋放有害人體之甲醛？
(A)鋁板 (B)貼木皮複合板 (C)玻璃 (D)檜木板
（106 建築師-建築構造與施工#4）

【解析】
(B)貼木皮複合板在長期使用過程中，可能釋放有害人體之甲醛。

（C）5. 室內裝修工程中，目前坊間常用的防火材料，其防潮性最差的是：
(A)矽酸鈣板 (B)石膏板 (C)氧化鎂板 (D)纖維水泥板
（106 建築師-建築構造與施工#12）

【解析】
題目所列坊間常用的防火材料特性如下：
(A)矽酸鈣板的優點是硬度高、膨脹係數小、受潮變化不大，缺點是重量較重。
(B)石膏板的優點是防火、隔熱、隔音、耐震、表面平整、不易龜裂、價格便宜，缺點是硬度低，邊角易破損。
(C)氧化鎂板：屬耐燃一級，材料本身環保不含重金屬、缺點是怕水、容易受潮。
(D)纖維水泥板：屬耐燃一級，優點是強度高、壽命長、耐濕，缺點是硬度高、加工費用高。

（D）6. 室內裝修工程，下列那項工程應最後進場施作？
(A)天花板工程 (B)輕隔間工程 (C)油漆工程 (D)實木地板工程
（106 建築師-建築構造與施工#40）

【解析】
室內裝修工程，進場施作(B)輕隔間工程→(A)天花板工程→(C)油漆工程→(D)實木地板工程。

（C）7. 有關 PC 耐力板（polycarbonate plate）（聚碳酸酯板）的敘述，下列何者正確？
①與玻璃相較，硬度高，不易刮傷，但容易老化
②常做成中空板，隔熱性佳
③透光性及透明性皆較玻璃為佳。
(A)②③ (B)①③ (C)①② (D)①②③
（106 建築師-建築構造與施工#62）

【解析】
③透光性及透明性皆較玻璃為差。

（D）8. 下列建材何者無法符合綠建材評定標準？
(A)使用天然材料 80%（體積比或重量比）以上之壁紙
(B)低甲醛及低 TVOC 逸散的合成地毯
(C)使用回收材料 20%（回收材料除水泥外之比率）以上的 A 級高壓混凝土地磚
(D)具有石綿成分之水泥板

（107 建築師-建築構造與施工#9）

【解析】
(D)具有**木質成分**之水泥板，為綠建材。

（B）9. 下列何者不屬於現有健康綠建材之評定項目？
(A)木質地板　(B)鋁門窗　(C)填縫劑　(D)油性粉刷塗料

（107 建築師-建築構造與施工#16）

【解析】
健康綠建材評定項目：
（1）地板類：木質地板、地毯、架高地板、木塑複合材等。
（2）牆壁類：合板、纖維板、石膏板、壁紙、防音材、粒片板、木絲水泥板、木片水泥板、木
（3）質系水泥板、纖維水泥板、矽酸鈣板、木塑複合材等。
（4）天花板：合板、石膏板、岩綿裝飾吸音板、玻璃棉天花板等。
（5）填縫劑與油灰類：矽利康、環氧樹脂、防水塗膜材料等。
（6）塗料類：油漆等各式水性、油性粉刷塗料。
（7）接著（合）劑：油氈、合成纖維、磁磚黏著劑、白膠（聚醋酸乙烯樹脂）等。
（8）門窗類：木製門窗（單一均質材料)。
參考來源：http://gbm.tabc.org.tw/modules/pages/health

（A）10.下列敘述何者並非生態綠建材標章中，有關木構造結構材的評定要項？
(A)木材應百分之百產自天然森林，且無匱乏危機
(B)低耗能
(C)低毒害處理
(D)附製程程序及使用物質成分說明，或其他相關證明文件

（107 建築師-建築構造與施工#17）

【解析】
(A)木材**不一定要**百分之百產自天然森林，也可是永續／人工森林。

（B）11.室內裝修塗裝作業應注意事項，下列何者錯誤？

(A)素地處理應力求完善，且須充分乾燥；塗料必須充分攪拌，以防色調或光澤不均

(B)塗料用量要多，且塗膜要厚

(C)塗膜由較多度數構成者為佳，不得有花斑、流痕、皺紋等現象，塗膜顏色應力求均勻，不得有刷痕存在

(D)每層塗膜必須在十分乾燥後，方可進行次一度之塗裝

（107 建築師-建築構造與施工#33）

【解析】

室內裝修塗裝作業(B)塗料用量不用多，因依材料屬性需求為主。

（A）12.在密閉室內進行裝修工程時，下列何者需注意中毒危害？

(A)牆面刷油性水泥漆　(B)平頂水泥砂漿粉光

(C)地面鋪貼花崗石　(D)天花輕鋼架石膏板

（107 建築師-建築構造與施工#64）

【解析】

(A)油性水泥漆-有毒部分是甲苯或二甲苯有機溶劑或可塑劑，其中苯是致癌物質或對神經系統或造血功能或肺部功能都有一定傷害。

（C）13.有關車道透水磚之設計，下列敘述何者錯誤？

(A)目的之一是讓雨水滲入土中

(B)透水磚必須能承載車行重量

(C)為了透水，不必標註土壤層與級配層的夯實度

(D)同樣材質厚度較高的，可以承載較大的車行重量

（107 建築師-建築構造與施工#69）

【解析】

(C)為了透水，必需標註土壤層與級配層的夯實度。

（B）14.臺灣 EEWH 綠建築中認為優良的草皮種類，不包含下列那一項特質？

(A)省水　(B)細緻　(C)耐旱　(D)容易維修

（107 建築師-建築構造與施工#70）

【解析】

綠建築要求的四大面向：生態、節能、減廢、健康，選項(B)所述草皮的細緻與這些要求都無關。

（B）15.某一小型辦公空間面積為 100 m^2，室內淨高為 3 m。若換氣次數為 0.5 次/hr，空氣混合率 40%採用合板輕隔間（表面積 60m^2，甲醛實際逸散速率為 0.05 $mg/m^2 \cdot hr$），則推算室內合板產生甲醛濃度值約為多少？

(A) 0.03 mg/m^3　(B) 0.05 mg/m^3　(C) 0.08 mg/m^3　(D) 0.10 mg/m^3

（108 建築師-建築構造與施工#15）

【解析】

$60\ m^2 \times 0.05\ mg/m^2 \cdot hr = 3\ mg/hr$

$3\ mg/hr \times 0.5$ 次$/hr = 1.5\ mg/hr$

$1.5\ mg/hr / (100\ m^2 \times 3\ m) = \boxed{\mathbf{0.005}}\ mg/m^3 \cdot hr$

（D）16.有關各種塗裝缺陷之現象與原因，下列敘述何者錯誤？

(A)白化：呈現塗膜發白混濁，原因之一為空氣濕度過高，空氣中之水分凝集於塗面而發白混濁

(B)剝離：呈現塗膜由木面剝離，原因之一為木材的樹脂油分太多

(C)失光：呈現塗膜不光滑，原因之一為稀釋劑的選用不當

(D)砂皮：塗面有粗粒、不平滑，原因之一為木面有油漬或水分

（108 建築師-建築構造與施工#41）

【解析】

砂皮：塗面表面粗糙像砂皮現象。

（B）17.有關綠建材之敘述，下列何者錯誤？

(A)現行綠建材標章評定區分為生態、健康、再生與高性能四個範疇

(B)供公眾使用建築物室內裝修綠建材之使用率應達總面積 30%以上

(C)綠建材之限制性物質評定，是針對有害物質含量之限制規定

(D)綠建材之功能若國內無可符合之國家標準，得另提出適合之國際標準進行評定

（108 建築師-建築構造與施工#65）

【解析】

(B)供公眾使用建築物室內裝修綠建材之使用率應達總面積 **45%**以上。

（D）18.有關臺灣 EEWH 綠建築中的生態密林設計，下列何者錯誤？

(A)須有喬木灌木混植　(B)須有許多品種的植栽

(C)須密植喬木灌木　(D)須經常修剪整理

（108 建築師-建築構造與施工#71）

【解析】

(D)無須經常修剪整理。

（B）19.有關基地保水設計，下列敘述何者正確？

(A)在山坡地以及地盤滑動危險區，保水設計應盡量使用滲透管溝、滲透水池

(B)直接滲透設計適合利用於粉土或砂質土層

(C)滲透陰井是一種水平式的雨水輔助滲入設施

(D)建築牆面、擋土牆邊宜設置滲透側溝以加強其功效

（108 建築師-建築構造與施工#72）

【解析】

(A)在山坡地以及地盤滑動危險區，保水設計應盡量**不**使用滲透管溝、滲透水池（避免增加其滑動危險）。

(C)滲透陰井是一種**回補地下水**的雨水輔助滲入設施。

(D)建築牆面、擋土牆邊**不**宜設置滲透側溝，**防止側向壓力增加**。

（B）20.有關再生綠建材之敘述，下列何者錯誤？

(A)使用一定比率以上之回收材料，以適當降低對原素材之需求，並符合廢棄物減量的目的

(B)回收材料之來源必須為國內或鄰近國家所產生者，以減少運輸過程之碳排放量，符合降低碳足跡之精神

(C)再生綠建材不得含有綠建材通則中之限制物質，且除回收材料以外之成分，皆不得為含氯高分子材料

(D)依據現行國家標準，對於同類別但不同使用用途可能有不同等級之產品性能要求，因此針對不同等級之再生綠建材，其回收料比率要求亦可不同

（109 建築師-建築構造與施工#17）

【解析】

參照台灣建築中心再生綠建材的定義：

二、回收材料使用比率

依材料類別，再生綠建材應使用一定比率之回收材料。

生產製程所添加之水泥或膠合劑等化學物質應低於一定比率。

參考來源：財團法人台灣建築中心 http://gbm.tabc.org.tw/modules/pages/regeneration

（D）21.下列何者應列入檢討綠建材之建築物戶外地面材料面積？

(A)戶外地面車道面積　(B)戶外地面汽車出入緩衝空間面積

(C)戶外地面消防車輛救災活動空間面積　(D)戶外人行道面積

（109 建築師-建築構造與施工#18）

【解析】

建築技術規則建築設計施工編第321條
建築物應使用綠建材，並符合下列規定：
一、建築物室內裝修材料、樓地板面材料及窗，其綠建材使用率應達總面積60%以上。但窗未使用綠建材者，得不計入總面積檢討。
二、建築物戶外地面扣除車道、汽車出入緩衝空間、消防車輛救災活動空間及無須鋪設地面材料部分，其地面材料之綠建材使用率應達20%以上。

（C）22.室內裝修木作櫥櫃經常使用木心板貼木皮，而非實木板，下列那一項不是主要原因？
(A)大面積實木板取得不易
(B)木心板比較經濟
(C)木心板容易因溼度變化而變形
(D)木心板加木皮可多樣選擇較多表面顏色

（109建築師-建築構造與施工#32）

【解析】
木心板的製程是上下兩層薄木片夾實木，因有經過膠合比較不會彎曲變形，因溼度變化而變形相對不是主要因素。

（D）23.有關裝修之敘述，下列何者正確？
(A)地板磁磚張貼只有硬底工法
(B)塗裝工程的（一底二度）中的二度是指把噴塗面積分上下兩區塊分別完成
(C)天花板上的冷氣主機可直接放在系統天花架上不需再獨立懸吊
(D)陶質、石質、磁質面磚是以吸水率來區分

（109建築師-建築構造與施工#33）

【解析】
磁磚以中華民國國家CNS標準概分為三類：陶質、石質、瓷質三類，而這三種材質依CNS標準分類的關鍵為吸水率的高低，陶質面磚吸水率18%以下、石質面磚吸水率6%以下、瓷質面磚吸水率1%以下。大至上來說，陶質、石質為施釉磚，而瓷質為吸水率低且硬度高的石英磚。
參考來源：漢樺磁磚概念館。

（D）24.一般室內設計衣櫃常用深度為多少公分？
(A) 30～35　(B) 40～45　(C) 50～55　(D) 60～65

（109建築師-建築構造與施工#40）

【解析】衣櫃常用深度60 cm以上較為合理。

（C）25.下列屋頂扶手欄杆施工細部，何者較能防止金屬欄杆銹蝕後導致外牆髒污？

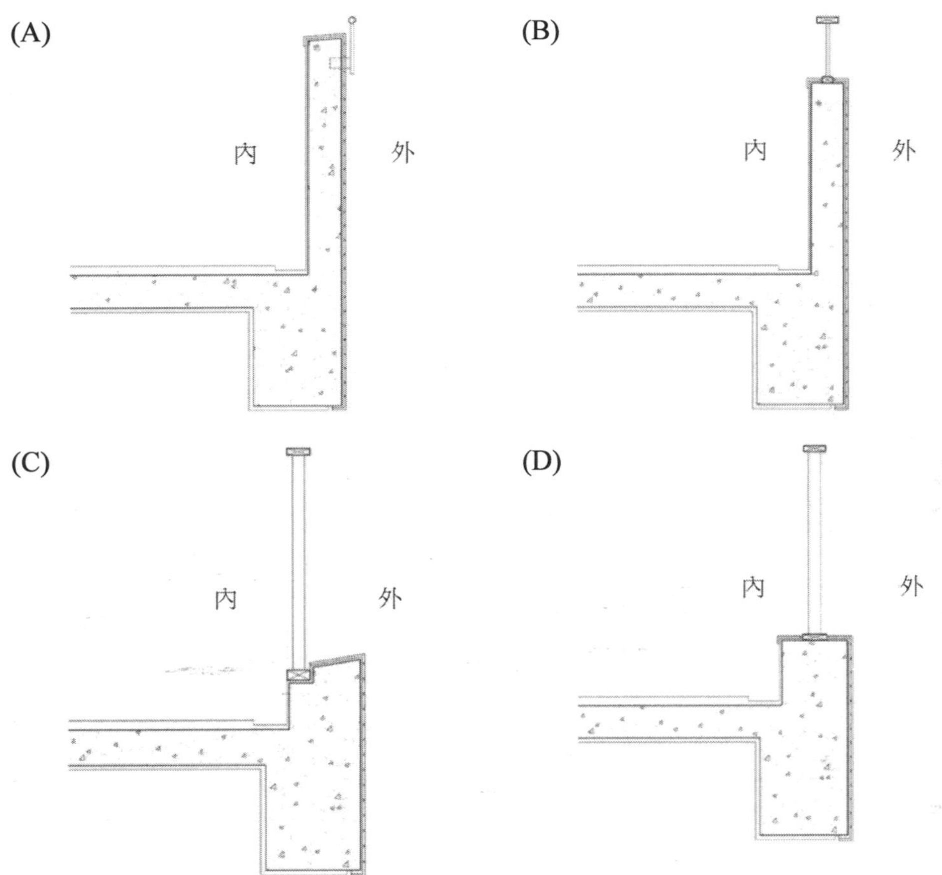

（109 建築師-建築構造與施工#48）

【解析】

欄杆的金屬件鏽蝕時鐵鏽混著雨水往外側流會導致外牆髒污，選項(C)的往內側斜的細部設計會使髒水向內較能防止外牆髒污。

（C）26.有關透水鋪面功能之敘述，下列何者錯誤？

(A)具補注與涵養地下水之功能

(B)能增加土壤的保水性，維持土壤生態系統之正常運作，健全植物根系發育

(C)使土地表面逕流增加，提高排水溝使用效率

(D)土壤含水可增加比熱，以減緩熱島效應，改善微氣候

（109 建築師-建築構造與施工#68）

【解析】

(C)透水鋪面可減緩排水溝滿溢問題，分擔排水溝負荷，進而減少地表逕流。

（A）27.在臺灣的建築物外牆設計上，下列何者方式可最有效提高隔熱性能？

(A)於外牆增設遮陽板，減少直接日射

(B)於外牆內側增設隔熱材，提高牆體隔熱性能

(C)增設雙層玻璃帷幕牆，降低輻射熱進入

(D)在外牆面增設明度低之表面材，以降低反射率

（110 建築師-建築構造與施工#3）

【解析】

於室外側阻斷光線（日照）最佳。

（D）28.目前塗料在建築及室內使用日漸廣泛，關於塗料敘述下列何者錯誤？

(A)依使用機能不同，塗料可分為耐候、耐火、光學、防銹、防霉等種類

(B)塗料的耐候性優劣，主要來自原料中之樹酯種類成分不同而有所差異

(C)溶劑型塗料中易含有揮發性有機物（VOC），使用上有影響健康之疑慮

(D)塗料為液態狀材料，應直接施作於不平整面可增加附著度及耐久性

（110 建築師-建築構造與施工#9）

【解析】

依各塗料施工說明、規範等施作。

（D）29.依據建築技術規則，建築物應使用綠建材，建築物室內裝修材料、樓地板面材料及窗，其綠建材使用率應達總面積百分之多少以上，但窗未使用綠建材者，得不計入總面積檢討？

(A) 30%　(B) 45%　(C) 50%　(D) 60%

（110 建築師-建築構造與施工#15）

【解析】

建築技術規則 §321

建築物應使用綠建材，並符合下列規定：

一、建築物室內裝修材料、樓地板面材料及窗，其綠建材使用率應達總面積 60%以上。但窗未使用綠建材者，得不計入總面積檢討。

（C）30.關於國內再生綠建材敘述，下列何者正確？

(A)利用回收材料，經再製過程生產符合經濟效益之建材

(B)目前分類為金屬、石質及混合材質之再生建材

(C)可對應綠建築評估中二氧化碳減量及廢棄物減量之要求

(D)可廣泛大量回收材料製成，以達再利用之目的

（110 建築師-建築構造與施工#16）

【解析】

(A)廢棄物減量、再利用、再循環。

(B)目前分類為木質、石質及混合材質之再生建材。

(#) 31. 下列何者不是「高性能節能玻璃綠建材」規範範圍？【答 B 或 C 或 BC 者均給分】

(A)遮蔽係數 Sc 值≦0.35　(B)可見光反射率≦0.25

(C)熱傳導係數 U 值≦0.25　(D)可見光穿透率≧0.5

(110 建築師-建築構造與施工#46)

【解析】

節能玻璃之遮蔽係數評定基準為 Sc 值≦0.35。

建築門窗用玻璃貼膜材料評定基準為 Sc 值<0.57。

可見光反射率<0.20。

節能玻璃之評定基準為可見光穿透率≧0.50。

建築用隔熱材料之評定基準參照我國環保標章之基準，訂為熱傳導係數<0.044W/m・K。

參考來源：財團法人台灣建築中心。

(C) 32. 下圖為某國小校園之透水鋪面詳圖，地坪材料為連鎖磚，其透水性能主要由磚與磚的乾砌間隙達成，而下方的基層則由透水性良好的砂石級配構成。若依據綠建築評估手冊（2019 年版）規定，該鋪面要達到「基地保水」指標，其基層本身可依孔隙率 0.05 與體積計算其保水量，但基層厚度以多少公分為上限？

(A)15 公分　(B)20 公分　(C)25 公分　(D)30 公分

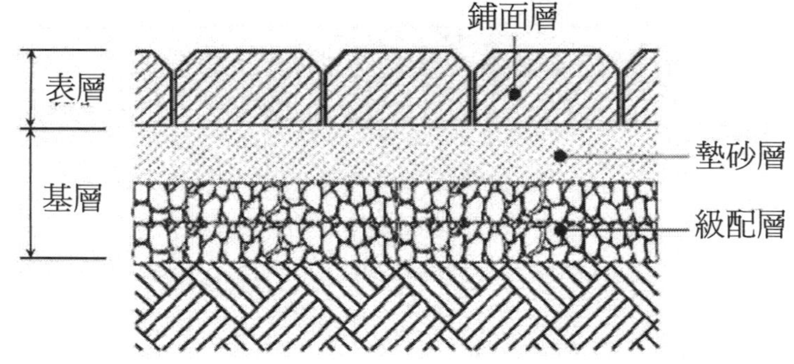

(110 建築師-建築構造與施工#52)

【解析】

建築基地保水設計技術規範修正規定

表層下的基層則由透水性十分良好的砂石級配構成。基層本身可依孔隙率 0.05 與體積計算其保水量，基層厚度以 25 公分為上限。

（C）33.木絲水泥板為室內裝修材的一種，下列何項不是其特性？

(A)吸音　(B)隔熱　(C)調整濕度　(D)遮光

（111 建築師-建築構造與施工#17）

【解析】

木絲水泥板特性：

吸音、隔音的效果非常好，並且同時具有水泥及木材的特性，十分耐用。除了吸音效果好，木絲水泥板還具有耐潮、防火、防霉、無毒等多數特點，選項(C)調整濕度不屬於材料特性的範疇。

（A）34.綠建材：指符合生態性、再生性、環保性、健康性及高性能之建材。下列敘述何者錯誤？

(A)生態性：運用人工材料，無匱乏疑慮，減少對於能源、資源之使用及對地球環境影響之性能

(B)再生性：符合建材基本材料性能及有害事業廢棄物限用規定，由廢棄材料回收再生產之性能

(C)環保性：具備可回收、再利用、低污染、省資源等性能

(D)健康性：對人體健康不會造成危害，具低甲醛及低揮發性有機物質逸散量之性能

（111 建築師-建築構造與施工#18）

【解析】

綠建材分類：

生態性（環保性）建材：在建材從生產製消滅的全生命週期中，除了滿足基本性能要求外，對於地球環境而言，它是最自然的，消耗最少能源、資源加工最少的建材。

（D）35.進行室內裝修時，下列何種工法其目的與隔音性能無關？

(A)隔間牆設置高度至上層樓地板　(B)高架地板下方鋪設發泡材料

(C)窗戶使用雙層玻璃　(D)排水管設置存水彎

（111 建築師-建築構造與施工#49）

【解析】

排水管設置存水彎與隔音性能無關。

（B）36.室內裝修工程常見之分間牆資材，若依碳足跡標準由高至低排列，下列何者正確？

①10 公分石膏版輕隔間 ②1/2 B 磚雙面粉光

③8 公分玻璃磚隔間 ④雙面水泥粉刷之空心磚牆

(A)②③①④ (B)③②④① (C)④③②① (D)②④③①

（111 建築師-建築構造與施工#71）

【解析】

③玻璃磚牆 8 cm 單位碳排量 = 83.14，②1/2B 磚牆單位碳排量 = 66.86，④雙面水泥粉刷之空心磚牆單位碳排量 = 27.67，①10 公分石膏版輕隔間單位碳排量 = 22.56，詳綠建築標章碳足跡標示制度規劃研究表 3-6 不透光外牆構造工程碳排標準。

（B）37.基於永續、生態環境觀點，下列何種材料之運用應逐漸減少？

(A)砌石 (B)混凝土 (C)木材 (D)鋼骨

（111 建築師-建築構造與施工#73）

【解析】

(B)混凝土製造過程相對較多不環保的問題。

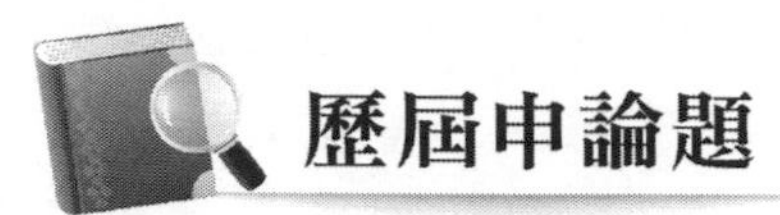

歷屆申論題

一、請說明何謂綠建材？（5 分）綠建材具備那些特性與優點？（5 分）請從綠建材的觀點，比較鋼骨結構與鋼筋混凝土結構之優劣點。（5 分）

（107 地方三等-建築營造與估價#1）

參考題解

依綠建材設計技術規範：

（一）綠建材：指符合生態性、再生性、環保性、健康性及高性能之建材。

（二）依內政部建築建究所-綠建材標章說明

綠建材特性	綠建材優點
再使用（Reuse）、再循環（Recycle）、廢棄物減量（Reduce）、低污染（Low emission materials）。	1. 生態材料：減少化學合成材之生態負荷與能源消耗。 2. 可回收性：減少材料生產耗能與資源消耗。 3. 健康安全：使用自然材料與低揮發性有機物質建材，可減免化學合成材之危害。

（三）比較鋼骨結構與鋼筋混凝土結構之優劣點

項目	鋼骨結構	鋼筋混凝土結構
再使用	優	劣
再循環	優	劣
廢棄物減量	優	劣
低污染	優	劣
生態材料	-	-
可回收性	優	劣
健康安全	-	-

二、依據建築技術規則第 322 條，符合那些規定即可視為綠建材材料？若為公共建築物時，其在綠建材的使用上又有那些規定？（20 分）

（106 地方四等-施工與估價概要#4）

參考題解

（一）依建築技術規則 322 條綠建材材料之構成，應符合左列規定之一：

1. 塑橡膠類再生品：塑橡膠再生品的原料須全部為國內回收塑橡膠，回收塑橡膠不得含有行政院環境保護署公告之毒性化學物質。
2. 建築用隔熱材料：建築用的隔熱材料其產品及製程中不得使用蒙特婁議定書之管制物質且不得含有環保署公告之毒性化學物質。
3. 水性塗料：不得含有甲醛、鹵性溶劑、汞、鉛、鎘、六價鉻、砷及銻等重金屬，且不得使用三酚基錫（TPT）與三丁基錫（TBT）。
4. 回收木材再生品：產品須為回收木材加工再生之產物。
5. 資源化磚類建材：資源化磚類建材包括陶、瓷、磚、瓦等需經窯燒之建材。其廢料混合攙配之總和使用比率須等於或超過單一廢料攙配比率。
6. 資源回收再利用建材：資源回收再利用建材係指不經窯燒而回收料摻 配比率超過一定比率製成之產品。
7. 其他經中央主管建築機關認可之建材。

（二）公共建築物建築物應使用綠建材，並符合下列規定：

1. 建築物室內裝修材料、樓地板面材料及窗，其綠建材使用率應達總面積百分之四十五以上。但窗未使用綠建材者，得不計入總面積檢討。
2. 建築物戶外地面扣除車道、汽車出入緩衝空間、消防車輛救災活動空間及無須鋪設地面材料部分，其地面材料之綠建材使用率應達百分之十以上。

三、綠建材設計技術規範所認可之綠建材，除取得內政部綠建材標章之材料外，有那些種類的材料如符合行政院環境保護署第一類環保標章規格並取得環保標章，亦可獲得認可？（12分）依據建築技術規則，綠建材之適用範圍為何？（3分）

（108地方四等-施工與估價概要#1）

參考題解

（一）符合行政院環境保護署第一類環保標章規格並取得環保標章，亦可獲得認可列舉如下：

1. N-01、資源回收產品類、回收塑橡膠再生品。
2. A-01、（OA）辦公室用具產品類。
3. N-02、資源回收產品類。
4. N-03、資源回收產品類。
5. N-04、資源回收產品類。
6. H-01、建材類。
7. H-02、建材類。
8. C-01、日常用品類。

（二）依據建築技術規則，綠建材之適用範圍如下：

依據建築技術規則CH17、§298、五、綠建材：指第二百九十九條第十二款之建材；其適用範圍為供公眾使用建築物及經內政部認定有必要之非供公眾使用建築物。

四、輕質粒料混凝土材料包括水泥、輕質粒料、常重粒料、拌合用水及摻料等，近期因環保等需求，而有綠化輕質粒料混凝土材料的發展。請說明其須具備的特性。（20分）

（108鐵路員級-施工與估價概要#1）

參考題解

輕質粒料混凝土：

項目	內容
定義	使用輕質骨材之混凝土，其骨材密度小於 1.8 g/cm^3，用以替代一般粗細骨材。其骨材用於混凝土密度應低於1840 kg/m^3。
使用骨材	人造：頁岩、板岩陶粒。 天然：淤泥、黏土、浮石、火山渣。 其他：爐渣、飛灰、礦渣。

項目	內容
優點	環保：使用淤泥等材料製成，回收再利用有利環境保護。 功能：多孔隙特性有益於隔音、防火、隔熱等性能。 結構：向對於傳統混凝土自重減輕，可減小斷面，有利於抵抗地震力、減少營建成本。
適用	需耐震需求建築。 既有建築樓板墊高。（減低載重負荷） 大垮度建築。 預鑄構件。

五、透水鋪面為綠建材之一，請依據本國綠建築評估之相關規定，說明透水鋪面之評定要項與其內容。（20分）

（108鐵路員級-施工與估價概要#4）

參考題解

透水鋪面之評定要項與其內容（依台灣建築中心）

評定要項		試驗項目	評定基準	測試法
鋪面透水性與保水性	透水性	滲透係數（k）	透水鋪面之滲透係數 k 值應大於 10^{-2} cm / s	依據 CNS 14995 透水性混凝土地磚之透水係數實驗或 CNS 13298 地工織物正向透水率試驗法原理之定水頭試驗量測
	鋪面本身之保水性	孔隙率（n）	鋪面之孔隙率≧15%	參照 CNS 382，孔隙率為（磚面乾內飽和質量 － 磚乾質量）／磚體積 × 水的單位質量 × 100%
	鋪面系統之保水性	鋪面積水性	採 5 年重現期距延時為 60 分鐘的降雨強度下不產生積水之鋪面系統（暫不施作）	動態降雨模擬試驗（暫不施作）

<table>
<tr><th colspan="2">評定要項</th><th>試驗項目</th><th>評定基準</th><th colspan="2">測試法</th></tr>
<tr><td rowspan="3">鋪面材料耐久性</td><td>吸水率</td><td>吸水率</td><td>吸水率≦10%</td><td colspan="2">視其粒料範圍以 CNS 487 或 CNS 488 之規範進行試驗。單元透水磚及粒料參照 CNS 382。</td></tr>
<tr><td>耐磨性能</td><td>洛杉磯磨耗率</td><td>洛杉磯磨耗率≦50%</td><td colspan="2">以 CNS 490 規範進行試驗，若僅含細粒料則採用 CNS 14791 規範試驗。</td></tr>
<tr><td>氯離子含量</td><td>氯離子含量</td><td>氯離子含量需≦0.4%</td><td colspan="2">依 CNS 14703 硬固水泥漿及混凝土中水溶性氯離子含量試驗法進行，若未含水泥材料成份則採 CNS 13407 規範試驗</td></tr>
<tr><td rowspan="4">鋪面安全性</td><td rowspan="2">單元透水磚</td><td>抗壓強度</td><td>A 級：280 kgf/cm^2 以上
B 級：245 kgf/cm^2 以上
C 級：175 kgf/cm^2 以上</td><td rowspan="2">CNS 14995</td><td rowspan="4">經認可之實驗室其儀器當符合 CNS 9211 壓縮機試驗標準</td></tr>
<tr><td>抗彎強度</td><td>A 級：70 kgf/cm^2 以上
B 級：60 kgf/cm^2 以上
C 級：45 kgf/cm^2 以上</td></tr>
<tr><td rowspan="2">現場澆置之剛性透水鋪面</td><td>抗壓強度</td><td>A 級：280 kgf/cm^2 以上
B 級：245 kgf/cm^2 以上
C 級：175 kgf/cm^2 以上</td><td rowspan="2">CNS 1232
CNS 1233</td></tr>
<tr><td>抗彎強度</td><td>A 級：50 kgf/cm^2 以上
B 級：42 kgf/cm^2 以上
C 級：35 kgf/cm^2 以上</td></tr>
</table>

單元

8

計畫管理

1 營建計畫管理及估價

內容架構

（一）營建管理系統

1. 調查與規劃之管理。
2. 圖説與規範之管理。
3. 採購、發包與工程契約之管理。
4. 變更設計及處理之管理。
5. 施工進度與成本控制之管理。

（二）技術

1. PERT 與 CPM（工作網圖之架構）。
2. 趕工計畫。
3. 作業資源調配。
4. 價值工程。

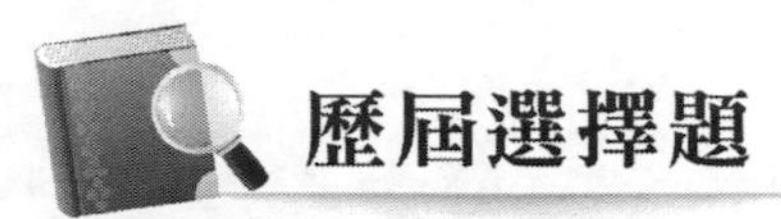

歷屆選擇題

（C）1. 現場的施工圖（shop drawing）應由何單位準備？

(A)業主　(B)建築師　(C)營造廠及其分包商　(D)房屋銷售

（105 建築師-建築構造與施工#40）

【解析】

施工製造圖應由承包商，供應商，製造商，分包商準備。

（D）2. 工期計算常排除豪雨天候，所謂豪雨是指下列何者？

(A) 24 小時累積雨量達 50 mm 以上　(B) 24 小時累積雨量達 100 mm 以上

(C) 24 小時累積雨量達 130 mm 以上　(D) 24 小時累積雨量達 200 mm 以上

（105 建築師-建築構造與施工#69）

【解析】

中央氣象局為強化防救災處置應變新雨量分級中「大雨」定義為 24 小時雨量達 80 毫米以上，或 1 小時雨量達 40 毫米以上；「豪雨」定義為 24 小時雨量達 200 毫米以上，或 3 小時雨量達 100 毫米以上，若 24 小時累積雨量達 350 毫米以上則稱為「大豪雨」，若 24 小時累積雨量達 500 毫米以上則稱為「超大豪雨」。

（A）3. 公共工程的營建發包合約包含下列那些內容？

①工程項目詳細表　②單價分析　③包商利潤管理費　④建築師專業保險費

(A)①②③　(B)②③④　(C)①③④　(D)①②④

（105 建築師-建築構造與施工#72）

【解析】

④建築師專業保險費為設計費用內。

（D）4. 設計變更有新增項目以致總價有所變更時，應在何時辦理估驗計價？

(A)提報追加減帳變更項目後　(B)辦理相關工地協商會議後

(C)監造單位核定後　(D)修正契約總價表，報經主辦機關核定後

（105 建築師-建築構造與施工#73）

【解析】

在新增項目單價未經議定前，得依機關首長核定之修正契約總價。

（D）5. 有關工程進行中之變更設計，下列敘述何者正確？

(A)設計單位提出，監造單位同意　(B)監造單位提出，承商同意

(C)承商提出，監造單位同意　(D)應經主辦機關同意

（105 建築師-建築構造與施工#74）

【解析】

變更設計部分無論係設計單位因技術需求引發者，或主辦機關因施工…附規格、功能、效益及價格比較表，徵得機關書面同意。

參考來源：臺北市政府採購業務資訊網。

（B）6. 有關建造執照圖說中工程造價欄之填寫，下列何種方式最為常見？

(A)依中央主管建築機關訂定之工程造價表計算

(B)依各地方政府訂定之工程造價表計算

(C)依建築師估算的結果填入

(D)依承造人之決標金額填入

（105 建築師-建築構造與施工#75）

【解析】

建造執照圖說中工程造價欄填寫方式通常載明於各地方政府訂定之工程造價表。

（C）7. 根據現行法令規定，督察按圖施工、解決施工技術問題，應由何人負責？

(A)營造業負責人　(B)工地主任

(C)營造業專任工程人員　(D)監造建築師

（105 建築師-建築構造與施工#76）

【解析】

營造業法第 35 條

營造業之**專任工程人員**應負責辦理下列工作：

一、查核施工計畫書，並於認可後簽名或蓋章。

二、於開工、竣工報告文件及工程查報表簽名或蓋章。

三、督察按圖施工、解決施工技術問題。

四、依工地主任之通報，處理工地緊急異常狀況。

五、查驗工程時到場說明，並於工程查驗文件簽名或蓋章。

六、營繕工程必須勘驗部分赴現場履勘，並於申報勘驗文件簽名或蓋章。

七、主管機關勘驗工程時，在場說明，並於相關文件簽名或蓋章。

八、其他依法令規定應辦理之事項。

（D）8. 下列建築管理作業，何者需由起造人會同申請，或於申請書中簽章？
①建造執照申請 ②申請開工備查 ③申報勘驗 ④申請使用執照
(A)③ (B)①③ (C)②③④ (D)①②④
（105 建築師-建築構造與施工#78）

【解析】
③申報勘驗只需承造人及設計人用印簽章。

（B）9. 公共工程經費電腦估價系統（PCCES），其主要功能是為了下列何種目的？
(A)便於工程秘密投標 (B)便於工程經費電腦估價之整合
(C)便於工程結構設計之準確性 (D)便於工程數量計算之準確性
（105 建築師-建築構造與施工#80）

【解析】
行政院公共工程委員會（以下稱簡稱工程會）為使公共工程之經費估價作業公開化與透明化，工程會開發「公共工程經費電腦估價系統」（簡稱 PCCES），免費協助機關及廠商編製工程預算及製作標單、縮短預算編製時間、增加預算精準度，節省公帑。
參考來源：公共工程技術資料庫。

（A）10.有關網圖作業及網圖表示法，下列敘述何者錯誤？
(A)要徑作業必定為建築工程中最困難或最重要之施工作業
(B)餘裕時間又稱浮時，係指數個作業交會於某一節點時各作業的時間差
(C)干擾餘裕時間係指單一個作業可延遲之時間，雖不影響整體工程完工期限，但可能影響其他作業餘裕時間
(D)工程作業網圖的表示法可分為節點式作業網與箭線式網圖
（106 建築師-建築構造與施工#67）

【解析】
(A)要徑作業為建築工程中**最重要之施工作業順序**。

（A）11.在不影響工程專案完工日期下，可以延遲作業的天數稱為：
(A)浮時 (B)最早完成日期 (C)最晚完成日期 (D)追加工期
（106 建築師-建築構造與施工#69）

【解析】
浮時就是餘裕時間，工程進度安排在餘裕時間差內的作業可適度延遲或提早，這些調整不影響整個工程完工期限之餘裕時間。

（D）12.使用兩部吊車共同吊抬作業時，下列敘述何者錯誤？

(A)儘量把工作限於捲上捲下，以及桁架之俯仰

(B)共抬吊以 2 部吊車為限

(C)儘量選用同一機種之吊車

(D)可由 2 人指揮吊抬作業

（107 建築師-建築構造與施工#36）

【解析】

(D)只可由 **1** 人指揮吊抬作業。

（D）13.下圖為某一工程作業之施工網圖，試判斷何者為要徑？

(A)B→D→G　(B)B→E→H　(C)A→C→F　(D)A→C→G

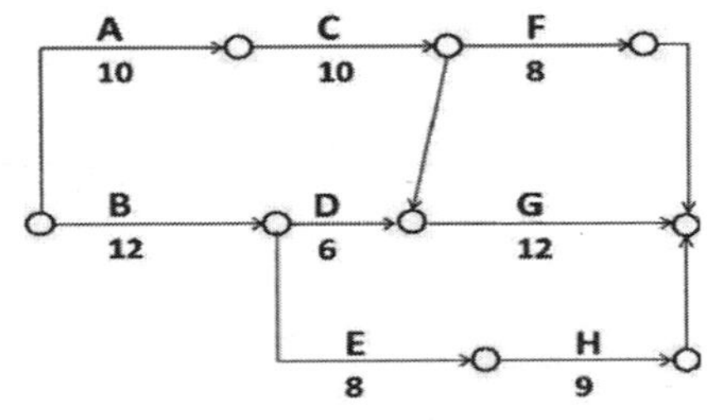

（107 建築師-建築構造與施工#75）

【解析】

要徑即施工網圖的路徑當中總計工作天數最長為是。

（D）14.有關工地控制進度常用之進度曲線（S 曲線），下列敘述何者錯誤？

(A)工程初期因修飾、整備等原因，工程速度較工程中期為慢

(B)橫軸為工期，縱軸為累計工程費

(C)進度曲線之反曲點發生於每日完成數量之高峰期

(D)當實際進度曲線超出容許上限，表示進度已經落後，須進行趕工措施

（107 建築師-建築構造與施工#76）

【解析】

(D)當實際進度曲線超出容許上限，表示進度已**超前**。

（A）15.某一工地，需要完成之模板面積約 2,400 平方公尺，若模板生產力 12 平方公尺／人日，作業時間為 5 日，則每日應派多少位模板工？

(A)40 人　(B)60 人　(C)80 人　(D)100 人

（107 建築師-建築構造與施工#79）

【解析】

2400 / 5 / 12 = 40（人）

（B）16.依據 CNS4750 有關鋼管施工架之規定，下列何者不屬於單管施工架的性能試驗項目？

(A)撓度及彎曲試驗　(B)耐候及抗酸鹼試驗
(C)拉伸試驗　(D)壓縮試驗

（108 建築師-建築構造與施工#34）

【解析】

鋼管鷹架經過鍍鋅過程，已具**耐候及抗酸鹼**作用。

（D）17.在一般施工使用塔式吊車的過程中，下列那一步驟為相對較危險的階段？

(A)安裝過程　(B)爬升過程　(C)吊運過程　(D)拆除過程

（108 建築師-建築構造與施工#35）

【解析】

拆除階段常為了縮短工期，施工過程求快疏漏安全維護項目，造成意外發生。

（A）18.在建築工地經常使用吊升荷重在 3 公噸以上之移動式起重機進行資材吊升，下列敘述何者錯誤？

(A)起重機操作人員僅接受特殊作業安全衛生教育訓練後便可操作起重機
(B)移動式起重機在製作完成使用前或從外國進口使用前，應向當地檢查機構申請使用檢查與定期檢查
(C)進行現場吊掛作業前，應確認使用之鋼索、吊鏈等吊掛用具之強度、規格及安全率等之符合性
(D)吊鉤或吊具應有防止吊舉中所吊物體脫落之裝置

（108 建築師-建築構造與施工#36）

【解析】

起重機操作人員需接受吊裝教育訓練後便可操作起重機（一機三證）。

（D）19.下列工項何者不是假設工程？

(A)施工架　(B)臨時鋪設道路　(C)現場內儲存場　(D)預鑄樁

（108 建築師-建築構造與施工#66）

【解析】

預鑄樁不是假設工程（通常為擋土設施或樁基礎）。

（B）20.有關建築施工管理，下列敘述何者錯誤？

(A)建築期限以開工之日起算，若因故未能於建築期限內完工時，得申請展期 1 年，並以 1 次為限

(B)建築工程中必須勘驗部分，應由起造人會同監造人按時申報後，方得繼續施工，主管建築機關得隨時勘驗之

(C)監造人認為不合規定或承造人擅自施工，致必須修改、拆除、重建，經主管建築機關認定者，由承造人負賠償責任

(D)建築物非經領得使用執照，不准接水、接電及使用

（108 建築師-建築構造與施工#76）

【解析】

(B)建築工程中必須勘驗部分，應由**承造人**會同監造人按時申報後，方得繼續施工，主管建築機關得隨時勘驗之。

（D）21.下列何種因素較不會影響施工作業人員之學習曲線？

(A)機具效率　(B)作業協調　(C)工程設計　(D)氣候條件

（108 建築師-建築構造與施工#77）

（C）22.有關工程進度管理之要徑法（CPM）之敘述，下列何者錯誤？

(A)要徑為一連續不中斷且最長作業途徑

(B)要徑上作業若產生延宕將直接使總工期發生延長

(C)每一網圖僅會產生一條要徑

(D)要徑上的浮時等於零

（108 建築師-建築構造與施工#78）

【解析】

工程進度管理之要徑法：(C)每一網圖**可**產生**一至數**條要徑。

（A）23.當某一工程欲縮短工期時，有關直接與間接成本之變化，下列敘述何者正確？

(A)直接成本愈高，間接成本愈低　(B)直接成本愈高，間接成本愈高

(C)直接成本愈低，間接成本愈低　(D)直接成本愈低，間接成本愈高

（108 建築師-建築構造與施工#79）

【解析】

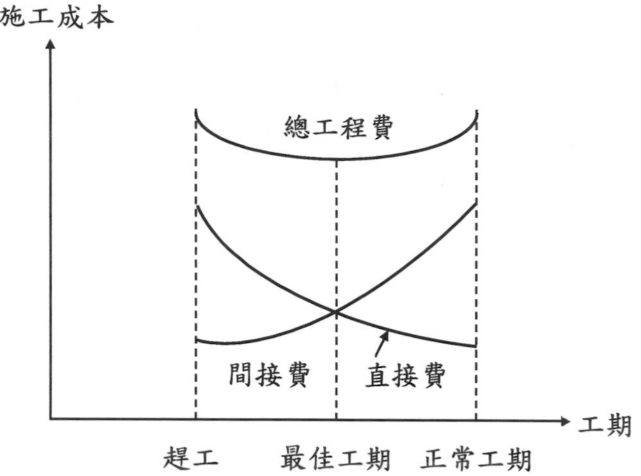

（D）24.下列工作之先後程序何者正確？

①申報竣工　②消防安全檢查　③拆鷹架　④完成外牆磁磚

(A)④②①③　(B)④③②①　(C)④①②③　(D)④③①②

（109 建築師-建築構造與施工#66）

【解析】

本題關鍵在於①申報竣工、②消防安全檢查的判斷，此二項必在③④之後

依據建築法 第 70 條

建築工程完竣後，應由起造人會同承造人及監造人申請使用執照。

第 72 條

供公眾使用之建築物，依第七十條之規定申請使用執照時，直轄市、縣（市）（局）主管建築機關應會同消防主管機關檢查其消防設備，合格後方得發給使用執照。

本題答案(D)④③①②

（C）25.工地經常出問題，下列那一項不是建築師的設計責任？

①RC 牆開口施工尺寸太小，窗戶安裝有問題

②模板支撐不足，產生爆漿

③不同工項施工順序錯亂，影響工期

④廁所地坪洩水坡度不足，與施工圖不符，地面排水不良

⑤隔間牆施作位置有誤差，固定設備無法安裝

(A)僅①②③　(B)僅①②③⑤　(C)①②③④⑤　(D)僅②③④

（109 建築師-建築構造與施工#67）

【解析】①②③④⑤所述皆為施工問題。

（D）26.有關工地現場的施工管理，下列敘述何者最不適當？

(A)鋼構建築之工地設施配置方式，應以塔式吊車位置及吊裝施工半徑為優先考量

(B)5 噸以上的吊車操作，操作者須領有主管機關核發之證照

(C)粉刷用袋裝水泥儲存放置時，應保持乾燥，且應遵守先進先用原則，以免水泥結塊變硬

(D)工地銲接用氧氣及乙炔鋼瓶，加以固定後可倒立，可二者一起存放

（109 建築師-建築構造與施工#72）

【解析】

(D)乙炔屬於可燃性氣體、有毒性氣體與氧氣之鋼瓶必須分開貯存。

（A）27.下列何者不是水電、消防材料之檢測方法？

(A)估驗計價　(B)性能測試　(C)竣工檢驗　(D)廠測

（110 建築師-建築構造與施工#31）

【解析】

(A)估驗計價非材料檢測方式，而是在工程已完成，或是施工中已進場的材料數量，需要請甲方支付工程與材料款項的流程。

（A）28.下列何者為價值工程（VE）最佳使用效益？

(A)成本降低，品質提高　(B)品質不變，成本降低

(C)成本不變，品質提高　(D)品質提高，成本提高

（110 建築師-建築構造與施工#76）

【解析】

價值工程（Value Engineering，簡寫 VE），也稱價值分析（Value Analysis，簡寫 VA），是指以產品或作業的功能分析為核心，以提高產品或作業的價值為目的，力求以最低壽命周期成本實現產品或作業使用所要求的必要功能的一項有組織的創造性活動。有些人也稱其為功能成本分析。

參考來源：維基百科。

（A）29.下列何者不是承造人應負責或配合之工作？

(A)建照執照之申請

(B)開工申報時施工計畫書之製作

(C)因施工而損傷道路、溝渠等公共設施之修復

(D)使用執照之申請

（111 建築師-建築構造與施工#74）

【解析】

承造人應負責或配合之工作為申報「勘驗」與申請「使用執照」。

（B）30.有關價值工程之敘述，下列何者錯誤？
(A)價值工程講求的是提供可靠服務功能的最低費用
(B)在初期規劃設計階段採用價值工程的效益較小
(C)價值工程適合用在高造價項目
(D)價值工程適合用在多次重複採購之低單價項目

（111 建築師-建築構造與施工#76）

【解析】

價值工程使用的愈早，愈容易發揮效益。

（C）31.有關建築施工估價與數量計算之敘述，下列何者錯誤？
(A)施工架以立面之面積計算，單位為平方公尺
(B)RC 建築物，概算模板數量約為建築物混凝土體積之 8~10 倍
(C)鋼筋數量以長度計算，單位為公尺，一般耗損率約 10~15%
(D)混凝土數量以體積計算，單位為立方公尺，一般耗損率約 1~5%

（111 建築師-建築構造與施工#77）

【解析】

鋼筋工程量＝鋼筋長度（m）×鋼筋每米重量（kg/m）。

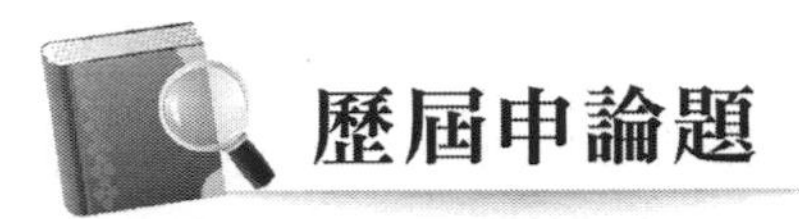

歷屆申論題

一、就建築工程施工估價作業中，影響工程估價的數量及金額有那些重要因素？（20 分）

（105 公務高考-建築營造與估價#4）

參考題解

依「內政部委託辦理營造業工地主任 220 小時職能訓練課程講習計畫」職能訓練課程教材（第二版）第六單元 工程施工管理。

本題所述「金額」，可理解為單價、複價、總價。

單價為估算項目的值，與數量無關，與項目單位有關。

複價即為單價與數量乘積。

總價為複價、管理費、稅金…等之合計。

（一）影響估價數量之因素

1. 設計圖說內容複雜程度。
2. 契約內容：施工規範、工期長短、計價付款方式等。
3. 基地位置，供料遠近、地形環境、地質等因素。
4. 施工法與施工計畫。
5. 使用機具種類、人力調配計畫。
6. 管理方式。
7. 估算數量單位。
8. 大宗建材之材料損耗。
9. 材料最少出貨數量。

（二）影響估價金額之因素

1. 影響數量因素。
2. 單價分析方式。
3. 預算編列方式。
4. 計算與複核工作。
5. 天候因素。
6. 物價波動。
7. 廠商詢價差異。

二、建築工程施工中所產生之粒狀污染物，往往造成工地周邊環境空氣品質不良。請列舉建築工程現場有那些粒狀污染物，並試述其改善方法。（20 分）

（105 地方三等-建築營造與估價#3）

參考題解

（一）建築工程施工中所產生之粒狀污染物，依據「空氣污染防制法施行細則」第 2 條規定：

1. 總懸浮微粒：指懸浮於空氣中之微粒。
2. 懸浮微粒：指粒徑在十微米（μm）以下之粒子。
3. 落塵：粒徑超過十微米（μm），能因重力逐漸落下而引起公眾厭惡之物質。
4. 金屬燻煙及其化合物：含金屬或其化合物之微粒。
5. 黑煙：以碳粒為主要成分之暗灰色至黑色之煙。
6. 酸霧：含硫酸、硝酸、磷酸、鹽酸等微滴之煙霧。
7. 油煙：含碳氫化合物之煙霧。

（二）改善方法：參考「營建工程空氣污染防制設施管理辦法執行手冊」

	改善方式
1	使用具粉塵逸散性之工程材料、砂石、土方或廢棄物，現場灑水與覆蓋防塵布。
2	營建工地內之車行路徑，採舖設鋼板、舖設鋼板或舖設瀝青混凝土等材料。
3	應於營建工地周界設置定著地面之全阻隔式圍籬及防溢座。
4	於營建工程進行期間，應於營建工地內之裸露地表，採覆蓋防塵布或防塵網、舖設鋼板、混凝土、瀝青混凝土、粗級配或其他同等功能之粒。 料、植生綠化、地表壓實且配合灑水措施。
5	工程材料、砂石、土方或廢棄物之車行出入口，設置洗車台、設置廢水收集坑、具有效沉砂作用之沉砂池。
6	於營建工程進行期間，應於營建工地結構體施工架（鷹架）外緣，設置有效抑制粉塵之防塵網或防塵布。
7	於營建工程進行期間，將營建工地內上層具粉塵逸散性之工程材料、砂石、土方或廢棄物輸送至地面或地下樓層，應採電梯孔道、建築物內部管道、密閉輸送管道。

	改善方式
8	運送具粉塵逸散性之工程材料、砂石、土方或廢棄物，其進出營建工地之運送車輛機具，應採用具備密閉車斗之運送機具、使用防塵布或其他不透氣覆蓋物緊密覆蓋及防止載運物料掉落地面之防制設施。
9	於營建工程進行拆除期間，應採行下列有效抑制粉塵之防制設施：加壓噴灑水設施、結構體包覆防塵布、防風屏。
10	應於具有排放粒狀污染物之排氣井或排風口，設置旋風分離器、袋式集塵器或其他有效之集塵設備。

三、試說明建築工程估價中一式計價之適用場合及常用一式計價之工程項目有那些？（25 分）

（106 公務高考-建築營造與估價#4）

參考題解

（一）適用一式之場合

1. 難以精確量化作業。
2. 不易控制之作業。
3. 金額不大之作業。

（二）項目舉例

1. 規劃、設計費用依直接工程費比例以一式計算。
2. 勞工安全費以一式計算。
3. 品管費用以一式計算。
4. 稅捐以一式計算。
5. 工程保險以一式計算。
6. 測量放樣以一式計算。
7. 空污費以一式計算。

（三）優缺點

優點	缺點
簡化估算作業。	不精確、需承受一定風險。
減少項目遺漏缺失。	容易造成爭議。

四、請依行政院公共工程委員會的經費電腦估價系統（PCCES）列出建築工程預算總表之直接成本與間接成本項目。（20 分）

（107 公務高考-建築營造與估價#5）

參考題解

依行政院公共工程委員會各機關辦理公有建築物作業手冊

直接工程成本	1. 大地工程 2. 鋼筋混凝土模板工程 3. 鋼骨結構工程 4. 污工及裝修工程 5. 門窗及五金工程 6. 特殊外牆工程 7. 防水隔熱工程 8. 水電消防工程	9. 空調工程 10.電梯工程 11.景觀工程 12.附屬工程費 13.特殊設備工程費 14.雜項 15.環保安衛費 16.利潤、管理費及品管費
間接工程成本	1. 工程（行政）管理費 2. 工程監造費 3. 階段性專案管理及顧問費 4. 環境監測費 5. 空氣污染防制費 6. 工程保險費	

五、不同的施工廠商對同一工程進行工程估價，為何會有不同的結果？請說明造成此差異的原因有那些？（20 分）

（108 公務高考-建築營造與估價#2）

參考題解

（一）外在因素

1. 材料市場變動：如近期預拌混凝土（砂石……）供應問題造成浮動成本增加，即為一個明顯之案例。
2. 營建市場穩定性：市場之穩定有助於維持工程報價差異在一定的範圍內；如變動性大，將造成瞞天喊價的情況發生。
3. 人力供需：營建業屬於勞力密集的工業，而技術人員等勞力不足，仍為目前各項工程所共同面臨的嚴重問題，亦為工程成本上差異的主因。

4. 工程規模：工程規模大小關係著施工方法及資源調配效率等影響成本的因素。每一種施工方法及機具均具有其適用之工程規模，若小於適用規模自然無法發揮其經濟效益。

（二）內在因素

1. 自動化設備使用率：廠商購置自動化設備後，分攤於各工項工程的成本視設備使用率而定，如使用率高則分擔的成本便可降低。
2. 技術能力：承攬廠商如本身並不具備所需之技術能力，而須另行分包時，就必須遷就專業廠商的報價，因而影響承攬廠商的標價。
3. 管理能力：在工程營建過程中如有效應用各項資源，以縮短作業所需時間，減少成本支出。
4. 廠商爭取工作意願：如競標者為持續經營，或為爭取業績，則在標價估算上作較寬鬆的考量，已爭取業務的意願較高；反之，廠商有充足的業務量，得標後取得施工所需資源的成本可能偏高，影響其標價及利潤。

六、總工程費用會因工期長短而有所變動，請說明（一）工程之直接費用與間接費用各包含那些費用？（10分）（二）如何決定最佳工期，請繪圖說明之。（8分）（三）請說明趕工作業成本急速增加的原因。（7分）

（108公務高考-建築營造與估價#4）

參考題解

（一）工程費：

1. 直接費用：直接用於施工或工程本體之項目，含人力費、機具費、材料費、雜項費。
2. 間接費用：
   （1）安全衛生設施費。
   （2）品質管理費。
   （3）保險費。
   （4）管理費及利潤。
   （5）稅捐。
   （6）空氣污染防制費。

（二）

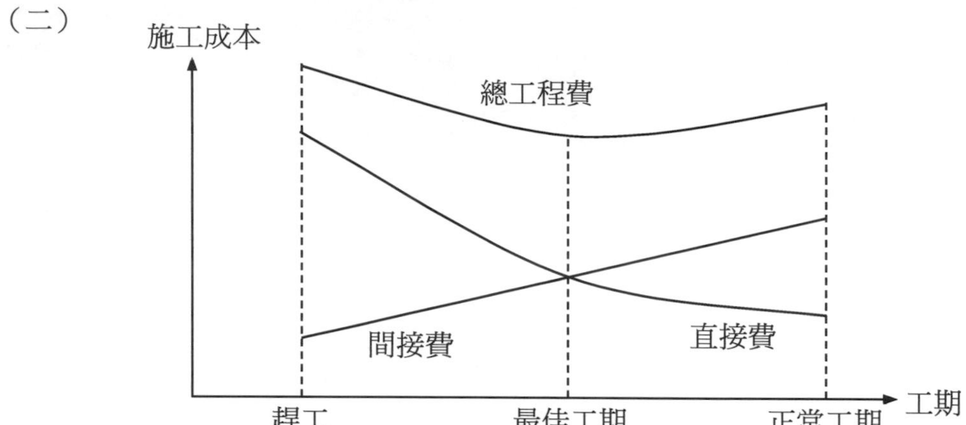

（三）趕工成本急速增加：趕工先決條件即為每日每人增加工作時程間，方可縮短期工程；依現今勞基法規定，加班需給予工人加乘的加班費，其成本依其增加時間倍數增加，故直接工程費之人力費用將依縮短時間而急速增加。

七、試從營造廠商角度說明影響建築工程施工估價準確性結果的主要因素。（20 分）

（109 鐵路高員級-建築營造與估價#2）

參考題解

（一）影響施工估價準確性之因素：

由於各地區人文地理環境差異，區域需求不盡相同，故工程規劃設計種類大都隨之變化，因此各工程工地的狀況亦不會相同。故其影響施工估價之因素甚多，負責施工估價的人員，必需要細心謹慎的考慮每一個可能漏估的項目，彙整提出問題逐一校對討論，才能降低估算錯誤風險，避免造成工程承攬後無法預期的損失。

1. 設計圖。
2. 施工規範與品質要求。
3. 工期與工作性質。
4. 環境因素：（1）地形、（2）地質、（3）氣候。
5. 人力資源招募與管理方式。
6. 施工計劃及施工方法。
7. 料源、運輸及儲存。
8. 工程合約付款方式。
9. 特別考慮事項。

（二）預防估價錯誤方法：

估價時之錯誤

1. 原始資料或原設計圖中之錯誤：如等高線不確實，尺寸記載錯誤等，雖非估價工程師之責任，但若能加以研判，提供設計者修正，自可減少錯誤之發生。
2. 書寫錯誤：如謄抄時所發生之錯誤。
3. 記載錯誤：如漏列工程項目。
4. 數字錯誤：如數字顛倒或錯位等。
5. 基本估價之錯誤：如採用不合理之施工方法，必將導致單價發生偏差。

（三）估價檢查方法：

1. 逐筆清查：複核時間充裕時，應自始逐項仔細核對，重複計算一遍，以免遺漏。
2. 主項抽查：任一工程必有主項，而主項所佔之金額極高，項目有限，可就其單價及數量加以複查以收事半功倍之效。
3. 概算推測法：運用統計或推理旁證法，例如某擋土牆工程之混凝土數量為 1 M3 而所列鋼筋數量為 500T，則兩者必有一項數量錯誤，因按經驗判斷得知，每 M3 混凝土所用之鋼筋量通常為 100Kg/M3~200Kg/M3，則 1 M3 混凝土所需鋼筋極限僅為 200T，有經驗之工程師常可一眼識破錯誤之所在。

參考資料：「內政部委託辦理營造業工地主任 220 小時職能訓練課程講習計畫」職能訓練課程教材（第二版）第六單元 工程施工管理。

八、建築工程在規劃階段所用的估價方法為何？並說明其準確性。（10 分）
建築工程在設計階段所用的估價方法為何？並說明其準確性。（10 分）

（109 鐵路高員級-建築營造與估價#3）

參考題解

（一）規劃階段

1. 所用的估價方法：

先期規劃經費要項之概估，均以直接工程成本為計算基礎，工程建造費直接工程成本之概估，得根據需求計畫預估之樓地板面積乘以單位造價及地區係數估算，單位造價及地區係數，依中央（或各級）政府所發佈當年度之「中央（或各級）政府總預算編製作業手冊」所附共同性費用編列標準表及估算手冊之規定，乘以使用需求面積估列先期規劃之。

綜合規劃之經費概算，一般建築，得就先期規劃之內容續進一步就主要工程項目和數量估算（即分項工程成本概估法），依個案參考工程會委託民間機構，目前為台灣營建院定期發行「營建物價」刊物所報相關工、料及組合價，作類似發包之標單編列較詳實之估價概算，從而較概估大幅提昇估算之精準度。

2. 其準確性：

規劃階段之估價為經費概算，係依相關作業手冊及相關資料為依據製作，惟工程細部等資訊無法在該階段表示，故其準確性雖較低，但其優點為可快速估算所需工程概略費用，以作為後續執行之重要依據。

（二）設計階段

1. 所用的估價方法：

設計階段應製作施工預算書（包括工程內容、項目、說明、數量計算、詳細價目表及單價分析表）及標單之電腦檔。其中可分為初步設計與詳細設計階段。

初步設計即應包含包括土建及各設備系統之概算詳細表，詳細設計應依公共工程施工綱要規範與細目編碼及公共工程經費電腦估價系統（PCCES），檢討工程內容、項目、數量計算、詳細表、單價分析表。

2. 其準確性：

設計階段之估價成果為施工預算書，其目的為實際執行工程之經費預算，係依設計作業為數量預估基礎與實務工程單價結合製作，故其準確性較高，其優點為表示整體工程各部經費及明列各工程項目費用，以作為工程執行之重要依據。仍應注意工程數量計算之基礎與結算方式、單價取得之可靠性、價格因工程推展之變動等因素。

參考資料：「各機關辦理公有建築作業手冊」。

九、在開工前置作業中，請詳述承包商針對工地現場研判應做那些內容分析？（25 分）

（110 公務高考-建築營造與估價#2）

參考題解

【參考九華講義-構造與施工 第 29 章 營建計畫管理】

（一）承包商開工前作業：

1. 遴派人員。
2. 工地勘察、鄰房調查及鑑定等作業。
3. 施工計畫擬定與報核。
4. 詳研契約文件、施工圖繪製送審。

5. 施工前測量與障礙排除。

（二）承包商對工地現場研判應做項目：

	作業項目	內容
工地現場研判作業	一、工址勘查、鑑界	1. 實地勘測檢討工程位置與設計位置是否相符。了解實際狀況，如鄰近地物、地形、地貌、計劃道路範圍、地質條件、地下水位狀況、交通情形、氣候條件、水電來源、地上障礙物、地下埋設物…等實際情形。 2. 契約使用之土地：由機關於開工前提供，其地界由機關指定。 3. 施工所需臨時用地：施工所需臨時用地，除另有規定外，由廠商自理。廠商應規範其人員、設備僅得於該臨時用地或機關提供之土地內施工，並避免其人員、設備進入鄰地。
	二、鄰房調查及鑑定	1. 損害鄰地地基或工作物危險之預防義務：土地所有人開掘土地或為建築時，不得因此使鄰地之地基動搖或發生危險，或使鄰地之工作物受其損害。 2. 附鄰接建築物之防護措施：建築物在施工中，鄰接其他建築物施行挖土工程時，對該鄰接建築物應視需要作防護其傾斜或倒壞之措施。挖土深度在一公尺半以上者，其防護措施之設計圖樣及說明書，應於申請建造執照或雜項執照時一併送審。 3. 招標文件規定營造／安裝工程綜合保險應投保第三人建築物龜裂、倒塌責任險者，除招標文件規定由機關自行委託者外，廠商於施工前應委託具有能力之公正第三者進行鄰屋調查，詳細載明房屋現況，其結果應報請機關備查。

參考來源：公共工程履約管理參考手冊。

十、政府各部門在推動公共工程計畫時，需達到準確估算工程經費之目標。
試以分工結構圖（Work Breakdown Structure, WBS）詳述建造成本（工程經費）應包含那些項目。（25分）

（110公務高考-建築營造與估價#3）

參考題解

建造成本（工程經費）：

（一）設計階段作業費用：

1. 有關資料彙集、調查、預測及分析費。
2. 測量費。
3. 工址調查、鑽探、試驗及分析費。
4. 階段性專案管理及顧問費。
5. 設計分析費。
6. 專題研究報告。
7. 專業責任保險。

（二）工程建造費：

1. 直接工程成本：
   （1）假設工程
   （2）大地工程
   （3）主體結構工程（鋼筋、模板、混凝土、鋼骨……）
   （4）污工及裝修工程
   （5）門窗及五金工程
   （6）特殊外牆工程
   （7）防水隔熱工程
   （8）水電消防工程
   （9）空調工程
   （10）電梯工程
   （11）景觀工程
   （12）附屬工程
   （13）雜項工程
   （14）特殊設備工程費
   （15）環保安衛費

（16）利潤、管理費及品管費

2. 間接工程成本：

（1）工程管理費

（2）環境監測費

（3）空氣汙染防制費

（4）工程保險費

（5）階段性專案管理及顧問費

（6）建造申請相關規費（建物保存登記費、外水外電費……）

3. 工程預備費

4. 物價調整費

（三）其他費用

（四）施工期間利息

十一、何謂建築工程費用中的間接工程成本？請說明其內容及編估的方式。（25 分）

（110 地方三等-建築營造與估價#1）

參考題解

間接工程成本：

（一）工程（行政）管理費：係指中央政府各機關辦理工程所需之各項管理費用，依「中央政府各機關工程管理費支用要點」規定，以各該工程之結算總價為計算標準。

（二）環境監測費：施工期間須於工區設置數處環境監測設備，並定期監測、追蹤施工中之噪音、震動、空氣污染等，其費用含環境監測費用、定期環境影響調查報告書撰寫等。環境監測費在規劃階段可按直接工程成本百分比編列。

（三）空氣汙染防制費：空氣污染防制費應依「空氣污染防制法」訂定之「空氣污染防制費收費辦法」，由營建業主（工程主辦機關）依工程類別、面積、工期、經費或涉及空氣污染防制費計算之相關工程資料，參照行政院環境保護署公告之「營建工程空氣污染防制費收費費率表」，計算空氣污染防制費費額，予以編列。

（四）工程保險費：工程保險費用之編列方式可以直接工程成本乘以「規劃階段營造工程財物損失險各類工程建議參考費率」之概估算方式為之。

（五）階段性專案管理及顧問費：人提供專案管理技術服務；有關服務之內容及計費方式，應依「機關委託技術服務廠商評選及計費辦法」規定辦理。

（六）工程監造費：辦理工程監造業務所需之費用，旨在監督工程承攬單位之施工內容是否依據設計內容按圖施工符合契約規定；工程監造之服務內容及計費方式，應依「機關委託技術服務廠商評選及計費辦法」規定辦理。

十二、於建築估價作業中，施工成本應如何進行管理及控制？（20 分）

（105 公務普考-施工與估價概要#2）

參考題解

估價作業對成本管理及控制，亦即考量影響估價之要素，此部分同 105 高考-營造與估價。此外，針對工程管理及控制可概分為：

（一）工程進度之管理及控制。

（二）工程品質之管理及控制。

（三）工程成本之管理及控制：

1. 人力及物資管控成本。
2. 進度網圖管控成本。
3. 施工圖檢討管控成本。
4. 資金財務管控成本。

（四）工程安全之管理及控制。

十三、請說明影響建築工程估價的主要因素有那些？（20 分）

（107 公務普考-施工與估價概要#5）

參考題解

影響建築工程估價的主要因素（同 105 高考-營造與估價）

依「內政部委託辦理營造業工地主任 220 小時職能訓練課程講習計畫」職能訓練課程教材（第二版）第六單元 工程施工管理。

本題所述「金額」，可理解為單價、複價、總價。

單價為估算項目的值，與數量無關，與項目單位有關。

複價即為單價與數量乘積。

總價為複價、管理費、稅金…等之合計。

（一）影響估價數量之因素：

1. 設計圖說內容複雜程度。
2. 契約內容：施工規範、工期長短、計價付款方式等。
3. 基地位置，供料遠近、地形環境、地質等因素。

4. 施工法與施工計畫。
5. 使用機具種類、人力調配計畫。
6. 管理方式。
7. 估算數量單位。
8. 大宗建材之材料損耗。
9. 材料最少出貨數量。

（二）影響估價金額之因素：

1. 影響數量因素。
2. 單價分析方式。
3. 預算編列方式。
4. 計算與複核工作。
5. 氣候、防汛期…等天候因素。
6. 物價波動。
7. 廠商詢價差異。

十四、何謂「直接工程費」與「間接工程費」？請寫出在建築工程中「直接工程費」與「間接工程費」的主要項目內容。（15 分）

（107 地方四等-施工與估價概要#5）

參考題解

（一）直接工程費

規劃階段推估相關經費之基準。一般指實際執行建築興建之費用，或可說為總工程經費扣除間接工程費後即為直接工程費。直接工程成本已特別列舉公有建築相關之工程項目如下：

直接工程成本	1. 大地工程	9. 空調工程
	2. 鋼筋混凝土模板工程	10.電梯工程
	3. 鋼骨結構工程	11.景觀工程
	4. 污工及裝修工程	12.附屬工程費
	5. 門窗及五金工程	13.特殊設備工程費
	6. 特殊外牆工程	14.雜項
	7. 防水隔熱工程	15.環保安衛費
	8. 水電消防工程	16.利潤、管理費及品管費

（二）間接工程費

為工程監造管理之成本，包括工程（行政）管理費、工程監造費、階段性營建管理及顧問費、環境監測費、安全衛生費及空氣污染防制費等。其項目如下：

間接工程成本	1. 工程（行政）管理費 2. 工程監造費 3. 階段性專案管理及顧問費	4. 環境監測費 5. 空氣污染防制費 6. 工程保險費

十五、政府各部門在推動公共工程計畫時，需達到準確估算工程經費之目標。請詳述在設計階段作業費用（含基本設計及細部設計）應包含那些項目。（25 分）

（110 公務普考-施工與估價概要#1）

參考題解

設計階段作業費用（含基本設計及細部設計）

（一）相關資料蒐集、調查、預測及分析費：

1. 基本需求資料蒐集、調查、預測及分析費。
2. 水文、氣象、海象、地震及生態資料蒐集調查費。
3. 公共設施管線調查費。
4. 其他項目調查費。

（二）測量費：測量分航空測量、地面測量及河海測量三項。

（三）工址調查、鑽探、試驗及分析費：工作內容包括現有資料蒐集、踏勘、地質調查、鑽探取樣、現地試驗、室內試驗、大地工程分析等。

（四）階段性專案管理及顧問費：主辦機關因受限於人力及專業能力，而無法有效達成前述目標時，可委託專業或技術服務廠商辦理階段性或全程之專案管理及顧問（含需要之工程保險分析）工作。

（五）設計分析費：依據規劃成果，辦理工程基本設計、細部設計，及相關評估分析（包括依「職業安全衛生法」第 5 條第 2 項規定之工程設計階段風險評估），所需費用依「機關委託技術服務廠商評選及計費辦法」及相關規定辦理。如有需要辦理綠建築及智慧建築證書申請、水土保持計畫、BIM 服務時，得於本項次內列項估列。

（六）專題研究報告費：遇有特殊地質、地形、海域、構造、施工技術、或特殊情況，需另作專題之專案研究所需之費用。

（七）專業責任保險費：機關得視需要，於委託勞務契約要求規劃設計廠商投保專業責任險。投保範圍包括因業務疏漏、錯誤或過失，違反業務上之義務，致機關或其他第三人遭受之損失。

十六、假設工程在施工前，應提出施工計畫書供審核，請詳述假設工程計畫應包含那些內容。（25 分）

（110 公務普考-施工與估價概要#2）

參考題解

【參考九華講義-構造與施工 第 29 章 營建計畫管理】

假設工程計畫	
工區配置	1. 工程位置圖（應包括地圖，標明工程位置） 2. 附近相關道路（應包括工區四周重要道路路名及位置） 3. 施工便道 4. 工地大門、警衛亭與圍籬 5. 物料堆置區域規劃（應包括已檢驗材料與未檢驗材料之區分） 6. 臨時房舍（應包括工地辦公室、倉庫與廁所位置） 7. 設備位置（包含臨時水電設施位置、工區照明配置、主要起重設備位置） 8. 基地區域排水規劃（含地表水處理） 9. 車輛出入清潔設施位置 10. 垃圾清運點 11. 排水溝配置
整地計畫	包括整地範圍（路權及樁位）與高程、舊有建物與障礙物清除。
臨時房舍規劃	1. 排水 2. 照明及插座 3. 給水 4. 電力 5. 電信 6. 衛浴設備 7. 滅火設備
臨時用地規劃	包括契約規定之工區用地規劃及其他為配合施工過程所需而可能借用（租用）之臨時用地規劃。
施工便道規劃	為便於人員、機具之進出、施工之進行與材料運輸所設置之施工便道或臨時道路規劃。
臨時用電配置	對於工地臨時用電，應以自備電源或向電力公司申請方式進行規劃。若為設施工程，本節得視工程內容調整。 1. 自備電源：如發電機組之容量、數量、配置方式等。 2. 電力公司電源：應敘明電力申請之容量、電桿等。

臨時給排水配置	有關工程臨時給排水，包括工地房舍與施工現場中，業主與承攬廠商雙方人員之飲用水、盥洗設備用水、工程用水、道路灑水等之給水來源及污水排放規劃。
剩餘土石方處理	1. 剩餘土石方處理之相關政府法令規定。 2. 土石方數量計算。 3. 運棄路線規劃及路幅寬度。 4. 規劃棄土地點。 5. 如何防範於運棄過程中造成污染以及監控方式。 6. 除主辦機關與監造單位以外，廠商亦須依照設計圖說檢討土石方平衡，並將土石方運棄量儘可能降低。
植栽移植與復原計畫	基地原有植物喬木如主辦機關擬保留，廠商需提出移植與復原計畫，包括擬移植地點、斷根運送方式以及復育保護等措施。廠商得視內容規模多寡，亦可於景觀工程分項施工計畫中提出。
其他有關之臨時設施及安全維護事項	有關工地告示、安全衛生標誌、通訊設備、消防設備及工地安全等之規劃及維護管理作為之擬定。

參考來源：建築工程施工計畫書製作綱要手冊。

十七、何謂工程管理？試說明營建工程管理須具備那些要件及過程中可透過那些方式來進行，通常會預期達成那些目標？可以透過那些圖表工具對於施工順序及內容進行工程規劃，請繪圖及說明之。（25 分）

（110 地方四等-施工與估價概要#4）

參考題解

（一）於營建過程中，對工程個階段如規劃、設計、施工、營運等過程藉由管理系統與管理技術實施管理。

（二）可藉由 QC-品質管制、三級品管制度、計畫評核術 PERT、要徑分析 CPM、作業資源調配、價值工程…等方式進行管理。工程管理之目標主要著重於三個核心，該工程之期程應如期完成、達到預期之品質、並符合成本限制。

（三）工作網圖-箭線圖法

<table>
<tr><td>圖例</td><td>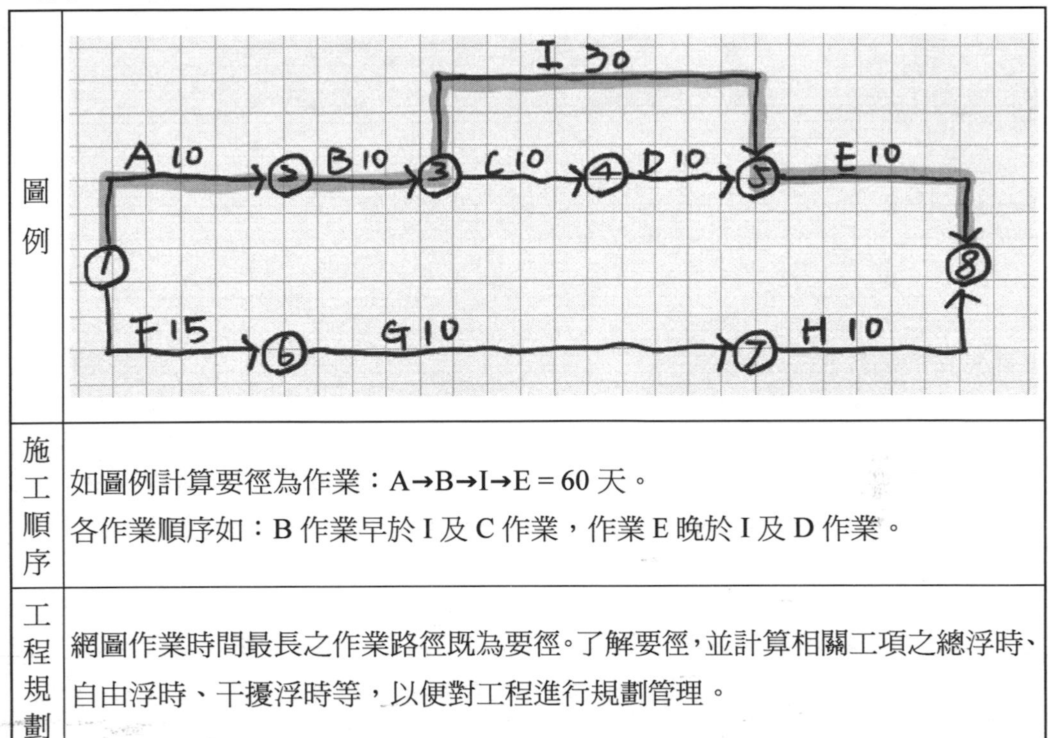
</td></tr>
<tr><td>施工順序</td><td>如圖例計算要徑為作業：A→B→I→E = 60 天。
各作業順序如：B 作業早於 I 及 C 作業，作業 E 晚於 I 及 D 作業。</td></tr>
<tr><td>工程規劃</td><td>網圖作業時間最長之作業路徑既為要徑。了解要徑，並計算相關工項之總浮時、自由浮時、干擾浮時等，以便對工程進行規劃管理。</td></tr>
</table>

2 品管及勞安

內容架構

營建品質控制計畫

（一）品管手法

1. QC-品質管制。
2. SQC-統計式品質管制。
3. TQC-全面品質管制。
4. 品質保證。
5. 品管圈。

（二）品質管制方法（各種 QC 方法功能性）

1. 特性要因圖（魚骨圖）。
2. 柏拉圖。
3. 直方圖。
4. 散布圖。
5. 管制圖。
6. 查核表。
7. 層別法。

（三）公共工程品質管理制度：三級品管權責劃分

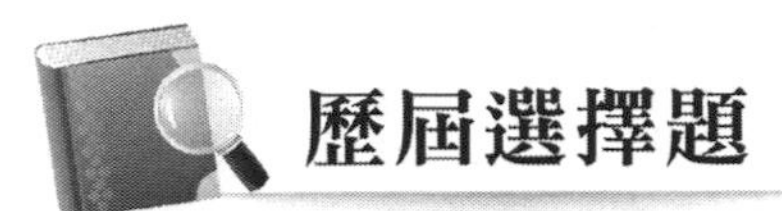

歷屆選擇題

（B）1. 依高架作業勞工保護措施標準之規定，工地現場作業人員於未設置平台、護欄等設備之高架作業時，多少高度以上，應使用安全帶？

(A) 1.5 m　　(B) 2.0 m　　(C) 2.5 m　　(D) 3.0 m

（105 建築師-建築構造與施工#67）

【解析】

高架作業勞工保護措施標準第 3 條

本標準所稱高架作業，係指雇主使勞工從事之下列作業：

一、未設置平台、護欄等設備而已採取必要安全措施，其高度在二公尺以上者。

二、已依規定設置平台、護欄等設備，並採取防止墜落之必要安全措施，其高度在五公尺以上者。

（B）2. 驗收成果與圖說不符者，主辦機關應通知承包商限期改善；前項限期，契約未規定者，由誰定之？

(A)承包人員　　(B)主驗人員　　(C)監驗人員　　(D)會驗人員

（105 建築師-建築構造與施工#77）

【解析】

政府採購法施行細則第 91 條

一、機關辦理驗收人員之分工如下：

1. 主驗人員：主持驗收程序，抽查驗核廠商履約結果有無與契約、圖說或貨樣規定不符，並決定不符時之處置。
2. 會驗人員：會同抽查驗核廠商履約結果有無與契約、圖說或貨樣規定不符，並會同決定不符時之處置。但採購事項單純者得免之。
3. 協驗人員：協助辦理驗收有關作業。但採購事項單純者得免之。

二、會驗人員，為接管或使用機關（單位）人員。

三、協驗人員，為設計、監造、承辦採購單位人員或機關委託之專業人員或機構人員。

四、法令或契約載有驗收時應辦理丈量、檢驗或試驗之方法、程序或標準者，應依其規定辦理。

五、有監驗人員者，其工作事項為監視驗收程序。

（D）3. 有關監工與監造，下列敘述何者錯誤？

(A)監工是營造廠的職責

(B)監造對結果，監工對過程

(C)監造是抽查施工廠商已完成或部分完成的工作

(D)監工是由建築師指導施工廠商的人員工作

（105 建築師-建築構造與施工#79）

【解析】

有關監工與監造，(D)監工是由**營造廠**指導施工廠商的人員工作。

（C）4. 有關鋼構工程作業中須設置之安全母索，下列敘述何者正確？

(A)安全母索得由鋼索、尼龍繩索或合成纖維之材質構成，其最小斷裂強度應在210公斤以上

(B)水平安全母索之設置高度應大於3公尺

(C)每條安全母索應僅供一名勞工使用

(D)原則上安全母索得掛或繫結於護欄之杆件

（107 建築師-建築構造與施工#34）

【解析】

(A)安全母索得由鋼索、尼龍繩索或合成纖維之材質構成，其最小斷裂強度應在2300公斤以上。

(B)水平安全母索之設置高度應大於3.8公尺。

(D)原則上安全母索**不得**掛或繫結於護欄之杆件。

（B）5. 為確保公共工程品質，政府有各式各樣的法規來督導及查核，有關採購及品管之敘述，下列何者正確？

(A)三級品管中的第三級工程主管機關，為監督施工廠商，故抽查施工品質也抽驗材料設備品質，以保持良好工程品質

(B)我國政府採購法有公開招標、選擇性招標、限制性招標三種

(C)經常性採購經上級核准得採用選擇性招標但並不需建立合格廠商名單

(D)總價承包契約與統包契約是一樣的契約種類

（107 建築師-建築構造與施工#80）

【解析】

(A)三級品管中的第三級工程主管機關，為查核施工廠商，故抽查施工品質也抽驗材料設備品質，以保持良好工程品質。

(C)經常性採購經上級核准得採用選擇性招標**可**建立合格廠商名單。

(D)總價承包契約與統包契約是不一樣的契約種類。

（B）6. 依據營造安全衛生設施標準，採取適當墜落災害防止設施的作業高度是幾公尺？

(A)1.5　(B)2.0　(C)2.5　(D)3.0

（108 建築師-建築構造與施工#1）

【解析】

營造安全衛生設施標準

第 17 條

雇主對於高度**二公尺以上**之工作場所，勞工作業有墜落之虞者，應訂定墜落災害防止計畫，依下列風險控制之先後順序規劃，並採取適當墜落災害防止設施。

（C）7. 下列何者不屬於統計品質管制之手法？

(A)特性要因圖　(B)柏拉圖　(C)風險圖　(D)檢驗表

（108 建築師-建築構造與施工#50）

【解析】

統計品質管制之手法（七大手法）：魚骨圖（因果圖、特性要因圖）、管制圖、直方圖、查檢表（檢驗表）、柏拉圖、散布圖、層別法。

（C）8. 下列何者為計畫評核術（P.E.R.T.）與要徑分析（C.P.M.）之共同點？

①尋求要徑觀念　②尋求最佳工期　③合理資源分配

④顯示各作業相互關係　⑤調整成本費用

(A)①②④　(B)②④⑤　(C)①③④　(D)③④⑤

（110 建築師-建築構造與施工#78）

【解析】

計畫評核術（P.E.R.T.）與要徑分析（C.P.M.）之共同點

1. 明晰顯示各作業相互關係
2. 可做更有效的計劃
3. 容易發現要徑所在
4. 增進意見交流
5. 合理資源分配
6. 可供數種可行方案之研究
7. 發現極大的管理效果
8. 可由電腦處理數據

參考來源：營造法與施工上冊，第一章（吳卓夫&葉基棟，茂榮書局）。

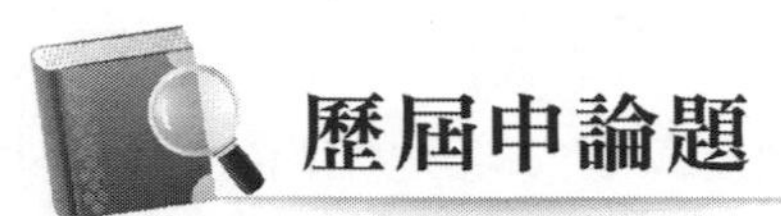

歷屆申論題

一、請問依行政院公共工程委員會三級品管制度，建築工程的施工品質計畫書應包括那些重要內容？（20分）

（105公務高考-建築營造與估價#2）

參考題解

依行政院工程會「建築工程施工計畫書製作綱要手冊」。

（一）三級品管之建築工程施工品質計畫書

施工計畫依工程規模及性質，分「整體施工計畫」及「分項施工計畫」。

1. 「整體施工計畫」之主要目的，係使工程能順利依據契約、圖說及規範等規定施築完成，就整體施工順序、主要施工方法、機具及施工管理等作整體綜合性的規劃，具有施工綱領及指導原則的功能，其內容著重於對整體工程之主要施工項目、工址環境特性與施工條件、各分項施工間之關聯與配合時程等之說明。
2. 「分項施工計畫」之目的係配合「整體施工計畫」完成工程中特定施工項目如基樁工程、鋼筋工程、混凝土工程、磁磚工程、門窗工程…等，屬技術性指導功能的施工作業計畫，所制定的內容重點在於對該分項工程之人員組織、施工方法與步驟、施工機具、使用材料、品質管理、施工圖說及有關的勞工安全衛生等較詳細的施工作業程序指導，始能提供施工人員按部就班執行，以能符合圖說、規範及契約規定等之品質要求。

（二）建築工程施工品質計畫書內容

1. 整體施工計畫製作內容

（1）工程概述。

（2）開工前置作業。

（3）施工作業管理。

（4）整合性進度管理。

（5）假設工程計畫。

（6）測量計畫。

（7）分項工程施工管理計畫。

（8）設施工程施工管理計畫。

（9）勞工安全衛生管理計畫。

（10）緊急應變及防災計畫。

（11）環境保護執行與溝通計畫。

（12）施工交通維持及安全管制措施。

（13）驗收移交管理計畫。

2. 分項施工計畫內容

（1）工項概述。

（2）人員組織。

（3）施工方法與步驟。

（4）施工機具。

（5）使用材料。

（6）預定作業進度。

（7）分項品質計畫。

（8）分項作業安全衛生管理。

（9）設施設置措施。

（10）施工圖說。

二、請說明公共工程三級品管之內容為何？（10 分）另請列舉 5 種可能造成公共工程品質不良的原因。（10 分）

（107 地方三等-建築營造與估價#4）

參考題解

（一）依公共工程委員會-公共工程施工品質管理制度（三級品管）簡介，施工品質管理制度（三級品管）應包含：

三級品管	作業內容
廠商（一級）	1. 訂定品質計畫並據以推動實施 2. 成立內部品管組織並訂定管理責任 3. 訂定施工要領 4. 訂定品質管理標準 5. 訂定材料及施工檢驗程序並據以執行 6. 訂定自主檢查表並執行檢查 7. 訂定不合格品之管制程序

三級品管	作業內容	
	8. 執行矯正與預防措施 9. 執行內部品質稽核 10. 建立文件紀錄管理系統	
主辦機關 （監造單位） （二級）	1. 訂定監造計畫並據以推動實施 2. 成立監造組織 3. 審查品質計畫並監督執行 4. 審查施工計畫並監督執行	5. 抽驗材料設備品質 6. 抽查施工品質 7. 執行品質稽核 8. 建立文件紀錄管理系統
工程主管機關 （三級）	1. 設置查核小組 2. 實施查核	3. 追蹤改善 4. 辦理獎懲

（二）造成公共工程品質不良的原因：

1. 施工品質不良。
2. 自主檢查不實。
3. 不合格管制未確實。
4. 未執行矯治及預防措施。
5. 監造不實。

三、以校園新建工程為例，試解釋三級品管之組成及其分別執掌概要？（25 分）

（111 地方三等-建築營造與估價#2）

參考題解

【參考九華講義-建築營造與估價 第 30 章 品管及勞安】

三級品管	組成	執掌
三級	主管機關 ／ 工程會	工程施工品質查核制度： 1. 機關之品質督導機制、監造計畫之審查紀錄、施工進度管理措施及障礙之處理。 2. 監造單位之監造組織、施工計畫及品質計畫之審查作業程序、材料設備抽驗及施工抽查之程序及標準、品質稽核、文件紀錄管理系統等監造計畫內容及執行情形；缺失改善追蹤及施工進度監督等之執行情形。 3. 廠商之品管組織、施工要領、品質管理標準、材料及施工檢驗程序、自主檢查表、不合格品之管制、矯正與預防措施、

三級品管	組成	執掌
		內部品質稽核、文件紀錄管理系統等品質計畫內容及執行情形；施工進度管理、趕工計畫、安全衛生及環境保護措施等之執行情形。
二級	主辦單位 ／ 監造單位	施工品質查證系統： 監造範圍、監造組織、品質計畫審查作業程序、施工計畫審查作業程序、材料與設備抽驗程序及標準、施工抽查程序及標準、品質稽核、文件紀錄管理系統等項目。若工程包括有運轉類機電設備者，應另增加「設備功能運轉檢測程序及標準」
一級	承包商	施工品質管制系統： 整體品質計畫之內容，除機關及監造單位另有規定外，應包括：新臺幣五千萬元以上工程：計畫範圍、管理權責及分工、施工要領、品質管理標準、材料及施工檢驗程序、自主檢查表、不合格品之管制、矯正與預防措施、內部品質稽核及文件紀錄管理系統等。 分項品質計畫之內容，除機關及監造單位另有規定外，應包括施工要領、品質管理標準、材料及施工檢驗程序、自主檢查表等項目。品質計畫內容之製作綱要，由工程會另定之。

四、對於金額 5000 萬元以上的公有建築工程，施工品質管理制度（三級品管）應包括那些層級？（20 分）

（107 公務普考-施工與估價概要#4）

參考題解

依公共工程委員會-公共工程施工品質管理制度（三級品管）簡介，施工品質管理制度（三級品管）應包含：

三級品管	作業內容
廠商（一級）	1. 訂定品質計畫並據以推動實施 2. 成立內部品管組織並訂定管理責任 3. 訂定施工要領 4. 訂定品質管理標準 5. 訂定材料及施工檢驗程序並據以執行

三級品管	作業內容	
	6. 訂定自主檢查表並執行檢查 7. 訂定不合格品之管制程序 8. 執行矯正與預防措施 9. 執行內部品質稽核 10. 建立文件紀錄管理系統	
主辦機關（監造單位）（二級）	1. 訂定監造計畫並據以推動實施 2. 成立監造組織 3. 審查品質計畫並監督執行 4. 審查施工計畫並監督執行	5. 抽驗材料設備品質 6. 抽查施工品質 7. 執行品質稽核 8. 建立文件紀錄管理系統
工程主管機關（三級）	1. 設置查核小組 2. 實施查核	3. 追蹤改善 4. 辦理獎懲

五、對於工程管理而言，何謂標準作業程序？（5 分）訂定標準作業程序之目的為何？（10分）有何優點？（10分）請說明之。

（108 公務普考-施工與估價概要#4）

參考題解

（一）為辦理工程時擬定各項品質管理作業辦理之主旨依據，於以利工程管理執行。

（二）目的：標準作業程序意在建立品質管理組織架構，以供各分項工程之品質管理作業遵循，達到有效執行品質管理之目的。

（三）優點：在工程中易於管理作業、掌握期程，控制品質。

六、依據「職業安全衛生法」第 5 條，雇主使勞工從事工作，應在合理可行範圍內，採取必要之預防設備或措施，使勞工免於發生職業災害。機械、設備、器具、原料、材料等物件之設計、製造或輸入者及工程之設計或施工者，應於設計、製造、輸入或施工規劃階段實施風險評估，致力防止此等物件於使用或工程施工時，發生職業災害。雇主於模板支撐組配、拆除作業時，應指派模板支撐作業主管於作業現場，請說明該主管應辦理之事項內容。（20分）

（108 鐵路員級-施工與估價概要#3）

參考題解

（依營造安全衛生設施標準）

模板作業主管應依設計施工規範、勞工安全相關規定執行作業，其主要內容如下：

<table>
<tr><th>項目</th><th colspan="2">內容</th></tr>
<tr><td rowspan="3">模板拆除注意事項</td><td>拆模時間</td><td>應同時考量施工規範規定不同構件之拆模時間與結構強度是否達到可拆模強度。</td></tr>
<tr><td>拆模順序</td><td>應按照規劃拆模順序拆除。此外原則上先拆除非承重構件後拆承重構件、先拆側模後拆底模、先拆後支撐後拆先支撐。</td></tr>
<tr><td>勞安事項</td><td>拆模應留設足夠安全空間、拆除後模板應指定位置堆放、拆除中下方不得有其他人員。
對於供作模板支撐之材料，不得有明顯之損壞、變形或腐蝕。
一、為防止模板倒塌危害勞工，高度在五公尺以上，且面積達一百平方公尺以上之模板支撐，其構築及拆除應依下列規定辦理：
（一）事先依模板形狀、預期之荷重及混凝土澆置方法等，依營建法規等所定具有建築、土木、結構等專長之人員或委由專業機構妥為設計，置備施工圖說，並指派所僱之專任工程人員簽章確認強度計算書及施工圖說。
（二）訂定混凝土澆置計畫及建立按施工圖說施作之查驗機制。
（三）設計、施工圖說、簽章確認紀錄、混凝土澆置計畫及查驗等相關資料，於未完成拆除前，應妥存備查。
（四）有變更設計時，其強度計算書及施工圖說應重新製作，並依本款規定辦理。
二、前款以外之模板支撐，除前款第一目規定得指派專人妥為設計，簽章確認強度計算書及施工圖說外，應依前款各目規定辦理。
三、支柱應視土質狀況，襯以墊板、座板或舖設水泥等方式，以防止支柱之沉陷。
四、支柱之腳部應予以固定，以防止移動。
五、支柱之接頭，應以對接或搭接之方式妥為連結。
六、鋼材與鋼材之接觸部分及搭接重疊部分，應以螺栓或鉚釘等金屬零件固定之。
七、對曲面模板，應以繫桿控制模板之上移。</td></tr>
</table>

項目		內容
		八、橋樑上構模板支撐，其模板支撐架應設置側向支撐及水平支撐，並於上、下端連結牢固穩定，支柱（架）腳部之地面應夯實整平，排水良好，不得積水。 九、橋樑上構模板支撐，其模板支撐架頂層構臺應舖設踏板，並於構臺下方設置強度足夠之安全網，以防止人員墜落、物料飛落。 <u>對於模板支撐支柱之基礎，應依土質狀況，依下列規定辦理：</u> 一、挖除表土及軟弱土層。 二、回填爐石渣或礫石。 三、整平並滾壓夯實。 四、鋪築混凝土層。 五、鋪設足夠強度之覆工板。 六、注意場撐基地週邊之排水，豪大雨後，排水應宣洩流暢，不得積水。 七、農田路段或軟弱地盤應加強改善，並強化支柱下之土壤承載力。 <u>對於模板支撐組配、拆除（以下簡稱模板支撐）作業，應指派模板支撐作業主管於作業現場辦理下列事項：</u> 一、決定作業方法，指揮勞工作業。 二、實施檢點，檢查材料、工具、器具等，並汰換其不良品。 三、監督勞工確實使用個人防護具。 四、確認安全衛生設備及措施之有效狀況。 五、其他為維持作業勞工安全衛生所必要之措施。 前項第二款之汰換不良品規定，對於進行拆除作業之待拆物件不適用之。 <u>以一般鋼管為模板支撐之支柱時，應依下列規定辦理：</u> 一、高度每隔二公尺內應設置足夠強度之縱向、橫向之水平繫條，並與牆、柱、橋墩等構造物或穩固之牆模、柱模等妥實連結，以防止支柱移位。 二、上端支以樑或軌枕等貫材時，應置鋼製頂板或托架，並將貫材固定其上。 <u>以可調鋼管支柱為模板支撐之支柱時，應依下列規定辦理：</u>

項目	內容	
		一、可調鋼管支柱不得連接使用。 二、高度超過三點五公尺者，每隔二公尺內設置足夠強度之縱向、橫向之水平繫條，並與牆、柱、橋墩等構造物或穩固之牆模、柱模等妥實連結，以防止支柱移位。 三、可調鋼管支撐於調整高度時，應以制式之金屬附屬配件為之，不得以鋼筋等替代使用。 四、上端支以樑或軌枕等貫材時，應置鋼製頂板或托架，並將貫材固定其上。 <u>以鋼管施工架為模板支撐之支柱時，應依下列規定辦理：</u> 一、鋼管架間，應設置交叉斜撐材。 二、於最上層及每隔五層以內，模板支撐之側面、架面及每隔五架以內之交叉斜撐材面方向，應設置足夠強度之水平繫條，並與牆、柱、橋墩等構造物或穩固之牆模、柱模等妥實連結，以防止支柱移位。 三、於最上層及每隔五層以內，模板支撐之架面方向之二端及每隔五架以內之交叉斜撐材面方向，應設置水平繫條或橫架。 四、上端支以樑或軌枕等貫材時，應置鋼製頂板或托架，並將貫材固定其上。 五、支撐底部應以可調型基腳座鈑調整在同一水平面。 <u>以型鋼之組合鋼柱為模板支撐之支柱時，應依下列規定辦理：</u> 一、支柱高度超過四公尺者，應每隔四公尺內設置足夠強度之縱向、橫向之水平繫條，並與牆、柱、橋墩等構造物或穩固之牆模、柱模等妥實連結，以防止支柱移位。 二、上端支以樑或軌枕等貫材時，應置鋼製頂板或托架，並將貫材固定其上。 <u>以木材為模板支撐之支柱時，應依下列規定辦理：</u> 一、木材以連接方式使用時，每一支柱最多僅能有一處接頭，以對接方式連接使用時，應以二個以上之牽引板固定之。 二、上端支以樑或軌枕等貫材時，應使用牽引板將上端固定於貫材。 三、支柱底部須固定於有足夠強度之基礎上，且每根支柱之淨高不

項目	內容	
		得超過四公尺。 四、木材支柱最小斷面積應大於三十一·五平方公分，高度每二公尺內設置足夠強度之縱向、橫向水平繫條，以防止支柱之移動。 對模板支撐以樑支持時，應依下列規定辦理： 一、將樑之兩端固定於支撐物，以防止滑落及脫落。 二、於樑與樑之間設置繫條，以防止橫向移動。 對於模板之吊運，應依下列規定辦理： 一、使用起重機或索道吊運時，應以足夠強度之鋼索、纖維索或尼龍繩索捆紮牢固，吊運前應檢查各該吊掛索具，不得有影響強度之缺陷，且所吊物件已確實掛妥於起重機之吊具。 二、吊運垂直模板或將模板吊於高處時，在未設妥支撐受力處或安放妥當前，不得放鬆吊索。 三、吊升模板時，其下方不得有人員進入。 四、放置模板材料之地點，其下方支撐強度須事先確認結構安全。 於拆除模板時，應將該模板物料於拆除後妥為整理堆放。 對於拆除模板後之部份結構物施工時，非經由專人之周詳設計、考慮，不得荷載超過設計規定之容許荷重；新澆置之樓板上繼續澆置其上層樓板之混凝土時，應充分考慮該新置樓板之受力荷重。

七、建築工程之施工架依據建築技術規則，應遵循那些規定？請詳述。（25 分）

（109 公務普考-施工與估價概要#4）

參考題解

依建築技術規則設計施工篇第 155 條

建築工程之施工架應依下列規定：

項次	項目	內容
1	材料規定	施工架、工作台、走道、梯子等，其所用材料品質應良好，不得有裂紋，腐蝕及其他可能影響其強度之缺點。 不得使用鑄鐵所製鐵件及曾和酸類或其他腐蝕性物質接觸之繩索。

項次	項目	內容
2	載種規定	施工架等之容許載重量，應按所用材料分別核算，懸吊工作架（台）所使用鋼索、鋼線之安全係數不得小於十，其他吊鎖等附件不得小於五。
3	不得隱蔽規定	施工架等不得以油漆或作其他處理，致將其缺點隱蔽。
4	固定方式規定	施工架之立柱應使用墊板、鐵件或採用埋設等方法予以固定，以防止滑動或下陷。 施工架應以斜撐加強固定，其與建築物間應各在牆面垂直方向及水平方向適當距離內妥實連結固定。 施工架使用鋼管時，其接合處應以零件緊結固定；接近架空電線時，應將鋼管或電線覆以絕緣體等，並防止與架空電線接觸。

八、在工程品質查驗中，試說明針對工程隱蔽部分確保品質的具體作法。（20 分）

（109 鐵路員級-施工與估價概要#5）

參考題解

【參考九華講義-構造與施工 考古題 單元 8】

工程各階段	隱蔽部位做為	內容
計劃書階段	應於監造計畫書、施工計畫書對隱蔽部分做計劃	應對隱蔽部位明確設置檢驗停留點（停檢點）。
施工階段	檢驗停留點之自主檢查、查驗。	承包商應對隱蔽部位停檢點全面自主檢查，並於自主檢查完成報監造單位現場查驗，依規範內容詳實記錄，冰製成書面紀錄。隱蔽部位之查驗視需要應於施工前、中、後（分段查驗）分別查驗並做成紀錄為佳。
驗收階段	查驗紀錄、驗收依據。	隱蔽部位於驗收階段難以確認其施作樣態，因此驗收時輔以工程期間分段查驗紀錄為參考，並作為確保品質之方式。

單元

9

綜合考題

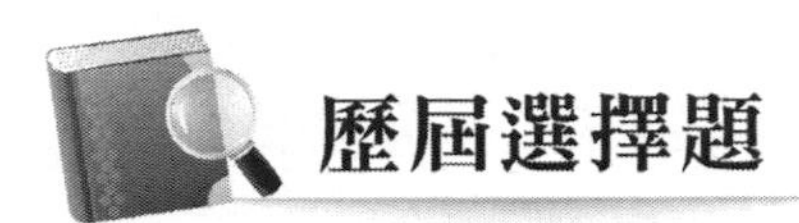

歷屆選擇題

（B）1. 關於鋼材的性質敘述，下列何者正確？

(A)鋼材適合作為單獨承受壓力的構材

(B)應用於 SRC 構造的鋼骨柱因為以後會灌在混凝土裡，所以就算柱表面有些輕微生鏽也沒關係

(C)水淬鋼筋是一種高拉力鋼筋，通常應用於使用鋼筋續接器的情況

(D)一般常用的「C 型鋼」是以俗稱為不鏽鋼的熱浸鍍鋅鋼捲片以冷軋方式成型，所以本身具有良好的防鏽能力

（110 建築師-建築構造與施工#8）

【解析】

鋼骨鋼筋混凝土構造當中鋼材的部分主要為承受拉力，壓力則由混凝土部分承受。

（D）2. 下列何者不是 CNS3299-12「陶瓷面磚試驗法-第 12 部：防滑性試驗法」進行各種面磚樣品的防滑性能測試規定？

(A)試驗及測試原理係為測定滑片在面磚表面上，滑動時之防滑係數，以評定面磚的防滑性能

(B)可同時模擬步行者穿鞋與赤腳時的面磚防滑係數

(C)屬於在試驗室進行的測試，其室溫條件設定在 23±5°C

(D)係利用 BPN 擺錘式防滑試驗機以進行測試，面磚試體的尺寸不受限制

（110 建築師-建築構造與施工#41）

【解析】

接觸路徑

	路徑長(mm)
平坦表面	125 ±1.6
拋光	76~78

（#）3. 建築物施工場所除利用電梯孔、管道間清運垃圾外，應設置夾板或金屬板之垃圾清除滑落孔道，並應防止垃圾自上落下時四處飛散。滑落孔道至少為：**【一律給分】**

(A)50 公分見方以上　　(B)60 公分見方以上

(C)70 公分見方以上　　(D)80 公分見方以上

（110 建築師-建築構造與施工#42）

【解析】

依各縣市標準。

（A）4. 營造工地偶遇拆除結構物遇到既有的油氣管，考量安全防護與災害擴大，其施工的順序以下列何者為優先作業？

(A)停止供氣與抽排氣體並封閉管線　　(B)逕為拆解

(C)放火澈底燃燒之　　(D)開放居民抽管來環保回收

（110 建築師-建築構造與施工#48）

【解析】

拆除結構物遇到既有的油氣管，選項(B)逕為拆解與選項(C)放火澈底燃燒之都是危險動作，選項(D)開放居民抽管來環保回收顯不合理，停止供氣與抽排氣體並封閉管線為正確作法。

（B）5. 關於金屬鋁包板及玻璃欄杆施作順序，下列何者正確？

(A)⑤→④→③→②→①　　(B)②→①→⑤→④→③

(C)⑤→④→②→①→③　　(D)②→①→③→⑤→④

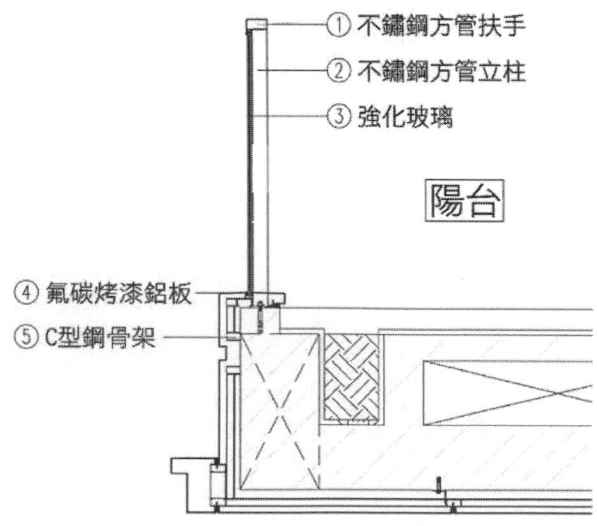

（110 建築師-建築構造與施工#51）

【解析】

金屬鋁包板上施作玻璃欄杆要先做不鏽鋼方管立柱、後架上方管扶手完成欄杆本身的結構體，接下來則是將鋁包板外觀做收邊，架上 C 型鋼作為骨架後上氟碳烤漆鋁板，欄杆本身的結構體及承載的主要建築構造體的鋁包版都施作完畢，最後架上強化玻璃完成工序。

（A）6. 以 16 層樓以上的集合住宅為例，完工後始進行室內裝修時，下列敘述何者正確？

(A)消防管線如噴水口與感應器等應拉至新作的天花板以下

(B)廚房的門可依室內設計的需求置換材質

(C)所有建材皆需符合逸散率和防火時效的要求

(D)所有木質板材皆需經防腐處理

（110 建築師-建築構造與施工#67）

【解析】

16 樓以上為高層建築，依技規專章檢討。

(B)應具防火時效 1 hr。

（A）7. 有關外牆構造與其性能，下列敘述何者正確？

(A)鋼筋混凝土造承重牆之配筋，其結構理論等同為連續柱

(B)壁式預鑄鋼筋混凝土造之建築最高可至 10 層樓，樓高 30 公尺

(C)外牆隔熱只需考慮熱的傳導即可，對流與輻射等並不需要

(D)帷幕牆也可以當成承重牆

（111 建築師-建築構造與施工#33）

【解析】

(B) 建築技術規則建築構造編 §475-1 壁式預鑄鋼筋混凝土造之建築物，其建築高度，不得超過五層樓，簷高不得超過十五公尺。

(C) 外牆隔熱不只需考慮熱的傳導，對流與輻射等也要同步考量。

(D) 帷幕牆：構架構造建築物之外牆，除承載本身重量及其所受之地震、風力外，不再承載或傳導其他載重之牆壁。

(#) 8. 規模相同時，SRC、SS、RC 構造施工之特性比較，下列何者錯誤？**【答 B 或 D 或 BD 者均給分】**

(A) SS 構造工期較 SRC、RC 構造工期短

(B) SRC 構造造價較 SS、RC 構造造價高

(C) RC 構造自重較 SS、SRC 構造自重高

(D) SS 構造耐震效果較 SRC、RC 構造高

(111 建築師-建築構造與施工#75)

【解析】

(B)SRC 構造造價不一定較 SS、RC 構造造價高

(D)SS 構造耐震效果不一定較 SRC、RC 構造高

以上兩種情形皆要視實際設計而定。

歷屆申論題

一、請問對於建築物室內裝修工程，應如何進行監造及驗收作業？（20 分）

（105 公務高考-建築營造與估價#3）

參考題解

（一）建築物室內裝修工程之監造

1. 監造作業依公共工程品質管理作業規定辦理。
2. 依設計內容詳實訂定管理責任、施工要領、品質管理標準…等監造作業。
3. 詳訂材料及施工檢驗程序，確實查驗材料、出廠證明、施工停留檢驗點…等作業。
4. 確實要求施作廠商自主檢查，並填具自主檢查表等作業。
5. 不合格品項之追蹤、管制、矯正及預防，提升品質。
6. 落實內部品質稽核與文件管理紀錄系統。

（二）建築物室內裝修工程驗收作業

1. 依公共工程驗收作業要點辦理。
2. 繪製竣工書圖、表單、工程結算明細表。
3. 申報竣工，辦理驗收作業。
4. 辦理初驗，並作成「工程初驗紀錄」，通知承包商限期改善完成，並報請複驗。
5. 初驗合格後辦理正式驗收。
6. 驗收人員：
   （1）主驗人員：由主辦工程機關指派人員擔任，查核各項文件及查驗數量、規格及品質。
   （2）監驗人員：由主辦工程機關之主（會）計及有關單位派員擔任，監視驗收之程序。
   （3）會驗人員：由接管或使用機關（單位）派員，會同其他與驗人員商討工程施工缺點及改善期限等。
   （4）協驗人員：由承包商、設計單位、監造單位及主辦工程機關委託之專業人員或機構派員，協助驗收各項作業、解釋疑義及協助製作驗收紀錄等。
7. 以契約及竣工圖說為依據，除依契約規定應全數檢驗者外，在時間、環境及可行範圍內，應抽核其數據、檢核其品質及功能。驗收查驗項目，其外表尺寸、位置可丈量查驗者，應就主要工程項目抽驗，其數量、位置由與驗人員商定之。

8. 工程隱蔽部分，除查核施工期間之試（檢）驗報告或紀錄外，必要時得實行拆驗、化驗或使用儀器查驗。
9. 應抽查驗核有關文件、紀錄、資料是否與契約規定相符，手續是否完備；如有不妥或不全者，應要求監造單位或承包商澄清或補正。
10. 驗收時應由主辦工程機關作成工程驗收紀錄，尚有缺失由主辦工程應書面通知承包商限期改善完成，並報請複驗；限期內未改善或改善不完全者，應依契約規定辦理。

二、施工機具費率分析法對新購置參與工作之施工機具，其折舊可按每年、每月、每日、每小時或以產能為單位等多種方法計算。方法之一為生產數量法，此法須先估計設備在估計耐用年限之總產量，再計算每一產出單位（可能為單位長度或單位面積等）應負擔之折舊；至於各期間應負擔之折舊額，則就實際產出量乘算單位折舊額而得。有一機具購置成本為 2,700,000 元，估計殘值 200,000 元，預計總產量為 5,000,000 公尺，單位折舊率是多少元／公尺？（10 分）若某一年度的實際產量為 1,000,000 公尺，則該年度的折舊費用為多少元？（備註：成本與殘值已轉換成同一時間的貨幣值）（10 分）

（108 鐵路員級-施工與估價概要#5）

參考題解

2,700,000 – 200,000 = 2,500,000

2,500,000 / 5,000,000 = 0.5 -----元／公尺（單位折舊率）

1,000,000 × 0.5 = 500,000 ------元（折舊費用）

三、為了提高建築物的耐久性，有關管線及設備於建築結構體上之配置及安裝方式，有何對策？請繪圖舉例說明。（25 分）

（109 地方四等-施工與估價概要#3）

參考題解

管線、設備安裝方式	簡圖	說明
管線設專用管道間	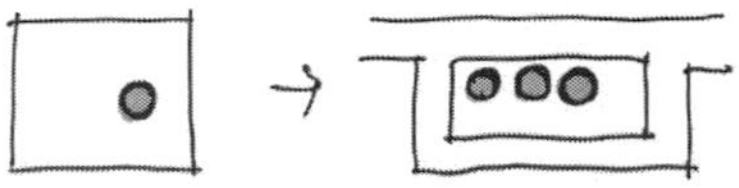	非必要管線避免埋設於結構體，獨立設置專用管道間。
設備設置基座	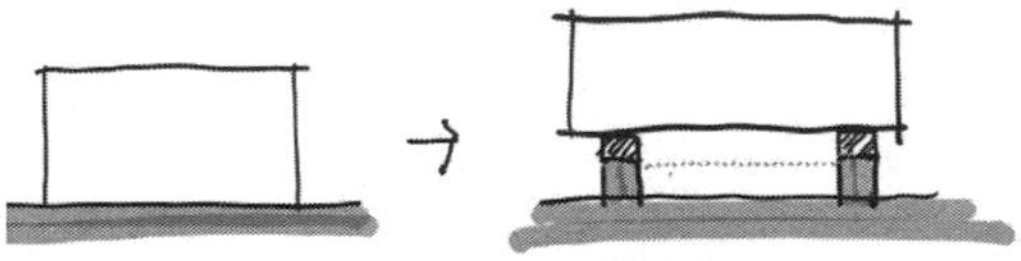	設備安裝應設置基座，如有震動者加設隔震設施。
防水	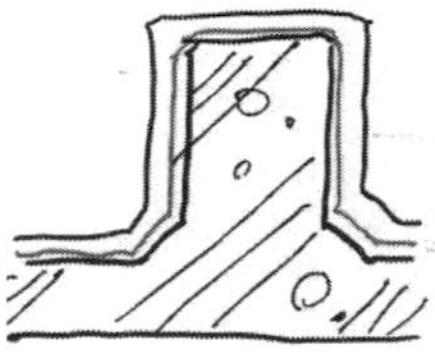	設備或管線如有漏水疑慮者，結構體或基座應設防水。
自由管線	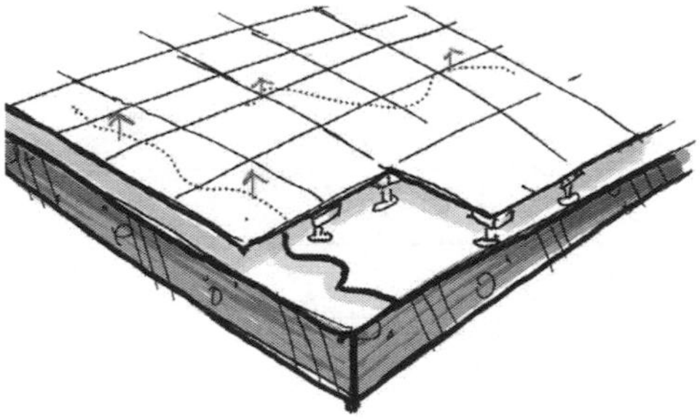	利用高架地板或輕隔間牆內部空間配置管線，使用軟管、快速接頭等方式配置，減少構造體打鑿埋管，增加空間變動可行性。
預留穿孔	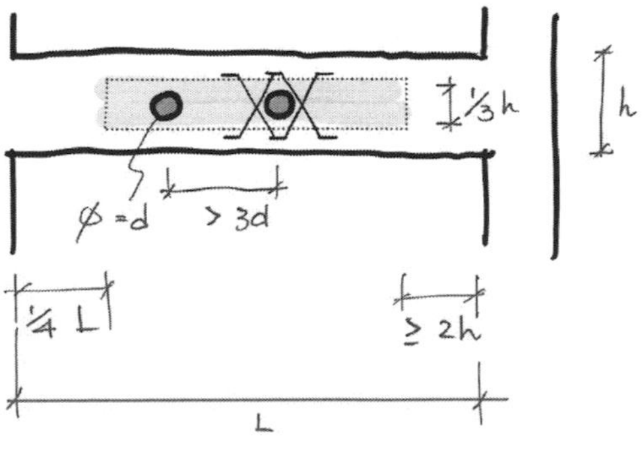	管線設備已不穿越結構體為原則，若必須穿越結構體應依規定方式及位置預留穿孔，並作結構補強。

四、為了達到二氧化碳減量的目標，試解釋並比較鋼構造、木構造、RC 構造三種型態之減碳效益高低。（25 分）

（111 地方四等-施工與估價概要#1）

參考題解

減碳效益高低比較：

為了達到二氧化碳減量的目標，建築物的建材使用計畫應善加配合之規劃原則		鋼構造	木構造	RC 構造
形狀係數	建築平面規則、格局方正對稱	–	–	–
	建築平面內部除了大廳挑高之外，盡量減少其他樓層挑高設計	–	–	–
	建築立面均勻單純、沒有激烈退縮出挑變化	–	–	–
	建築樓層高均勻，中間沒有不同高度變化之樓層	–	–	–
	建築物底層不要大量挑高、大量挑空	–	–	–
	建築物不要太扁長、不要太瘦高	–	–	–
輕量化設計	鼓勵採用輕量鋼骨結構或木結構	一般	佳	劣
	採用輕量乾式隔間	–	–	–
	採用輕量化金屬帷幕外牆	–	–	–
	採用預鑄整體衛浴系統	佳	劣	佳
	採用高性能混凝土設計以減少混凝土使用量	一般	–	佳
耐久化設計	結構體設計耐震度提高 20~50%	一般	佳	劣
	柱樑鋼筋之混凝土保護層增加 1~2 cm 厚度	–	–	–
	樓板鋼筋之混凝土保護層增加 1~2 cm 厚度	一般	–	一般
	屋頂層所有設備已懸空結構支撐，與屋頂防水層分離設計	–	–	–
	空調設備管路明管設計	一般	佳	劣
	給排水衛生管路明管設計	一般	佳	劣
	電氣通信線路開放式設計	一般	佳	劣

為了達到二氧化碳減量的目標，建築物的建材使用計畫應善加配合之規劃原則		鋼構造	木構造	RC 構造
再生建材	採用高爐水泥作為混凝土材料	–	–	–
	採用高性能混凝土設計以減少水泥使用量	–	–	–
	採用再生面磚作為建築室內外建築表面材	–	–	–
	採用再生磚塊或再生水泥磚作為是外圍牆造景之用	–	–	–
	採用再生級配骨才做為混凝土骨材	–	–	–

參考來源：綠建築九大評估指標：二氧化碳減量。

參考書目

一、全國法規資料庫　法務部

二、公共工程技術資料庫　公共工程委員會

三、中國國家標準　標準檢驗局

四、建築結構系統　鄭茂川　桂冠出版社

五、建築結構力學　鄭茂川　台隆書店

六、營造法與施工（上冊、下冊）吳卓夫等　茂榮書局

七、營造與施工實務（上冊、下冊）　石正義　詹氏書局

八、建築工程估價投標　王玨　詹氏書局

九、建築圖學（設計與製圖）崔光大　巨流圖書公司

十、建築製圖　黃清榮　詹氏書局

十一、綠建材解說與評估手冊　內政部建築研究所

十二、綠建築解說與評估手冊　內政部建築研究所

十三、綠建築設計技術彙編　內政部建築研究所

十四、建築設備概論　莊嘉文　詹氏書局

十五、建築設備（環境控制系統）周鼎金　茂榮圖書有限公司

十六、圖解建築物理概論　吳啟哲　胡氏圖書

十七、圖解建築設備學概論　詹肇裕　胡氏圖書

讀者回函卡

年　　　月　　　日

※ 請寄回讀者回函卡。讀者如考上國家相關考試，**我們會頒發恭賀獎金**。

讀者姓名：

手機：　　　　　　　　　　　　　市話：

地址：　　　　　　　　　　　　　E-mail：

學歷：□高中　□專科　□大學　□研究所以上

職業：□學生　□工　□商　□服務業　□軍警公教　□營造業　□自由業　□其他＿＿＿＿

購買書名：

您從何種方式得知本書消息？

□九華網站　□粉絲頁　□報章雜誌　□親友推薦　□其他＿＿＿＿

您對本書的意見：

內　容	□非常滿意	□滿意	□普通	□不滿意	□非常不滿意
版面編排	□非常滿意	□滿意	□普通	□不滿意	□非常不滿意
封面設計	□非常滿意	□滿意	□普通	□不滿意	□非常不滿意
印刷品質	□非常滿意	□滿意	□普通	□不滿意	□非常不滿意

※讀者如考上國家相關考試，**我們會頒發恭賀獎金**。如有新書上架也盡快通知。謝謝！

廣告回信
台北郵局登記證
台北廣字第04586號

□□□-□□

100-78

台北市中正區南昌路一段161號2樓

台北市私立九華土木建築工商短期職業補習班

收

105-111 建築國家考試-建築構造與施工題型整理

編 著 者：九華土木建築補習班
發 行 者：九樺出版社
地　　址：台北市南昌路一段 161 號 2 樓
網　　址：http://www.johwa.com.tw
電　　話：(02) 2351 - 7261~4
傳　　真：(02) 2391 - 0926
定　　價：新台幣　800　元
I S B N ：978-626-95108-9-4
出版日期：中華民國一一二年十月出版
官方客服：LINE ID：@johwa
總 經 銷：全華圖書股份有限公司
地　　址：23671 新北市土城區忠義路 21 號
電　　話：(02) 2262-5666
傳　　真：(02) 6637-3695、6637-3696
郵政帳號：0100836-1 號
全華圖書：http://www.chwa.com.tw
全華網路書店：http://www.opentech.com.tw